儿童友好与儿童发展

Child Friendliness and Child Development

主编 · 马列坚

副主编 · 竺倩伟　杨　雄

上海社会科学院出版社
SHANGHAI ACADEMY OF SOCIAL SCIENCES PRESS

本书编委会

主　编　马列坚

副主编　竺倩伟　杨　雄

编　委　（按姓氏笔画排列）：

朱馨媛　刘　程　郑　晔　徐一叶　顾逊里

董小苹　程福财　裘晓兰　魏莉莉

前　言

儿童是国家的未来、民族的希望。党和国家始终高度重视儿童事业和儿童发展，特别是党的十八大以来，以习近平同志为核心的党中央把培养好少年儿童作为重大战略。《中华人民共和国国民经济和社会发展第十四个五年规划和 2035 年远景目标纲要》明确将儿童友好城市建设列入重大工程，国家发展改革委等 23 部门印发的《关于推进儿童友好城市建设的指导意见》要求，到 2025 年在全国范围内推进 100 个城市开展儿童友好城市建设，到 2035 年命名 100 个国家儿童友好城市。推动儿童友好从“概念”变成“实景”，是人民城市重要理念的生动实践，高质量发展的重要标识，高品质生活的应有之义，也是中国式现代化的重要体现。

2022 年，上海成立了由市长挂帅的上海市推进儿童友好城市建设领导小组，出台《上海市儿童友好城市建设实施方案》。连续两年将“建设儿童友好城市”写入市政府工作报告。2023 年，上海成为全国第一个全域推进儿童友好城市建设的直辖市，随之出台《上海市推进儿童友好城市建设三年行动方案（2023—2025 年）》，不断推动“一米高度看城市、看世界、看未来”理念融入城市发展全过程、全领域。

儿童友好城市建设是一项长期性、系统性工程。为充分发挥学术研究在破解儿童发展瓶颈问题、为政策供给提供科学依据、落实儿童优先原则等方面作用，早在 2005 年，上海市妇女儿童工作委员会依托上海社会科学院社会学研究所成立了上海市儿童发展研究中心，积累了一批在儿童发展基础理论、儿童工作实践策略等方面的研究成果，出版了“儿童发展前沿丛书”之《国际大都市儿童发展比较》《多维视野中的儿童发展》《儿童健康与社会福利》等书籍。本书作为“儿童发展前沿丛书”之一,收录了近年来上海儿童发展招投标课题和上海妇女儿童发展研究成果奖中的20篇优秀论文。从儿童友好型环境、家庭养育支持、儿童健康、未成年人司法保护等角度探讨了构建儿童友好城市的理念与实践,对于回应儿童新需求新期待,为少年儿童学习成长创造更好的条件、提供良好的社会环境,进行了有益的探索,为更有力推动上海儿童友好城市建设提出了一些建设性的意见。

“孩子们成长得更好,是我们最大的心愿。”希望本书能进一步提升全社会对促进新时代儿童事业高质量发展的关注度和参与度,推动加强儿童发展相关的战略性、系统性、前瞻性研究工作并积极将优秀成果转化落地,切实提升儿童的获得感、幸福感和安全感,使儿童友好成为更好满足儿童和家庭追求美好生活的新动力,成为城市高质量发展的新内涵。

目 录

儿童友好型环境

家庭养育支持

儿 童 健 康

未成年人司法保护

儿童友好型环境

从儿童视角探索儿童友好型城市建设*

何彩平　等**

儿童发展与城市发展之间的权衡,是一个重要的议题。联合国儿童基金会前执行主席 Carol Bellamy 说过,儿童,不仅是我们的未来,也是我们的现在。1989 年《儿童权利公约》提出:儿童有权利生活在卫生、安全的环境中,有权利自由地玩耍、休闲,儿童权利应该作为城市发展的核心要素考虑。1996 年联合国儿童基金会和联合国人居署共同制定了“国际儿童友好城市方案”(CFCI),提出儿童友好型城市是一个明智政府在城市所有方面全面履行儿童权利公约的结果。这些条例都旨在保障儿童权利,将儿童发展纳入城市发展中。

有关儿童发展与城市环境的研究由来已久。在 20 世纪 30 年代以前,许多研究的重点是讨论如何通过儿童游戏场所、公园和其他设施的供给为儿童创造适合成长的城市环境,因为游戏场所被认为是儿童与同龄人获得生理、情感和社会化发展必需的城市空间。在此方面,一些发达国家起步较早,制定了一些相应的法律法规来保障儿童游戏场有计划地建设和使用:美国许多州(如马萨诸塞州,1908 年)制定了关于儿童游戏场的重要法律,规定了最低儿童户外游戏面积,并且将其作为社区开发、管理的主要指标;此外,居住社区儿童游戏场的建设方面已经从定性提高到了定量的水平。而研究者对城市环境下的儿童投以关注是在 20 世纪 30 年代中期,在此阶段,许多著作探讨了儿童技能知识的获取问题,以及这个发展过程是否与社会经济背景有关联。

---

* 本文为“2017—2018 年度上海妇女儿童发展研究成果奖”一等奖研究成果。

** 何彩平、黎洁、陈彩玉、华怡佼、卫琛婕,上海市科学育儿基地研究人员。

此后直到20世纪60年代,研究重点才转移到城市环境与儿童发展的关系,比如儿童的精神发展、独立性、对周围环境的相互作用和感知等。到20世纪70年代,这种学术研究已经形成了一股社会力量,儿童问题得到许多国家学者的关注,此时的研究已经全面国际化,大家都试图去解释儿童是如何与城市环境进行相互作用的。20世纪80年代起,研究开始将儿童观点和视角整合到相关政策文件中。20世纪90年代以后,关于儿童健康和城市环境的研究有了重大转变,具体表现为:从以前对儿童精神健康方面的关注转移到对具体的儿童身体健康的关注,如童年期肥胖症和行为迟缓。这个领域的研究者呼吁更多的学科参与其中,共同对付肥胖症问题,包括城市规划、交通、公共健康和医疗领域。近些年来,研究的主题则转向加强儿童在规划和决策机制中的参与,这一类研究主要是关注儿童如何感知和体验周围的城市环境。

“儿童友好型城市是一座承诺实现儿童权利的城市或地方政府系统,是一座把少年儿童的呼声、需求、优先权和利益作为公共政策、公共项目及公共决策有机组成部分的城市,是一座适合所有人群的城市。”儿童友好型城市意味着社会和物质环境能够为儿童带来归属感、受重视感和价值感,使儿童拥有培养独立能力的机会。同时,儿童还能获得便利的、安全的活动空间与朋友交流和玩耍,还应拥有充满野趣的场所以便与大自然建立友好情感。

本研究强调基于儿童视角的公共参与,关注儿童在规划和决策机制中的参与,以及儿童如何感知和体验周围的城市环境。研究意义在于:寻找真正适宜儿童成长和发展的城市环境,打造儿童视角下的“友好型城市”。我国对儿童友好型城市建设的研究和关注时间不长,起初主要是从儿童公园设计入手。近几年来,有学者开始介绍国外友好型城市建设的案例与经验,也有儿童教育、校外教育领域的专家开始关注生态环境对儿童身心健康成长的影响。但总体而言,我国的城市建设尚不够重视儿童的活动空间,现行的法规、规范仍不健全,相关部门的监督管理也较为缺乏。所以,与国内当前现有研究相比,本课题的创新之处在于:从儿童视角出发,让儿童作为城市的主角,来评估和探讨目前我市在儿童相关领域的建设和发展情况。本次研究的落脚点在“社区”。“社区”是“城市”的缩影,在儿童使用频率上,社区空间具有可达性高、社会化、促进儿童自发参与等特点。社区是儿童可以社会交往、观察和学习社会如何运转的地方，同时，儿童对社区的理解和直观感受比城市的大概念更为聚焦和具体。因此，本研究将从社区的儿童友好度评判为缩影，来看我市建设中在儿童生存环境各方面的发展状况如何。

一、调 查 方 法

（一）调查问卷

本研究采用问卷调查法。问卷的设计框架主要依据联合国评判“儿童友好型城市”的指标体系、基本框架和组成要素；原始问卷主要采用在儿童友好城市倡议（CFCI）运动中，由儿童观察国际研究网络（the Childwatch International Research Network）和 UNICEF Innocenti Research Centre（IRC）于 2008 年发起并设计的一套参与性评估工具中的儿童参与性问卷 *A Child Friendly Community Assessment Tool for Children*（*8 - 12*）和 *A Child Friendly Community Assessment Tool for Adolescents*（*13 - 18*）。问卷经过翻译，并在原有基础上，进行了本土化修正，还在部分维度增加了我市儿童发展方面比较关注的内容。

表 1　问卷设计维度及内容

维　度	具 体 内 容	题　量
娱乐休闲	安全的游玩和运动场所 残疾儿童可以获得无障碍的游乐区域 有可用的绿地/公园 对文化多样性的尊重 有与朋友互动的机会 ……	10
参与感与公民权利	参与社区决策 对互联网的使用 可以获取有关儿童权利的信息 有以儿童为中心的财政预算 ……	11

续表

维　度	具体内容	题　量
安全与保护	社区内的行动安全(步行、骑自行车或公共交通) 尊重多样性/不歧视 存在社区团结网络 针对环境危害和自然灾害的措施 免受虐待,暴力和欺凌的安全 受到虐待/暴力伤害可以寻求相关服务和心理咨询 保护儿童远离毒品 犯罪/冲突的发生率 可以获得对儿童友善的司法保护 ……	15
健康和社会服务	有可使用的保健设施 可获得出生登记服务 可以获得儿童看护设施/服务 可以获得免疫接种 获得社会服务和咨询服务 获得生殖保健服务和艾滋病-性病预防 有垃圾收集和废物处理系统 ……	9
教育和资源	进入学校(学前,小学,中学) 性别平等(平等机会) 可以获得(健康生活、环境、权利、生殖健康)的相关教育 尊重儿童和父母的意见 尊重多样性/不歧视 有时间玩耍和娱乐 在安全和受保护的环境 在学校或社区可以访问图书馆 ……	14
家庭生活	可以获得水(饮用水和生活用水) 可以获得安全的住房或充足的住房条件 室内空气质量 家里的安全 ……	11

为确保问卷的信效度,本研究进行了预测,并进行了信度检验。信度分析表明,问卷的分维度与总体量表的内部一致性系数均在 0.89~0.93,表明此量表的可靠性较好。使用 AMOS 软件验证结构方程模型,χ^2/df 为 4.5,RMSEA

为0.11，NFI、RFI、IFI、TFI及CFI各拟合指数达到了0.906~0.955，拟合度良好。

调查问卷的基本情况部分包括儿童性别、年龄、是否独生子女、户籍以及家庭社会经济等题目。在参考国内外相关文献后，家庭经济地位的测量选取父母受教育程度和家庭财产状况这两个变量，其中，父母受教育程度调查选项分别为：未上过学、小学、初中、高中（含中专）、大学（含专科）、研究生及以上，共6个等级，并将6个等级转换为受教育年限进行分析，未上过学赋值为3，小学赋值为6，研究生及以上赋值为19。原始分标准化后，最大值为1.73，最小值为-3.08。家庭财产状况则由调查家庭拥有物品情况中间接获得，从电器、家庭工具、书籍等项目进行综合评分，经分析发现，题目组内部一致性信度0.76，信度良好。再采用因子分析的计算方法，将相关指标进行因子分析，得到KMO值为0.723，表明各题项之间相关性较好；Bartlett球体检验显著性水平为0.000，表明题目适合进行因子分析。将家庭社会经济地位的综合指标进行统计计算，得到平均值为0，标准差为0.45；最大值为0.92，最小值为-3.02；之后以总人数的25%为分界，将家庭社会经济地位分为4组。

（二）调查对象

本次研究采用分层整群抽样的方法，选取具有代表性的4个区，并根据学校综合水平、学段、年级等条件，选择自然班为调查对象。共下发问卷3 600份，收回有效问卷3 004份，总体有效率达83.4%，具体抽样情况如下：

表2　调查对象抽样情况

区	学校综合水平	学段	年　级	班　级	有效/发放	有效率
城区	高、中、低	小学 初中 高中	三/四年级 初一/初二 高一/高二	1个自然班	816/900	90.7%
城郊区					790/900	87.8%
近郊区					697/900	77.4%
远郊区					701/900	77.9%
合计					3 004/3 600	83.4%

表 3　调查对象的基本信息

区级	人数	学段	人数	性别	人数	独生子女	人数	户籍	人数
城区	816	小学	275	男	402	是	550	本市	559
		初中	267	女	411	非	264	外省市	245
		高中	274	缺省	3	缺省	2	外籍	10
城郊区	790	小学	291	男	346	是	599	本市	658
		初中	260	女	442	非	188	外省市	119
		高中	239	缺省	2	缺省	3	外籍	11
近郊区	697	小学	180	男	325	是	466	本市	521
		初中	264	女	370	非	226	外省市	167
		高中	253	缺省	2	缺省	5	外籍	8
远郊区	701	小学	187	男	314	是	545	本市	605
		初中	253	女	385	非	155	外省市	93
		高中	261	缺省	2	缺省	1	外籍	1
总体	3 004	小学	933（31.1%）	男	1 387（46.2%）	是	2 160（71.9%）	本市	2 343（78%）
		初中	1 044（34.8%）	女	1 608（53.5%）	非	833（27.7%）	外省市	624（20.8%）
		高中	1 027（34.2%）	缺省	9（0.3%）	缺省	11（0.4%）	外籍	30（1%）

二、调查结果

（一）儿童对“儿童友好型城市”指标的评价结果

问卷共涉及 6 个维度，每个维度有不同数量的题目用陈述句的方式阐述，并要求儿童进行 5 级主观性评价，分别为“非常不符合”“不符合”“不确定”“符合”和“非常符合”。得分从 0~4 依次分计，不同维度的得分按总计得分的平均数来确定。

表 4 “儿童友好型城市”指标评估分(儿童)

儿童友好型维度	最小值	最大值	平均分(标准差)	非参数检验秩均值
娱乐休闲	0	4	2.67(0.67)	2.86
参与感与公民权利	0	4	2.31(0.71)	1.79
安全与保护	0	4	3.13(0.59)	4.43
健康与社会服务	0	4	2.65(0.79)	2.83
教育资源	0	4	3.1(0.67)	4.38
家庭生活	0	4	3.21(0.68)	4.71
总分	0	3.94	2.84(0.55)	Sig 值 0.000***

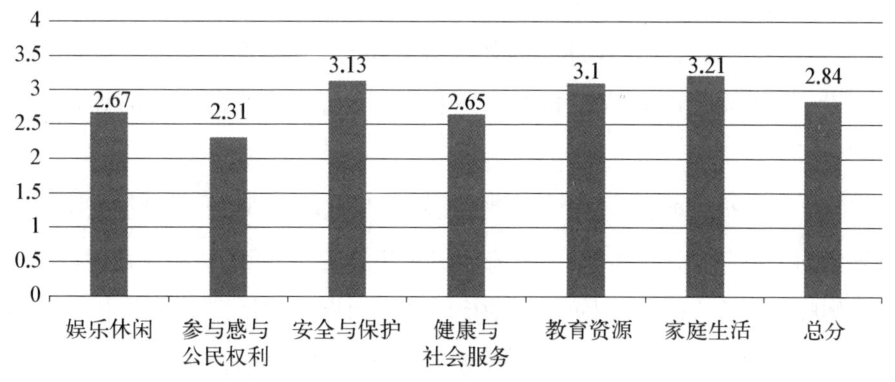

图 1 “儿童友好型城市”指标评估分

从得分来看,上海市儿童对儿童友好型城市的评价处于中等偏上水平。对儿童友好型城市指标评估总分进行非参数检验,发现其在 0.01 水平上存在显著差异。6 个维度中,家庭生活维度的评估得分最高,安全与保护以及教育资源两个维度的评估得分次之,娱乐休闲和健康社会服务的评估得分略低,参与感与公民权利维度的评估得分最低。

对数据进行具体分析可知:参与感与公民权利方面,儿童对自身能主控、可参与、与自身相关的参与事项给予了更高的评价,而对社区规划决策、政府对儿童相关的政策、学校少代会、家庭内的重大事务等参与受众不多、与自身相关性相对较弱的参与事项,给予了较低的评价。

健康与社会服务方面，儿童对社区的基础设施和与自身身心发展相关的信息，持有较高的评价；但对针对儿童的公益性活动、儿科门诊以及空气环境等的评价较低。

休闲娱乐方面，儿童对目前游玩运动的地方、亲自然性、互动的朋友以及儿童活动场所中有面向儿童的讲解等方面的评价较高，对游戏休息的时间、校外活动、活动场馆、社区中活动设施的适龄性以及适合儿童观看的电影、电视剧的评价居中，关于网络与电子游戏的适龄性和有益性，儿童的友好度评价较低。

教育资源方面，儿童对基本教育平等及教育基础设施给予了较高评价，对在教育过程中尊重兴趣爱好多样性、尊重儿童的意见、获得（健康生活、环境、生殖健康）相关教育等方面的评估得分略低，对在安全与受保护的环境中创设、获得职业培训/安置机会、获得儿童权利相关教育方面的评价得分最低。

安全与保护方面，儿童对免受虐待、暴力和欺凌的安全、对自护安全及网络安全的了解等整体评价较高，对安全保护相关的实践活动、应对危险的解决措施知晓等评价也较高，但对基本的生活安全角度诸如轨道交通安全、行车骑车安全、食品安全以及口头暴力及网络安全（暴力或色情的信息暴露）、寻求家庭外的帮助或法律援助等方面的评价显著较低。

家庭生活维度是6个维度中评分最高的。其中，儿童对家庭的硬件环境创设、家庭生活安全诸如没有暴力、意外伤害以及父母的帮助等给予了较高评价，对尊重儿童的意见、空间隐私、家庭民主氛围、亲子陪伴、家人关爱及重视儿童个性发展方面给予了较低的评价，对家庭邻里互动的评价得分最低。

此外，为了更好地验证儿童对儿童友好型城市各维度评价的准确性，问卷设计了从城市、社区、学校和家庭4个方面进行整体评估的主观题的校标题。对指标评估分与校标题进行相关性分析，结果表明，各维度的评分与4个不同领域的整体评估呈显著正相关。

表 5 "儿童友好型城市"指标评估分与校标题的相关

维　度	城市友好度整体评估	社区友好度整体评估	学校友好度整体评估	家庭友好度整体评估
娱乐休闲	0.41*** (.000)	0.42*** (.000)	0.39*** (.000)	0.31*** (.000)
参与感与公民权利	0.39*** (.000)	0.41*** (.000)	0.37*** (.000)	0.30*** (.000)
安全与保护	0.50*** (.000)	0.48*** (.000)	0.46*** (.000)	0.42*** (.000)
健康与社会服务	0.44*** (.000)	0.47*** (.000)	0.39*** (.000)	0.34*** (.000)
教育资源(学校)	0.52*** (.000)	0.52*** (.000)	0.54*** (.000)	0.43*** (.000)
家庭生活	0.48*** (.000)	0.48*** (.000)	0.44*** (.000)	0.54*** (.000)

（二）不同年龄段儿童对"儿童友好型城市"指标的评估比较

从儿童对城市、社区、学校和家庭的总体评价来看，儿童对家庭的评价是最高的（平均数 3.39±0.92），其次是学校（平均数 3.3±0.94），最后是社区（平均数 3.19±0.96）和城市（平均数 3.19±0.97）。

表 6 不同年龄段儿童对"儿童友好型城市"指标的评估比较

维度 \ 学龄段	小　学	初　中	高　中	总　体	*F*(Sig)
人数	933	1 044	1 027	3 004	
娱乐休闲	2.91±0.60	2.64±0.60	2.49±0.70	2.67±0.70	106.8*** (.000)
参与感与公民权利	2.47±0.70	2.29±0.70	2.17±0.70	2.31±0.70	45.46*** (.000)
安全与保护	3.27±0.60	3.18±0.60	2.95±0.60	3.13±0.60	82.86*** (.000)
健康与社会服务	2.88±0.80	2.64±0.80	2.44±0.80	2.65±0.80	80.61*** (.000)
教育资源	3.26±0.60	3.09±0.70	2.95±0.70	3.10±0.70	55.50*** (.000)
家庭生活	3.38±0.60	3.18±0.70	3.09±0.70	3.21±0.70	46.98*** (.000)

从不同年龄层来看，总体呈现出儿童年龄越大，对儿童友好型城市维度评价越低的趋势，即小学阶段的孩子评价较高，高中阶段孩子的评价较低；各维度的发展趋势比较相近。

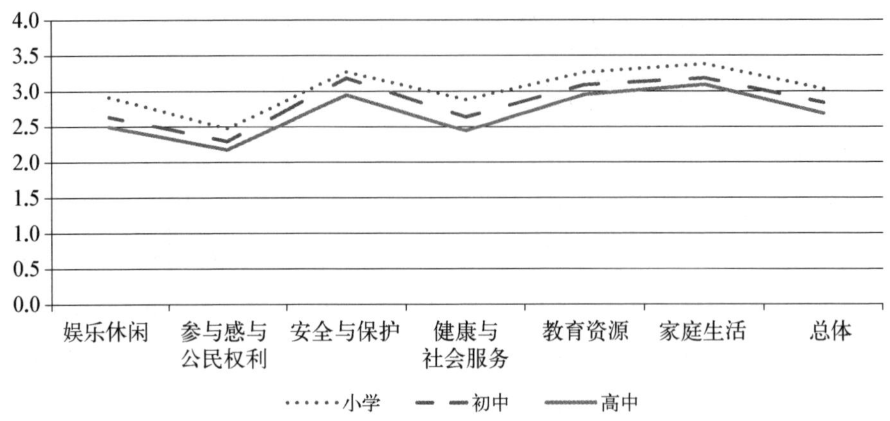

图 2 不同年龄段儿童对儿童友好型城市指标的评估比较

在娱乐休闲方面，呈现出的趋势为儿童年龄越高，其评价得分越低；且小学、初中和高中 3 个年龄阶段间存在显著差异。具体表现为：随着年龄的增加，儿童对游戏、运动空间和时间、设施符合年龄的程度，与大自然、各类活动场馆的接触以及同伴互动交往时间等方面的评价呈下降趋势。另外，关于网络、电子游戏等的评价，高中生的评价显著高于小学生和初中生，这呈现出了高中阶段学生在其他休闲娱乐方面相对欠缺的特点。对目前适合青少年观看的电影、电视剧的评价，3 个年龄段的儿童则没有表现出差异。

在参与感与公民权利方面，也呈现随着年龄增长，儿童的评价得分递减的趋势。其中，在参与社区规划、决策或相关活动方面，高中生的评价明显低于另两组儿童，这可能与其学业繁忙有关。而在参与家庭内的重大事务（如择校、父母离异等）方面，高中生的评价分显著高于初中和小学生。

在安全与保护方面，同样存在年龄的差异特点，即儿童年龄越大，评价得分越低。其中“在上网时，我没有收到过网络上的暴力或色情等不良信息”的评分普遍较低；小学生对社区里行走和骑自行车的安全评估显著低于其他两个年龄段；而高中生则在“知晓互联网上的风险”“没有受到口头暴力或危险”“没有受到性骚扰或暴力”等方面，评价得分显著低于初中生和小学生。

在健康与社会服务方面，3 个年龄段的儿童评价得分也存在显著差异，表现为儿童年龄越大，其评价得分越低。

在教育资源方面,“学校里,男孩与女孩是平等的”这一内容普遍得到认同,没有表现出年龄差异。在未来职业规划等相关信息上,初中生的评价显著低于小学与高中。此外,在学校饮用水、干净厕所、发展兴趣爱好、教师听取儿童意见、受到教师关注等方面,均呈现儿童年龄渐增,其评价渐低的特点。

家庭生活维度在六大维度中属于评分最高的,分析不同年龄阶段儿童的评分,可以发现目前家庭比较注意尊重儿童及其空间隐私,儿童在“没有受到家庭暴力和虐待”以及“有自己的空间和隐私”方面,不存在年龄差异。在“家庭氛围民主,父母听取我的意见”“父母除陪伴学习外,给予我足够陪伴”“需要帮助时,父母或家人给我积极回应”“父母更注重我的全面发展而不单纯是学习成绩”等方面,小学阶段儿童的评价得分显著高于初中与高中阶段儿童,另两组不存在组间差异。

(三)“儿童友好型城市”指标评价的性别差异比较

不同性别的儿童在城市儿童友好度各维度的评价上存在差异,在安全与保护和家庭生活两个维度不存在显著差异,在娱乐休闲、参与感与公民权利、健康与社会服务以及教育资源方面,存在显著差异,表现为女童普遍比男童的评价高。

表 7 不同性别儿童在“儿童友好型城市”指标上的差异比较

维度＼性别	男	女	t 值
人数	1 387	1 608	
娱乐休闲	2. 64±0. 70	2. 71±0. 60	−2. 80** (. 004)
参与感与公民权利	2. 23±0. 70	2. 37±0. 69	−5. 40** (. 000)
安全与保护	3. 12±0. 60	3. 14±0. 60	−0. 90(0. 37)
健康与社会服务	2. 61±0. 80	2. 68±0. 76	−2. 60** (. 009)
教育资源	3. 04±0. 70	3. 15±0. 60	−4. 40** (0. 000)
家庭生活	3. 21±0. 70	3. 22±0. 70	−0. 29(0. 80)
总体	2. 81±0. 56	2. 88±0. 53	−3. 50** (0. 000)

在娱乐休闲方面，女生的评价普遍高于男生，仅在“网络或电子游戏是适合我们的”以及“现在有很多适合儿童观看的电影、电视剧”两个方面，女生的评价低于男生。“在社区，活动设施适合不同年龄的儿童使用”以及“我有足够的游戏、休息、玩耍的时间”方面，男女生的评价没有显著差异。

在参与感与公民权利方面，女生的评价普遍高于男生，但在对“成人权利的了解与实现”“政府作出儿童相关的社会重大决策会邀请儿童代表参加讨论”“知道儿童有哪些权利”等条目上，男女生的评价没有显著差异。

在安全与保护方面，男女生的评价无明显差异，男生在“乘坐轨道交通时的安全”“社区内行走与骑自行车的安全”这两个条目上的评价高于女生，而女生在“没有受到身体的暴力和虐待”条目上的评价高于男生。

在健康与社会服务方面，显示出女生评价普遍高于男生的特点，其中，没有表现出性别差异的条目为“社区内垃圾和脏水得到很好的处理”以及“在我的社区，空气是干净的，没有烟味和气味”。

在教育资源方面，女生的评价也普遍高于男生，其中，在“家庭能够支付学校所需的文具、活动材料等费用”“学校里可以发展自己喜欢的兴趣爱好”“老师听取我的想法”“得到老师足够的关注”“接受相关职业选择的技能培训”等条目上的评价不存在性别差异。

在家庭生活方面，则没有呈现出评价的性别差异。

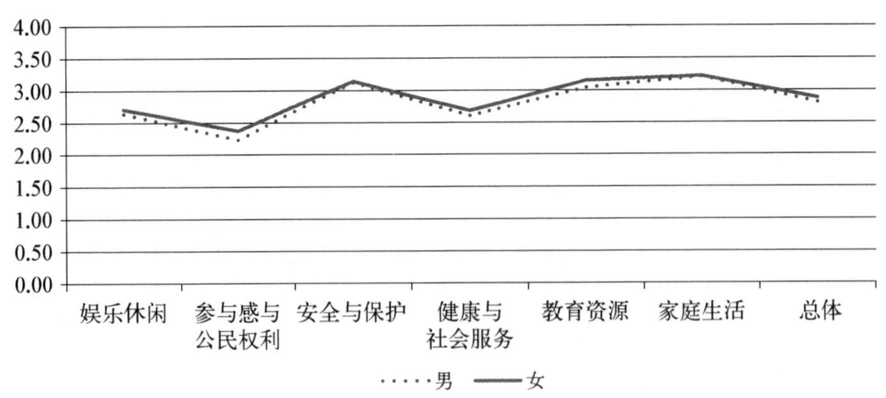

图 3　不同性别儿童在“儿童友好型城市”指标评估的比较

（四）不同户籍儿童在“儿童友好型城市”指标评价的差异比较

从户籍分类分析，本市户籍与外籍的儿童对儿童友好型城市各指标的评价趋于接近，但外省市户籍的儿童除了对家庭生活的评价没有差异外，其他指标普遍评价高于本市户籍儿童。

表 8　不同户籍儿童在“儿童友好型城市”指标评价的比较

户口 维度	本市 1	外省市 2	外籍 3	*F*(Sig)	显著差异
娱乐休闲	2. 65±0. 68	2. 78±0. 59	2. 65±0. 77	6. 97*** (. 000)	1＊2
参与感与公民权利	2. 27±0. 70	2. 46±0. 70	2. 42±0. 60	13. 89*** (. 000)	1＊2
安全与保护	3. 10±0. 60	3. 24±0. 50	3. 20±0. 50	10. 40*** (. 000)	1＊2
健康与社会服务	2. 62±0. 80	2. 76±0. 80	2. 59±0. 80	6. 20*** (. 000)	1＊2
教育资源	3. 06±	3. 24±	3. 13±	14. 30*** (. 000)	1＊2
家庭生活	3. 20±0. 70	3. 27±0. 60	3. 23±0. 60	2. 32(. 073)	/
总体	2. 81±0. 50	2. 96±0. 50	2. 87±0. 50	12. 85*** (. 000)	1＊2

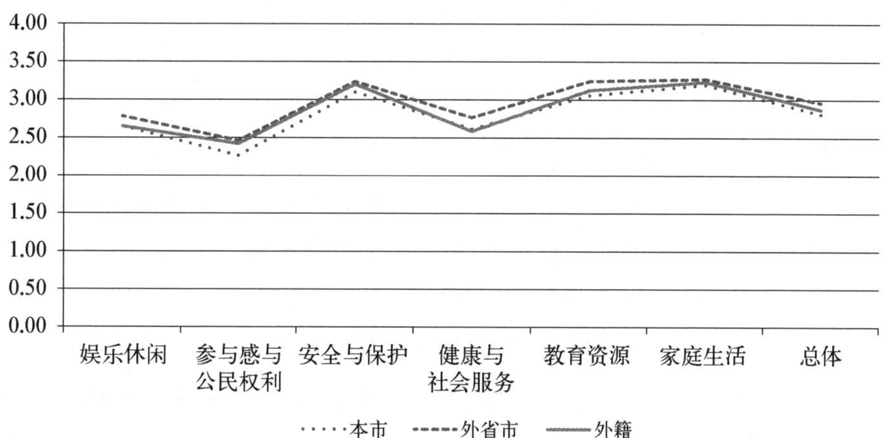

图 4　不同户籍儿童在“儿童友好型城市”指标评价的比较

在娱乐休闲方面，本市户籍的儿童对“社区足够的地方游戏或运动”以及“足够的游戏、休息、玩耍的时间”的评价低于外省市及外籍儿童；而对“网络电子游戏适合我们、对我们有帮助”的评价高于另两组儿童。儿童在“参加小伙伴们自发组织的校外小组或活动,而不是由家长或老师安排的”“现在有很多适合儿童观看的电影、电视剧”条目上的评价则不存在户籍差异。

在参与感与公民权利方面,儿童在家庭重大事务的决策、参与社区规划与决策、参与改造社区活动 3 个部分的得分普遍较低;在家庭重大事务的决策、政府作出与儿童相关的社会重大决策部分,不同户籍儿童的评估分没有显著差异。评分存在显著户籍差异的条目是:“我能决定与自身相关的事情(如选择培训班、穿着打扮、周末休闲时间的安排等)”“我了解少代会,并且参与了少代会代表的投票和选举”“社区的规划与决策上听取社区儿童的意见”“参与改造社区的活动”“知道儿童有哪些权利”等,具体表现为,本市户籍儿童的相关评估得分低于其他两类儿童。

在安全保护方面,“乘坐轨道交通”“社区行走和骑自行车”“知道互联网的上网风险”以及“在家庭内,碰到潜在危险知道找谁寻求帮助”4 个条目上的评分不存在儿童户籍的差异。在“我们每天吃的食物都有安全保障”“我知道哪里寻求法律援助”“家庭外,碰到潜在危险知道找谁寻求帮助”条目上,外省市籍贯的孩子评分高于上海籍贯的儿童。在其他诸如“上网时没有收到网络暴力、色情不良信息”“没有受到口头的暴力和威胁”“没有受到身体的暴力与虐待”“不会被其他孩子欺负”“学过安全自护相关知识”“参加过安全自护的现场演练等活动”等条目,本市户籍的儿童评估分低于其他两组儿童。

在健康与社会服务方面,儿童在“社区里可以体检和看病”“有为儿童开设的儿科门诊、就医方便”以及“从专业人士那里获得关于艾滋病相关的支持和辅导”3 个条目上的评分不存在户籍差异。其他诸如“图书馆有儿童读物”“社区垃圾和脏水等得到很好处理”“社区空气干净”“可以获得生长发育、生理变化等专业知识和困惑解答”等条目,外省市儿童的评估分则高于本市儿童。

在家庭生活方面,不同户籍的儿童的总评分不存在显著差异,仅在“若有兄弟姐妹,父母给我的爱不会减少”以及“我们家经常与邻居互动”条目上,本市户籍的儿童评价显著低于外省市与外籍儿童。

（五）不同地域儿童在“儿童友好型城市”指标评价的差异比较

分析数据可知：相对来说，城区儿童对儿童友好型城市的各指标评估高于郊区儿童。

表 9　不同地域儿童在“儿童友好型城市”指标评价的比较

维度＼区域	城　区	城郊区	近郊区	远郊区	*F*(Sig.)	差异显著性
娱乐休闲	2.83±0.60	2.67±0.70	2.68±0.60	2.49±0.70	33.9*** (.000)	1＊2 1＊3 1＊4 2＊4 3＊4
参与感与公民权利	2.53±0.70	2.28±0.70	2.32±0.70	2.08±0.69	52.70*** (.000)	1＊2 1＊3 1＊4 2＊4 3＊4
安全与保护	3.29±0.60	3.10±0.60	3.17±0.60	2.94±0.60	46.40*** (.000)	1＊2 1＊3 1＊4 2＊4 3＊4
健康与社会服务	2.85±0.80	2.58±0.70	2.61±0.80	2.52±0.85	26.20*** (.000)	1＊2 1＊3 1＊4
教育资源	3.34±0.60	3.05±0.60	3.12±0.60	2.84±0.70	74.70*** (.000)	1＊2 1＊3 1＊4 2＊4 3＊4
家庭生活	3.36±0.60	3.16±0.70	3.24±0.70	3.06±0.70	27.80*** (.000)	1＊2 1＊3 1＊4 2＊4 3＊4

续表

区域 维度	城　区	城郊区	近郊区	远郊区	F(Sig.)	差异显著性
总体	3.03±0.50	2.81±0.50	2.86±0.53	2.65±0.57	64.20*** (.000)	1*2 1*3 1*4 2*4 3*4

娱乐休闲方面，远郊区的儿童在"经常去科技馆、博物馆、图书馆等活动场馆"和"儿童活动、参观的场所，有适合儿童使用的参观设备"条目上的评价显著低于其他类别的儿童；且在"足够的游戏、休息、玩耍的时间""与朋友互动的时间"和"参加校外小组或活动"等方面，也处于评价较低的水平。此外，不同区域儿童对"现在儿童玩的网络或电子游戏适合儿童、对儿童有帮助"的评价不存在显著差异。

参与感与公民权利方面，郊区儿童在"家庭内重大事务的决策""了解成人的权利""参与儿童自主管理的团体"条目上的评价显著低于其他类型的儿童，其他三组儿童则不存在显著差异。

安全与保护方面，仅在"在上网时，我没有收到过网络上的暴力或色情等不良信息""学习过安全自护相关知识""参加过安全自护相关的现场演戏等实践活动"条目上，郊区儿童的评价得分显著低于其他三类儿童。

健康与社会服务方面，城区儿童在"我的社区，医院有为儿童开设的儿科门诊，就医方便""可以寻求类似心理咨询的心理健康服务，获得关于心理健康的专业知识""社区图书馆内有丰富的儿童读物""周末、节假日，会参加针对儿童、青少年的公益活动"等条目上的评价显著高于其他三类儿童。总的来说，城区儿童的评价高于郊区儿童的评价。

教育资源和家庭生活方面，存在三个水平的评价差异，即城区儿童、城郊与近郊儿童、远郊儿童之间存在差异，但城郊与近郊区域儿童之间的评价差异并不显著。

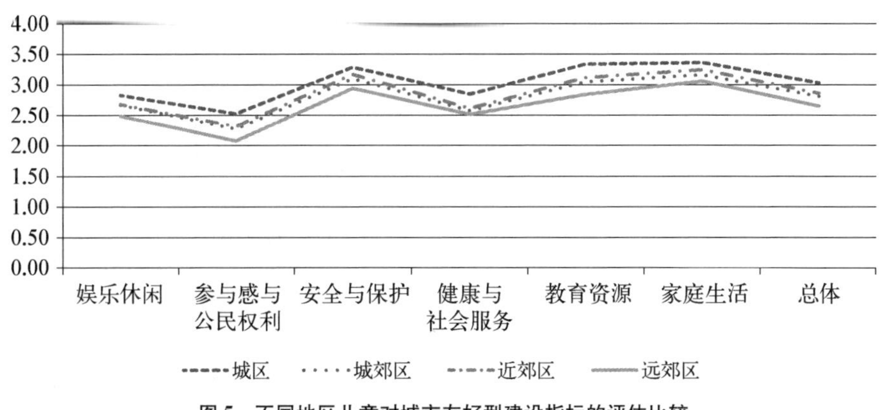

图 5　不同地区儿童对城市友好型建设指标的评估比较

（六）“儿童友好型城市”指标评价的家庭社会经济水平比较

将家庭社会经济水平分为四类。通过数据分析可知，不同家庭经济水平收入的儿童在各维度的评分存在显著差异，具体表现为：随着家庭经济水平收入的增加，儿童的评价也不断提高。收入水平处于较高位置（上部 25%）的儿童在各维度评价得分显著高于其他三类儿童，而经济水平收入位于较低位置（下部 25%）的儿童，其评价得分显著低于其他儿童。

表 10　“儿童友好型城市”指标评价家庭社会经济水平的比较

家庭社会经济地位 / 维度	SES1	SES2	SES3	SES4	F(Sig)	差异显著
娱乐休闲	2. 56±0. 65	2. 63±0. 70	2. 73±0. 60	2. 81±0. 70	19. 50*** (. 000)	1＊2 1＊3 1＊4 2＊3 2＊4
参与感与公民权利	2. 24±0. 70	2. 27±0. 70	2. 36±0. 70	2. 42±0. 70	9. 41*** (. 000)	1＊2 1＊3 1＊4 2＊4

续表

维度 \ 家庭社会经济地位	SES1	SES2	SES3	SES4	*F*(Sig)	差异显著
安全与保护	3. 02±0. 60	3. 11±0. 60	3. 19±0. 50	3. 22±0. 60	15. 6**** (. 000)	1＊2 1＊3 1＊4 2＊4
健康与社会服务	2. 50±0. 80	2. 63±0. 80	2. 71±0. 70	2. 79±0. 80	17. 74*** (. 000)	1＊2 1＊3 1＊4 2＊4
教育资源	3. 01±0. 70	3. 05±0. 70	3. 18±0. 60	3. 18±0. 60	11. 89*** (. 000)	1＊2 1＊3 1＊4 2＊3 2＊4
家庭生活	3. 00±0. 70	3. 16±0. 60	3. 31±0. 60	3. 39±0. 60	46. 97*** (. 000)	1＊2 1＊3 1＊4 2＊3 2＊4
总体	2. 72±0. 60	2. 80±0. 50	2. 91±0. 50	2. 97±0. 50	28. 55*** (. 000)	1＊2 1＊3 1＊4 2＊3 2＊4

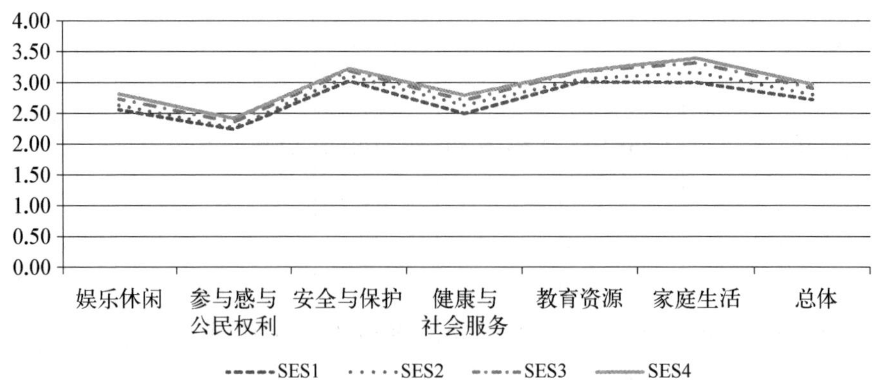

图 6　不同家庭社会经济水平儿童对儿童友好型城市指标的评估比较

从各维度的评价与父母的受教育程度的相关分析来看，除教育资源（学校）之外，其他各维度的评价得分与父母受教育水平大都呈显著正相关水平。其中，在安全与保护维度上，父亲受教育水平高的儿童，在互联网风险、不被其他孩子欺负、安全自护知识等方面的评价显著偏高。在健康与社会服务方面，家长的受教育程度与儿童对社区医疗资源、社区图书馆资源、社区环境及公益活动等的评价呈显著正相关。

表 11 "儿童友好型城市"指标评价与父母受教育水平的相关

维度 \ 父母受教育水平	父亲教育水平	母亲教育水平
娱乐休闲	0.06** (.001)	0.04* (.016)
参与感与公民权利	0.04* (.019)	0.02(.12)
安全与保护	0.04* (.026)	0.03(.05)
健康与社会服务	0.04* (.016)	0.05* (.01)
教育资源（学校）	0.03(.08)	0.03(.08)
家庭生活	0.09*** (.000)	0.08*** (.000)
总分	0.06*** (.000)	0.058** (.002)

三、讨 论 分 析

为了解不同类型儿童在城市儿童友好度评价上的差异，本研究将与儿童相关的年龄、性别、户口性质、区域分类、家庭社会经济文化水平以及家长的受教育程度等因素作为变量，进行回归分析，又根据上文中的研究结果，将是否是独生子女、父亲受教育程度、母亲受教育程度这三个变量剔除，具体分析结果如表 12：

表 12 "儿童友好型城市"指标评估的影响因素之回归分析

	儿童友好型维度	娱乐休闲	参与感与公民权利	安全与保护	健康与社会服务	教育资源	家庭生活
影响因素	年龄	√	√	√	√	√	√
	性别	√	√		√	√	

续表

	儿童友好型维度	娱乐休闲	参与感与公民权利	安全与保护	健康与社会服务	教育资源	家庭生活
影响因素	户口性质	√	√	√	√	√	√
	区县分类	√	√	√	√	√	√
	SES	√	√	√	√	√	√
	父母最高受教育程度	√	√	√	√	√	√
F(Sig.)		47.59*** (.000)	45.69*** (.000)	47.13*** (.000)	40.73*** (.000)	51.36*** (.000)	60.95*** (.000)
t 值(Sig.)		-9.5~8.9 (<.009)	-10.3~7.4 (<.001)	-9.2~10.2 (<.009)	-8.6~9.2 (<.015)	-12.8~9.6 (<0.01)	-7.2~13.5 (<.002)

(一)儿童的综合评价处于中上水平

儿童对家庭生活、安全与保护、教育资源上的评价普遍更为积极;对休闲娱乐、健康与社会服务的评价较高,但在参与权与公民权利的评价上较为消极。因此,后 3 个维度是相对更有提升空间的领域。各维度的整体评价趋势与 2011 年韩国首尔的城市儿童友好度评测结论相一致,但首尔的城市儿童友好度的总体评价更低,更为消极。

与儿童友好型指标相关的儿童四大权利的保护状况分析可以发现,本市儿童感知到父母给予了儿童相关权利的保护和支持,即父母尽量给孩子提供最好的物质环境和发展机会。在儿童参与权方面,家长、老师等成人已经意识到要平等地对待孩子并尊重儿童自己的选择权,但当理念要付诸行动时,成人仍有可能剥夺了儿童的参与权①,因此,表现出的就是儿童对参与感和公民权利的现状评估相对消极。

(二)低龄儿童的评价普遍高于青少年

随着孩子年龄的增长,儿童对城市的儿童友好度评价呈下行趋势,这一结

① 杨雄,等.上海市儿童权利家庭保护的现状与挑战[J].社会科学,2008(6).

论与2011年韩国首尔的城市儿童友好度评测结论相一致。究其原因,是与儿童认知的成熟度以及主观评价标准有关,但值得我们反思的是,在城市规划与发展上,应如何聆听青少年的声音。

从儿童对自身权利保护与现状的评估研究来看,青春期儿童对自身权利受到家庭保护的满意程度均显著低于低龄阶段儿童,相关研究认为这归因于青春期儿童的生理和心理日渐成熟,有强烈摆脱成人保护的倾向①。从这一点来说,青春期阶段的儿童对家庭、学校、社会等各方面的认知可能更为成熟和全面,在儿童友好型城市建设过程中,更需要倾听儿童主体的心声。原上海市城市规划和国土资源管理局局长庄少勤在"2040城市规划听取青年汇智团意见"的青年汇智营中就说:"要明确明天的方向,就要知道后天的需要。"

在此次调研过程中,不同年龄阶段的孩子纷纷给出了自己对城市儿童友好度方面的建议。三年级的孩子指出:"希望周末有一天街区有一段马路可以交通管制,让所有的车辆都不可以通过,街区所有的小朋友都可以到这段马路上来玩。这样可以增加孩子的独立能力,也不会有安全问题;小朋友可以一起长大,增加友谊。"初中的孩子指出:"现在社区中的游乐设施都偏向低龄儿童,不适合我们初中、高中的年龄阶段。希望有更多专门供儿童娱乐休闲的场所,场所除了有运动型、游玩型项目外,应该增加趣味益智类,考虑不同年龄儿童的需求与特点。"

(三)女孩对城市的儿童友好性的评价更为积极

此结果可能是因为,女孩对各维度的参与度以及身心发展成熟度显著优于同年龄阶段的男孩,与2011年韩国首尔的城市儿童友好度评测结论相反,在首尔城市友好型评价中,男孩比女孩的评价更为积极。但本研究的结果与2015年基地开展的儿童权利保护现状调查中的结论相似,即家长对女孩在生存权、受保护权、发展权和参与权上的评价显著高于男孩。此外,本市就儿童权利保护的现状调查研究显示,女童普遍认为自己的权利比男童得到了更好

---

① 杨雄,等.上海市儿童权利家庭保护的现状与挑战[J].社会科学,2008(6).

的保护[①]。因此可以说,在上海,给予女童的环境创设要略高于男童。

（四）经济和地域因素会对儿童评估产生影响

家庭社会经济因素好、城区的儿童和青少年评估城市儿童友好度各维度普遍比社会经济水平弱和郊区的儿童更为积极正向,这一结论与2011年韩国首尔的城市儿童友好度评测结论相一致。从儿童对各维度相关具体指标的评价中可以发现,儿童认为：城区的与儿童相关的教育资源、社区设施、公共服务设施以及儿童参与的环境与机会均显著高于远郊区;从家庭环境的营造,包括家长对儿童教育重视程度、教育理念来看,也有着家庭经济文化因素的影响。杨雄等人[②]的研究结果表明：家长文化程度的提高、家庭收入的增高,儿童的生存权、参与权、发展权等就会受到越来越好的家庭保护。

四、建议与思考

（一）需更关注环境创设

此次调查数据表明,儿童对学校资源、家庭生活以及安全保护方面的评价相对积极,但在娱乐休闲、健康社会服务以及参与感和公民权利方面的评价相对消极,具体表现为：

娱乐休闲方面,儿童期待更多的自由游戏、休息、玩耍的时间和空间,与朋友交流、互动的时间,儿童自发组织的活动内容等。儿童更期待拥有适宜儿童参观学习的活动场馆以及亲儿童化的设施服务,例如儿童更易理解的信息介绍,或针对儿童讲解的参观服务,或针对不同年龄段儿童的游乐设施等。儿童更期待社会能够提供更多适宜儿童观看欣赏的文化服务,尤其是适宜儿童玩的网络或电子游戏(该领域评估分最低)。同时,孩子希望“电影有分级制度,相对减少我们观看无法接受电影的机会”。

---

① 杨雄,等.上海市儿童权利家庭保护的现状与挑战[J].社会科学,2008(6).

② 杨雄,等.上海市儿童权利家庭保护的现状与挑战[J].社会科学,2008(6).

健康社会服务方面，儿童更期待社区环境的优化，包括空气质量、卫生环境、儿童图书馆等服务，希望社区有更多针对儿童、青少年的公益活动。有孩子表示希望“生活在一个未被污染的环境中，不会因为 PM2.5 的超标而天天开着空气净化器。我想独自上学放学，我想体会爸爸妈妈小时候在田野里奔跑，与小动物互动，可以独自约见小伙伴一起玩耍。”“希望增强是食品监控，保障儿童食品安全。请进一步加强控烟力度，让孩子远离二手烟。是否可以增设校车，既可以节省资源，又可以缓解交通压力。”“每一项小区或社会上的活动，不管老幼病残，都应该参加，不应该把小孩遗忘。……尽量办一些公益活动给小孩，这也是一种权利。”

参与感与公民权利方面，儿童就参与感的评估分从高至低分别是家庭、学校和政府/社区。在儿童权利实现保护的相关课题中，呈现出了与之相似的结果，即我市儿童的参与环境属于中等偏上，儿童的权利意识较高，但参与现状(行为)评分相对较低①。从相关因素分析发现，家庭、学校、社会关系中营造的尊重、鼓励、支持、积极聆听等的支持性环境越好，儿童的权利意识就越好，儿童的参与也更为积极。因此，相关客观环境和人文环境的创设对儿童参与感及公民权利的实现尤为重要。儿童表示：“我想让所有的儿童都有自己的权利，每个人都关注儿童的成长，不强迫儿童做自己不想做的事情，而是要培养兴趣。”“想要建成一座让孩子觉得安全、开心的城市，应该多听听孩子怎么想，让我们来当‘儿童友好型城市’的评委。”

（二）需考虑环境创设的公平性与普惠性

儿童友好城市的目标是：保障儿童对于基本服务的权利，例如健康、教育、住宅、饮水、卫生以及免于暴力、虐待和剥削；同时，致力于让年轻人影响关于城市的决策，表达他们对于城市的意见，参与社区和城市生活；提倡儿童安全独自出行，和朋友聚会和游戏，居住在一个没有污染的绿色环境中，并可以参与文化和社会活动，成为城市平等的公民，获得各项服务而不受任何歧视。

---

① 何彩平，等. 儿童友好型城市建设中儿童的声音[J]. 中国校外教育，2018(10).

儿童友好城市的初衷,是考虑如何实现城市与儿童的共同可持续性发展。儿童是社会未来的人力资源,但在城市规划和发展进程中,属于特殊群体、弱势群体。同时,城市发展,尤其是公共服务建设,需要代表城市人民的利益使用和分配城市公共资源,为确保城市公共服务的公平、公正,需要体现对弱势群体的关注与扶持。解翠玲在《城市处境不利儿童的成因结果及改善策略研究中》(2016)阐述:对于城市中的处境不利儿童来说,处境不利是社会转型和改革的产物。改善处境不利儿童处境及感受的措施是加强制度和法规建设,为处境不利儿童的权益保障提供依据;集合多方力量,构建社会支持系统,促进处境不利儿童的发展。

因此,在儿童友好型城市的建设规划过程中,要倾听儿童的诉求,同时也需要考虑城市环境创设的公平性与普惠性,即相对倾斜资源相对欠缺的郊区或处境不利的儿童群体。正如郊区三年级的孩子说的:“在我们现在医院里,专属于我们儿童的医生非常少,有时候由其他诊科的医生兼职的。对于我们住在郊区的孩子,看病一点都不方便,真希望我们郊区的孩子也能像市区的孩子一样,拥有良好的医疗环境和方便的就医。”

(三)应积极倡导儿童公民权利与参与意识

儿童友好型城市的建设,需要政府及时向公众公开政府决策,搭建公众参与的平台,尤其是让儿童最大限度地参与其中。联合国儿童基金会倡导建设儿童友好城市的过程包括以下9个关于儿童权利的要素:参与决策过程、儿童友好性的法律框架、覆盖整个城市儿童权利计划、一个儿童权利机构或者协调机制、儿童影响评估、关于儿童的专门预算、定期发布城市儿童状况报告、推动儿童权利、独立的儿童代言人。目前,全世界已经有许多城市和政府加入了实现“儿童友好城市”的行动:伦敦在2007年出版了第三期城市儿童报告,意大利的政府环境部负责协调儿童友好城市计划的实施。除了发达国家,发展中国家也有了很多实践,如菲律宾从20世纪90年代就开始开展儿童友好城市项目,南非约翰内斯堡大都市区议会的发展计划包括了儿童行动计划,让儿童可以直接影响当地立法和城市规划。越南胡志明市也于2017年计划在儿童友好型城市建设中着力推动如下策略：(1) 缩小公平差距，向处于社会边缘的儿童提供社会服务，保护所有儿童不受暴力侵害；(2) 促进安全、可持续的城市环境；(3) 设置合适的针对儿童的城市规划和预算；(4) 提高弱势儿童和青少年的参与程度；(5) 加强城市区域政策研究的实证基础。

相对其他维度，上海市儿童在参与感与公民权利维度上的友好度评价最低，而我市儿童的权利意识已经普遍较高，有孩子就表示："儿童同样是我们这个城市的一分子、一部分，所以他们也理应拥有和公民一样的权利，不应以年纪小为缘由而限制他们的权利。"但从儿童参与现状与行为的自我评估中，呈现出了与儿童权利意识不相匹配的评估分，这可能是因为父母、教师等意识层面与实际操作间的不一致。何彩平等关于家庭内儿童权利保护的研究(何彩平等,2018)表明：儿童的权利意识发展水平与儿童的参与环境息息相关，即家庭内、学校内、社会关系中营造的尊重、鼓励、支持、积极聆听等的支持性环境有关[①]。表现为儿童参与环境更为积极，儿童的权利意识更好，呈显著正相关，相关系数为 0.557($p=0.000$)。进一步分析儿童参与环境与家庭教育状况之间的关系，发现影响儿童参与环境的因素还与家长的教育成效感、父母育儿一致性、家庭社会经济水平等因素相关，具体表现为家长在育儿过程中的成效感和可控感会影响到儿童的参与环境，成效可控感高的父母可能更愿意给予孩子尊重、选择和参与等权益；父母育儿一致性的状况也会影响到儿童的参与环境，父母在育儿问题上的态度更偏向一致、共同努力以及紧密合作，儿童的参与环境会更好；在家庭社会经济水平高的家庭环境中，儿童的参与环境相对更宽松。

因此，儿童参与意识及行为能力的提高需要有意培养。父母或成人对儿童参与的鼓励行为将有利于儿童自主意识、权利意识的萌发，同时，对儿童参与行为、参与环境营造也有着积极的促进作用。从访谈中可知，家长普遍认为儿童积极参与学校、社区的活动，对儿童自身能力的提高是有促进意义的。例如曾参与"青少年对上海市儿童参与现状的调查"的一名青少年表示，研究过

① 何彩平，等. 儿童友好型城市建设中儿童的声音[J]. 中国校外教育，2018(10).

程中虽然遇到了困难,但觉得非常开心,不仅是因为自己得到了锻炼,更重要的是觉得自己是在为儿童争取自己的权利,是“为社会献出自己的一份力量”[①]。

总而言之,儿童的参与,有利于强化孩子的自我认识,有利于提高儿童责任感和主人翁意识、增强儿童社会责任感。而城市发展,需要的就是具有主人翁精神的建设者和接班人。

① 张增修,等.让儿童成为儿童问题的研究者——促进儿童参与研究的策略[J].基础教育,2017(5).

城市建成环境对上海市小学生上下学交通出行行为的影响*

张 毅**

一、绪 论

（一）项目背景

当今社会，尽管生活和医疗水平不断提高，我国青少年体质仍有停滞、下降的趋势①。以肥胖为例，2014 年全国学生体质健康调研显示，各年龄段肥胖检出率持续上升，城市男、女生肥胖检出率分别达 20% 和 10%②。这一严峻问题的背后，交通机动化、久坐静态化等现代生活方式所造成的体力活动不足是重要原因③。缺乏体力活动，不仅影响生长发育，还会导致成年期慢性疾病的发生。包括小学生在内的青少年能否健康成长是维系中国家庭及整个社会稳定与可持续发展最具挑战的课题之一④。因此，提高我国青少年体力活动水平，全面促进我国青少年体质健康已刻不容缓。

在西方发达国家，青少年体质健康问题出现较早，各国政府普遍重视并在理论研究基础上出台了大量干预措施，取得了一定效果。影响青少年体力活动的因素包括个体和环境因素，其中建成环境因素（built environment）是近年来的理论研究热点和实践应用前沿。在理论研究层面，研究表明，良好的户外建成环境因素（土地利用混合度、街道连通性、活动场地可达性、绿化景观等）

---

* 本文为 2014—2015 年度上海儿童发展研究课题“城市建成环境对上海市小学生上下学交通出行行为的影响”的结项成果。

** 张毅，上海交通大学研究人员。

① 李海燕，等. 上海市青少年体力活动现状与体质健康相关性研究[J]. 上海预防医学，2011(4).

② 何玲玲，等. 中国城市学龄儿童体力活动影响因素：基于社会生态学模型的综述[J]. 国际城市规划，2016(4).

③ 何晓龙. 影响儿童青少年中到大强度体力活动的建成环境因素研究[D]. 上海体育学院，2015.

④ 韩西丽，等. 城市儿童户外体力活动研究进展[J]. 人文地理，2011(6).

能鼓励青少年更多地采用步行、公交等方式上下学、更多地参与体力活动,进而收获健康效益[①]。在实践应用层面,从规划设计角度提出主动干预措施,通过优化建成环境来提升青少年体力活动和健康水平,这一思路得到了大力倡导。

近来,我国政府也已开始积极应对青少年体质健康问题。2016 年 10 月 25 日,中共中央、国务院发布了《"健康中国 2030"规划纲要》(以下简称《纲要》)。《纲要》提出:"制定实施青少年、妇女、老年人、职业群体及残疾人等特殊群体的体质健康干预计划……把健康融入城乡规划"[②]。目前,从规划设计角度对我国青少年体质健康进行主动干预已迫在眉睫,当务之急是揭示建成环境与我国青少年日常出行行为、体力活动和健康的关系。

然而,现有理论研究和实践应用主要集中在西方国家,我国城市的建成环境特征与西方国家存在明显差异。因此,国外研究结论对我国的指导意义仍待谨慎检验。我国城乡规划领域对青少年体力活动和公共健康的关注尚处于起步阶段,对真正影响青少年体力活动和健康的建成环境因素及其作用机制缺乏足够的实证,更缺少基于我国城市建成环境特征的主动干预实践。为此,在健康中国背景下,亟须在定量研究我国城市建成环境特征的基础上,剖析不同建成环境因素对青少年上下学出行行为、体力活动和健康水平的影响机制,从规划设计角度提出青少年上下学出行行为、体力活动和健康的主动干预措施,评估不同主动干预措施给青少年所带来的健康效益,以指导青少年体力活动和健康的主动干预实践,助力我国健康城市的规划和建设。

(二)研究问题

本课题研究定位为:"城市建成环境对上海市小学生上下学交通出行行为的影响"。首先,对研究的几个关键问题进行界定。

1. 建成环境(Built Environment)

建成环境是相对于自然环境而言的由人为建设改造的各种建筑物和

---

① 何晓龙.影响儿童青少年中到大强度体力活动的建成环境因素研究[D].上海体育学院,2015.

② 贯彻落实《"健康中国 2030"规划纲要》加强学校健康建设促进学生身心发展[J].青少年体育,2016(11).

场所，是能够影响居民身体活动行为的土地利用模式、交通系统及与城市设计相关的一系列要素的组合，尤其是可通过政策和人为行为改变的环境①②。作为促进体力活动、提升健康水平的重要因素之一，建成环境是城市规划主动干预居民体力活动和健康的重要切入点③④。由于在“建成环境—体力活动/健康”方面取得了丰富的理论研究成果，部分发达国家和地区通过优化建成环境来促进青少年体力活动和健康，取得了较好的应用效果。

国外对客观建成环境研究较为成熟，主要采用 GIS 数据和多元统计分析相结合的研究方法，并诞生了一系列有影响力的成果。例如，Ewing 和 Cervero 共同提出了“5Ds”来表征五个方面的客观建成环境特征，包括密度(Density)、多样性(Diversity)、城市设计(Design)、可达性(Destination accessibility)和公交服务(Distance to transit)⑤。

2. 上下学出行行为

本课题所研究的小学生上下学出行行为是指小学生个体出行者层面的上下学出行方式选择、出行时耗等行为。

(三) 研究意义

本课题旨在完善我国“建成环境—上下学出行行为”理论研究体系，从城市规划角度提出优化小学生上下学出行行为、促进小学生体力活动、提升青少年健康水平的主动干预措施，具有如下三个方面的理论和现实意义：

(1) 研究建成环境对小学生上下学出行行为的影响机理，有助于提炼对小学生上下学出行行为具有优化作用的关键性建成环境因素。

---

① HANDY S L, et al. How the built environment affects physical activity: views from urban planning [J]. American journal of preventive medicine, 2002, 23(2): 64 - 73.

② BROWNSON R C, et al. Measuring the Built Environment for Physical Activity State of the Science [J]. American journal of preventive medicine, 2009, 36(4).

③ 韩西丽，等. 城市儿童户外体力活动研究进展[J]. 人文地理，2011(6).

④ 鲁斐栋，等. 建成环境对体力活动的影响研究：进展与思考[J]. 国际城市规划，2015，30(2).

⑤ EWING R, CERVERO R. Travel and the Built Environment[J]. Journal of the American Planning Association, 2010, 76(3).

（2）研究建成环境对小学生上下学出行行为的主动干预，有助于形成本土化的主动干预措施，推动城市规划、公共健康、运动科学等学科在这一领域的交叉合作，推进我国健康城市规划的研究。

（3）将研究结论在实践中应用，有助于促进小学生更多地采用步行、公交等绿色出行方式进行上下学以提升健康水平，助力城市规划领域积极应对“健康中国”战略。

二、国内外研究经验总结

（一）国外研究现状及发展动态

不同国家和地区的学者在“建成环境—青少年出行行为/体力活动”领域展开了广泛的案例研究，从不同角度揭示了主、客观建成环境对青少年体力活动和健康的影响机制，并推动了主动干预措施的制定和实施。

1. 建成环境对青少年出行行为/体力活动的影响机制及干预研究。通过对2000—2013年的23篇文献进行荟萃分析，McGrath等学者发现：游乐、公园、操场和步行道等设施与青少年体力活动密切相关，采用步行上下学的青少年体力活动水平更高，与自然环境相比，青少年的体力活动更多发生在城市建成环境中①。Giles-Corti等学者的另一项综述性研究表明：居住在高密度、混合开发区域的青少年体力活动水平高，居住地靠近游乐设施也会促进青少年的体力活动②。

在北美地区，Rodríguez等采用GPS设备和加速度计采集了293名15~18岁女性青少年的建成环境和体力活动数据，研究结果表明：在公园、学校附近以及人口密度较高的区域，研究对象的体力活动水平更高，而在道路网密度以

① MCGRATH L J, HOPKINS W G, HINCKSON E A. Associations of Objectively Measured Built-Environment Attributes with Youth Moderate-Vigorous Physical Activity: A Systematic Review and Meta-Analysis[J]. Sports Med, 2015, 45(6).

② GILES-CORTI B, KELTY S F, ZUBRICK S R, et al. Encouraging Walking for Transport and Physical Activity in Children and Adolescents[J]. Sports Med, 2009, 39(12).

及餐饮设施密度较高的区域,研究对象的体力活动较低①。在欧洲地区,Santos等对1 124名12~18岁的葡萄牙青少年的研究显示,居住地周边免费或低价娱乐设施的密度与女性青少年的体力活动强度正相关,而居住地周边居民总体体力活动强度与男性青少年的体力活动强度正相关②。在东亚地区,Lee等学者对中国大陆和香港、台湾地区的5项代表性研究(样本合计43 817名11~17岁青少年)进行了综合分析,结果表明:提升公共设施可达性、提高体育设施密度以及增强青少年对体育设施可达性的主观感知,能够鼓励青少年更多地参与体力活动;而居住地建筑密度因素在不同研究中的影响机制不一致,可能与不同地区青少年对居住区治安水平的主观感知差异有关③。在南美地区,de Farias对2 874名11~17岁巴西青少年的研究证明了主观建成环境对青少年体力活动的影响。具体来说,居住地周边其他青少年体力活动水平越高或有吸引力的公共设施密度越高,青少年参与体力活动的机会越多④。在非洲地区,Oyeyemi对7个国家的10 950名11~17岁青少年进行了探索性研究⑤。

2. 建成环境对青少年健康的影响机制及干预研究。进行"建成环境—体力活动"研究的目的是通过改善建成环境来提高青少年体力活动量,进而促进健康,因此许多研究尝试分析建成环境与青少年健康之间的关系。Corrêa等学者通过对近20项相关研究的总结表明,目前"建成环境—青少年

---

① RODRIGUEZ D A, CHO G-H, EVENSON K R, et al. Out and about: Association of the built environment with physical activity behaviors of adolescent females[J]. Health & Place, 2012, 18(1).

② SANTOS M P, PAGE A S, COOPER A R, et al. Perceptions of the built environment in relation to physical activity in Portuguese adolescents[J]. Health & Place, 2009, 15(2).

③ LEE L-L, KUO Y-L, CHAN E S-Y. The Association Between Built Environment Attributes and Physical Activity in East Asian Adolescents[J]. Asia Pacific Journal of Public Health, 2016, 28(3).

④ DE FARIAS J NIOR J C, DA SILVA LOPES A, MOTA J, et al. Perception of the social and built environment and physical activity among Northeastern Brazil adolescents[J]. Prev Med, 2011, 52(2).

⑤ OYEYEMI A L, KASOMA S S, ONYWERA V O, et al. NEWS for Africa: adaptation and reliability of a built environment questionnaire for physical activity in seven African countries[J]. International Journal of Behavioral Nutrition and Physical Activity, 2016, 13(1).

健康”的研究主要聚焦于学校、家庭周边快餐店、食品超市密度与青少年肥胖、超重、糖尿病等健康问题的关系。具体来说,学校周边快餐店密度越高,青少年饮食习惯和肥胖指数越高;家庭周边食品超市、快餐店密度越高,青少年 BMI 越高;居住地的食品超市可达性越低,青少年饮食习惯越健康①。Duncan 等对波士顿地区 1 034 名不同族裔高中生的研究表明:公交站点密度与白人学生身体质量指数(BMI)显著相关,商业设施密度与亚裔学生 BMI 显著负相关,而步行道完整性和白人及亚裔学生的 BMI 均呈现显著正相关②。Leatherdale 等研究表明,学校周边快餐店、食品超市的密度与 12 岁少年超重概率呈正相关关系③。

3. “建成环境—青少年出行行为/体力活动”的研究方法。对建成环境、体力活动、健康水平的定量测度,是揭示建成环境影响居民体力活动强度的基础。体力活动的测量包括自我评价、采用计步器和活动加速器等形式④,健康水平的测度包括肺活量测量仪、身高体重秤、运动测试等,建成环境的测量主要有问卷调查、数量统计、定性评估和 GIS 空间分析等方法。建成环境具有地理尺度的差异,体现在站点、社区和区域等不同层面。在微观上,通过获取详细的建成环境的空间数据(包括密度、缓冲区、坡度和可达性等),定性评估规划设计的健康影响;在宏观上,采用数理统计方法研究建成环境对居民交通行为、体力活动和慢性疾病的影响程度,包括分层建模、定序回归方程和相关性分析等方法。例如,Kelly 等人利用美国健康和营养调查数据,通过建立层次

---

① CORR A E N, SCHMITZ B D A S, VASCONCELOS F D A G D. Aspects of the built environment associated with obesity in children and adolescents: A narrative review[J]. Revista de Nutrição, 2015, 28(1).

② DUNCAN D T, CASTRO M C, GORTMAKER S L, et al. Racial differences in the built environment-body mass index relationship? A geospatial analysis of adolescents in urban neighborhoods[J]. International Journal of Health Geographics, 2012, 11(1).

③ LEATHERDALE S T, POULIOU T, CHURCH D, et al. The association between overweight and opportunity structures in the built environment: a multi-level analysis among elementary school youth in the PLAY-ON study[J]. International Journal of Public Health, 2011, 56(3).

④ FRANK L D, SCHMID T L, SALLIS J F, et al. Linking objectively measured physical activity with objectively measured urban form — Findings from SMARTRAQ[J]. American journal of preventive medicine, 2005, 28(2).

建模发现在控制个体特征下,具备高度可达性和道路网络连通性的地区往往呈现更高的健康水平[①]。

4. 影响青少年出行行为/体力活动的建成环境指标及其量化方法。Brownson 将影响体力活动和健康的建成环境指标归纳为人口密度、土地混合利用、娱乐设施可及性、公共交通可达性、道路网密度和格局、步行道密度、安全性、绿化景观、街道照明等[②]。考虑数据来源及量化方法,建成环境指标通常分为主观感知和客观测度两种[③]。传统的建成环境是指客观建成环境,主要利用 GIS 技术定量测量得到。近年来,主观建成环境逐渐成为研究热点,其优点是能够反映被调查者对建成环境感知的差异性。主观建成环境数据通常采用问卷调查、访谈、观察等方法,将个体对不同建成环境指标的定性评价通过一定规则进行量化处理,转化为定量指标,作为模型分析的数据输入[④]。常用的主观建成环境调查问卷包括社区步行环境量表简版、环境感知问卷等[⑤⑥]。

(二)国内研究现状及发展动态

在国内,城市规划与公共健康的研究仍处于起步阶段,我国类似的实证检验和实践项目的健康影响评估仍然相对缺乏,但其重要性开始凸显。2014 年我国城市规划领域的专家针对“健康城市与城市规划”主题,对健康城市、健康城市规划和公众“健康促进”等主题进行了讨论[⑦]。

---

① KELLY-SCHWARTZ A C, STOCKARD J, DOYLE S, et al. Is sprawl unhealthy? A multilevel analysis of the relationship of metropolitan sprawl to the health of individuals[J]. Journal of Planning Education and Research, 2004, 24(2).

② BROWNSON R C, HOEHNER C M, DAY K, et al. Measuring the Built Environment for Physical Activity State of the Science[J]. American journal of preventive medicine, 2009, 36(4).

③ SONG Y, KNAAP G-J. Quantitative Classification of Neighbourhoods: The Neighbourhoods of New Single-family Homes in the Portland Metropolitan Area[J]. Journal of Urban Design, 2007, 12(1).

④ 韩西丽,等.城市儿童户外体力活动研究进展[J].人文地理,2011(6).

⑤ 周热娜,傅华,罗剑锋,等.中国城市社区居民步行环境量表信度及效度评价[J].中国公共卫生,2011(7).

⑥ 刘珺,王德,王昊阳,等.国外城市步行环境评价方法及研究动态[J].现代城市研究,2015(11).

⑦ 马向明.健康城市与城市规划[J].城市规划,2014(3).

1. 建成环境对青少年出行行为/体力活动的影响机制及干预研究。近年来,国内城乡规划、运动科学和公共健康等领域的学者对国外“建成环境—体力活动/健康”研究进行了系统性综述,推动了我国青少年体力活动和健康影响因素的案例实证研究。

在系统综述方面,何玲玲等从个体、社会、建成环境等三方面阐述各因素与我国儿童青少年体力活动之间的相关性①,林雄斌和杨家文对北美都市区建成环境与公共健康关系的研究进行了全面述评②,韩西丽等对国内外户外环境中的儿童体力活动研究及实践进展进行了综述③,鲁斐栋和谭少华对近年来建成环境对体力活动的影响要素、研究方法、研究内容等进行梳理和总结④,温煦和何晓龙对建成环境要素对出行方式和交通性体力活动影响的研究进行了综述⑤,吴铁辉等归纳与老年人休闲性体力活动密切相关的建成环境因素⑥,周热娜等从住宅密度、混合土地利用情况、街道连接性等 8 个方面探讨了居住地周边环境对体力活动行为的影响⑦。

在案例实证研究方面,何晓龙探讨了儿童青少年上下学通勤距离、交叉路口密度、户外运动场地和设施等建成环境因素对中高强度体力活动的影响⑧,周热娜等对上海两所中学学生的研究表明.住所附近选择路径多样性、体育运动场所可及性等主客观建成环境与体力活动密切相关⑨,韩见等揭示了户外环

① 何玲玲,王肖柳,林琳.中国城市学龄儿童体力活动影响因素:基于社会生态学模型的综述[J].国际城市规划,2016(4).

② 林雄斌,杨家文.北美都市区建成环境与公共健康关系的研究述评及其启示[J].规划师,2015,31(6).

③ 韩西丽,等.城市儿童户外体力活动研究进展[J].人文地理,2011(6).

④ 鲁斐栋,谭少华.建成环境对体力活动的影响研究:进展与思考[J].国际城市规划,2015,30(2).

⑤ 温煦,何晓龙.建成环境对交通性体力活动的影响:研究进展概述[J].体育与科学,2014(1).

⑥ 吴铁辉,王杰龙.建成环境对老年人休闲性体力活动影响综述[J].中国运动医学杂志,2016(11).

⑦ 周热娜,李洋,傅华.居住周边环境对居民体力活动水平影响的研究进展[J].中国健康教育,2012(9).

⑧ 何晓龙.影响儿童青少年中到大强度体力活动的建成环境因素研究[D].上海体育学院,2015.

⑨ 周热娜,傅华,李洋.上海市某两所中学初中生体力活动环境影响因素分析[J].复旦学报(医学版),2013(2).

境对北京市儿童体力活动的影响机制[①],陈培友等基于江苏省中小学生的调查,构建了青少年体力活动促进的社会生态学模式[②],贺刚等以香港 81 名儿童为对象的研究表明,住所附近康乐设施对体力活动具有积极影响[③]。

2. “建成环境—青少年出行行为/体力活动”的研究方法。何晓龙等对适用于青少年体力活动研究的 GIS 定量测量建成环境的适宜缓冲区距离进行了分析[④],并对影响体力活动的建成环境定性、定量指标体系进行了探讨[⑤]。杜宇坤等对城市体力活动相关建成环境客观评价工具的信度和效度进行了研究[⑥]。段朝阳等对 GPS 技术在体力活动追踪研究中的应用进行了分析[⑦]。全明辉等基于 GPS 与加速度计对儿童青少年体力活动空间特征进行了追踪研究[⑧]。

3. 建成环境因素的相关研究现状及发展动态。我国城市建成环境具有显著的自身特征。准确把握我国城市建成环境,对我国“建成环境—青少年体力活动/健康”研究的推进具有关键作用。近年来,我国学者对建成环境进行本土化研究,并将研究成果应用于体力活动、出行行为、公共健康等研究领域。以北京为例,赵鹏军等研究了 TOD 建成环境特征对居民活动与出行影响[⑨],塔

---

① 韩见,叶成康,韩西丽. 北京市胡同社区户外环境对儿童感知及体力活动的影响——以钟楼湾社区为例[J]. 城市发展研究,2013(5).

② 陈培友,孙庆祝. 青少年体力活动促进的社会生态学模式构建——基于江苏省中小学生的调查[J]. 上海体育学院学报,2014(5).

③ 贺刚,黄雅君,王香生. 香港儿童体力活动与住所周围建成环境:应用 GIS 的初步研究[J]. 中国运动医学杂志,2015(5).

④ 何晓龙,段朝阳. GIS 定量测量建成环境的适宜缓冲区距离分析[J]. 中国运动医学杂志,2015(11).

⑤ 何晓龙,陈庆果,庄洁. 影响体力活动的建成环境定性、定量指标体系[J]. 体育与科学,2014(1).

⑥ 杜宇坤,苏萌,刘庆敏,等. 城市体力活动相关建成环境客观评价工具的信度和效度研究[J]. 中华疾病控制杂志,2012(7).

⑦ 段朝阳,何晓龙,陈佩杰,等. GPS 技术在体力活动追踪研究中的应用[J]. 中国运动医学杂志,2015(7).

⑧ 全明辉,何晓龙,苏云云,等. 基于 GPS 与加速度计的儿童青少年体力活动空间特征追踪研究[J]. 体育与科学,2017(1).

⑨ 赵鹏军,李南慧,李圣晓. TOD 建成环境特征对居民活动与出行影响——以北京为例[J]. 城市发展研究,2016(6).

娜等探讨了建成环境对北京市郊区居民工作日汽车出行的影响①。以上海为例,潘海啸等研究了建成环境对出行距离、出行方式选择的影响机理②。以深圳为案例,陈燕萍等探讨了城市土地利用特征对居民出行方式的影响③。以大连市为例,杨东峰和刘正莹以老年人日常购物行为为研究对象分析了邻里建成环境的影响机制④。采用中国家庭追踪调查的全国抽样数据,孙斌栋等检验了社区建成环境对居民个体超重的影响⑤。

近几年来,在自然科学基金领域,我国学者也开始对建成环境与体力活动、出行行为的相关性展开了研究,如何仲禹的"高龄社会背景下建成环境对中老年人群健康的主动干预研究"、杨家文的"公交都市建设的健康效应量化甄别与影响机制研究"、林姚宇的"职住地建成环境对通勤出行模式选择及碳排放的影响机制研究"、丁川的"考虑空间异质性与中介效应的建成环境对通勤出行方式选择的影响研究"、杨东峰的"适应老年人身体活动需求的城市建成环境优化"、张毅的"城市建成环境和家庭、个人特征对老年人公共交通出行行为的影响"、张峰的"城市建成环境对居民自行车出行行为的影响研究"、刘冰的"多尺度建成环境下的公共自行车使用特征、行为机制与绿色导向策略"、何捷的"高密度城市建成环境下轨道交通站点周边步行可达性模型"、朱玮的"城市居民使用公共自行车的决策研究"等。

(三)国内外研究评价

国外"建成环境—青少年出行行为/体力活动"的研究方法和思路较为成

---

① 塔娜,柴彦威,关美宝. 建成环境对北京市郊区居民工作日汽车出行的影响[J]. 地理学报,2015(10).

② PAN H X, SHEN Q, ZHANG M. Influence of Urban Form on Travel Behaviour in Four Neighbourhoods of Shanghai[J]. Urban Studies, 2009, 46(2).

③ 陈燕萍,宋彦,张毅,等. 城市土地利用特征对居民出行方式的影响——以深圳市为例[J]. 城市交通,2011(5).

④ 杨东峰,刘正莹. 邻里建成环境对老年人身体活动的影响——日常购物行为的比较案例分析[J]. 规划师,2015,31(3).

⑤ 孙斌栋,阎宏,张婷麟. 社区建成环境对健康的影响——基于居民个体超重的实证研究[J]. 地理学报,2016(10).

熟,值得国内研究借鉴。但我国的城市建成环境普遍具有高密度和高强度开发的特征,与西方国家存在明显差异。因此,国外的研究结论对我国进行主动干预实践的指导意义仍待谨慎检验。

目前,我国“建成环境—青少年出行行为/体力活动”研究具有以下特点:

1. 研究视角,主要从客观建成环境角度展开研究,较少基于主观建成环境展开定量解析;

2. 研究对象,主要从研究建成环境与体力活动之间的关系,而较少从体力活动和健康水平两者协同的角度揭示建成环境的影响机制;

3. 研究成果,主要从理论层面剖析建成环境的影响机制,较少从规划设计角度提出主动干预措施并展开干预实践。

正如林雄斌和杨家文所述,目前亟须基于我国的建成环境特征,展开“建成环境—出行行为/体力活动”的理论和实证研究①。面对我国大力推进“健康中国”战略的迫切需求,非常有必要展开建成环境对青少年出行行为/体力活动和健康的影响机制研究,并从规划设计角度提炼本土化的主动干预措施,展开主动干预实践,评估主动干预带来的健康效益。因此,该研究将具有显著的理论和实践价值。

三、研 究 设 计

(一) 研究方法

1. 数据采集方法

(1) 样本选择和抽样方法。在长宁区新华路街道进行便利性抽样,选取男生和女生各 40 名,合计 80 名学生进行问卷访谈,以采集数据。

(2) 社会经济数据采集。为更好地反映性别、年龄以及父母受教育程

① 林雄斌,杨家文. 北美都市区建成环境与公共健康关系的研究述评及其启示[J]. 规划师,2015,31(6).

度等人口学变量对建成环境与被调查者中高强度体力活动、健康水平关系产生的影响,本研究通过问卷调查得到样本人群的年龄、年级、性别、父母亲受教育程度、家庭收入水平等数据,进而将其作为控制变量进入分析模型。

2. 建成环境因素的指标选取

根据被调查者的家庭、学校住址,利用 ArcGIS 10.0 软件获取与小学生上下学出行行为密切相关的建成环境因素,如上下学通勤距离、居住小区和学校周边绿化、交叉路口密度、开敞空间分布、运动场所等。

3. 模型构建和统计方法

(1) 模型构建

本研究的自变量包括建成环境变量以及作为控制变量的社会经济变量,因变量包括上下学出行方式选择和出行时耗。由于自变量与因变量之间的关系较为复杂,故本研究拟根据最终的因变量统计特征,选择多层线性回归模型其中的一种进行建模。这两种建模方法在目前建成环境相关研究中属于较为前沿的方法。

首先,将被调查者的社会经济特征作为自变量,将出行方式选择作为因变量,建立基本模型;其次,在基本模型的基础上,增加建成环境变量作为自变量,建立扩展模型。

(2) 统计方法

本研究采用 Stata 12.0 软件进行模型标定和统计特性分析。Stata 最大的优势在于回归分析和非集计分析,适用于本研究构建的多元线性回归模型和离散选择模型。

(二) 技术路线

以上海市为例,定量分析城市建成环境因素对小学生上下学出行方式选择的影响机理。在此基础上,从城市总体规划、综合交通规划、公共交通规划和公共政策角度,提出优化小学生上下学出行行为的技术创新和政策建议,并评价不同技术和政策的潜在效果。拟采取的技术路线如图 1 所示:

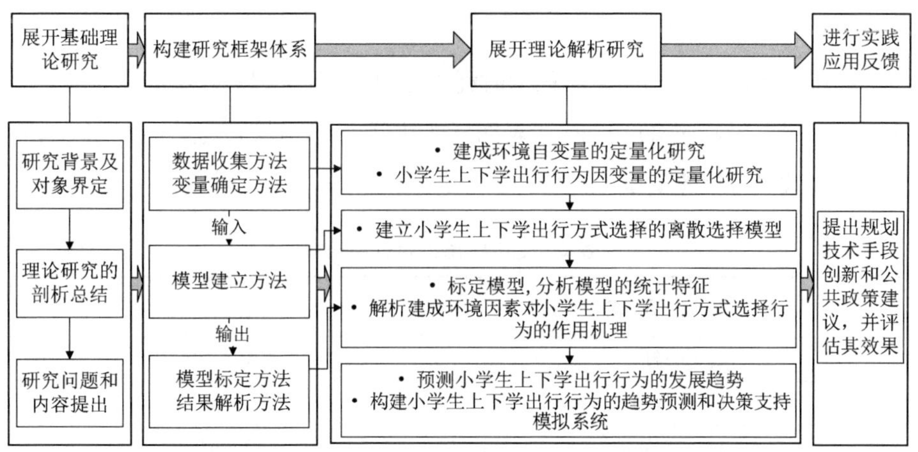

图 1　技术路线图

四、研 究 结 果

（一）小学生上下学出行行为特征

1. 出行方式选择

在被调查对象中，超过一半的学生步行上下学，约 1/4 的学生通过家长非机动车接送的方式上下学，约 1/5 的学生通过乘坐公交上下学，通过机动车接送上下学的学生比例较低。以上出行方式选择的结果表明，学生大多居住在学校附近，住宅与学校之间的距离不远，这与研究区域的就近入学政策等因素有关。

表 1　上下学出行方式选择特征

出行方式	比例
步行	51.95%
非机动车	23.26%
机动车	3.36%
公交	21.43%
合计	100%

2. 出行时耗选择

超过一半的学生上下学单程的时耗不超过 10 分钟，超过 90%的学生上下学单程的时耗不超过 20 分钟，这表明学生上下学距离较短，这与研究区域的就近入学政策等因素有关。

表 2　上下学出行时耗特征

出 行 方 式	比　　例
≤5 分钟	17. 37%
6~10 分钟	35. 92%
11~15 分钟	24. 64%
16~20 分钟	14. 65%
>20 分钟	7. 47%
合计	100%

（二）小学生家庭社会经济特征

小学生所在家庭的户均人口规模为 3. 43 人，平均每户就业人数月 1. 71 人，家庭小汽车、自行车和电动车保有量分别为 0. 76、0. 26 和 1. 13 辆。

表 3　家庭社会经济特征

指　　标	均　　值	标　准　差
家庭规模	3. 43	0. 88
家庭就业人数	1. 71	0. 70
小汽车保有量	0. 76	0. 78
自行车保有量	0. 26	0. 47
电动车保有量	1. 13	0. 70

（三）小学生家庭周边建成环境特征

家庭周边建成环境特征体现为较高的人口、路网密度，良好的公交服务水平，混合开发的土地利用模式。

表 4　建成环境特征

指　　标	均　　值	标　准　差
人口密度	8.33 万/平方千米	6.28
交叉口密度	14.35 个/平方千米	5.66
断头路密度	1.88 个/平方千米	1.35
家庭与最近公交站点距离	0.30 千米	0.40
公交服务覆盖率	0.88	0.31
土地利用混合度	0.69	0.18

（四）建成环境特征对小学生上下学出行方式选择行为的作用机理

本研究以机动车接送模式作为参照出行方式，解析建成环境特征对小学生上下学出行方式选择行为的作用机理。

1. 步行上下学出行方式

对于步行上下学的学生，户均就业人口、收入水平和交通工具保有量等因素均与选择步行方式具有显著关联。具体表现为：户均就业人口越高，学生选择步行的比例越高；中等收入家庭的学生选择步行方式的比例，低于低收入家庭的学生。与预期结果一致的是，家庭拥有的自行车、电动车和小汽车越多，学生选择步行方式的比例越低。

在建成环境方面，人口密度、交叉口密度、断头路密度和土地利用混合度与小学生选择步行方式显著相关，具体表现为：人口密度和断头路密度越高，小学生选择步行方式的概率越高。人口高密度开发的地区，学校密度通常较高，家庭与学校距离相对较短，一定程度上促进了学生采用步行方式上下学。交叉口密度和土地利用混合度越高，小学生选择步行方式的概率越低。这是因为交叉口密度高的地区，通常路网密度大、交通量大，学生过街存在安全隐患，导致采用步行方式上下学的概率降低。

2. 非机动车接送上下学出行方式

对于非机动车接送上下学的学生，户均人口、户均学生数、收入水平和交通工具保有量等因素均与选择非机动车接送方式具有显著相关性。户均人口和学生数越高，学生选择非机动车接送的比例越低；中等收入家庭的学生，其选择非机动车接送方式的比例要低于低收入家庭的学生。与预期结果一致：家庭拥有的自行车、电动车越多，学生选择非机动车接送方式的比例越高；家庭拥有的小汽车越多，学生选择非机动车接送方式的比例越低。

在建成环境方面，人口密度、交叉口密度、断头路密度、家庭与最近公交站点距离和土地利用混合度与家庭选择非机动车接送方式显著相关。人口密度、交叉口密度和土地利用混合度越低，学生选择非机动车接送方式的比例越高；家庭与最近公交站点距离越远，学生选择非机动车接送方式的比例越高。主要原因可能是：非机动车接送上下学和乘公交上下学的出行距离相近，在公交服务不发达的情况下，家长更有可能采用非机动车接送方式。

3. 乘公交上下学出行方式

对于乘公交上下学的学生，仅有交通工具保有量因素与选择公交方式具有显著关联。与预期结果一致：家庭拥有的电动车、小汽车越多，家庭让学生乘公交上下学的概率越低。电动自行车和小汽车接送上下学和乘公交上下学的出行距离相近，家庭拥有的电动车、小汽车的情况下，家长更有可能采用电动车、小汽车接送方式。

在建成环境方面，人口密度、断头路密度和公交服务覆盖率与乘公交上下学显著相关。人口密度和断头路密度越低，学生乘公交上下学的比例越低。在人口密度较低的区域，通常公交服务水平也较低，因此采用公交方式上下学的概率也会降低。在公交服务覆盖率高的区域，学生采用公交方式上下学的概率显著增加，这一点符合预期。

表 5 建成环境特征对小学生上下学出行方式选择行为的作用机理(以机动车接送为参照)

出行方式及变量	Coef.	Std. Err.	z	P>|z|	[95% Conf. Interval]	
步行						
户均人口	0.06	0.08	0.05	0.96	-0.16	0.17

续表

出行方式及变量	Coef.	Std. Err.	z	P>|z|	[95% Conf. Interval]	
户均就业人口	0.31	0.09	3.32	0.00	0.13	0.49
户均学生数	-0.16	0.14	-1.16	0.25	-0.44	0.11
高收入	0.07	0.22	0.33	0.74	-0.35	0.49
中等收入	-0.34	0.17	-2.00	0.05	-0.67	-0.01
自行车保有量	-0.20	0.09	2.18	0.03	0.02	0.39
电动车保有量	-0.42	0.17	2.44	0.02	0.08	0.75
小汽车保有量	-0.79	0.13	-6.03	0.00	-1.04	-0.53
人口密度	0.03	0.02	1.48	0.10	-0.01	0.06
交叉口密度	-0.03	0.02	-1.49	0.10	-0.08	0.01
断头路密度	0.16	0.06	2.42	0.02	0.03	0.28
家庭与最近公交站点距离	0.22	0.16	1.38	0.17	-0.09	0.54
公交服务覆盖率	0.11	0.26	0.41	0.69	-0.41	0.62
土地利用混合度	-1.02	0.40	-2.59	0.01	-1.80	-0.25
截距项	1.68	0.42	3.99	0.00	0.85	2.50
非机动车接送						
户均人口	-0.18	0.11	-1.72	0.09	-0.39	0.03
户均就业人口	0.13	0.11	1.10	0.27	-0.10	0.35
户均学生数	-0.42	0.17	-2.47	0.01	-0.75	-0.09
高收入	0.23	0.26	0.91	0.36	-0.27	0.74
中等收入	-0.48	0.20	-2.44	0.02	-0.87	-0.09
自行车保有量	1.04	0.11	9.45	0.00	0.83	1.26
电动车保有量	0.85	0.19	4.48	0.00	0.48	1.22
小汽车保有量	-0.82	0.18	-4.57	0.00	-1.17	-0.47
人口密度	-0.06	0.03	-1.93	0.05	-0.12	0.00
交叉口密度	-0.07	0.03	-2.00	0.05	-0.13	0.00
断头路密度	0.27	0.09	3.01	0.00	0.09	0.44

续表

出行方式及变量	Coef.	Std. Err.	z	P>|z|	[95% Conf. Interval]	
家庭与最近公交站点距离	0.57	0.19	2.98	0.00	0.19	0.94
公交服务覆盖率	-0.19	0.34	-0.56	0.58	-0.85	0.47
土地利用混合度	-1.18	0.46	-2.56	0.01	-2.08	-0.28
截距项	1.28	0.50	2.59	0.01	0.31	2.25
公交						
户均人口	0.04	0.20	0.19	0.85	-0.35	0.43
户均就业人口	0.15	0.20	0.76	0.45	-0.24	0.55
户均学生数	0.07	0.31	0.23	0.82	-0.54	0.68
高收入	-0.19	0.52	-0.37	0.71	-1.22	0.83
中等收入	0.10	0.35	0.29	0.77	-0.59	0.79
自行车保有量	-0.09	0.21	-0.45	0.65	-0.50	0.31
电动车保有量	-0.95	0.25	-3.88	0.00	-1.44	-0.47
小汽车保有量	-0.45	0.30	-1.48	0.10	-1.04	0.14
人口密度	-0.21	0.09	-2.39	0.02	-0.39	-0.04
交叉口密度	0.05	0.06	0.82	0.41	-0.07	0.17
断头路密度	-0.39	0.23	-1.71	0.09	-0.84	0.06
家庭与最近公交站点距离	-0.07	0.38	-0.19	0.85	-0.83	0.68
公交服务覆盖率	2.37	0.64	3.69	0.00	1.11	3.63
土地利用混合度	0.53	0.98	0.54	0.59	-1.39	2.46
截距项	-0.93	0.97	-0.96	0.34	-2.83	0.97

五、研究结果

本研究选取的建成环境指标包括：居住小区周边人口密度、交叉路口密度、断头路密度、家庭与最近公交站点距离、公交服务覆盖率和土地利用混合度。经分析发现,居住小区周边人口高密度越高,学生采用步行方式上下学的概率越高;居住小区周边的交叉口密度高,学生采用步行方式上下学的概率越低。在公交服务不发达、土地高密度混合开发程度较低的区域,家庭选择非机动车接送方式的概率较高。在中低密度开发、公交服务水平不发达的区域,学生采用公交方式上下学的概率也会降低。学生所在家庭的社会经济特征也与上下学出行方式选择行为具有显著关联,主要包括家庭规模、就业人口数量、家庭收入、交通工具拥有量等。

可以说,改善城市土地开发强度和道路交叉口密度有助于优化上海市小学生上下学出行行为,也有助于促进小学生更多地采用对健康有利的步行方式。因此,在进行城市空间营造时,政府应当考虑适度加强土地开发强度,在道路网和交叉口密度高的地区,考虑增加人行过街安全岛、架设天桥或地道等手段,以提升交叉路口的过街安全。此外,在公交服务不发达的区域,如果采用优化公交站点选址、改善学校和家庭与公交站点间的可达性等手段来提升公交服务覆盖率,也会促进中长距离上下学的小学生采用公共交通方式。以上这些措施,都有助于改善儿童青少年中高强度体力活动,促进他们的健康发展。

上海市中小学校园欺凌的综合治理研究*

何树彬**

一、研 究 背 景

随着信息技术的发展,大众传媒提升了校园欺凌的传播度,普通民众对于校园欺凌也产生了基本的认识并且开始逐渐关注与正视校园欺凌的危害。近年来我国校园欺凌事件频发,其数量之多、危害之大、影响之深,已然成为我们所不得不正视的问题。一项对我国 104 825 名中小学生的调查显示,校园欺凌的发生率为 33.36%,有 4.7%的学生经常被欺凌,偶发性欺凌达到 28.66%①。2016 年 4 月我国第一次通过出台相关文件的形式,阐述了校园欺凌的定义,这足以看出国家层面对校园欺凌的关注与重视,也从侧面反映出当前我国校园欺凌成为亟待解决的问题。纵观世界,校园欺凌在各个国家都呈现了严峻的态势,校园欺凌成为最受关注的校园安全问题。随着互联网的迅速发展,校园欺凌出现了新形式、新特点,对于校园欺凌的研究也不仅局限于传统欺凌形式,网络欺凌也成为新的研究方向。

二、文 献 综 述

(一) 校园欺凌的概念界定

最早研究校园欺凌的挪威学者是奥维斯(Olweus),他将校园欺凌定义

---

* 本文系 2018—2019 年度上海市儿童发展研究课题“上海市中小学校园欺凌的综合治理研究”的结项成果。

** 何树彬,华东政法大学研究人员。

① 姚建龙. 应对校园欺凌,不宜只靠刑罚[N]. 人民日报. 2016 - 6 - 14.

为:“一名学生反复持续在某一时段被一名或多名学生进行直接或间接的伤害,其中伤害包括心理和身体两方面。”[①]安扬对美国各州校园欺凌的定义作了总结：即重复性的、故意的、侵略性的对他人施加伤害的行为,通常包括辱骂、戏弄、恐吓、嘲笑、羞辱和肢体攻击等行为[②]。日本对于校园欺凌的定义界定呈现出动态变化,对校园欺凌的定义在不断细化,2013 年从立法层面对校园欺凌的定义有明确具体的界定：即遭受到同一学校关系网络的学生对某一学生所造成的物理或心灵的伤害,致使该学生身心受到折磨包含网络欺凌。澳大利亚《国家安全学校框架》显示:“欺凌是指在一段关系中不断地滥用权利,通过反复的语言、身体和社会行为对受害者造成身体或是心理上的伤害。”[③]芬兰则将校园欺凌认定为反复对力量单薄的个体实施的蓄意性伤害。[④]

我国对校园欺凌在法律层面尚未有规定,我国学者在学术领域尝试对校园欺凌定义进行界定。俞伟跃、耿申认为校园欺凌为在校学生之间发生的强势一方对弱势一方进行侮辱性身心攻击,并通过重复实施或传播,使受欺凌学生受到身心伤害的事件[⑤]。他们根据我国校园欺凌通过视频“炫耀”的特点将“传播”纳入定义。任海涛认为校园欺凌的狭义定义是在幼儿园、中小学及其合理辐射区域内发生的教师或者学生针对学生的持续性的心理性或者物理性攻击行为,这些行为会使受害者感受到精神上的痛苦[⑥]。同时,该学者将教师所致使的伤害也纳入校园欺凌的定义。

综上来看,各国政府与学者基于其所处社会环境、校园欺凌动态特点对校园欺凌定义的界定虽然有所不同,但是其总体思路与内容都存在同质性,因此

---

① Olweus, D. Bullying at School：What We Know and What We Can Do? [D]. Oxford：Blackwell. 1993.

② 安杨. 校园欺凌中的学校侵权责任探究[J]. 中国青年社会科学,2017(5).

③ 马早明,俞凌云. 澳大利亚校园反欺凌：学校治理的视角[J]. 华南师范大学学报(社会科学版),2018(3).

④ http：//www. kivaprogram. net/parents/ ,2016 - 1212.

⑤ 俞伟跃,耿申. 何为学生欺凌？何为校园暴力？[J]. 人民教育,2017(8).

⑥ 任海涛. “校园欺凌”的概念界定及其法律责任[J]. 华东师范大学学报(教育科学版),2017(2).

本文结合我国现状认为校园欺凌可认定为：学生被一名或多名学生在校园内以及校外一定范围内或虚拟网络中施以肉体或精神上的伤害。

（二）校园欺凌的特点

不同地区、不同国家的校园欺凌的特点各不相同。我国学者在校园欺凌特点的探索上成果丰富。林少真、杨佳星、王蕾基于 1 233 位学生的问卷调查和 23 位学生的访谈调查发现，我国校园欺凌呈现高发生率、高隐蔽性、网络欺凌倾向性、形式多样性，以及低龄化、群体化的特点①。刘建认为我国校园欺凌手段多样，隐藏性强，欺凌常态化存在，欺凌反复发生且纵向普遍存在各个学段。② 在对五年内媒体报道的校园欺凌事件分析中，李伟清、孙炜、徐金坪得出我国校园欺凌的五个突出特点：女性在校园欺凌事件中占比提升，校园欺凌时间多发于初高中时，经济水平与校园欺凌事件发生率呈负相关，网络欺凌发展迅速，对于校园欺凌的惩治力度较小③。而王祈然等人的一项实证研究结果表明：校园欺凌中男性主要充当欺凌者，女性多为欺凌受害者，校园欺凌高发年龄集中在 13~18 岁，团伙暴力事件多发，琐事原因和受欺凌者性格偏弱成为欺凌产生的首要原因，欺凌多发于隐蔽、管理真空地带，并用视频拍摄施暴过程④。薛玲玲、王纬虹、冯啸基于 C 市的欺凌调查发现：校园欺凌在校外、农村发生率高，呈现团伙化特征，欺凌者与被欺凌者性格区分度高⑤。安扬认为校园欺凌的发生地点多样，除学校管理范围内的其他场所欺凌也会发生，具有蓄意性，他还认为校园欺凌的持续性不是主要特点，偶发性、临时起意性的欺凌也时有发生⑥。任海涛总结校园欺凌的特点包括：欺凌多发生在学校及

① 林少真，杨佳星，王蕾. 社会支持视角下中学生校园欺凌行为研究——以福建省福州市某中学为例[J]. 教育科学研究，2018(4).

② 刘建. 我国中小学校学生欺凌行为及其治理[J]. 南京师大学报(社会科学版)，2017(1).

③ 李伟清，孙炜，徐金坪. 我国校园欺凌调查与中美治理对策研究[J]. 教育科学研究，2017(11).

④ 王祈然，陈曦，王帅. 我国校园欺凌事件主要特征与治理对策——基于媒体文本的实证研究[J]. 教育学术月刊，2017(3).

⑤ 薛玲玲，王纬虹，冯啸. 校园欺凌重在多元防控——基于对 C 市中小学校园欺凌现状的调查分析[J]. 教育科学研究，2018(3).

⑥ 安杨. 校园欺凌中的学校侵权责任探究[J]. 中国青年社会科学，2017(5).

其辐射范围,欺凌持续存在形式多样,欺凌双方存在交往关系且两者地位差距大存在固定受欺凌者①。

综上可知,校园欺凌的特点存在共性之处,校园欺凌以其多发性、普遍性、后果严重性、形式多样性、群体扩大性、发生地点不确定性以及网络欺凌倾向性的特点被广大学者所认同。

(三)校园欺凌的形式

校园欺凌的形式多样化,并且随着社会的发展出现新的类型。尝试对校园欺凌的形式进行分类,是众多研究者们研究校园欺凌问题的必要的一步。许明认为从表现形式上,校园欺凌可划分为心理、语言和身体的欺凌。而刘文利、魏重正则从欺凌的呈现方式上划分,将欺凌分为直接欺凌与间接欺凌,直接欺凌包括言语、身体欺凌,间接欺凌包括关系欺凌和网络欺凌。李祥、艾浩认为传统欺凌主要是身体暴力,新时期欺凌的形式已由身体欺凌转向语言、关系、网络和物品欺凌,新形式与传统形式并存。从是否直接接触受欺凌者的身体角度看,林少真、杨佳星将校园欺凌划分为肢体欺凌与非肢体欺凌,肢体欺凌即传统的身体暴力,而非肢体欺凌则是辱骂、恐吓、冷暴力、网络欺凌等形式。李伟清、孙炜基于对我国校园欺凌的案例分析,将校园欺凌分为六大类,主要为肢体欺凌、言语欺凌、关系欺凌、性欺凌、网络欺凌和财务欺凌,并依据六类欺凌细分为 24 种具体欺凌。

欺凌形式多样化体现在近年来网络欺凌也逐渐被纳入欺凌的分类之中。总体来看,欺凌形式是在传统欺凌即语言、肢体、关系欺凌的基础上出现网络欺凌这一类型,并且对于欺凌形式的再细化是欺凌形式研究的方向。

(四)校园欺凌产生的原因

从校园欺凌的内部原因即个体原因考量,罗怡、刘长海基于匮乏视角分析

① 任海涛."校园欺凌"的概念界定及其法律责任[J].华东师范大学学报(教育科学版),2017(2).

校园欺凌成因，指出马斯洛需要层次论中的基本需要匮乏是导致校园欺凌的内在因素：欺凌者的生理、尊重、安全、归属与爱的需要未得到满足进而抑制其优良品质，心理扭曲式博取关注以满足匮乏需要①。除个体基本需要的缺失导致欺凌产生外，胡学亮借鉴日本欺凌成因假设模型调查显示，个体在应试教育的指挥棒下、独生子女的家庭结构中自我中心型人格影响以及竞争性价值观的共同作用下，感受到来自家庭、学业、教师、同学四方面的心理压力，是造成校园欺凌产生的原因。② 刘珂等人从学生道德认知不充分、道德意志的不坚定、道德情感体验的缺失层面认定校园欺凌的原因为道德偏差与无力，学生的道德发展对欺凌的影响呈现负相关③。同样地，全晓洁、靳玉乐从个体道德发展来归因校园欺凌，认为个体的道德认知偏离主流，根据混乱的道德认知作出道德判断，通过弱化自身道德责任逃避社会规范与自身道德偏差产生的矛盾，道德情感上更加冷漠与利己主义④。胡春光从学理方面对个体选择加入欺凌的成因分析如下：（1）从权力根源理论角度，欺凌者试图通过欺凌行为获取同伴的尊重与在群体内的地位；（2）从挫折-攻击假说角度，欺凌者通过欺凌行为转化所受挫折的挫败感；（3）从社会认知理论角度，欺凌者欺凌行为的习得来源于模仿；（4）从精神技能理论角度，欺凌者凭借其更好的社交技能、心智技巧，施展欺凌满足其缺陷型人格⑤。

从校园欺凌的外部因素即家庭、学校、文化、同伴、法治方面对校园欺凌的影响来看，魏叶美、范国睿从社会学理论视角提出：（1）社会转型所致的社会失范、价值观念复杂多变为校园欺凌的产生提供了大环境，个体在转型时期产生价值冲突，进而迷茫无助引发堕落与欺凌；（2）作为个体道德社会化最早阵地的家庭缺失了对学生道德发展的引导和培育，家庭结构的变化例如单亲家庭、留守家庭的增多，使其在学生的道德约束与教育方面失职；（3）学校对个

① 罗怡，刘长海. 校园欺凌行为动因的匮乏视角及其启示[J]. 教育科学研究，2016(2).

② 胡学亮. 中小学校园欺凌高发原因与对策分析[J]. 中国教育学刊，2018(1).

③ 刘珂，杨启光. 校园欺凌的道德教育影响因素与环境重构：关怀伦理的视角[J]. 教育科学研究，2018(3).

④ 全晓洁，靳玉乐. 校园欺凌的“道德推脱”溯源及其改进策略[J].《中国教育学刊》，2017(11).

⑤ 胡春光. 校园欺凌行为：意涵、成因及其防治策略[J]. 教育研究与实验，2017(1).

体的操纵与控制衍生了反学校文化，学生校园欺凌事件的发生就是反学校文化作用的体现①。该观点从社会学视角的讨论总结十分精准，但是对于以上三方面如何推动校园欺凌产生的具体分析略有不足。薛玲玲、王纬虹、冯啸对归因于家庭、学校、社会导致的校园欺凌提出更进一步的分析：(1) 暴力文化的传播、他人行事风格与处事方式的偏差、法律的缺失是社会失范的主要表现，学生受到以上三点的影响产生了欺凌行为；(2) 家长对家庭教育认知存在不足，缺乏科学的教养方式与理念以及家庭结构变化所导致的对于学生关怀不足，从以上几点家庭也成为校园欺凌高发的原因；(3) 学校则从重智育轻德育，忽视法制教育，欺凌的防范机制缺失，处理方式不当几方面进一步提升了校园欺凌的发生率②。

从欺凌发生的外部单一因素出发，杨岭、毕宪顺从功利性社会产生的功利性教育体制角度认为：(1) 低学业水平者、留守儿童、进城务工随迁子女、偏远山区学生等被排挤到边缘地带，失去向高一级社会阶层流动的可能，进而自我迷失与堕落地走上欺凌他人甚至犯罪的道路；(2) 青少年受到成年人社会焦虑的影响，过度承担了成年人的不合理期望与要求，导致无所适从、内心焦虑，便通过欺凌他人排解压力；(3) 功利性的教育导致学校的功利化，低学业成就者长期被忽视，教师不能及时察觉其心理的变化，导致校园欺凌的“突发”与不稳定③。而从法制层面，颜湘颖、姚建龙发现，如今对于校园欺凌存在“一罚了之”与“一放了之”的弊端，法律在校园欺凌范围尚处于真空状态。对未成年人欺凌行为缺乏合适的法律规制，因此造成欺凌者“钻空子”的尴尬境地④。从家庭教育视角，苏春景、徐淑慧、杨虎民认为：(1) 家庭结构失能和不良家庭环境助长欺凌性格的形成；(2) 家庭教育的忽视及家长教育观念的落伍阻碍

① 魏叶美，范国睿. 社会学理论视域下的校园欺凌现象分析[J]. 教育科学研究，2016(2).

② 薛玲玲，王纬虹，冯啸. 校园欺凌重在多元防控——基于对 C 市中小学校园欺凌现状的调查分析[J]. 教育科学研究，2018(3).

③ 杨岭，毕宪顺. 中小学校园欺凌的社会防治策略[J]. 中国教育学刊，2016(11).

④ 颜湘颖，姚建龙. “宽容而不纵容”的校园欺凌治理机制研究——中小学校园欺凌现象的法学思考[J]. 中国教育学刊，2017(1).

学生的性格发展，导致学生的交往困境，采用极端的方式处理人际关系[①]。

无论是从欺凌者个体内部出发，还是从与其相关的外部环境研究，都可以发现校园欺凌的成因复杂，涉及广泛，校园欺凌产生的各类原因相互交织。目前国内对于校园欺凌的内外部动因的研究趋向于综合视角，但是也有从社会学、法学、家庭教育学、学校管理等单一角度寻找校园欺凌的成因。从单一角度考察校园欺凌的情况会更加充分具体，但是校园欺凌是复杂的社会现象，多元层面的考究更能从整体把控成因，进而高效治理校园欺凌。目前对于欺凌成因的探索多集中在传统的“三因素”，对于同伴、教师、学业成就等其他与校园欺凌密切相关的微观因素没有较多的深入探讨；此外对于欺凌者欺凌他人的原因研究成果较多，对于被欺凌者“被选中”的原因探索较少。

（五）国外校园欺凌防治项目

挪威最早从学校层面对中小学生校园欺凌的防治进行探索，总结了挪威最具代表性的校园欺凌防治项目，如奥维斯防治项目。该项目从学校、班级、个体三个层面采取措施；“零容忍”欺凌预防项目注重教师应对校园欺凌的能力，分为预警和干预两个层面，通过建立家委会联动家校力量；儿童行动中心预防项目，从学校欺凌行为调查后的现状制订措施，采取灵活的措施，从全校层面构筑预防框架；提升教师的能力，让学生掌握社会行动和学习能力；学校仲裁所项目即是教师担任仲裁管理任务，定时解决学生欺凌事件，仲裁员不提供方案，通过提供支持让双方自行解决[②]。

从学校层面考察欺凌的防治，国外的相关成果显著。赵茜、苏春景对美国学校干预校园欺凌的措施进行了探析，美国最具代表性的学校欺凌干预组织模式为“全校性积极行为干预与支持”（School-Wide Positive Behavioral Interventions and Supports，简称 SWPBIS）。SWPBIS 是一种多层次的“行为体

---

① 苏春景，徐淑慧，杨虎民. 家庭教育视角下中小学校园欺凌成因及对策分析［J］. 中国教育学刊，2016(11).

② 陶建国，王冰. 挪威中小学校园欺凌预防项目研究［J］. 比较教育研究，2016(11).

系”，这一体系主要包含三大要素，分别是分级干预、循证决策和领导团队。分级干预是指对于校园欺凌涉及程度不同而划分的分级应对措施，实践中的任一行动与决策都是基于数据的，通过全校信息系统，工作人员掌握学生欺凌行为的特点，以更好地为决策提供证据。领导团队是指学校设立由校长、司法人员、心理咨询人员等组成的领导小组，统筹校园欺凌防治，提出全校性的防治欺凌措施。这是美国顶层设计上的呈现，对于实践的落地，美国的特色在于学校层面：制定反校园欺凌政策，其次是注重教职工反校园欺凌能力的培养，最后是学生无时无刻不处在人际互动、生态系统之中，由此，美国建立起以学校为中心的多元主体参与防治校园欺凌的路径。另外，学校注重对学生人际关系的指导，从建立积极的人际关系出发，培养学生形成互相关爱、友好合作的关系，开展相关课程。通过校园欺凌的知识、态度、社交能力教育，减少欺凌行为的发生①。

澳大利亚则构建了校园欺凌三级干预体系，第一层次是，学校决策者对校园欺凌问题与解决思路形成一致认同，确定学校防止校园欺凌的目标，教师引导学生理解认同该目标，学校不断统计数据、检验实施效果；第二层次建立在第一层次之上，即给予处在危机中的学生针对性指导；第三层是对于一二层次不起作用的学生进行再干预。校园反欺凌从横向规划各个主体的工作，纵向规划不同阶段的工作，在学校防治层面建立起系统的规划②。

国外对于防欺凌措施主要依托大学与研究院设计具体的可在学校内部实施操作的项目。从不同角度对校园欺凌措施的探讨形成了多样的研究成果，无论从教育学、心理学，抑或是社会学、法学的探讨都将归于综合治理的方向，校园欺凌的涉及广泛，唯有综合性治理才会联动多元力量。

（六）对现有研究成果的思考与评价

一是由一般化校园欺凌转向具体化欺凌研究。我国研究仍旧局限于传统

① 赵茜，苏春景. 美国以学校为基础的欺凌干预体系探析[J]. 外国教育研究，2018(1).

② 马早明，俞凌云. 澳大利亚校园反欺凌：学校治理的视角[J]. 华南师范大学学报(社会科学版)，2018(3).

欺凌形式与角色，对欺凌的新形式与其他角色关注较少。因此，校园欺凌的研究方向，在欺凌的主体参与方面，由研究传统欺凌者与被欺凌者转向关注欺凌者、被欺凌者与围观群体，并且对围观群体的探索更加细化。从校园欺凌的形式来看，由研究身体欺凌、语言欺凌、关系欺凌等传统形式转向网络欺凌这一新兴的欺凌形式，且目前国外对于网络欺凌的研究已经初具规模，而我国关于网络欺凌的研究尚处于初步阶段。此外，对于留守儿童、农村寄宿儿童、少数民族儿童的校园欺凌探究也逐渐兴起，校园欺凌的视域不断扩大。我国校园欺凌事件通常由欺凌者拍摄施暴过程上传至网络，被广泛转发后进入公众视野，媒体获得视频素材后进行报道。学者对于网络传媒在校园欺凌事件传播中扮演的角色并没有很多探索，以及对于网络媒体在校园欺凌防治中的作用与局限鲜少探究。

二是由引进介绍他国防治措施转向基于我国校园欺凌情况的防治措施的自主研究。对于外国校园欺凌的研究成果较多，而系统开发本国防治措施则较少。我国学者针对校园欺凌防治的研究思路，大部分为详细介绍国外研究成果然后据此提出一些建议，这就引起我们对于本土化与国际化关系的思考。现如今，应由对于国外成果介绍转为研究者扎根中国实践，研发出系统性的防治校园欺凌的中国特色化项目。

三是由单一角度式研究转向多元综合生态式探索。校园欺凌作为一个社会性问题，牵一发而动全身。学者从各自的理论与领域出发，结果是割裂了与其他层面的联系，因为单一角度的改变作用有限，并且极易受到干扰，所以只有从综合视角探讨才会形成整体思路。构建从内到外、由上至下、内外联动、动态整合的治理体系是大势所趋，目前我国的研究已然转向多元探索，未来的研究方向也仍旧如此。

四是由欺凌事后处理措施的探索转向事前预防与事后解决相结合。目前国内大多数研究已然转向预防与治理两个方向，贯穿欺凌事件发展的全过程，这种导向也提示其他研究者对于校园欺凌的研究不能仅限于事后修补，更应在事前预防的措施上下功夫，防患于未然，把校园欺凌扼杀在摇篮里。

五是由思辨式研究转向实证式研究。在研究方法上，国外防治欺凌项目均基于广泛调研，而我国基于证据的探索较少，无论是国家层面总体式调研，还是学者自身发起的调查均较少，对于校园欺凌的状况缺乏数据、资料；多为思辨式研究。对于欺凌的研究，势必是在基于调查和数据的情况下分析，更能把握我国校园欺凌的现状。此外，应重视定性研究在校园欺凌研究中的作用，量化可以呈现整体状况，但是一定的访谈等定性研究会得到更深层次的信息。

三、上海市中小学校园欺凌治理情况调研报告

近年来，校园欺凌问题日益突出，其不仅危害着校园安全与社会秩序的稳定，也对校园欺凌的实施者与受害者的身心健康产生了不可逆的危害。随着《关于开展校园欺凌专项治理的通知》《加强中小学生欺凌综合治理方案》等文件的颁布，对上海市某区检察院与教育局进行访谈调研，了解近期上海市校园欺凌的情况与预防工作的展开。调查认为，上海市校园欺凌情况较少且以往发生的校园欺凌严重程度较低，上海市各区对于校园欺凌预防的途径方法多样并且创新性强，但对于校园欺凌的重视程度仍需提高，校园欺凌情况的预防工作也需要进一步完善。

（一）基于上海 8 所学校的调查

鉴于校园欺凌的敏感性，本研究将校园欺凌的调研换为校园安全的调研，避免引起教师的误会和排斥，保持数据的信度和效度。研究结果如下：

1. 体育课安全事故频发，初高中校园暴力值得关注

我们在问卷中询问中小学生是否经历或听说过所在学校发生一些校园安全事故。为了更详尽地考察校园安全事故的多发类型，我们把该题为多选题，提供的选项有“校园交通事故”“校园火灾”“盗窃抢劫”“欺侮”“体育课上受伤”“食品安全隐患”“溺水等意外事故”“校园性骚扰”“打架斗殴”和“其他”。通过图 1 我们可以看到，除校园火灾和体育课受伤外，随着学校等级（包括小学、初中、高中）升高，各项校园安全事故也随之升高。单独来分析的话，小学生遇到最多的校园安全事故就是“体育课上受伤”，其次为“打架斗殴”，剩下

的一些事故类型很少被提及。而初中生报告的前两个校园事故频发类型和小学生一样，依次为“体育课上受伤”和“打架斗殴”，但其发生频率有所上升，其中将近90%的初中生报告了体育课上受伤这一选项，打架斗殴的比例也上升至28.66%。到了高中阶段，体育课受伤情况有所减少，但是打架斗殴现象严重，有66.22%的学生勾选了这一项目，可见在高中校园内，打架斗殴现象频发且广受学生关注。由于我们在选择高中时考察了两种类型学校，一个是普通高中，一个是中专，普通高中打架斗殴选项上只有52%，而中专的这一选项有82%。可见，虽然高中校园打架斗殴现象比较多，但是其总体比例的提高要归因于中专校园打架斗殴现象的频现。另外值得注意的是，在小学校园内非常少见的“欺侮”“盗窃抢劫”现象，在中学尤其是高中校园内时有发生。在日常归类中，这些现象一般被归入“校园暴力”的范畴，值得引起我们的关注。

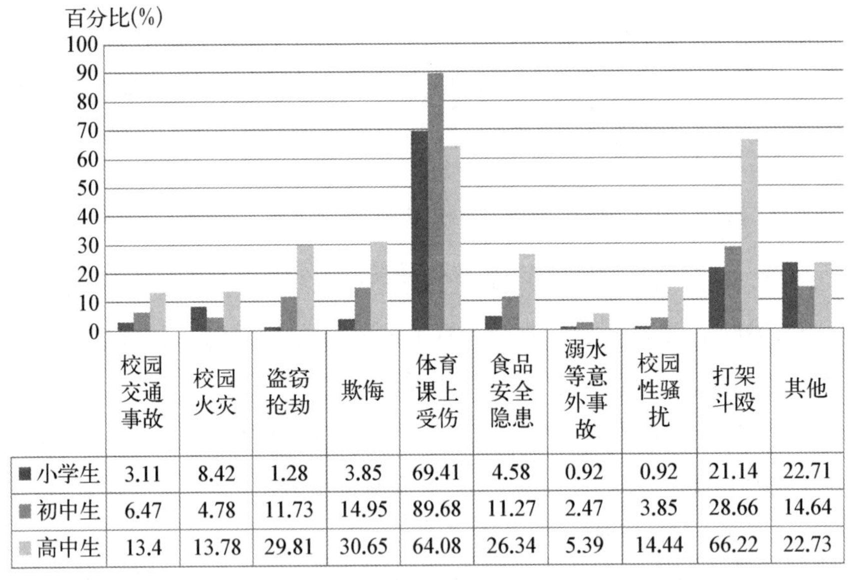

	校园交通事故	校园火灾	盗窃抢劫	欺侮	体育课上受伤	食品安全隐患	溺水等意外事故	校园性骚扰	打架斗殴	其他
■小学生	3.11	8.42	1.28	3.85	69.41	4.58	0.92	0.92	21.14	22.71
■初中生	6.47	4.78	11.73	14.95	89.68	11.27	2.47	3.85	28.66	14.64
■高中生	13.4	13.78	29.81	30.65	64.08	26.34	5.39	14.44	66.22	22.73

图1　校园安全事故发生频率

2. 老师和家长在应急事件处置中角色最为重要

我们在问卷中询问了“当你遇到校园事故时，你首先是____”，被择选项有

“向校园保卫部门求助”“向周围同学求助”“向家长或老师求助”“拨打 110 或向附近公安机关求助”“不知道该怎么办”和“其他”。从图 2 我们看出，中学生在每一个选项上的勾选率都高于小学生，尤其是拨打 110 或向附近公安机关求助这一策略差异表现最为明显。这一应对策略在重大突发事件中显得尤为重要。我们初步猜测，小学生不太向公安机关求助可能是因为对报警电话不太了解，为验证我们这一想法，我们同时询问了中小学生对报警电话的了解情况，数据显示，有 93. 62% 的小学生知道报警电话，而中学生的比例在 95. 4%，两者并无较大差异。那么问题可能出现在对校园安全事故的认知上，我们从图 1 中也可以看出，小学生除了体育课上受伤之外，唯一一个频次较高的是打架斗殴现象，而小学生之间的打架斗殴性质并不是很严重，还上升不到报警的程度。

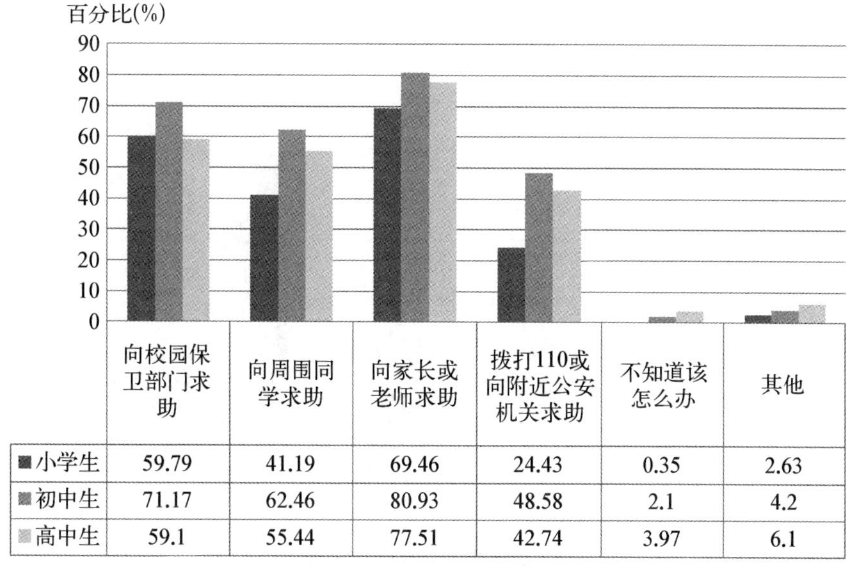

图 2　校园安全事故的应对策略

统计结果还显示，无论中小学生，当发生校园安全事故时，考虑最多的是向家长或老师求助，其次是向学校保卫部门求助，然后才是同学和公安机关。这也说明了家长或老师在应急处置中的重要作用。另外，初中生在应急处置方案中比高中生求助渠道更加多元化。

3. 校园暴力事件虽不频发，但初高中校园暴力值得警惕

我们在前面（图 1）已经看到：在小学校园内非常少见的“欺侮”“盗窃抢劫”现象，在中学校园内时有发生。在日常归类中，这些现象一般被归入“校园暴力”的范畴，值得引起我们的关注。在调查中，我们专门设置了校园暴力选项，统计结果显示，校园暴力事件并不频发，只有 6.33%的高中生在这一选项作了选择，小学生和初中生在这一选项上报告的比例更低。

我们进一步发现，有 68.49%的小学生认为本校不存在校园暴力事件，不清楚有没有的占了 13.73%，若合并这两项，则有 82.22%的学生没有目睹或听说过本校有校园暴力事件发生；在初中生中，这一比例也达到 73.61%；而到了高中，这一比例只有 35.62%，体现出高中校园暴力事件的升级，具体来看，校园暴力偶尔发生的比例在 27.7%，很少发生的比例在 30.34%，这样的状况值得我们警惕。

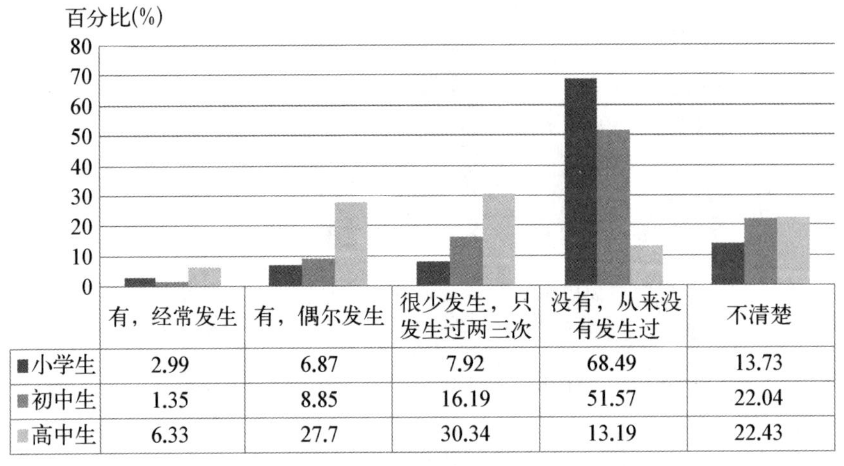

	有，经常发生	有，偶尔发生	很少发生，只发生过两三次	没有，从来没有发生过	不清楚
小学生	2.99	6.87	7.92	68.49	13.73
初中生	1.35	8.85	16.19	51.57	22.04
高中生	6.33	27.7	30.34	13.19	22.43

图 3　你的学校发生过校园暴力吗？

4. 中学校园暴力受外来势力影响较大

由于中学校园暴力现象比较突出，这在世界范围内都是一个难题，因而，我们询问了中学生校园暴力的起因是由教师体罚、因为误会矛盾引起的冲突还是外校或社会青年的滋扰和其他因素引起的，统计结果如下：

通过研究可以发现，因为误会矛盾引起的校园暴力冲突最多，初中生汇报的比例为 49.92%，高中生汇报的比例为 73.47%；而在外校人员或社会青年的滋扰这一选项上，初中生占 13.79%，高中生占 57.14%，可见在中学校园里这两项较为常见。综合起来看，初中生中有 45.34%的人选择不清楚校园暴力的起因，这或许是因为平时经历或听闻此事较少有关，而高中生中只有 14.81%的不清楚校园暴力的起因，这说明高中生对此归因比较明确。还有非常重要的一点是，57.14%的高中生认为校园暴力是由于外校人员或社会青年的滋扰引起的，这一点需要我们注意，高中校园受外来势力影响较大。由于在我们的调查数据中，高中分为普通高中和中专，我们希望看一下这两种不同性质的学校受外来势力的影响有多大：64.44%的中专生认为外来势力是造成校园暴力的原因，而普通高中学生这一比例为 50.51%，由此可见，中专校园暴力受外来势力影响较大。

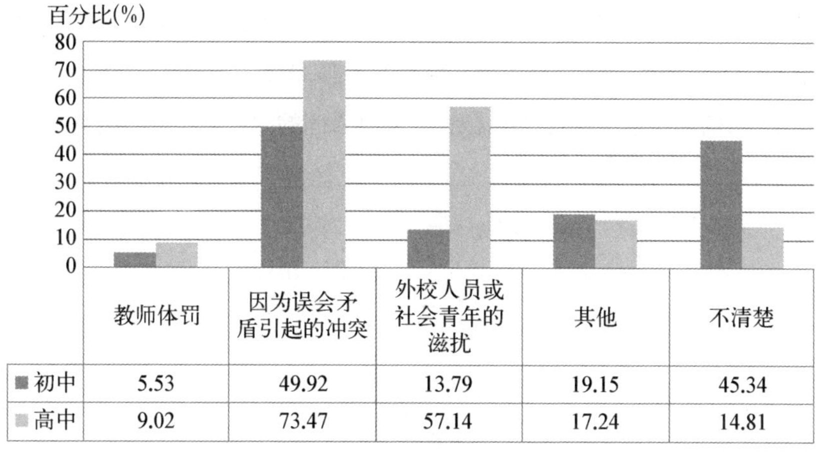

图 4　中学生校园暴力起因认知

5. 应对校园暴力的策略

（1）受欺侮时，在告知对象上，小学生更倾向于告诉老师，初高中生更倾向于告诉家长，高中生不太愿意告诉老师。我们在这里只能初步猜测小学教师处理校园欺侮事件的能力受到小学生的信任，而到了中学，父母的能力更受中学生信任，在高中阶段，老师的能力已经不再广泛信任。

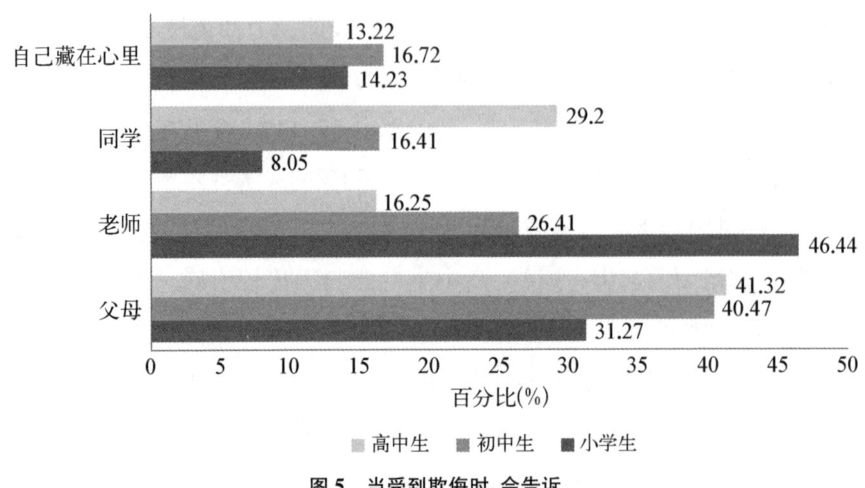

图 5 当受到欺侮时，会告诉

（2）从图 6 中可以发现，当别的同学发生冲突时，无论是小学生还是中学生，大多会和周围同学积极劝阻，并寻求教师的帮助。但是这一策略为小学生经常采用，而有相当一部分中学生会和周围同学积极劝阻，争取不惊动校方，而通过私下解决的方式掩盖同学间的冲突。高中生中有 11. 56%的人采取置之不理的态度，而 8. 33%的学生不清楚自己该做什么，对别人间的冲突有一定的回避倾向。

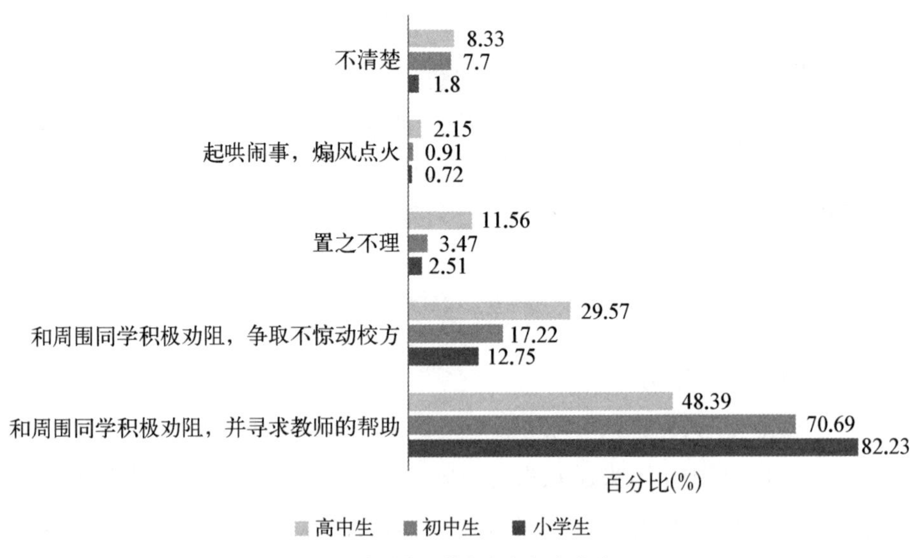

图 6 当别的同学发生冲突时，你会

(3) 我们看到,在自己和他人发生冲突时,将近一半的小学生和初中生都倾向于找本班老师解决,而高中生对此意向不高,他们更多是私下解决,从来不惊动校方也比较受推崇。

在这一选项上,小学和初中生差异不是很大,大多数学生要么每次都找老师,要么偶尔找下老师来解决自己与他人之间的纠纷。我们在上面(图6)看到,当别人发生冲突时,小学和初中生更倾向于寻求教师帮助,当冲突发生在自己身上时,则较少麻烦老师,这是一个较为有趣的发现。当自己和别人发生冲突时,为避免给老师留下负面印象,大多数学生往往会采取自我解决的方式,但是小学生和初中生或许是因为劝阻他人能力差,或许是为在老师面前获得较好的印象,往往在别人发生冲突时积极寻求老师的帮助。

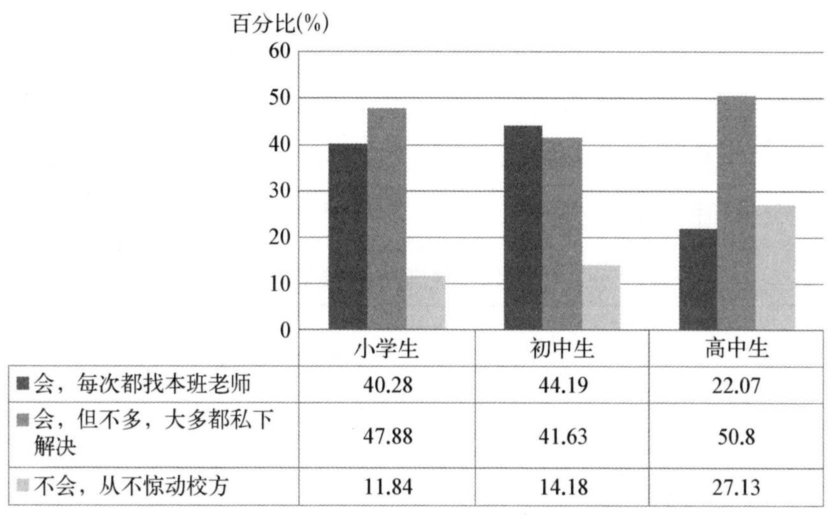

	小学生	初中生	高中生
■会，每次都找本班老师	40.28	44.19	22.07
■会，但不多，大多都私下解决	47.88	41.63	50.8
■不会，从不惊动校方	11.84	14.18	27.13

图7　本人与别人发生冲突时,会找老师帮忙吗?

(4) 我们在图8那里看到的疑惑在这里得到部分解答,在非常有帮助的选项上,76.86%的小学生和56.76%的初中生作出选择,而只有25.4%的高中生认为非常有帮助。可见小学和初中生对老师的协调能力更加信任,这也部分解释了他们在别人或自己与他人发生冲突时经常找老师解决,是因为他们认为老师的协调有帮助,但当自己发生冲突时往往为了避免给老师留下负面印象,会相应采取自我解决的方式。

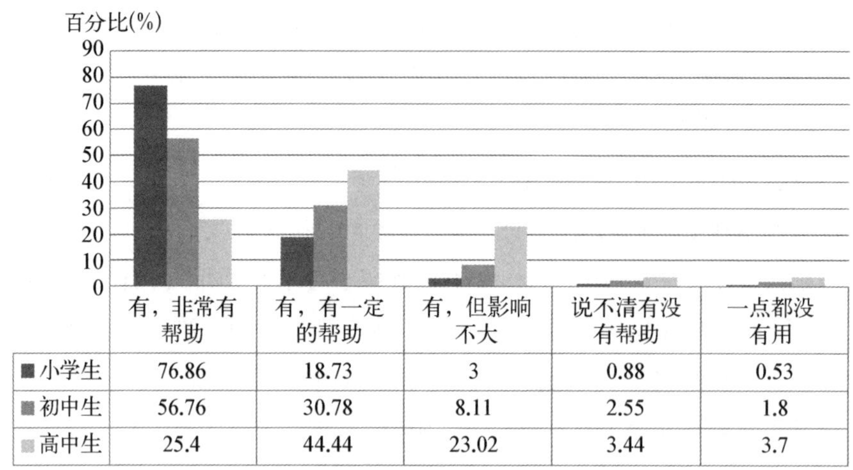

	有，非常有帮助	有，有一定的帮助	有，但影响不大	说不清有没有帮助	一点都没有用
■小学生	76.86	18.73	3	0.88	0.53
■初中生	56.76	30.78	8.11	2.55	1.8
■高中生	25.4	44.44	23.02	3.44	3.7

图 8　老师的协调对解决冲突是否有帮助

据此，我们分别以受到欺侮时告知对象和与别人发生冲突时是否找老师帮忙为因变量，以性别、身份、别人发生冲突时的应对策略、老师协调冲突作用的认知、校园安全制度了解程度为自变量，来考察教师在解决校园暴力和冲突事件的被信任程度。

表 1　受到欺侮时的应对策略（以告诉老师为参照）

变　量	(1) 父母 VS 老师	(2) 同学 VS 老师	(3) 藏在心里 VS 老师
性别（男=1）	-0.531*** (0.134)	-0.616*** (0.179)	0.0569 (0.177)
学生身份（以小学生为参照）			
初中生	0.793*** (0.149)	0.994*** (0.225)	0.375* (0.199)
高中生	0.968*** (0.207)	1.298*** (0.268)	-0.110 (0.273)
别人发生冲突时的策略 （以寻求老师帮助为参照）			
积极劝阻，争取不惊动校方	0.007 22 (0.203)	0.801*** (0.229)	0.674*** (0.238)

续表

变　　量	(1) 父母 VS 老师	(2) 同学 VS 老师	(3) 藏在心里 VS 老师
置之不理	0. 384 (0. 399)	0. 226 (0. 465)	0. 989** (0. 436)
起哄闹事,煽风点火	0. 545 (0. 901)	1. 334 (0. 928)	1. 673* (0. 882)
不清楚怎么做	-0. 195 (0. 330)	0. 490 (0. 361)	0. 728** (0. 355)
老师协调冲突的作用 (以非常有帮助为参照)			
有一定的帮助	0. 624*** (0. 171)	1. 094*** (0. 220)	0. 782*** (0. 220)
有帮助,但影响不大	0. 103 (0. 306)	1. 236*** (0. 327)	1. 270*** (0. 326)
说不清有没有帮助	1. 273 (0. 794)	2. 537*** (0. 794)	2. 009** (0. 816)
一点也没用	0. 0264 (0. 802)	2. 105*** (0. 717)	1. 328* (0. 742)
对学校安全制度了解程度 (以非常清楚为参照)			
有点印象	0. 456*** (0. 156)	0. 756*** (0. 208)	0. 828*** (0. 205)
完全不了解	0. 216 (0. 250)	0. 368 (0. 314)	0. 585* (0. 302)
常数项	-0. 438*** (0. 127)	-2. 263*** (0. 213)	-1. 935*** (0. 190)
样本量	1 481	1 481	1 481
Pseudo R2	0. 094	0. 094	0. 094

Standard errors in parentheses

*** $p<0.01$, ** $p<0.05$, * $p<0.1$

从上面的统计分析我们可以发现,相比于小学生,初中和高中生在受到欺侮时更倾向于告诉其他人而非老师。我们在前面的统计描述中已经提到这一现象,但现在在统计推断的层次上,这一结论有统计上的显著性,说明在冲突发生时,随着年级的升高,老师的可信性和权威性在下降。

我们还考察了别人发生冲突时,中小学生的行动策略对自己受欺侮时的行为有没有影响。研究发现,在别人发生冲突时,与寻求教师帮助的同学相比,那些采取积极劝阻并不告诉校方的学生,在自己受到欺侮时,更多的是告诉同学或闷在心里,而不是去告诉老师;别人发生冲突采取置之不理态度和起哄的学生,在自己受到欺侮时,更倾向于选择闷在心里,而不是去告诉老师,体现出行为的对称性。因此,我们可以发现,当别人发生冲突时,采取不介入和消极态度的学生在自己受到欺侮时也会消极对待,选择闷在心里,这说明他们不相信其他渠道可以更好解决冲突,或者不知道其他渠道对他们的冲突有多大帮助。那些越认为老师协调冲突能力不大的同学,在遇到欺侮时更倾向于告诉同学和闷在心里,而不会去告诉老师。

同时,学生在家长和老师之间的选择上也没有显著差异,这说明受欺侮事件的复杂性。老师在协调一般冲突时可能效果突出,在协调欺侮事件时效果下降,同时,家长的效果也下降。

学生越对学校安全制度不了解,在受到欺侮时越不倾向于去告诉老师;而完全不了解学校安全制度的同学,在告知家长与老师方面没有显著差异。我们通过列联表分析发现,学生们在这一选项上比较平均,即对校园安全制度完全不了解的学生,在受到欺侮时的告知对象分布的比较平均,没有明确的偏好。

表 2 考察的是当本人与其他人发生冲突时是否找老师帮忙,进而来评判老师对实际冲突解决的影响。研究发现,初中生相比于小学生,更倾向于发生冲突时每次都找老师解决。

表 2　本人与别人发生冲突时是否找老师帮忙(以不会为参照)

变　量	(1) 每次都找 VS 不会找	(2) 偶尔找 VS 不会找
性别(男=1)	0.440** (0.182)	0.263 (0.165)
学生身份(以小学生为参照)		

续表

变　　量	(1) 每次都找 VS 不会找	(2) 偶尔找 VS 不会找
初中生	0. 654*** (0. 222)	0. 037 0 (0. 208)
高中生	0. 120 (0. 267)	-0. 121 (0. 230)
别人发生冲突时的策略 (以寻求老师帮助为参照)		
积极劝阻,争取不惊动校方	-3. 143*** (0. 285)	-1. 448*** (0. 186)
置之不理	-1. 195*** (0. 401)	-1. 082*** (0. 321)
起哄闹事,煽风点火	-2. 056*** (0. 760)	-1. 434** (0. 576)
不清楚怎么做	-1. 024*** (0. 328)	-1. 587*** (0. 318)
老师协调冲突的作用 (以非常有帮助为参照)		
有一定的帮助	-1. 259*** (0. 230)	0. 082 9 (0. 204)
有帮助,但影响不大	-2. 209*** (0. 340)	-0. 872*** (0. 255)
说不清有没有帮助	-3. 454*** (0. 790)	-1. 530*** (0. 417)
一点也没用	-1. 791*** (0. 613)	-0. 949* (0. 491)
对学校安全制度了解程度 (以非常清楚为参照)		
有点印象	-0. 109 (0. 212)	0. 343* (0. 194)
完全不了解	-0. 806*** (0. 309)	-0. 086 9 (0. 258)

续表

变　　量	(1) 每次都找 VS 不会找	(2) 偶尔找 VS 不会找
常数项	1.972*** (0.196)	1.703*** (0.189)
样本量	1 542	1 542
Pseudo R2	0.170 7	0.170 7

Standard errors in parentheses
*** $p<0.01$, ** $p<0.05$, * $p<0.1$

当那些别人发生冲突时不会去找老师解决的同学,在自己发生冲突时同样不会去找老师解决;越认为老师的冲突协调能力对冲突解决非常有帮助的同学,越是每次发生冲突都会去找老师解决。结合图 7 的描述结果我们可以认为:当本人发生冲突时,由于害怕给老师留下不好的印象,或者认为老师对冲突解决没什么用的同学,不倾向于去找老师解决。但是那些认为老师对解决冲突非常有用的同学,则倾向于每次都去找老师。因此,若要更好地协调好校园冲突,要积极引导学生正确面对冲突的性质,不见得所有冲突都是坏的,当学生向老师报告冲突时,老师也要有正面的回应。这样才能提高冲突的协调效率。

(二)对于上海市某区的深入调查

2016 年 4 月 28 日,为了加强校园欺凌的预防和处理而制定的法规《关于开展校园欺凌专项治理的通知》(以下简称《通知》)由国务院教育督导委员会办公室印发,《通知》发布后,教育部、中央综治办等联合发布了《关于防治中小学生欺凌和暴力的指导意见》(以下简称《意见》)。在党中央、国务院的领导下,经各级人民政府与有关部门的共同努力,校园欺凌的发生得到了一定遏制,但中小学校园欺凌仍发生于各大中小学中。为建立健全防治中小学生欺凌综合治理长效机制,有效预防中小学生欺凌行为发生,经国家教育体制改革领导小组会议审议通过,2017 年 11 月 22 日教育部等十一部门印发《加强中小学生欺凌综合治理方案》(以下简称《方案》)。为贯彻相关文件精神,近年来校园欺凌情况排摸与校园欺凌预防工作在全国各地逐步展开。

1. 调研目的

《通知》《意见》《方案》等文件的出台，均反映出国家近年来对于校园欺凌的重视，但校园欺凌及其衍生犯罪仍在全国时有发生，也逐渐得到了媒体与公众的广泛关注。上海市虽未发生恶性校园欺凌事件，但是校园欺凌仍发生或隐匿于各大中小学校园中，受害人选择隐忍、发生于偏僻场所等原因，都使校园欺凌如同犯罪黑幕一样不为人知。对于校园欺凌的情况与预防工作开展情况的掌握，有助于防治校园欺凌的发生并指导校园欺凌预防工作的展开。本次对于某区检察院与教育局的调研有助于了解上海市校园欺凌的情况与预防工作的具体方法，通过对上海市校园欺凌的了解与掌握，发现现有预防工作的问题与不足，根据已有预防工作情况，提出校园欺凌预防工作改进完善的建议。

2. 调研情况

(1) 上海市某区检察院。检察院工作人员认为上海市校园欺凌情况是较为乐观的，因为上海市经济较为发达，对于校园安全投入的人力物力较多，校园欺凌本身发生的可能性不大。如果发生校园欺凌，由于多数孩子都是独生子女，比较容易会引起父母重视，因此校园欺凌再发生的可能性较小，对孩子造成的危害也较小。检察院方面没有过多接触校园欺凌的案例，因为如果一个校园欺凌事件由检察院介入，那么这起校园欺凌事件一定是进入司法程序的，这意味着其危害性较大，多数的校园欺凌不至于到达进入司法程序的危害程度，但是校园欺凌对于孩子的危害是不容忽视的。在调研中，检察院工作人员也反复强调校园欺凌的危害性不容忽视以及预防校园欺凌的重要性，但是又认为校园欺凌无严重后果是很难察觉的，因此预防工作既是极为重要的，也是困难重重的。校园欺凌的预防有许多的法律依据，但上海市很少有涉及检察院的文件，检察院方面仅仅处理进入司法程序的校园欺凌案件，以及负责各方面的法治宣传教育，绝大多数危害性不大的校园欺凌预防工作的展开是由教育局负责的。调研对象依照自己的生活经历与工作情况，认为上海市危害性较大的校园欺凌案件多发生于相对偏远或落后的学校，学校间纵向比较而言，多发生于中专职校中，而危害性较小的校园欺凌一定发生在各大校园中，难以发现且预防难度大。

（2）上海市某区教育局。教育局工作人员认为校园欺凌在其管辖区域内是不存在的，因为自市教委下发校园欺凌相关文件后，校园欺凌统计情况为零。但其对校园欺凌概念的理解存在着一定偏差，这种偏差已经不是对于“校园欺凌”与“校园暴力”的混淆，而是对校园欺凌概念过度狭义的理解，即将校园欺凌理解为恶性程度与能够进入司法程序的侵害行为类似的行为。对于工作人员所理解的危害性较强的校园欺凌，教育局的工作的确颇有成效，短短几年内，从保安人员配置、预警方案、校园欺凌工作小组设立、宣传教育的展开等方面都非常成功。但对于危害性较小的校园欺凌，教育局工作人员认为其不属于校园欺凌范畴，这样的校园欺凌容易被学校老师预防，并且不会纳入校园欺凌排摸的范围内。此外，从教育局工作人员的视角，认为一些危害性较小的校园欺凌有助于学生的发展，不应将过多行为列入校园欺凌，少量的挫折对学生有益的概念也得到了几位教育局工作人员的认可。

3. 调研分析

首先根据调研情况，发现上海市校园欺凌情况是比较乐观的，基本没有危害性较强的校园欺凌现象发生。按照检察院的工作经验，认为如若发现严重校园欺凌，更多是在较为偏远落后的学校或中专职校，但检察院工作人员也提到危害性不大的校园欺凌情况一定在各大学校中普遍存在，它们难以发现却值得被重视与预防。其次，按照检察院的工作职责，检察院仅仅处理能够进入司法程序的校园欺凌案件，同时检察院认为其他危害性较小的校园欺凌应由教育局来预防。而教育局的校园欺凌预防工作是在市教委 2017 年发布相关通知后开始的，全区内近几年校园欺凌排摸统计情况为零，但教育局对于校园欺凌概念的认识仅仅是严重的校园欺凌，这不仅导致各大中小学统计校园欺凌情况时将许多不严重的校园欺凌不予以统计，也导致校园欺凌预防工作不全面，其校园欺凌预防工作与检察院的工作重叠程度较大。虽然教育局方面关于严重校园欺凌预防工作比较完善，但是对于校园欺凌概念较为狭义的理解显然不符合检察院对其的期望与校园欺凌预防工作的需要。当然，教育局关于校园欺凌任务的展开也是近几年开始的，与此同时各大中小学以育人为主，对于校园欺凌的理解与工作相信能够在日后不断完善改进，对于工作人员所言一些危害性较小的校园欺凌有助于学生成长，实则上这类行为是不属于校园欺凌范畴的，而教育局工作的展开应将属于校园欺凌但危害不大的行为纳入预防的开展中，也加入排摸统计的类目中。此外，校园欺凌预防的法治宣传教育工作在教育局与检察院的共同努力下，以多种方式展开，并在实践中不断创新改进，现有的主题班会、安全教育、国旗下讲话、法制教育讲座、学校宣传栏、告家长书等都在学校、老师、学生心里树立了避免校园欺凌发生的理念，对校园欺凌预防起到了积极的作用。

4. 小结

上海市得益于在校园安全方面有较大的人力、物力投入，有效的预防工作也在展开，因此严重的校园欺凌案件几乎是没有的，但危害性较小的校园欺凌问题在各大学校中却是较为普遍的。而对于校园欺凌概念的偏差理解，阻碍着对危害性较小的校园欺凌问题预防工作的展开。学术界、立法部门、实务部门应该统一对校园欺凌概念的理解，促进专项治理的展开。概念统一帮助指清预防工作方向的同时，工作人员应加强对于校园欺凌预防工作的重视程度，实务中也应树立解决问题的理念，以避免“鸵鸟政策”等情况的发生，从而维护校园安全，对中小学生的健康成长起到积极作用。

四、上海市中小学校园欺凌预防与干预的实施建议

（一）综合防治校园欺凌的六条建议

当前，校园欺凌的治理引起了国家层面的高度关注，同时也牵动着亿万家长的神经，成为难以治理的“校园痼疾”，其危害性与顽固性使校园欺凌治理本身面临着很多挑战。对于校园欺凌的治理，人们往往只看到了其表象，即只看到了“冰山之一角”，而对于其背后深层次、系统性的因素却鲜有涉及。我们认为校园欺凌是一个生态系统，应该从理念、制度、技术、文化等方面入手，构筑中小学生健康成长的防护墙，为其创造一个安全的校园文化环境，从根本上提

升中小学生在学校的安全感和幸福感。因此，本研究提出综合防治校园欺凌的六条建议如下：

第一，主要是指精神—心理层面：忌鸵鸟心理，宜正视问题，避免校园欺凌的持续扩大，造成更严重的伤害，任何试图掩盖欺凌行为的心理都是万万要不得的；忌麻木心理，学生安全之弦时刻不能放松，学生安全无小事，不能对学生之间的"小打小闹"熟视无睹、习以为常、"想当然"；忌冷漠心理，不仅体现在对中小学生生理上安全的关注，更要关注其在心理上的安全感。没有安全的学习环境和积极的心理感受，学生就无法正常学习、积极参与到学校的各项活动中去，就无法得到知识、能力、人格上的提升。校园欺凌中，受害者遭受了身体和心理上的双重压力，特别是在心理上缺乏足够的安全感所导致的担心、恐惧、害怕、焦虑，将成为他们成长过程中挥之不去的梦魇。受害者生活在威胁当中，一种是现实的威胁；另一种是潜在的威胁（在一定条件下会转化为现实威胁），这种强烈的不确定感更让受害者生活在恐惧中，无心学习以及不愿意参与学校活动，导致与学校的逐渐疏离甚至辍学，进一步导致其他高危行为如参与小团伙、青少年犯罪等。

第二，完善校园欺凌的法律和相关制度。首先，关于校园欺凌概念的界定是非常重要的内容，因为只有对这一概念进行清晰的界定，才能有效地帮助政策制定者、学校管理者、学生、家长、社区等在校园欺凌的认识上达成一致，才能避免在理论研究和实践操作中产生更多的歧异。其次，校园欺凌的施暴主体可能是同学、也可能是教师，有时候甚至找不到施暴对象，如通过网络传播谣言、人身攻击等，根本不知道始作俑者是谁。因此校园欺凌政策的制定要经过认真的调查，如关于校园欺凌的行为分类、主客体、场所、调查程序、救济、教师培训等一系列问题进行详细规定，侧重校园欺凌的行为界定、学生报告制度、教师能力提升等。再者，在反校园欺凌政策的具体实施方面：要符合现实性，尤其是针对网络欺凌进行有效干预；多元性，在课程、管理等方面齐头并进；针对性，针对不同年龄段的学生进行差异化干预；及时性，及时回应受害者的反馈，将校园欺凌消灭在萌芽状态；可操作性，符合学校和学生的发展实践；科学性，是指针对广大学生的需求，在追踪调查的基础上形成科学有效的制度。概括而言，动态监护、及时干预、长效机制、预防的制度化是校园欺凌干预制度的核心特征。

第三，营造积极的学校管理氛围。真正落实依法治校，构建重视参与、民主管理的氛围。在学校制度的制定上，表现为学生、教师积极参与学校各项规章制度的制定，倾听学生的声音，对学生赋权。在民主参与的学校管理氛围当中，学生体会到自己的价值，感到自己被尊重。只有这样，学生才能够积极地去遵守规则、保护规则，形成和谐的学校内在秩序。在学校管理制度的执行上表现为坚决性、连续性，能够给予学生合理的预期。在效果上，进行制度执行的评估与效果的反馈，形成制度化、有效、良性的运转。教师和管理者在管理实践中要表达期望、积极引导、树立权威。

第四，主要包括硬件建设和软件防护，即校园安防和网络安防。硬件提供基本的物质保障。在一些学校尤其是新建设的学校，增加金属探测器、校园监控系统等。软件防护主要是通过对学生网络社交的监控及时发现危机个案，通过学生语言的变化及其中的内容来观察学生的异常行为。充分发挥大数据技术在校园欺凌的评估、预防、干预上的积极作用。如对于高发时间段、高发地点发生的校园欺凌行为进行监控，对相关行为进行集成、分析，便于进行积极的预防，制定危机干预方案。

第五，构建积极的家校合作文化、校园文化，增强校园文化的凝聚力，形成包容、多元、信任、同情的校园文化氛围。家校合作文化是基于中小学生的身心发展需求，基于“全人发展”理念，而非纯粹基于学生的学业成绩而言。家校之间建立充分的信任，家长对学校的信任，是来自对教师专业性的肯定，来自对教师职业崇高性的信任。师生之间的信任则表现在学生相信教师会公平、公正、及时处理校园欺凌行为。教师要树立权威和尊严，给予学生及时的反馈。积极向上的同伴文化则表现为，每位同学都要形成同情之心、包容之心、欣赏之心、感激之心、分享之心、援助之心，对他人的尊重与欣赏，对差异的宽容与尊重，形成观察和解决问题的多元化视角。学校的文化可以分为正式群体文化和非正式群体文化。从价值导向上又可分为正向的、负向的群体文化。负面的非正式群体，如小帮派等更可能产生欺凌行为、抽烟甚至酗酒等，消极的态度和行为很容易得到传播。对这些小群体进行正确的引导，构建“我为人人，人人为我”的“守门人”式的同伴校园文化，同时，充分引导兴趣小组、课外活动小组等形成的非正式群体，对课外活动进行正确的指导，为学生正常参与活动、积极交往、提升自己创造多样化、丰富性的机会。文化是向心力，它能凝心聚神，帮助大家形成共同的愿景。文化是黏合剂，它能稳固师生、生生之间的关系，建立个体和学校之间的牢固纽带。文化是无形的网，它将学校中的每一位成员维系在一起，构成学习共同体。文化是传帮带，它能够不断传递最美好的价值和情感，让美好的事物得以传播、扩散。文化传递希望、价值和意义。文化是爱的接力，对学校的爱、对老师的爱、对同伴的爱。文化的核心是建立认同感，建立对于学校的认同，体验到学习中的快乐，感受到成长中的进步，体会到自我的价值感、胜任感。

第六，上述五重保护都是外在保护，而让学生建立牢固的自我保护意识，则要发挥学生的主体作用，根本上要能够具有：一是法律意识，中小学生充分提高自身的法治意识，尊重、保护规则，懂得规则对形成学校和谐秩序的重要性。懂得保护自己的权利，知晓个体的权利神圣不可侵犯。二是求助意识，当自己或者他人受到侵犯时要知道怎样求助，了解和掌握求助的渠道、程序、方法。三是构建和谐关系意识，学会构建良好的人际关系，包括与父母、教师、同学之间构建积极、和谐的关系。四是冲突解决意识，提升冲突解决能力，学会寻找解决冲突的可替代性方案。五是危机处理意识，具有处理生活、学习中遇到的压力的能力，遇到困难时能够进行有效的自主调节，化解外在危机，保持健康的心理状态。

在学校不仅要构筑“摸得着、看得见”的防护墙，更要构筑“看不见、摸不着”的防护墙，真正形成积极、健康、向上的校园文化，遏制校园欺凌产生的土壤和氛围，保障学生安全、快乐、健康、幸福的成长。

（二）校园欺凌有效治理的实践策略

1. 明确校园欺凌的定义和形式

中小学校园欺凌是指发生在校园（包括中小学校和中等职业学校）内外、

学生之间，一方（个体或群体）单次或多次蓄意或恶意通过肢体、语言及网络等手段实施欺负、侮辱，造成另一方（个体或群体）身体伤害、财产损失或精神损害等的事件。

（1）肢体欺凌，即利用自己的优势，对他人身体进行主动攻击，诸如殴打、踢踹、阻拦、推搡等。

（2）言语欺凌，即通过侮辱或者粗鲁的言语来欺凌对方，比如嘲笑、贬低、谩骂、起绰号、恶意的评论别人的某些特征等。

（3）财物欺凌，如多次毁损、污损同学的书本、文具、衣物等物品。

（4）社交欺凌，即故意排斥、孤立别人，不让其融入群体，例如鼓动其他人不与其玩耍，排斥其参加游戏、社会活动等。

（5）网络欺凌，如在网络发表对受害者不利的言论、曝光隐私以及对受害者的照片进行恶搞等。

2. 明晰校园欺凌的主要危害

对被欺凌者的伤害具体而言主要包括：

（1）身体健康，这是最容易理解、也是最容易观察到的，如身上有明显的伤痕等；（2）名誉权，如通过传播流言、小道消息等，使被害者生活在恐惧中，感到强烈的被羞辱感；（3）影响了其心理健康，如较低的自尊、缺乏自信，这在现实当中往往很难察觉，但是会通过日常行为外显出来；（4）财产上的损害，如学习用品、索要钱财等；（5）发展机会的剥夺，如故意将受害者排斥在课外活动、社团之外，无法获得正常的发展机会；（6）具体的影响对象不明晰，主要是指通过对学校正常教学秩序的伤害进而影响个体的学习和生活。校园欺凌往往造成被欺凌学生身体、精神上的伤害，或者财产上的损失、威胁，随之容易产生心理创伤。如果长期遭受欺凌，他们会出现恐惧、焦虑、自卑、孤僻等心理，人际交往能力也会陷入恶性循环，甚至可能产生自杀和报复社会的念头。

3. 校园欺凌预防与干预机构的人员构成

学校成立校园欺凌专门机构，由法院、检察院、公安局、社会工作者、校长、教师、家长等组成，负责校园安全与欺凌方案的制定，对于校园欺凌事件及时处理。

4. 校园欺凌预防与干预的原则

校园欺凌的预防与干预较为复杂,需要采取系统的思路进行综合治理。

(1) 总体原则:

① 广泛参与原则。学生、教职工、家长、社区居民、警局、安全机构应该广泛参与校园欺凌的预防和干预过程中。要明确各个部门的责任,提供后备人选,在关键人物在关键时刻缺席的情况下要能够及时提供替补人选,防止出现错漏和空白点。

② 校本性原则。避免同一的校园欺凌治理模式。由于学校所处地区、社区的经济发展水平、人口结构、学校类型、学生生源的差异等特点,学校要形成适合本校特色的校园欺凌治理方案。特别是在资源相对缺乏的地区和学校更应该发挥本社区的特色和优势,充分整合社区资源,形成特色化的校园欺凌治理模式。校园欺凌综合治理应该建立在对学校整体调查研究的基础之上,包括对学校已有资源的整理以及相关数据的分析,对规律性的问题及时归纳总结,避免重复发生。

③ 整体性原则。激发学生、教师、父母针对校园欺凌的意识和责任感;在全校范围内建立清晰的规则和指南;学校里的每一位成员能够在校园欺凌行为发生前、发生过程中、发生后进行开放的交流,对于校园欺凌的报告程序严格遵守;学校要致力于让每位教职员工、学生都能够深度参与学校的反欺凌项目;校园欺凌干预能够融入学校的整体规划以及符合学校的发展愿景;发动教师、员工以及家长规划、执行、维持反欺凌项目的运转;增强在学校非课堂区域的监控以及监督;将课程开设、主题班会、讲座等结合起来,开展形式多样的反校园欺凌活动。

④ 可持续性原则。激发开展校园欺凌预防的内生动力,使坚决抵制和制止校园欺凌成为师生员工的自觉行动。在校园欺凌的早期预防、及时干预、跟踪评估等整个过程中有机协调各方力量。其次是体现动态的原则,校园欺凌行为的发生存在着很多偶然因素,要随时根据形势的变化制订及时有效的方案来应对突发情况。

⑤ 方便性原则。校园欺凌综合治理方案要用简便的易于理解的语言,在语言表达上不易产生歧义。通过校园广播、网络的方式,方便广大师生了解学校的校园欺凌预防和干预措施。

（2）原则实施：

① 制定学校政策。制定“反欺凌校园政策”,明晰校园欺凌的概念,明确校园欺凌的惩罚规则,对校园欺凌“零容忍”。完善相关机构,根据本校情况建立校园欺凌预防和干预细则。

② 完善相关机制。建立校园欺凌的预警、调查、转介、处罚、援助、跟踪、评估机制。完善课程、讲座、主题班会、游戏、话剧等校园欺凌预防与干预的多种形式。

③ 增强专业能力。本着“儿童利益最大化”“学校安全无小事”的原则,学校管理者和教师要以高度的敬业精神、责任意识投入校园欺凌的预防当中。在教师入职和在职培训中增加校园欺凌预防和干预内容,提升教师的反校园欺凌意识,掌握相关知识和策略,增强校园欺凌处置专业能力,建立可持续性能力提升机制。

④ 营造文化氛围。倡导建立“和平校园”“无欺凌校园”,营造宽容、友爱、和平、亲切、关怀的校园文化氛围。共同构建反校园欺凌的物理环境和制度、文化氛围。提升广大学生的社会性技能,鼓励同学们通过沟通协商的方式解决同伴之间的矛盾和冲突。帮助广大学生“提升反校园欺凌意识、掌握校园欺凌预防知识,主动报告校园欺凌行为,用行动参与到反校园欺凌行动当中”,逐渐形成“校园欺凌,关乎你我;共同防治,人人有责”的良好氛围。

⑤ 构建机制平台。建立校园欺凌的沟通机制与平台,及时、有效发现校园欺凌事件,共同商讨、制订解决方案,将危害降到最低。

⑥ 建立班级规章。班集体是校园欺凌预防和干预的主要场所。建立班级层面的校园欺凌预防与处置规章制度,营造“人人参与,人人遵守”的良好班级氛围。

⑦ 增强同伴干预。丰富同伴干预校园欺凌的方法与手段,充分发挥同伴群体在校园欺凌预防和干预中的积极作用,每一位同学尽量做到：不欺凌他

人;尽力帮助被欺凌者;尽力容纳被欺凌、被忽视的学生;欺凌发生后,向学校与家庭中的成年人报告。

5. 关于校园欺凌,学生、教师和家长容易产生的误解

家长、教师包括学生都对于校园欺凌存在一些不正确的看法,进而导致他们对于校园欺凌的漠视、忽视、轻视,这是校园欺凌对受害者造成更大伤害的重要原因。由于成人在校园欺凌面前表现出消极的态度,导致失去校园欺凌治理的最佳时机,这就进一步加大了治理的难度。

调查发现,学校管理者和教师普遍存在以下关于校园欺凌的错误理解:欺凌只是同学之间一种开玩笑的行为;一些学生(被欺凌者)活该,"罪有应得";校园欺凌是仅仅发生在男生之间的事情;校园欺凌是发生在小孩子身上正常的事情;校园欺凌是孩子走向成熟、走向成年期的必经阶段,甚至是一种必不可少的"仪式";假如受害者不报告,那么教师可以置之不理;欺凌行为是欺凌者较低的自尊所导致的结果;受害者要勇敢地还击,"以牙还牙"。上述关于校园欺凌的错误理解、错误观念导致了教师对于校园欺凌行为不太重视,相对比较冷漠,以及针对校园欺凌缺乏有效的应对手段。

教师的期望与理解以及对于校园欺凌的零容忍态度,能为受害者提供坚强的精神后盾,让校园中形成"敢于向欺凌说不""敢于对欺凌及时制止"的氛围;也能对于学生遭受到欺凌给予积极的反馈,即所谓"欺凌者必究"。只有形成这样一种强大的氛围,才会有效的遏制住各种欺凌行为。

有的管理者、教师之所以认为"我校没有校园欺凌"是因为对于校园欺凌的片面认识,对于校园欺凌概念的错误理解所致。一般认为只有身体和语言上的欺凌才被认为是校园欺凌,而关系型欺凌很难被认定为校园欺凌,因为关系型欺凌存在着涉及人数多、取证困难、损害后果不易立即发现等特点,所以经常为人们所忽视。

6. 校园欺凌和学校整体发展的关系

既不能将校园欺凌泛化,也不能对校园欺凌的发生掉以轻心。校园欺凌是学生之间的一种消极互动方式,因此要将校园欺凌与学生的生活、学习、课外活动紧密联系起来。校园欺凌通过作用于个体的方式直接或间接影响着学

校的发展。这就要求必须高度重视校园欺凌的预防和及时干预。

7. 欺凌者、被欺凌者所表现出来的特征

欺凌者一般表现出以下特征：攻击行为是表达自我、获得他人认同的一种方式；认为欺凌是一种“耍酷”的方式，特别是获得在群体中地位的一种途径；对他人的痛苦缺乏同情心；习惯性的展示自己的攻击性行为；易怒，难以控制自己的情绪和情感；在其背后往往有一个支持性的团体。

欺凌者一般存在关于攻击行为的错误认知：对于对方的威胁（主观感受到的来自对方的威胁，实际中不一定存在）应该奋起还击；击打某人感觉很好；欺负有时候很好玩；我仅有两种选择，或者被攻击或者先发制人；被欺凌者就应该那样（被欺负）；你越欺负他人，那么同伴就会更加尊重你；假如你害怕打架，那么你将不会有更多的朋友。正是存在上述错误认知，一些欺凌者不能采取正确的方式处理日常交往中的矛盾，进而采取攻击性行为。

被欺凌者也具有一些明显或潜在的前兆，如具备低效的社会技能，在人际交往方面存在困难，在同伴中不受欢迎；感到被孤立，不敢去学校，对学校生活失去兴趣和信心等。有鉴于此，需要对一些容易遭受欺凌的学生进行积极的援助，对其潜在的危险性因素进行评估，如个体因素，生理上、心理上的；家庭因素，家庭结构、家庭经济状况、父母关系、亲子互动方式；以及社区因素等。在此基础上，对潜在校园欺凌受害者进行积极的、综合性、有针对性的干预。

8. 校园欺凌中的角色

诚然校园欺凌中的双方需要重点干预，但同时对于周边的围观者如推波助澜者、起哄者等更要重视。旁观的同学麻木、幸灾乐祸、无动于衷，他们也是校园欺凌的干预重点所在，需要采取大规模的教育干预，如培养其同情心等，使其能够成为校园欺凌治理中的首要角色。

上海市儿童社会组织的发展现状、问题和培育的研究*

赵 芳 等**

一、前　　言

儿童的生存、保护与发展是提高人口素质的基础，是社会可持续发展的重要资源，也是国家和民族未来发展的资产。随着我国经济社会结构的剧烈转型，儿童保护和福利服务的需求越来越突出，流浪儿童、贫困儿童、孤残儿童、留守儿童、服刑人员子女等问题亟待解决。但政府因资源的有限性，市场因介入的选择性、家庭因功能的弱化等都在不同程度上影响着儿童保护和福利服务的提供。为更好地满足不断升级多元化儿童福利服务需求，党的十八大以来，对社会治理和社会组织的改革发展做出了重点强调和要求，鼓励支持社会力量参与儿童保障工作。在 2020 年新修订的《未成年人保护法》中，特别专列了“社会保护”一章，并在法规中反复确定了“社会组织”在未成年人保护中的重要作用。作为公众和社会力量参与社会治理的重要载体，社会组织以其资源丰富、主体多元、潜力巨大等优势在服务儿童、构建儿童多元福利体系中发挥着重要的作用①。2021 年《中国儿童发展纲要(2021—2030)》的发布与上海“十四五”规划的出台对我国未来的儿童发展工作做出了长远的规划。近年来，上海市妇儿工委、民政局等出台了一系列政策文件，通过完善制度与机制，

* 本文系 2020—2021 年度上海儿童发展研究课题“上海市儿童社会组织发展现状、问题和培育研究”的结项成果。

** 赵芳，复旦大学社会发展与公共政策学院社会工作学系教授、系主任，上海睿家社工服务社理事长；孔春燕，复旦大学社会发展与公共政策学院社会工作学系博士生；韦盈盈，复旦大学社会发展与公共政策学院社会工作学系硕士生。

① 肖莎，贾新月，唐丽萍. 社会组织参与儿童福利服务的成就与问题[J]. 社会福利(理论版)，2015(01)：9－12.

加强专业培训等鼓励社会力量参与，培育社会组织发展，从而更好地保障儿童健康发展。但迄今为止，学界对于儿童社会组织研究较少，对上海的儿童社会组织总体现状也缺乏系统的了解。为此，本研究基于对上海市儿童社会组织数量、性质、服务内容、定位等进行的系统性调查，在调查的基础上评估和发现这些社会组织在满足儿童需求方面的优势和不足，并且根据现有的情况提出建议，以有利于政府决策的进一步科学优化，也为有关部门进一步推动社会组织的培育和规范化发展提供具体政策性参考意义。

二、文 献 回 顾

社会组织在国际社会中普遍称为“非营利组织（NPO）”或“非政府组织（NGO）”，与之相类似的概念还有“第三部门”“非营利组织”“民间组织”等。目前，我国根据民政部规定，社会组织又被划分为了社会团体、民办非企业单位、基金会和外国商会等 4 种类型。

（一）国外研究综述

国外的研究主要集中在对社会组织特征、功能和管理的研究，以及社会组织参与儿童保护和儿童福利政策领域的研究。

1. 对社会组织特征及功能的研究

20 世纪末，国外学者意识到社会组织新的发展趋势。菲利普·科特勒（2003）认为，许多过去曾承担着社会基本服务的政府现在开始削减这些领域的职能，并将其让渡给社会组织；许多国际性的社会组织，例如世界银行和美国国际开发署已越来越多地依赖地方性或国际性的社会组织来开展社会服务，应对社会问题①。莱斯特·萨拉蒙（2002）把非营利组织分为两大类：更具服务性的组织和更具表达性的组织。更具服务性的组织体现在教育、研究、社

① ［美］菲利普·科特勒，艾伦·R. 安德里亚森. 非营利组织战略营销［M］. 北京：中国人民大学出版社，2003.

区发展和住房、健康和社会服务领域;更具表达性的组织体现在环境保护、工商、劳动力和行业代表领域。同时,他认为社会组织有五大特征:组织性、民间性、非营利分配性、自治性、志愿性①。

2. 对社会组织管理的研究

对社会组织而言,除自身具备良好的动机外,确定的目标、正确的策略和卓有成效的管理方式都为组织的发展提供支持。彼得·德鲁克(2007)认为,作为社会组织的领导,工作重点应是思考组织使命、实现组织目标,展现组织的社会价值;社会组织不只是提供服务,它希望其终端服务对象不要成为消极的受惠者,而是成为积极的行动者等②。詹姆斯·P. 盖拉特(2013)从社会组织的使命、战略规划、营销、公共关系、募款策略、竞争力等角度,揭示了社会组织管理的精髓,针对社会组织在管理过程中遇到的难题进行剖析,并提出了应对之策③。

3. 对社会组织参与儿童保护和儿童福利政策视角的研究

儿童保护和儿童福利政策视角是国外研究的重要主题。在福利国家,针对儿童的福利政策、社会保护和社会服务是政府促进社会平稳发展的重要举措,但由于儿童保护伦理和价值观的复杂性以及各国制度和文化的差异,社会组织在儿童保护和服务中的角色不尽相同。从福利国家儿童服务的目标来分,基本上可以分成两类:一是以干预为主,以建立强制性报告制度为起点,为进入儿童保护体系的儿童提供家外安置为主的一系列服务;另一类则以预防为主,围绕支持家庭,提升家庭的养育能力展开(Cossar, Brandon & Jordan, 2016)。西方福利国家,在儿童主体化的基础上,社会组织在儿童风险的监测,以及标准化的风险预估与防治方面产生了重要作用(刘玉兰、彭华民,2017;Helen Bouma, Mónica López López, Erik J. Knorth, Hans Grietens, 2018)。日本则强调政府、市场、社会和家庭共同分担儿童保护与服务的责任,相应的儿

① [美]莱斯特·萨拉蒙. 全球公民社会:非营利部门视界[M]. 北京:社会科学文献出版社,2002.

② [美]彼得·德鲁克. 非营利组织的管理[M]. 吴振阳,译. 北京:机械工业出版社,2009.

③ [美]詹姆斯·P. 盖拉特. 非营利组织管理[M]. 邓国胜,译. 北京:中国人民大学出版社,2013.

童社会保护政策突出发挥家庭责任，辅以国家、市场和社会对家庭的帮助和指导[①]。

（二）国内研究综述

国内学术界很早就开始关注社会组织的发展。在1998—2000年间，国内学者十分关注社会组织在环境保护、维护妇女权益方面的作用。自2000年起，整个中国社会科学界兴起了研究社会组织的热潮。但是国内学者对于社会组织参与儿童工作的研究相对较少。目前，研究主要集中在对社会组织的社会功能，政府、市场、社会组织之间的互动关系，社会组织发展战略，以及社会组织参与儿童保护与服务的案例研究这四个方面。

1. 对社会组织功能的研究

社会组织，也被称为“非政府组织”，是相对于政府的一种社会组织形式，反映特定的社会结构。王名（2010）认为作为政府与企业之外的社会组成，社会组织一般具有资源动员、社会服务、社会治理、政策倡导等功能[②]。马庆钰、贾西津（2015）认为社会组织成为经济社会进一步发展的助推器，在国家治理现代化中发挥重要作用。它是各级政府职能转变转移的承接者，是通往现代社会秩序的新组织机制，是促进国家社会软实力的使者[③]。杜倩萍（2011）以“瓷娃娃关怀协会”为主要案例，分析了社会组织有以下几种功能：致力于参与公共服务、多渠道开发资源，促进经济和社会发展；提倡“参与式”发展、“造血式扶贫”，支持弱势和边缘群体；加强人际纽带，引导“社会适应”和实现自我价值等[④]。

2. 对政府、市场、社会组织之间互动关系的研究

社会组织在发展过程中面临着诸多难题，因此要协调好政府、市场、社会

① 邓元媛. 日本儿童福利法律制度及其对我国的启示[J]. 青年探索，2012(03)：80－84.

② 王名. 社会组织概论[M]. 北京：中国社会出版社，2010.

③ 马庆钰，贾西津. 中国社会组织的发展方向与未来趋势[J]. 国家行政学院学报，2015，000(004)：62－67.

④ 杜倩萍. 当代中国草根非政府组织的社会功能[D]. 北京：中央民族大学，2011.

组织之间的关系。刘祖云(2008)提出,在中国的政治环境下,政府与社会组织之间存在着先赋的博弈结构,展现出比较灵活的多元的博弈策略,在两者博弈关系的背后存在着更为深层的组织冲突关系,这一冲突关系也表现出不同的形式。这种博弈与冲突关系的存在,迫切需要“关系治理”,需要构建“正式规则”“事实规则”与“论坛规则”等多重治理机制,也需要先进治理理念的引导①。范明林(2010)认为,关于中国社会组织与政府互动关系,法团主义和市民社会是最经常被引用和拿来对话的两个理论,笼统地讨论中国社会组织与政府的关系更符合哪一种理论范式并无实质意义②。田懋乾(2014)提到,为了保障社会组织功能的实现,一方面需要保障社会组织的独立性、加强对社会组织的引导规范,另一方面也需要完善社会组织的相关法律法规③。

3. 对社会组织发展的研究

邓国胜(2007)提出政府通过出台相关政策法规,促进非政府部门的快速发展④。马庆钰、贾西津(2015)从环境、时机、需求、条件四方面分析了中国社会组织面临的发展机遇⑤。卓碧蓉(2009)认为,在社会组织的发展过程中,有必要构建适合社会组织发展的支撑环境,完善社会组织的内部治理结构和规章制度,提升社会组织的自我治理能力,健全必要的法律秩序制度框架,提升社会组织的社会影响力和自身素质⑥。陈晓春(2012)认为社会组织应对自身战略环境进行分析,制定战略目标对于社会组织发展有着重要的意义。同时,社会组织应该完善内部治理机制,规范行为,增强活力⑦。

---

① 刘祖云.政府与非政府组织关系:博弈、冲突及其治理[J].江海学刊,2008(01):94-99.

② 范明林.非政府组织与政府的互动关系——基于法团主义和市民社会视角的比较个案研究[J].社会学研究,2010,25(03):159-176,245.

③ 田懋乾.非政府组织的基本功能及其保障途径[J].现代妇女(下旬),2014(06):95.

④ 邓国胜.中国非政府部门的价值与比较分析[J].中国非营利评论,2007,1(01):77-91.

⑤ 马庆钰,贾西津.中国社会组织的发展方向与未来趋势[J].国家行政学院学报,2015(04):62-67.

⑥ 卓碧蓉.治理视角下我国非政府组织发展路径分析[J].法制与社会,2009(19):268-269.

⑦ 陈晓春.非营利组织经营管理[M].北京:清华大学出版社,2012.

4. 关于社会组织参与儿童服务与保护视角的案例研究

社会组织在服务儿童,促进儿童健康成长方面做出了很多努力,但学术界对此的相关研究较少。在已有的研究中,学者们强调社会组织参与儿童社会救助时的作用,探讨社会组织在提供相关服务时所遇到的问题并给出建议。王晋颖(2013)认为有必要对成都市流浪儿童救助中社会组织的角色进行定位,对其参与力进行分析[①]。刘凤(2015)提出,应推进非政府组织参与困境儿童救助,提高困境儿童的救助效能,为此,社会组织要提高生存和发展能力,加强彼此间的合作,构建困境儿童救助预防机制[②]。乔东平(2016)对县级政府儿童保护主管机构建设框架提出了建议,主张以小项目带动大政策,推动地方性政策的出台,以及弥补儿童保护和服务制度的漏洞[③]。除此,本土社会组织参与儿童保护与福利服务的案例研究还有很多,例如尚晓援(2007)研究的三个非营利组织,天主教会建立的孤儿院"黎明之家"、王家玉儿福利院、对服刑人员子女进行照料的北京市太阳村儿童教育咨询中心[④]等。

总体来讲,关于儿童社会组织的研究侧重的多是某一类型的儿童社会组织提供的特殊类型服务的分析,涉及的面不广,缺乏对儿童社会组织发展现状、存在问题的全景式描述和分析。

三、研究设计与研究思路

首先通过文献检索,对国内外社会组织参与儿童发展工作的研究进行梳理,然后明确本文研究的问题聚焦于上海市儿童社会组织的发展现状、面临的

① 王晋颖.成都市非政府组织参与流浪儿童救助的模式研究[D].西南交通大学,2013.

② 刘凤,于丹.非政府组织参与困境儿童救助的制约因素及出路[J].学术交流,2015(04):155－159.

③ 乔东平.地方政府儿童保护主管机构建设研究——基于A县和B市的儿童保护试点实践[J].社会建设,2016,3(02):18－27.

④ 尚晓援.公民社会组织与国家之间关系考察——来自三家非政府儿童救助组织的启示[J].青年研究,2007(08):37－44.

问题以及未来培育的方向和路径。在明确研究问题的情况下,通过阅读社会组织的现有报告(日志),制定半结构化访谈提纲和调查问卷收集更加全面的资料。最后对收集到的所有资料进行整理和分析,形成总结性报告并提出相应的政策性建议。具体的研究设计与思路见图1。

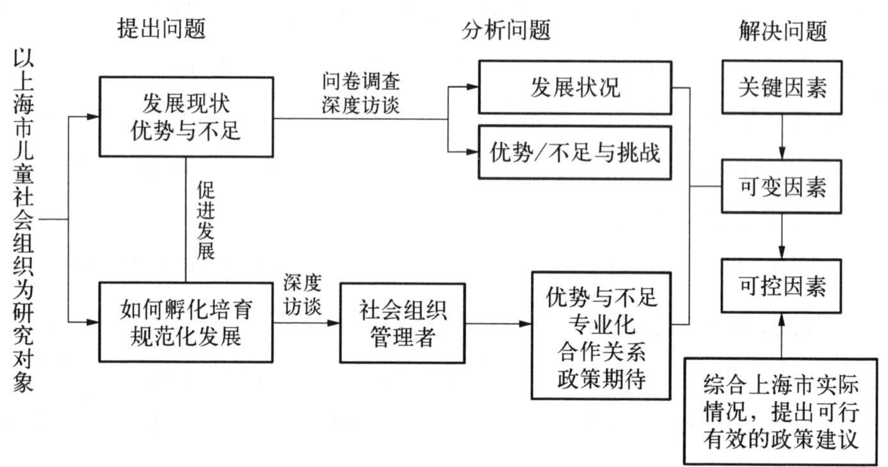

图1　本研究研究思路与方法

四、数 据 来 源

(一) 样本筛选过程

本研究中所使用的上海市社会组织总样本框(N=15 180)来自官方的上海社会组织公共服务平台,并通过信息技术渠道获取了社会组织具体注册信息。在总样本框中,根据一定的筛选标准进行多轮筛选。第一轮筛选获得了349家儿童社会组织的样本,在对第一轮样本开展调研的基础上,通过上海市某枢纽型社会组织平台,根据其提供的曾承接过儿童、青少年相关项目,以及参与儿童、青少年相关评奖的机构名单(N=102),排除与前述样本(N=349)重复的机构,并补充了72家儿童社会组织样本,最终获得420家儿童社会组织样本。样本的具体筛选标准和流程如图2所示。样本分布在上海市的16个区,且具有明显的数量差异(见图3)。

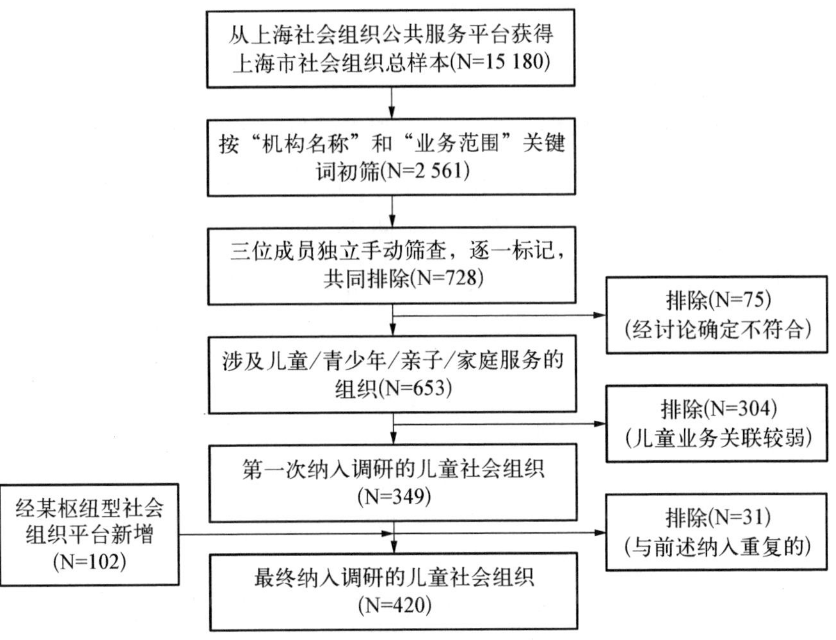

图2　上海市儿童社会组织的筛选流程

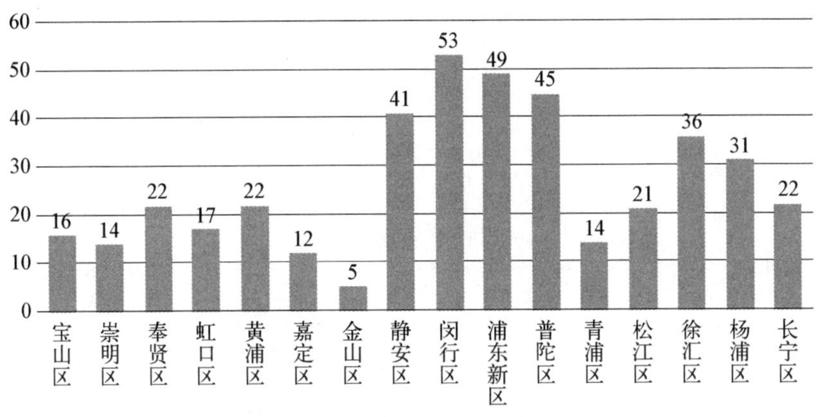

图3　总样本在上海16个区的数量差异

（二）数据搜集

1. 数据搜集工具

本研究中使用的数据采集工具主要是自制的调查问卷和半结构化的访

谈提纲。

（1）问卷

问卷，主要分为内部环境、外部环境和组织发展三个一级维度，内部环境的一级维度下包括基本信息、人员管理、资源管理、项目管理、宣传四个二级维度，外部环境则包括政策环境、合作资源两个二级维度，组织发展则被操作化为社会影响和组织自评两个二级维度，再根据二级维度操作出具体的指标，具体的问卷框架详见表1问卷框架。

表1 问卷框架

一级维度	二级维度	指标
内部环境	基本信息	组织名称、登记机关、类型、创立时间、受众、项目范围、管理机制
	人员管理	人员组成结构、受教育及持证情况、薪资水平、奖惩及福利、儿童社工岗位、人员培训、督导（频次、时长、形式、内容）、人员流动
	资源管理	办公场地和活动场地（面积、性质）、经费来源、儿童项目占比、筹资方式、项目购买方
	项目管理	服务对象、来源渠道、项目内容、活动频率、评估主体、评估方法
	宣传	是否专员负责、形式（线上/线下）、效果自评
外部环境	政策环境	现有政策支持情况
	合作资源	政府部门、事业单位、基金会、社会团体、个人
组织发展	社会影响	社会各界认可度、角色定位
	组织自评	组织优势、面临冲突、发展困难、所需支持

（2）访谈

本研究中的访谈对象是儿童社会组织的管理者，访谈提纲重点了解儿童社会组织开展社会服务存在的优势与困难，儿童社会服务组织自身的专业化程度，机构与政府、社会组织、企业、基金会等合作关系，以及儿童社会服务组织未来进一步推动机构规范化发展的政策需求与期待等。

2. 数据搜集方式

本研究的数据搜集方式主要有两个方面。一是问卷。采用线上+线下的形式，将问卷转化为问卷星，并使用问卷星会员技术进行支持发放和数据搜集，同时打印纸质版 A3 问卷进行线下发放。在调研前期，由于暑假和疫情防控，数据搜集主要以线上发放为主，线下纸质版为辅。在调研后期组建了一支 7 人调研团队，进行查漏补缺式实地入机构发放。后期访谈时根据实际情况进行了线下面对面访谈。二是在发放方式上多样化，调研初期主要使用电话联系相关的儿童社会组织负责人，使用微信和邮件的方式发放电子问卷，并通过微信和邮件回复反馈填写情况，同时后期有针对性地入机构发放问卷和进行访谈。不仅灵活便捷也有利于提高问卷发放和访谈的效率。

3. 数据搜集结果

2021 年 7 月至 2021 年 9 月，完成了对第一轮的样本（N=349）问卷数据收集。但由于儿童社会组织注册信息来源于官方网站，部分业务情况和联系方式已经发生变更，因此有较多部分儿童社会组织无法填答问卷和暂时无法联系。另外还有各种不同的原因导致的拒访、内部反馈暂时无回复以及联系上但未填答的。为了进一步提高问卷回收率，2021 年 10 月份，通过上海某枢纽型社会组织的资源链接，再次补充了新的样本（N=71）。具体的数据收集情况如下：

本研究通过问卷星和纸质问卷共回收了 55 份有效问卷，占总样本的 13.1%。其中由于登记联系方式发生变更、机构地址搬迁、机构注销等原因无法取得联系的有 184 家；因业务范围发生改变、儿童社会服务开展不稳定以及疫情影响，已经 2 年没有继续开展儿童社会服务等原因无法填写问卷的有 98 家；由于业务繁忙、信息不对外公开、机构新旧变动大等原因而拒访的有 83 家，分别占总样本的 43.81%、23.33%和 19.76%。具体的数据搜集结果详见图 4。

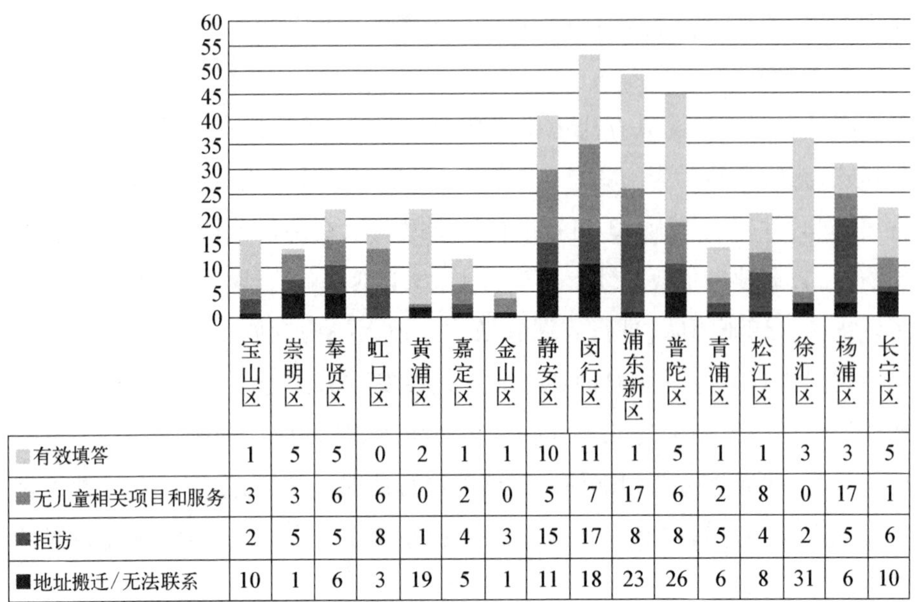

	宝山区	崇明区	奉贤区	虹口区	黄浦区	嘉定区	金山区	静安区	闵行区	浦东新区	普陀区	青浦区	松江区	徐汇区	杨浦区	长宁区
有效填答	1	5	5	0	2	1	1	10	11	1	5	1	1	3	3	5
无儿童相关项目和服务	3	3	6	6	0	2	0	5	7	17	6	2	8	0	17	1
拒访	2	5	5	8	1	4	3	15	17	8	8	5	4	2	5	6
地址搬迁/无法联系	10	1	6	3	19	5	1	11	18	23	26	6	8	31	6	10

图 4　问卷数据搜集结果

五、研 究 结 果

（一）问卷分析

1. 组织基本信息

（1）机构属性以社会服务机构为主，社会团体和基金会约占三成

调查的儿童社会组织中，社会服务机构占比为 69.09%，社会团体和基金会约占总体的三成。由此可见，目前儿童社会组织的主力军仍是提供具体儿童服务的机构，如社会工作服务机构、社会服务类民间组织、社会公益类事业单位，见图 5。

（2）近五年儿童社会组织增长迅速，整体受宏观环境影响显著

上海市儿童社会组织的增长集中在三个阶段，分别是 2004—2007 年、2010—2015 年、2017—2019 年，有四成机构（41.82%）成立于最近五年。21 世纪初儿童社会组织发展处于起步阶段，呈零星分布状态，这一态势受到了 2008

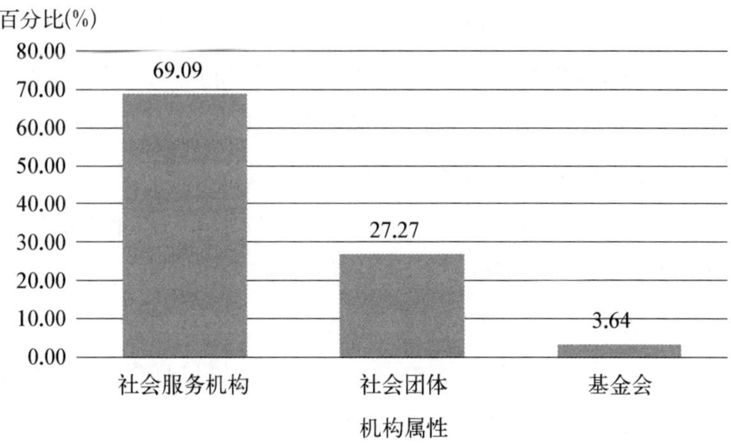

图 5　儿童社会组织的属性分布

下半年开始的金融危机的影响,慈善事业遭受重创。随着政府购买服务和资金支持力度加大,2010 年后儿童社会组织的发展有了小幅回暖。2016 年《慈善法》颁布实施,公益创投如火如荼开展,儿童社会组织的增速在 2017—2019 年期间有着极大的拉升,而在 2019 年后出现了明显下跌。这主要是受 2019 年底新冠疫情的影响,政府财政收紧,初创社会组织面临着严峻的生存挑战,新生机构数量急剧下降,见图 6。

图 6　儿童社会组织创立、注册趋势

（3）服务对象基本覆盖 0—18 岁的儿童，针对幼年儿童的服务空缺较大

对服务对象细分年龄段的调查发现，87.27%和 83.64%的儿童社会组织为学龄初期和少年期的儿童提供服务，61.82%和 52.73%的机构选择青年期及学龄前儿童作为服务对象，而只有 18.18%的机构可以提供幼儿期的儿童服务，见图 7。这意味着目前上海市儿童社会组织的服务对象范围虽然已基本覆盖了 0—18 岁全儿童生命周期，但主要还是集中于高年龄段，针对婴幼儿的服务项目数量较少，服务体系尚未完善。随着我国三孩生育政策逐渐放开，3 岁以下婴幼儿的照护问题亟待解决，在托育服务机构价格高昂、供需矛盾突出的现状下，如何引导社会力量积极参与，有待进一步研究。

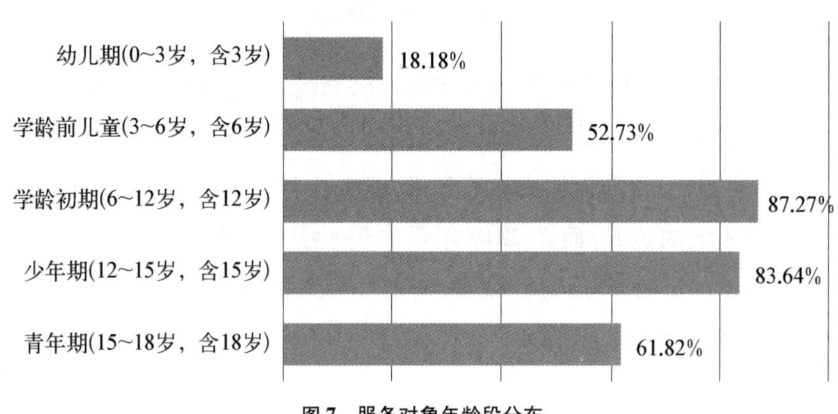

图 7　服务对象年龄段分布

（4）儿童社会服务相关制度建设存在不足

机构目前已有的制度建设主要包括人员培训（50.91%）、团队内部信息共享（49.09%）、档案管理（49.09%）、督导（47.27%）和专项财务（47.27%）几方面，在跨团队合作、结对帮扶以及团队激励方面还比较欠缺，员工审核准入信息保密，以及困境儿童强制报告的制度建设则很少受到关注。一套切实可行的流程制度是保障项目良好运作的前提条件，缺乏激励措施不但会影响员工的积极性，还可能导致员工的流失，跨团队合作机制的缺失往往会给信息沟通、解决复杂性问题造成困难。此外，儿童社会组织由于其自身特点，有其特殊性，但目前《未成年人保护法》特别关注的员工审核准入制度，信息保密制度和强制报

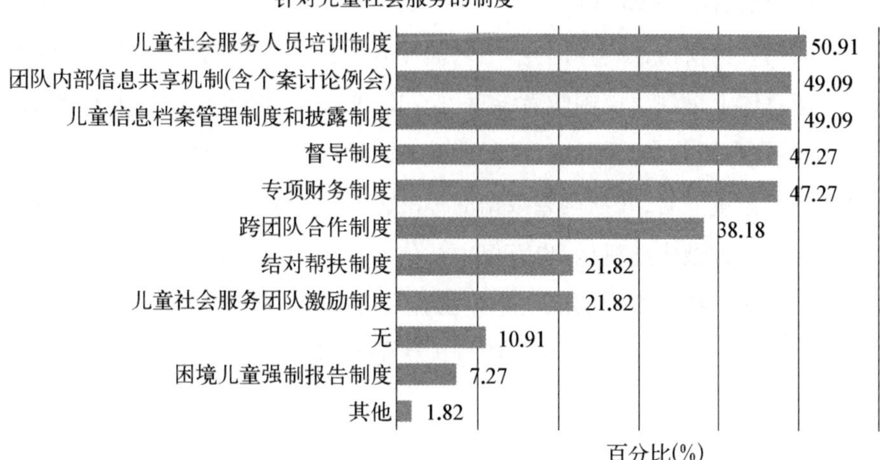

图 8　儿童社会服务各类制度建设情况

告制度,机构却较少关注。

2. 人员管理

(1) 组织形态呈松散耦合状态,游离型人力资源为主

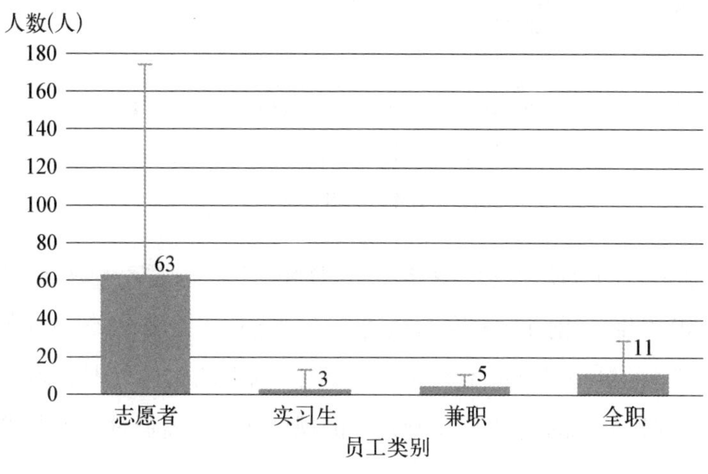

图 9　社会组织人员构成情况

数据显示儿童社会组织全职人员均值为 11 人(标准差为 17 人)、兼职员工平均 5 人(标准差为 6 人)、最近一年的实习生平均 3 人(标准差为 8 人)、最

近一年的志愿者平均63人(标准差111人)。从人员类别来看,儿童社会组织中全职雇用人员仅占很小一部分,绝大部分人力资源由游离性兼职人员组成,组织形态总体上呈现出美国学者维克(K. E. Weick, 1990)①所称的松散耦合状态,基本符合潘修华与梅洁(2021)②对中国目前社会组织人力资源的观察。从机构员工数量来看,几项调查数据的标准差都大于均值,样本中既有全职员工超过百人的大型成熟机构,也有仅由几位兼职人员组建的小型初创团队,这意味着现有儿童社会组织的规模差异显著,机构间发展不均衡。

(2) 总体组织规模小,头部组织规模优势凸显

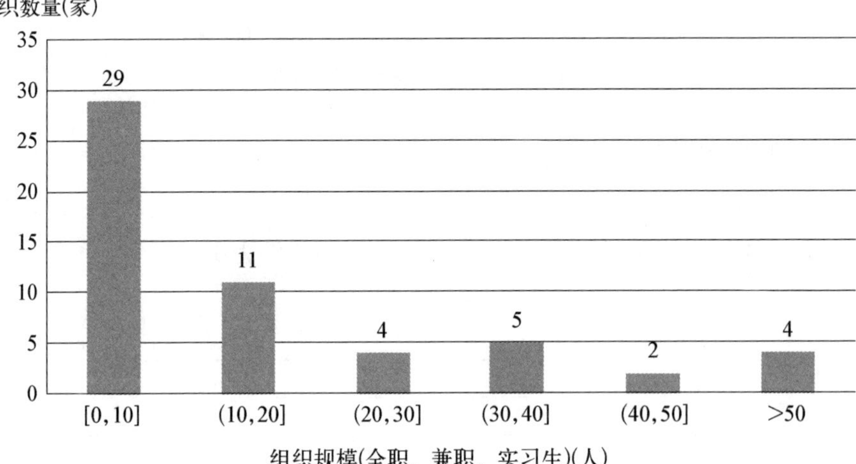

图10　儿童社会组织规模情况

由于志愿者的流动性较大,在考察组织规模时,将志愿者人数剔除后进行分析。由图10可见,目前儿童社会组织的个体规模整体上偏小,超过半数(29家,占比52.73%)的机构仅由不足十人支撑,50人以上的机构只占总体的7.27%。在组织规模对比悬殊的现状下,头部组织的规模优势可能通过多种形式凸显,例

① Loosely Coupled Systems: A Reconceptualization[J]. J. Douglas Orton, Karl E. Weick. The Academy of Management Review. 1990(2).

② 潘修华,梅洁.社会组织兼职员工人力资源管理的逻辑、难题及其破解[J].党政研究,2021(04):112-121.

如更强的综合竞争力、更多的政府购买服务机会，以及更强的抗风险能力。而大部分小微组织则在资源获取、人员招聘、等级评估等各方面心有余而力不足抗风险能力很差。

（3）学历背景中等，专业背景薄弱

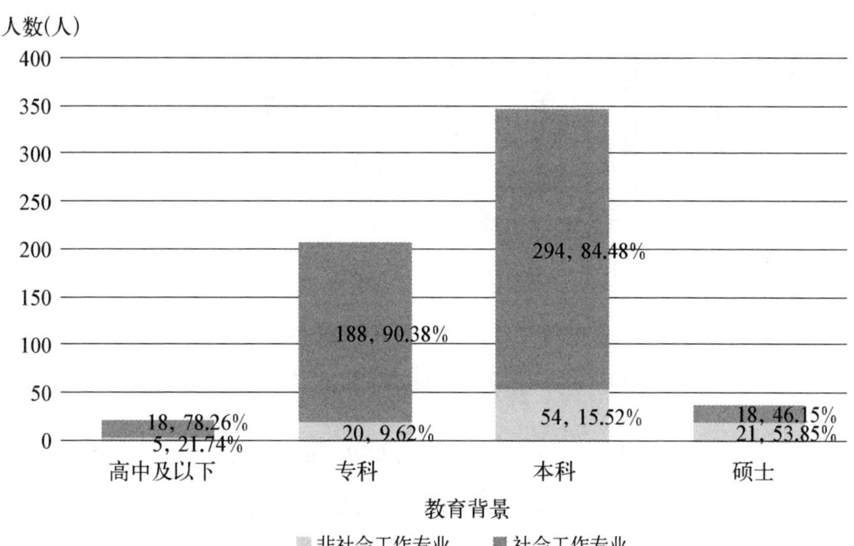

图 11　儿童社会组织人员的教育背景、专业背景情况

在教育背景方面，儿童社会组织的全职人员以本科学历为主（348 人，56. 31%），其次是专科学历（208 人，33. 66%），硕士学历仅为 6. 31%，约为总体的 1/15。在专业背景方面，仅有 15. 52%的本科学历员工是社会工作专业出身，硕士学历员工中有 53. 85%是社会工作专业背景出身。由此可见，目前儿童社会组织的员工总体上专业背景较弱，这一方面说明行业门槛较低，社会组织在人员招聘过程中难以对专业性进行要求，另一方面说明社会工作专业的人才流失现象严重，这种现象在本科阶段尤为严重，而在硕士毕业生群体中稍显缓和。

（4）全职人员平均月薪低于市场、体制内薪资水平

儿童社会组织中，初级/助理社会工作师的月平均薪资为 5025 元，主要集中在 4 000~6 000 元，占比 45. 46%；中级社会工作师的月平均薪资为 6 081 元，其中 40%集中于 5 000~8 000 元，分布比较平均，见图 12。作为对比，上海市

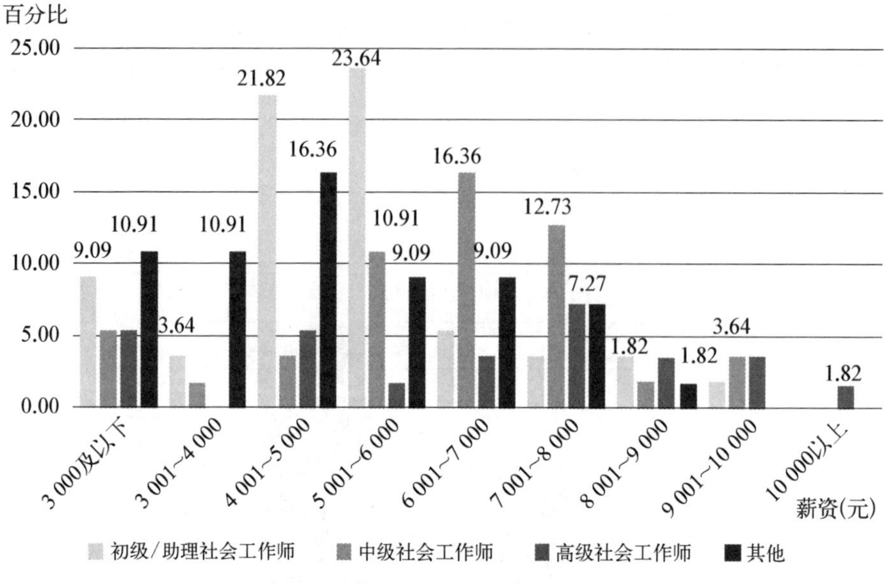

图 12　全职人员平均每月税前薪资水平　单位：%

城镇非私营单位就业人员月平均工资为 14 324 元；城镇私营单位就业人员月平均工资为 6 678 元(国家统计局,2021)①。2020 年上海市企业技能人才月平均工资为 11 292 元；高技能人才月平均工资为 14 225 元(上海市人社局,2021)②。可以看出,社会组织的行业薪资水平不管是与市场上还是与体制内相比,基本没有竞争优势。

(5) 儿童专设岗位较少,硕士学历人才和高级专业人才稀缺

机构是否设有专门的儿童社会工作岗位？机构内儿童社会工作人员的受教育及持证情况如何？调查发现,只有 14.55%的儿童社会组织设置了专门的儿童社会工作岗位,教育背景以本科为主(82.76%),拥有硕士学历的社工占比不到百分之一(0.86%)。儿童社会组织的发展离不开人才队伍的培育,这一方面是因为儿童群体的脆弱性和受到二次伤害的风险性对于专业的要求更高,另一方面是因为儿童心理健康、成长发展和潜能激发的多元需求,相对于

① 国家统计局. 中国统计年鉴 2021[R]. 2021-12-2.

② 上海市人力资源和社会保障局. 激励青年人走技能成才之路[EB/OL]. (2021-12-10). http://rsj.sh.gov.cn/tgwyrsb_17088/20211213/t0035_1404369.html.

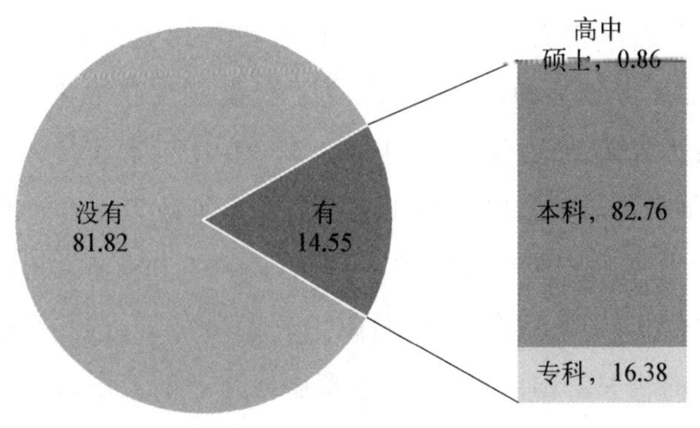

图 13　儿童社会工作岗位情况　单位：%

社会工作的其他分支，对专业期待更多元而深入。与医务社会工作、家庭社会工作等专业领域相比，儿童社会工作人才专业化建设严重不足，从业者的知识和能力储备无法满足服务需求。此外，从现有儿童社会工作者的持证情况来看，初级社会工作师和中级社会工作师数量基本相当，高级社会工作师非常稀缺，中高级专业人才的不足会严重阻碍儿童社会工作专业化和职业化发展。

（6）专业培训内容对政策解读和社会工作伦理关注较低

调查结果显示，78.18%的儿童社会组织会对服务项目人员开展针对性的

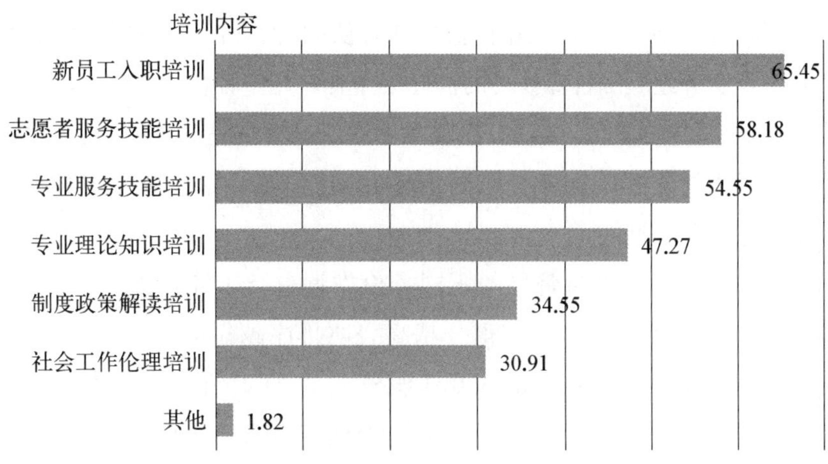

图 14　机构提供的培训内容类型　百分比（%）

培训,21.82%的组织没有提供相关培训。培训的内容主要涵盖入职培训、志愿者服务技能培训、专业服务技能和理论知识培训。针对制度政策解读和社会工作伦理的培训还较为欠缺,两者分别为34.55%和30.91%,有待进一步加强。政策解读方面,近年来我国陆续出台与儿童相关的系列政策制度,如《反家庭暴力法》《中华人民共和国未成年人保护法(修订版)》《未成年人预防犯罪法》《家庭教育促进法》《中国儿童发展纲要(2021—2030)》等,这些举措从宏观上制定了儿童服务的相关法律法规,也为儿童服务行业的发展指明了方向,而政策的落地与儿童服务项目的开展息息相关,应引导儿童社会组织开展相关培训,提高服务过程中法律和政策的敏感性。由于社会工作服务中伦理先行,社会组织从业人员在具体的儿童社会工作实务中,尤其需注意伦理问题,在与监护人、其他第三方机构接触的过程中应坚持"儿童优先"、最小伤害、儿童参与、隐私保密等原则。这方面的培训内容目前还很欠缺,但非常重要,还需加强。

(7) 近一半机构中儿童社会工作督导缺位

调查显示,约一半(54.55%)的儿童社会组织中设有专业督导,督导数量集中在1至2名,只有两家机构拥有5名及以上的督导。由此可见,上海市儿童社会工作督导制度尚未普及。根据《儿童社会工作服务指南》,儿童社会工作督导,指的是在儿童服务领域从事社会工作服务满五年以上(含五年)并取得社会工作师资格、对社会工作价值伦理有认同、拥有社会工作专业知识、具有儿童工作实务经验和督导技巧的社会工作者。儿童社会工作是一项高情感付出的职业,督导的缺位,导致一线服务者缺乏必要的情感支持,还无法保障机构提供适当的儿童社会服务,限制儿童社会工作者的专业成长,导致机构发展面临一些风险和挑战。

调查请机构负责人对督导的不同身份类型进行了综合排序(按照总计督导时长从高到低进行排序),得分越高表明排序越靠前。结果显示,儿童社会工作督导主要是组织内部的专业服务人员,同时有小部分机构外聘了社会工作专业人士作为督导,以及其他行业的专业人员担任督导(心理咨询师、医生、律师等)。

一般而言，机构在对内部人员提供督导时会依据岗位、身份不同而有所差异。调查显示，机构内部人员总体上每季度大约接受3次以内的专业督导。儿童社会工作者接受的专业督导频率最高，每季度达到4次及以上的占40%，更有17.86%的人员每季度可接受10次及以上的督导。由于儿童社会工作者是儿童社会服务的主要提供者，也是最需要在专业技能和操作等方面得到指导和提升的人员，因此有必要接受较为密集的督导。除此以外，项目主管和机构负责人接受专业督导的频率也较高。

在具体的督导形式方面，绝大部分的儿童社会组织都选择了集体督导(93.33%)，有一半的机构为员工提供一对一督导，机构间的督导较少，而跨学科督导在本次调查中没有出现。集体督导备受青睐的原因可能是相对而言其性价比最高，机构从时间、人力成本等方面考虑，为员工开展统一的讲座、会议等督导课程。不过从服务质量的提升、人才培养等方面来看，一对一督导是效果更好的督导方式。对于基础条件较好、督导资源较丰富的机构而言，在儿童社会服务的开展过程中，应尽量争取开展有针对性的督导。此外，儿童社会工作虽然面向的群体主要是儿童，但具体的服务还可能涉及医疗、教育、家庭关系等方面，因此在实务过程中对跨学科的专业督导也有较大需求，这方面的关注目前还比较欠缺。

在儿童社会工作的督导内容上，最主要的内容是工作计划与安排(76.67%)，超过一半的儿童社会组织还会提供知识与技能提升、项目管理、工作监督方面的督导，而心理和情感支持、服务回顾与评估、人员的招募与选择这几方面尚未得到很多关注。分析可知，目前的儿童社会工作督导主要集中于项目活动的具体运作上，以事务性安排为主，兼顾理论基础和知识体系，但对工作人员的情绪支持、自我关怀等还比较欠缺。

3. 资源管理

(1) 机构办公场地和活动场地尚不充足

样本儿童社会组织的办公场地和活动场地属性如图15所示。近七成的机构办公场地为长期租赁使用，12.73%的机构在政府提供的场所中进行办公，而尚有3.64%的机构没有自己独立的办公场所。从活动场地来看，

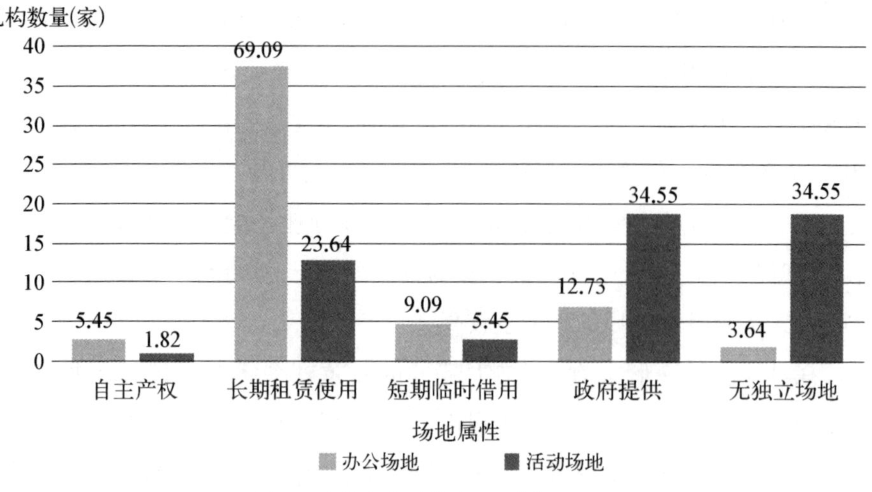

图 15　机构场地属性情况　单位：%

34.55%的机构由政府提供场地,34.55%的机构没有独立的办公场所。儿童社会组织的办公场地和活动场地尚不充足,尤其是活动场地严重不足,这无疑是儿童社会组织发展的限制因素之一。近年来政府对社会组织的支持除了资金、项目等,也加大了场地支持的力度。政府向社会组织提供的场地主要包括社会组织孵化基地、公益共创空间以及设立在街道、社区内的相关活动场地,目前以不固定的活动空间为主。但既使这样,仍有三成儿童社会组织没有独立场地。究其原因,一方面可能是缺乏信息或申请的渠道,另一方面可能是碍于政府行政因素的介入担心会干扰其独立自主运作。如何引导这部分机构充分使用好政府提供的基础资源,值得做进一步探讨。

(2) 资金来源单一,造血功能薄弱

超过一半的儿童社会组织(52.73%)资金主要来源于政府购买服务,机构自筹是另一主要资金渠道,小部分机构会与基金会建立合作,通过基金会筹款(23.64%),其他资金来源主要是机构自身提供产品、社会服务或利息滚存所得,仅占10.91%。显然,儿童社会组织目前仍主要依赖政府资源,承接政府业务是其主要业务范围,“自我造血”的功能非常微弱,距离可持续发展的理想状态还有很大距离。

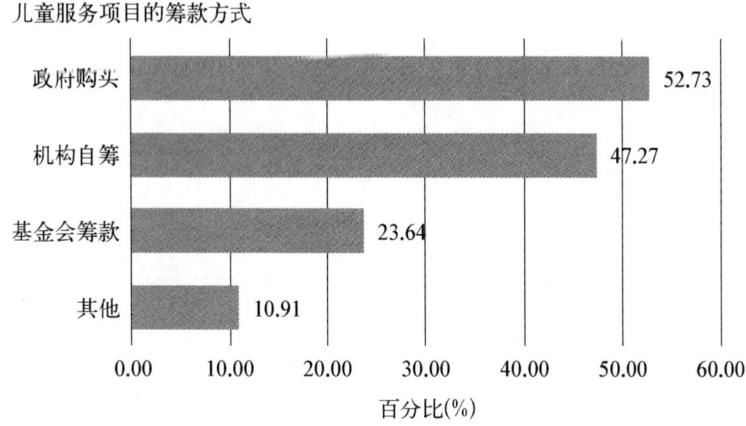

图 16　机构用于儿童社会服务项目的资金筹集方式比较

（3）项目购买方以政府各部门为主

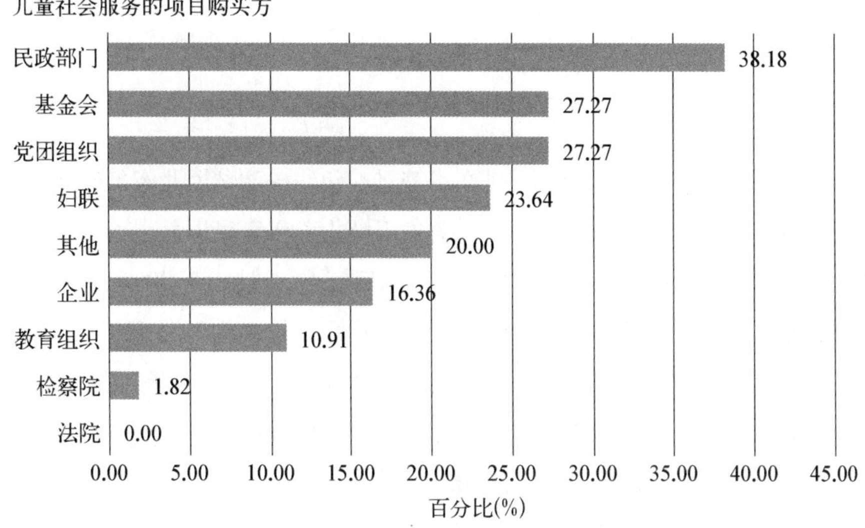

图 17　机构儿童社会服务项目的购买方情况

对购买服务进行领域划分，可以发现儿童社会服务的项目购买方以民政部门为主，也涵盖了基金会、党团组织、妇联等，企业仅占 16.36%，教育组织和检查院的比例分别为 10.91% 和 1.82%。儿童社会组织购买服务资金来源单一，亟待优化。

4. 项目管理

（1）服务对象集中于贫困儿童和各类困境儿童

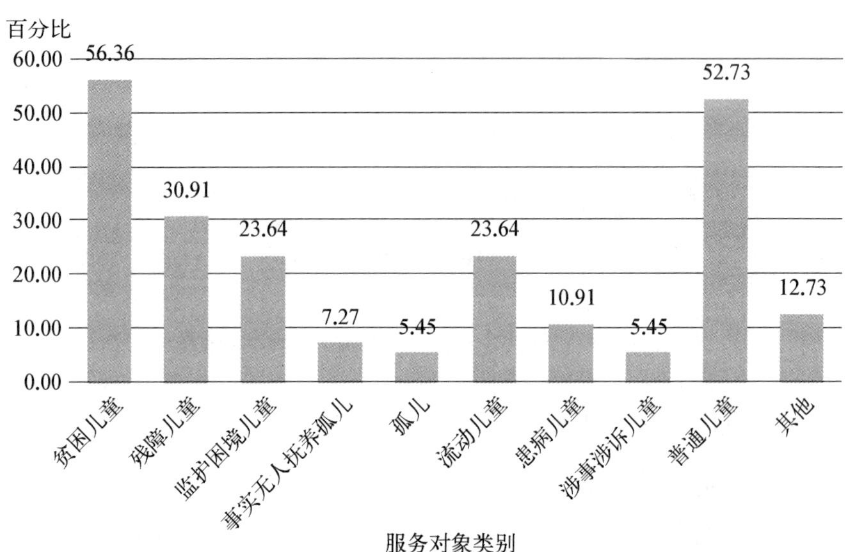

图 18　机构主要的儿童社会服务对象　单位：%

在服务对象类别方面，超过一半的儿童社会组织关注贫困儿童（56.36%）与普通儿童（52.73%），其次是残障儿童、监护困境儿童和流动儿童，事实无人抚养孤儿、孤儿、患病儿童和涉事涉诉儿童所占比例较小，合计小于30%。儿童社会组织服务对象较多地聚焦于贫困儿童和各类困境儿童，鲜明地体现出政府的政策引导，与政府购买服务资金来源方向吻合，这反映了《国务院关于加强困境儿童保障工作的意见》等的政策指导，以及沪滇社会工作服务机构“牵手计划”、上海的政府工程“爱伴童行”困境儿童关爱帮扶项目等是儿童社会组织重要的工作方向。

（2）服务对象主要来源于社区和学校

60%的儿童社会组织接受过社区家长求助，其他主要的服务对象来源为学校求助、政府提供和街道排查，相关单位转介（妇联、残联、法院、公安机关、医疗卫生机构）的比例较小。由此可见，社区作为社会治理的基础单元，在联系儿童群体和社会组织之间起到重要的桥梁作用。学校作为集中服务学生的场所，在心理健康、课后管理、社会融入等方面都对儿童社会工作有着较大需求，“社会组

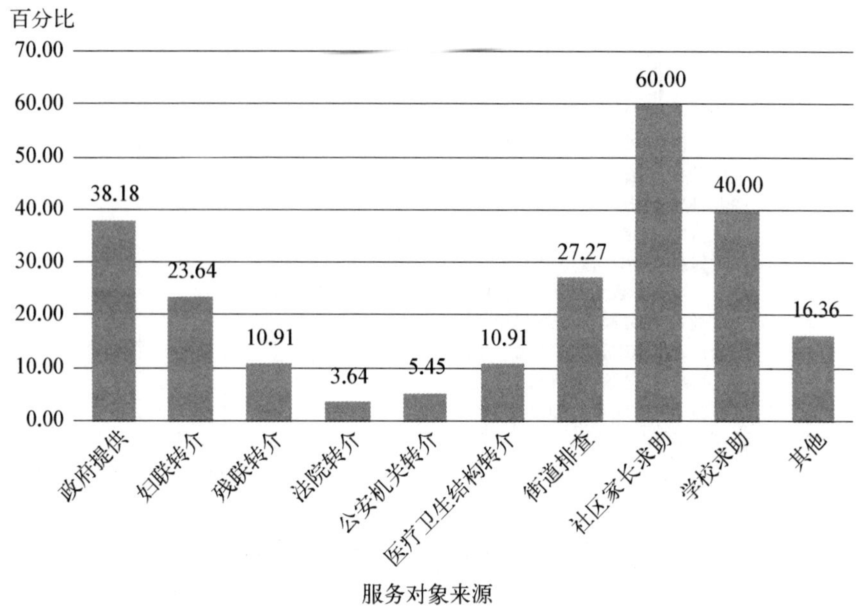

图 19　机构主要服务的儿童来源　单位：%

织进校园”不失为对学校现有教育方式的补充，工作坊、个案工作、小组工作、志愿者服务等专业服务方式有待进一步探索。相关单位的转介比例较低，一方面或许可以归因于机构间联系较少、信息互通程度较低，另一方面则可能是由于儿童社会组织的服务专业性还不够强，无力承担专业性更高的专业性服务。而事实上这些单位接触的有服务需求的儿童不在少数，如受到性侵、虐待等需要创伤疗愈的儿童，患有残疾或病痛需要康复儿童等。未来应加强多部门协作联动机制，健全“一门受理、协同办理”等工作机制，提高儿童社会组织专业人才的培育，确保有需要的儿童及其家庭及时得到有效服务，最大限度保护儿童权益。

（3）服务项目类别以儿童心理健康为主，对性教育和健康促进关注不足

在儿童社会服务项目类别方面，60%的机构关注到了儿童的心理健康，34.55%的机构为儿童提供亲子关系的相关服务（包括亲子阅读和亲职教育），仅有 18.18%的机构开展过性教育、健康促进相关儿童服务，提供 0～3 岁服务的机构占比为 1.82%。按儿童基本权利类型进行划分，可以发现目前儿童社会组织的服务重心在于保障儿童的发展权（亲子关系、生命教育、课业辅导

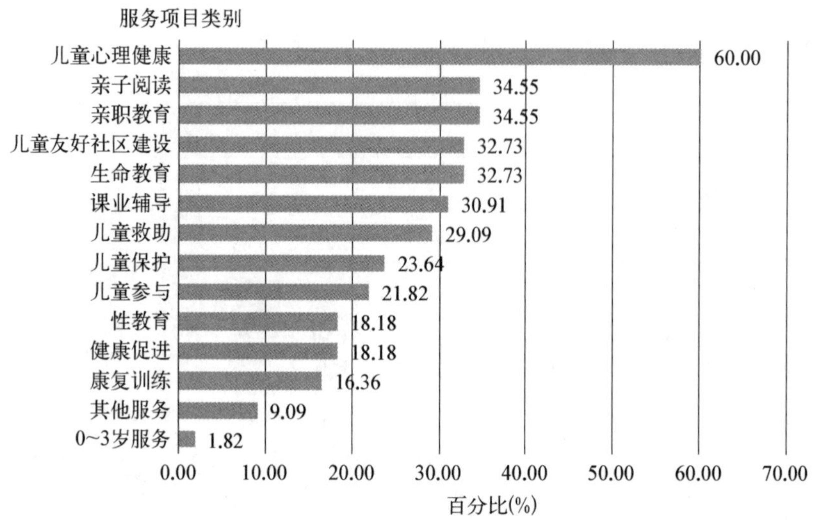

图 20　机构开展的儿童社会服务项目类别

等），对儿童参与权（儿童友好社区建设、儿童参与）的保障处于探索阶段，儿童救助项目占到一定比例，但专门的儿童保护服务项目还较少。细分类别的调查结果提醒我们，对儿童性教育、健康促进方面的关注还有待加强。随着《家庭教育促进法》和《健康中国 2030 规划纲要》颁布，“健康中国”已上升为国家战略，而《中国儿童发展纲要（2021—2030 年）》出台后，“性教育”、生命教育、全人教育、家庭教育促进已纳入基础教育体系和质量监测体系，因此儿童全人教育和家庭教育促进领域未来将蕴含充分的发展潜力。

在落实《未成年人保护法》，推动儿童保护服务方面，有 14 家机构表示曾经发现过面临监护困境、遭受或疑似遭受虐待（如家暴、忽视、性侵害）的儿童，约占总体的四分之一。针对这些处于困境的儿童，机构在以下几方面做了努力：强制报告（46. 15%和 38. 46%的机构分别向民政部门与公安机关进行了报告）、应急处置（53. 85%的机构进行了危机干预）、评估帮扶（84. 62%的机构评估了儿童的身心健康状况，53. 85%的机构评估了家庭风险，15. 38%开展了取证访谈）、监护干预（76. 92%的机构对儿童开展个案管理、对家庭提供支持），以及跨部门合作（38. 46%），仅有 7. 69%的机构选择暂不介入。可见儿童社会组织已经关注到了未成年人保护工作，发挥了作为社会组织应该具有功能,在监护干预等方面具有较强的社会意识和专业能力,但在风险评估、跨部门合作等方面的合法性不足,经验积累也显缺欠还有待进一步加强。

(5) 大多数机构采用多元主体方式评估项目

目前,儿童社会组织是其项目评估的主要主体(63.64%),接近一半的机构选择第三方评估和主管部门评估,聘请督导评估的机构约占总体的23.64%。政府及企业购买服务往往会采用第三方评估的方式对社会组织提供的服务进行评估。从调查结果来看,大部分儿童社会组织选用了两至三方评估主体,通过多元主体评估对项目进行多方面分析诊断,在一定程度上提高了社会公众对项目服务的信任度。

在评估方法的选择上,定性的方法(资料分析法、访谈法和观察法)较为常用,约有一半儿童社会组织会采用问卷法对项目进行评估,但使用了逻辑评估法的机构仅占9.09%。在评估方法数量上,三成机构会同时选用两种方法,其次是采用一种方法的,约40%的机构同时选用三种及以上方法。

5. 政策环境

(1) 组织管理政策支持最多,欠缺资金支持政策

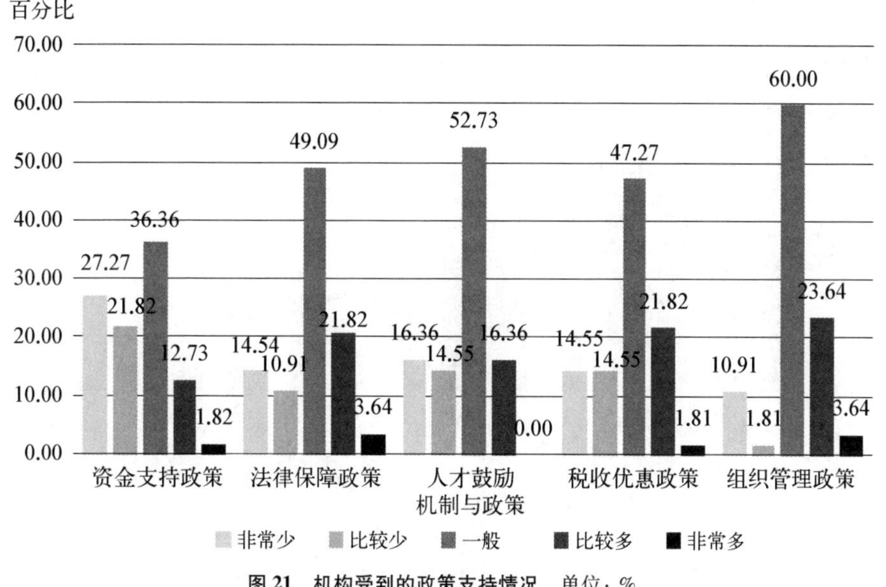

图21　机构受到的政策支持情况　单位:%

针对机构所受到的政策支持进行调查，数据显示，有 85.45%的儿童社会组织表示受到的资金支持较少或一般。目前，机构的主要资金支持来自政府购买服务。接近 27.28%的机构表示受到较多组织管理政策支持，这与政府对社会组织的发展与运营有比较明确的规定相关。另外，除了“一般”，机构对法律保障政策、税收优惠政策、人才鼓励机制与政策的支持情况基本持平没有特别大的区别，分别为 25.46%、16.36%和 23.63%，总体的支持程度较差。

(2) 合作方以学校和社区为主，并呈现多元化特征

在对机构开展儿童社会服务项目的合作方调查的数据显示，机构的主要合作方集中在学校(63.64%)、社区(54.55%)和社会组织(54.55%)。首先，学校和社区作为除家庭以外对儿童成长与发展具有重要影响的场所，在这些场所开展儿童社会服务具有便捷和可得性强的特点，另外这个特征也与前文机构服务对象来源主要来自学校和社区的特点相一致。其次，合作方为个人的机构占 36.36%，这很大程度上源于机构开展儿童服务时所依托的大量各类志愿者人群。再次，党团组织作为另一个合作方占据 30.91%，而合作方为民政部门、妇联的分别占 43.64%和 29.09%，从前述机构资金和服务对象来源的

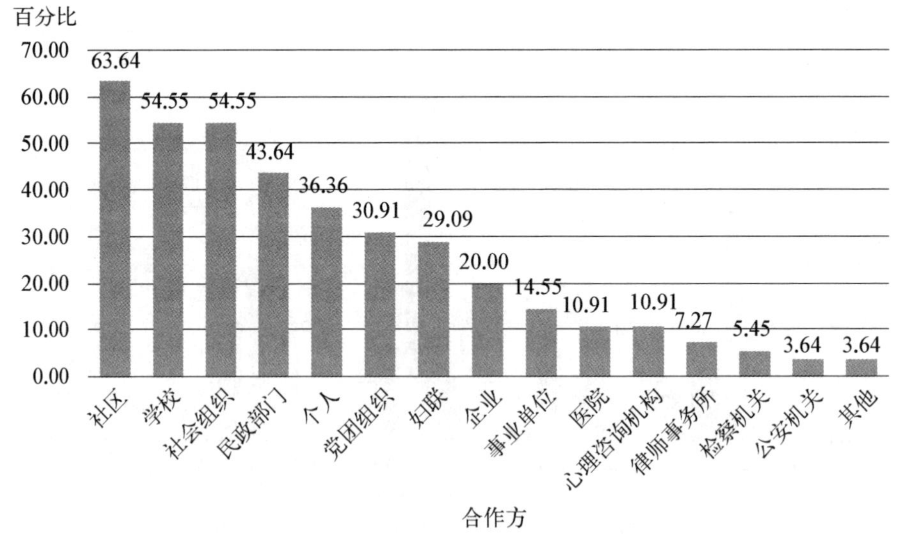

图 22　机构开展儿童社会服务项目的合作方情况　单位：%

分析可知，民政部门、妇联成为机构主要的服务购买方，其他直接与机构合作开展服务的比例较少。接着，与企业、事业单位合作的机构分别占 20%和 14.55%，占据的比例不高。与医院(10.91%)、心理咨询机构(10.91%)、律师事务所(7.27%)的合作，占据的比例更少。最后，最明显的与检察机关的合作仅占机构的 5.45%，而公安机关则更少(3.64%)，说明目前机构在开展儿童社会服务这方面与公检法的合作较少，而《未成年人保护法》和《预防未成年人犯罪法》都特别强调购买儿童社会组织服务的重要性和必要性，这是儿童社会组织需要发展的重要方向。

(3) 社会各界对机构的总体认可程度较高

社会各界对儿童社会服务组织的认可程度的评价，调查显示机构成员对于机构的认可最高，认可程度达到 94.54%；活动参与者对于机构的认可次之，认可程度达到 92.73%；政府对于机构的认可度排第三，认可程度达到 87.25%；社会公众、社会团体、媒体对机构的认可度依次递减，认可程度分别为 83.64%、81.81%、70.91%，总体上对于机构的认可程度都较高。

(4) 承担直接角色较多，间接角色和第三方较少

机构对于自身在开展儿童社会服务的角色定位，排在前两位的是提供各类具体的儿童社会服务(74.55%)、倡导儿童参与和儿童友好社区建设(65.45%)。这很大程度上受到民政困境儿童服务政策，和上海"儿童友好城市""儿童友好社区"政策的影响。这与 45.45%的机构选择主要是跟随政府的要求开展相应服务是相互验证的，表明目前上海儿童社会组织服务主要还是来自政府购买服务，受政府政策影响很大。相应的，从机构角色来看，从事项目评估、为儿童维权的专业性机构角色占比都较少。显然，未来从事专门服务的，有特色可以独立发展的专业儿童社会组织发展是重要的方向。

(5) 机构发展面临严重资金困难，人才队伍和培训不足

在机构发展面临的困难方面，调查显示综合排序得分最高的三项包括：缺乏资金保障/资金来源不稳定(得分为 8.07)、缺乏社会工作专业人才(得分为 5.55)和欠缺专业人才服务技能培训(得分为 4.15)。其中缺乏资金保障/资金来源不稳定是最突出的问题。机构资金不足，无法引进和留住专业人才，

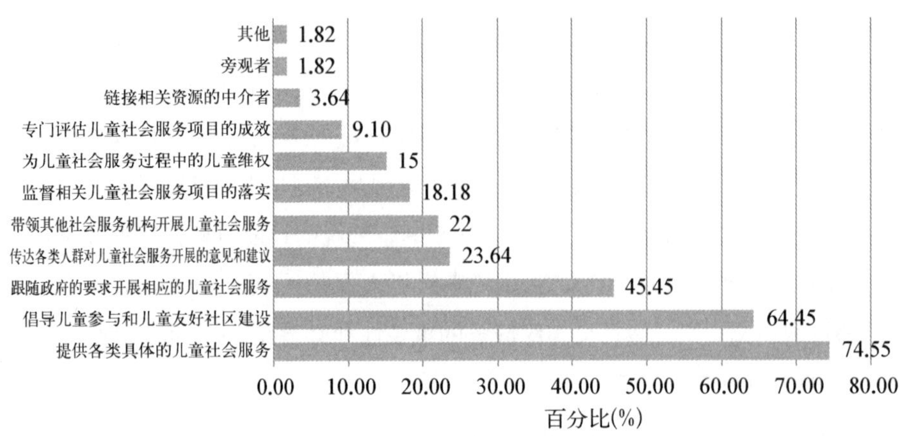

图 23 机构在参与儿童社会服务中的角色

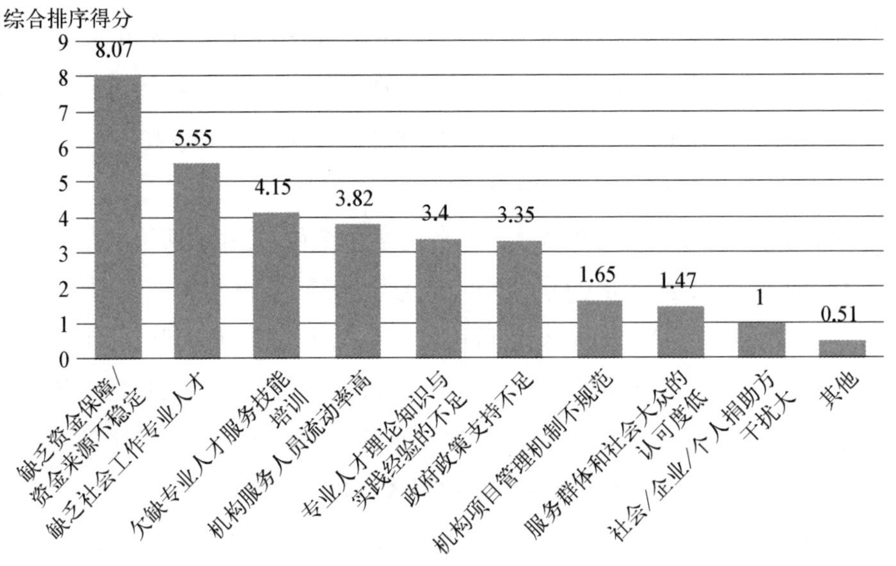

图 24 机构发展面临的困难综合排序得分

没有资金也无法开展有效的专业培训,陷入恶性循环。机构服务人员流动率高、专业人才理论知识与实践经验的不足和政府政策支持不足困难程度差距不大,是因为前面问题延展而来,综合排序得分分别是 3.82、3.4 和 3.35 分。另外,在机构项目管理机制不规范、服务群体和社会大众的认可度低、社会/企业/个人捐助方干扰大、其他等方面的综合排序得分依次递减，综合排序得分为 1.65、1.47、1 和 0.51。这在前文分析中可以得知机构自身具备一定的规章制度体系和管理，并且服务群众对机构的认可度较高，在与社会/企业/个人捐助方面的合作关系并不频繁，也就不构成较大困难有关。

机构在开展儿童社会服务时面临的困难与机构发展面临的困难有很大的一致性，首先综合排序得分最高的前两项是儿童社会服务项目专项经费不足（得分是 5.64）和缺乏专业人才（得分是 4.35）。比较大的不同在于机构开展社会服务时面临的困难排第三的是服务项目宣传渠道窄，宣传效果差，得分为 3.49。经过前述的分析，机构内部的宣传人员和渠道具有明显的局限性，无法很好地将服务项目的效果推广到更大的层面上。同时由于社会公众和媒体对机构的认可度较低，因此在开展具体的活动过程中不可避免存在影响力差和信任度低的问题。另外在欠缺针对性的儿童社会服务技能培训方面也存在比较大的困难（得分是 3.22）。在服务项目申请门槛高、项目信息来源狭窄、滞后性明显以及开展儿童社会服务项目应对意外和风险机制尚未成熟的困难程度综合排序得分依次递减，分别是 2.67、2.13、1.64 和 0.07，与面临的主要困难之间差异大，说明虽然对机构造成阻碍但不是最主要迫切需要解决的问题。

（6）对外部支持需求强烈，呈现全面性的需求

对机构在开展儿童社会服务项目中需要的支持进行测量，80%的机构认为最需要的是专项资金的支持，这与前文中机构认为在开展儿童社会服务过程中的困难是专项资金的支持相对应的，而 78.18%的机构认为需要的支持是来自服务群体和社会大众的信任、政府相关部门的认可和支持，是由于机构在发展和具体服务离不开服务群体、社会大众的信任以及政府相关部门的支持。有 76.36%的机构认为需要来自儿童社会服务专业人才引进、相关政策制度的支持。数据显示，超过一半的机构认为需要所有相应的支持，呈现出对各方支持强烈需求的特点。

（二）访谈结果

在经过前期的问卷调查基础上，本研究有针对性地选取了一些机构开展

访谈,但出于机构年底面临年审和各类总结性活动较多等原因,多数机构无法抽出空闲时间进行深入访谈,最终仅访谈了三家访谈机构,其中一家机构在外省孤儿院具有十多年孤残儿童养育和在学校开展近八年城市流动儿童阅读项目经验,一家机构在社区内有五年开展困境青少年及家庭方面的项目丰富经验,另外一家则是 2020 年新成立的专注于做糖尿病儿童健康促进的新兴机构。通过这几家机构的深入访谈,本研究总结了以下几个方面的内容:

1. 优势与困难

(1) 机构自身优势明显

访谈中发现儿童社会服务组织开展服务主要的优势大多集中在服务对象专一、服务经验丰富、服务资源充足以及有较为专业的服务团队等。这些优势一方面大多依靠机构在具体项目实施中常年积累的经验和资源,其中服务对象专一具体体现为机构自身长期针对某一类儿童开展某一类具体的服务。比如针对福利院弃婴开展的养育服务,农民工子弟学校的阅读服务,以及针对一型、二型糖尿病的儿童开展服务等。

其实作为一家社会组织来说,方向是很明确的。我只做一个种类,会和别的机构有区别。比如说我做儿童友好社区里面包含了好多好多的内容,那我只针对一个病种做这一件事情,专注做唯一的事是我们很大的优势。(XTR 青少年公益服务中心)

我们只是在孤残儿童中间选择了其中一个养护,对于城市流动儿童来说,我们选择的是阅读,在这两方面的工作我们是做得比较专注的,这么多年做下来我不知道我跟别的机构比有没有优势,但是我觉得我们这个项目,服务对象还是比较喜欢和接受的。一个是孤残儿童养育,它确实是帮助到了孩子,然后也能给福利院减轻一些负担。然后对于城市流动儿童来说,他们每一个人所遇到的困境,可能是各不相同的,所以我们要特别全面地去深究。只是在阅读这方面,希望能够通过阅读来改善他们对这个世界的看法,主要是从这个角度来说是我们的优势。(PZ 儿童关爱服务中心)

另一方面,由于长期开展某一领域的儿童社会服务,通过多方的整合与合作积累了大量的较为固定且充足的服务资源和组建了较为专业的服务团队。

我觉得我们目前自己投入在困境儿童服务上的人员相对来说还是比较专业的,基本上是类似于社工或者是心理咨询师,或者是一直在学习和从事跟儿童有关的一些专业的人员,这些是首先考虑的。第二个考虑的就是我们这些工作人员本身,不管是在我们机构还是曾经在其他机构工作过的,即大部分跟儿童青少年的工作相关,其经验相对来说还是比较丰富的。第三个考虑的就是前面提到的我们自己所在的社区,会有一定的公共空间和社区资源,可以作为比较好的一个平台,来做这样的服务跟协调,包括我们比较注重的一些宣传跟倡导的工作。在杨浦尤其是在延吉这里,我们待了十年,所以对社区比较了解,在社区内部能够去动用一些资源和发动一些志愿者,这方面应该说还算比较容易(YZ 社会工作事务所)。

此外整个团队的优势也会比较强一些。首先是我有一定的教育背景。其次,我本身也是一型糖尿病患者,从小得的。对于我的服务对象来说,我可以切身了解到他们需求点在哪里,以及家长们的需求点在哪里。我会更好地解决这个问题。我的团队里面有一个社会学专业的同事。他从事公益行业十多年了,有很丰富的经验。给我们背书的是妇产科。医疗团队是主任直接牵头,关于社工方面,社工部主任他们两位主任都是我的理事。所以我们的资源背景会比较强一点。为什么在里面做医务的社工,可以专注做这条线?这是因为有我们社工部的支持。同时社工部的其他人员会来帮助我们,把内容都做好。这就是说我们做一场大的活动,不只是我自己机构里面的人。我们可以调动社工部所有的人。所以我们专业性就会很强,借助外部团队的力量,在专业化方面就会提高很多。这是我们的优势。这其实还因为框架搭得比较好、比较完善(XTR 青少年公益服务中心)。

(2) 经费支持限制度高,服务人群和服务团队存在不足

机构的发展首先受到经费支持的影响,其次则是在服务人群和服务团队等方面具有一定的局限。在访谈中,所有机构都表示经费支持不足,来源不稳定。这种经费不足具有两极分化状态,一是主要依靠政府购买的项目经费,没有其他的来源,经费主要开支运营项目的人员经费和活动经费,欠缺来自基金会或社会企业等方面的资金支持,机构难以扩展更大范围的服务。尤其是近

两年受到新冠肺炎疫情的影响，政府财政锐减，各类项目和活动减少，导致过往依靠单一经费支持的机构面临更大运营危机。二是公益机构主要靠自身，通过公益筹款、社会、企业和个人等捐助获得相应的资金，这些资金稳定性较差，特别是受到新冠肺炎疫情影响，一部分资金也被削减，因为缺少来自相对稳定的政府项目和经费支持，尤其是对于新兴的且还没有多少造血能力的机构来说，缺乏政府的专项经费支持可能导致机构在人员招募与培养方面存在困难，因此机构所开展的服务范围也比较有限。而由于经费不足和来源不稳定，机构在开展儿童社会服务方面人力投入也受到很大影响。

其实困难还是在政府很难去把糖尿病这个事情（有针对性地）推出来。就是针对糖尿病，现在政府要推出的东西支持的力度很低，完全是靠机构自己在努力。我作为一个机构负责人要争取更多的资源，比较累一点。政府推的力度很小，一般都是等你有成绩之后才能助力。（XTR青少年公益服务中心）

看从哪个角度来讲吧，因为现在从面上来讲，比如我们现在虽然已经放了差不多三到四个社工在困境儿童的服务上面，但是其实这个人力投入，严格来说算够了吧。我自己也做个案，整体的资金量其实还是不算很大，现在其实我们一小部分的支持甚至还是自筹资金的。因为我们现在可能自筹资金更大的一部分会侧重于流动人口，困境儿童这个方面，因为已经有政府资金支持的，这个再次自筹可以筹一点，但不会太多。比如说市民政在推行这个项目的时候，他们也会去考虑那个资金的来源。我如果用自己的一些资源可能还好，但是如果用到额外的一些资金，它会不会也涉及一些比较敏感的问题，等等。所以这个项目上面对于人力的投入和对人员的要求本身比较高。但是说实话，现在的资金支持对于组织来说要用于生存和发展，我要去培养这部分的专业的社工，我觉得这是存在较大难度的。包括现在政府购买服务的资金，本身它用于人员经费的限制也很大。但是这些服务肯定是要靠专业的社工去做的，所以如果说我不能够去培养这些专业的社工，或者说我留不住他，那么不可能做好服务。我用再多的资源，如果首先没有办法做好对这些儿童的基本评估，没能建立专业的服务体系，再多的专业资源也用不上去。所以资金和专业人员的培育，是能否做好这个专业服务面临的一个比较大的问题。（YZ社会工

作发展中心）

人员流动在目前来讲，对我们来说已不是最大的问题，最大的问题还在于怎么能够有持续不断的、稳定的捐赠和资金来源。（PZ 儿童关爱服务中心）

除此之外，机构面临的一些困难还集中在缺乏比较完善的培训机制。这种培训机制不仅仅包括针对机构运营与管理的培训，还包括机构内工作人员伦理、理论和技能的培训。

2. 专业化程度

（1）机构间专业化程度差异明显

对于儿童社会服务组织，专业化程度不仅关于服务项目的长期可持续发展，也影响机构自身影响力。

在对儿童社会服务组织的定位方面，几乎所有的机构都认为应该从自身的宗旨和使命出发，以儿童利益为中心，关注儿童的发展。访谈的三家机构基本都是针对某一具体的儿童类型，如糖尿病儿童、孤残儿童、困境儿童等开展服务，主要针对儿童个人，也有针对家长，但最终的落脚点始终在于促进儿童的发展。同样，专而精地开展服务也是机构本身服务专业化的重要标准之一。

其实我觉得还是从儿童本身出发，不是所有的服务都针对儿童，但所有的事情都需要对儿童有利。这些服务不是孤立的，很多面向糖尿病孩子的服务，还是要针对家长的理念。但是我们做的任何事情都是要对儿童有益。因为再大的话，比如社区服务就包含东西太多了。你说在社区里面开展服务也不是不可以，我觉得就是说范围太大了，我们在学校就更有针对性。而且我觉得最好只关注发展儿童就好，就像我们一样，我说专心做一件事情，你把这件事做精了，一定会有你的价值（XTR 青少年公益服务中心）。

其实这个还是跟机构的愿景和使命相关的，一开始我们机构设定的愿景和使命就是这样，所以我们就会一直在这条路上持续不断地努力。我遇到的其他的机构也都是这样。大家就是想在这个领域做深，不断地去探索，不断地去寻求新的模式，想把这件事情本身做得更好（PZ 儿童关爱服务中心）。

而在项目服务和团队的专业化程度方面，不同的机构有不同的理解，有的认为要在服务团队的人员架构上进行专业化提升，并且制定相应的服务标准等;有的认为专业化本身不好界定,可能更多的是希望在具体服务项目上面做到更好,帮助到更多的孩子;另外则认为需要在人员的培养方面加大投入,扩大专业团队的规模,同时努力通过一些科研成果建立起自己的品牌形象,扩大机构的影响力。

(当然我们在往专业化发展)我们会把这些我们做的服务全部归纳为一个标准化的模式。我今天早上刚跟附属儿科的主任说好,后面我们进病房的频次会增加,然后会把所有的东西都记录下来,并把它变成一个标准化的东西,由医务部审、社工部审,再通过整个流程将医护、社工联合起来,打造一个新指南。标准化的东西出来是可复制的(XTR 青少年公益服务中心)。

其实我们这个服务,它相对于其他的偏医疗方面的机构提供的服务来说,是不能用这个专业性来做比较的。跟我们类似的机构中它也有偏医疗的,比如说有专注于做脑瘫康复的,也有专注于做自闭症的,但我们没有这么专业。我们只是能给到孩子一些生活起居方面的照顾。从这个方面来说,我们确实没有去从更专业的角度来要求自己。但是对于保育员,我们有着比较完善的管理系统,每天都会有记录,物资管理也比较严,有的要求领用记录。然后最主要是在保育员的思想体系方面要求更多,要求他们比较爱孩子,然后希望以这种家庭式的教育方式和孩子建立相对固定的照顾关系,让孩子能有亲子的依赖性(PZ 儿童关爱服务中心)。

3. 合作关系

(1) 与多元主体合作关系密切,程度差异大,且呈现多极分化

在合作关系方面主要强调机构在开展儿童社会服务过程中与政府、社会组织、企业、基金会、学校和社区等多方面的关系,分析与机构具有比较密切的合作关系的主体的情况。通过访谈得知,所有的机构最密切合作的是学校和社区,因为服务群体中的儿童大多都处于学龄期,学校是主要的教育场所,社区也是另一个活动场所,机构一是依托学校提供的场地资源和志愿者人力资源等开展不同类型的服务,可以降低服务的成本,二是在学校开展服务更容易将服务人群集中起来,服务对象易得且不易流失,另外,借助学校开展活动也可以更加充分地将各种类型的资源整合起来,使服务的效果和质量大大提升。

同样,在社区开展服务也具有与学校相同的一般特点,但相对于学校而言,社区儿童的参与率和流失率较高且不稳定,对于服务的开展有一定的影响。对于政府购买项目,政府一般只是作为出资方出现,服务的过程中与政府的密切关系较弱。而对于那些依靠其他社会组织、企业和个人资源开展服务的社会组织,与其他出资方的关系都十分密切,这很大程度是由于基金会出资后要对捐款人负责,有些会全程跟进项目,而企业除了支付开展服务产生的费用外,还提供了一批比较稳定的志愿者资源。在与个人的合作方面也涉及资金的捐助和志愿者力量的支持。除此之外还有一些机构与高校和医院方面的合作关系较为密切,高校和医院在人员支持和链接资源方面起到了非常重要的作用。

我们去链接这些机构或者资源时发现,大家都有一颗公益服务的心。因为我们向这些困境儿童提供课业辅导,或者说是一些兴趣的培养,可能是通过和其他项目上相结合,通过在其他的项目的经费对我们的项目进行一定的支持。……我们也会跟高校有一些合作,我会找高校的资源或者其他的社区、机构来提供支撑或者能解决问题的一些资源。无论是集体或个人的资源,都统筹到机构来做汇总,然后来判断这些资源适不适合用在某一些项目上面(YZ社会工作发展中心)。

我们一般和基金会以及一些走得近的关注糖尿病相关的企业关系比较密切。他们一般就是给我们资金,还有给项目。然后我们和高校的合作一般就是在资源这一块的链接(XTR 青少年公益服务中心)。

从孤残儿童养育这个项目合作的角度来讲,它是属于政府采购的,因为政府给到孩子东西的吃穿住其实是帮到我们机构的。如果说没有这部分的话,那我们可能就要有房租、水电等一大笔支出,比如我们项目开展的场地是在那边福利院的,这其实就是与政府合作。……我们的阅读项目是跟企业合作的,跟很多的企业合作,由企业在企业内部招募志愿者,然后按照我们的管理再分派到各个学校去开展阅读活动。……过去的十几年我们也有跟医院合作养育,他们提供一些医疗救护和保育员的照顾培训等,现在虽然比较少合作了,但是我们也有一些资源共享的部分。……我们还有跟基金会合作,然后在各种平台上筹款,像腾讯、支付宝等各种平台上都有筹款。另外,我们自己也有

很多的志愿者活动，也可以帮着宣传一下。（PZ 儿童关爱服务中心）

4. 政策期待

儿童社会服务组织对于政策期待，其中最主要的是经费的支持，其次是对于政府购买项目的系统性管理以及在项目申报过程中的相关指引，最后则是支持机构发展与运营相关的一些具体政策支持和相关培训的需求等。

面对政府经费支持不足的问题，机构一致认为，一是没有与机构业务相符合项目的信息，缺少相应的信息来源，也不清楚具体的对接部门和工作人员；二是在管理上面存在断层，无法及时回应机构在项目方面的需求；三是在整体的项目管理方面缺乏系统性。

就是没有渠道去找到这些人，我这家机构是做糖尿病的。我们可以做到什么呢，我们可以配合什么？没有这个口，你找不到你相对应那个人，做社会组织有时也要依靠人脉关系。但是我个人的人脉关系，总归不可能所有地方都有路子。恰巧这块我没有，我以前是做教育出身的，民政这条线不清楚，我们都从零开始。要我找政府机关和要我去推广这个糖尿病，我也是没办法的。政府投入这块其实也是欠缺的。你知道这个项目，原件本身是妇联出的，但是怎么去找到负责这个事的人呢，其实我是不知道的（XTR 青少年公益服务中心）。

整体上我觉得可能是资源吧，不管说是相关的专家的一些资源也好，还是社会的资源，其实在这一类的服务里面还是特别需要的。另外一个可能是算是制度方面的支持吧，特别是在政府或其他群团组织购买服务方面，一定要遵循公平、公正的程序，像去年各个区购买服务由各个区做选择，当然选择的时候会有一些倾向性，但是如果没有一个整体性的标准，或者说是进入之后有一个相对更规范的整体的培训、相关的服务支持，包括说承接服务之后可能获得一些相应的支持，不管它是否能真正成为政策，还是希望在软性的方面得到更多支持。比如说有一些定期的专家提供的一些支持，而就不完全是我们自己去找的。因为找专家也得花钱花时间，然后花精力。一些对于组织本身的生存跟发展更有利的方面，比如说优惠政策之类，这些政策层面的东西我们可能了解得也没有那么清晰（YZ 社会工作发展中心）。

我是觉得政府现在某些事情上面是呈现了一个多重管理，多重管理就会呈现出“踢皮球”的状态。我们是社会组织,没有行政手段,我们碰到一些具体的问题还是需要依靠政府行政手段来解决。这个时候最怕的就是产生踢皮球的现象,这个现象我个人觉得是因为多重管理造成的,就是说残联可以管,妇联可以管,民政也可以管,到最后就变成谁都不管。这个问题其实是会发生的,在现实生活中会让我们这些社会组织办事时也不知道该去找哪个主管部门。但是我们可以去找项目的出资方,甲方是谁,那我直接找这个项目的甲方的人员来解决问题。但是有时候对方也会说他不能去协调,因此我觉得多重管理给机构带来的一些掣肘吧。我觉得从整体上来讲,不管是困境儿童的服务也好,或者说另一些类似的这种社会服务也好,可能政府就是缺乏系统性和整体性的规划(YZ 社会工作发展中心)。

类似原来这个小区等项目,也有一部分政府采购的。后来因为这个政府采购项目的流程实在太烦琐了,所以就没有再继续做下去。因为前些年可能政府采购项目不是特别系统化,很多如妇联、街道,还有什么残联之类的,机构都会想要去投那些采购项目,但是有可能每一个部门的要求都不一样,造成了很多资源的浪费,所以类似的政府采购项目我们就没有做。虽然我们关注这个点的人群一直都在,但政府对于这个项目没有持续性地系统地投入。政府应从不同的角度,统一规划一个比较系统化的项目,然后我们机构可以根据我们自己的专业或者我们擅长的领域,整合资源去选择一部分。因为政府购买服务从它的角度来说,它可能已经做到了自己的职责,但其实对于这些孩子来说还有很多需要帮助的地方,没有系统的规划,机构毕竟力量比较薄弱,所以能做到的就只是很小的点(PZ 儿童关爱服务中心)。

六、政策建议

(一)建立支持儿童社会组织建设的长效机制

社会组织作为参与社会治理的重要力量,在上海市开展困境儿童保护、提升儿童整体福利水平的大背景下,在儿童友好社区、儿童友好城市建设工作取得较好成效的基础上,随着《未成年人保护法》《家庭教育促进法》《预防未成年人犯罪法》《中国儿童发展纲要(2021—2030年)》和《上海市“十四五”规划》的频布实施,上海市的儿童发展工作迎来新的机会与挑战。儿童社会组织在开展儿童社会服务方面扮演着日益重要的关键角色,培育儿童社会组织的专业化发展是未来一件必须面对和亟待解决的重要工作。

1. 建立多元主体参与的立体化职业培训体系

目前上海市儿童社会组织所接受的培训大多来自机构内部的督导、区级层面的社会组织联合会或其他一些政府单位开展的培训课程。这一类培训课程涉及机构的管理运营,如财务管理等,也涉及一部分的专业服务技能培训,特别是针对服务者的能力提升的培训。但是在培训体系这一块比较零星和分散,且培训内容参差不齐。因此在培训的体系中需要增加不同主体开展的培训,尤其在市级和区级层面建立起完善的培训体系,形成相应的培训指导手册和材料,多方整合资源,形成培训专家库,优化培训内容和提高培训质量。另外在培训内容方面也需要考虑立体化问题,对不同层次的机构开展不同类型的培训,如岗前培训、分领域培训等。同时在培训方面兼顾培训手段的统一化和个体化,运用“互联网+”和大数据思维,借助O2O模式开展线上线下的融合式培训,通过线上和线下的互动培训,更大程度上满足不同机构对培训内容及形式的多样化需求。

2. 建立上海市儿童社会组织联盟

在调查中发现,儿童社会组织之间缺乏经验交流,联动合作的主体和领域较为固定,虽然有一定的独特特征,但是相关儿童社会服务意见反馈的平台及机制尚不完善,更多依托本区内社会组织联合会和本机构周边的资源,无法满足更大层面上的需求,因此,在市级层面搭建起儿童社会组织联盟,提供个案转介和资源整合平台,将有助于推动儿童社会组织之间的合作,也有利于整合社会组织、政府、企业间的资源,能够在更大程度上提升儿童服务质量,推动儿童福利的实现。

3. 设立儿童社会服务项目库配置可持续的项目经费

在调查中发现,各级政府及有关的群团组织在信息对接方面存在不对称的情况,儿童社会组织优质的服务内容不能有效且快速地对接到有需求的部门或群体,同时政府设立的购买服务内容和招标标准也不能很好地对接到相应的儿童社会服务组织,导致两者之间的某些信息断裂。建议政府相关部门充分整合多方资源,形成整体性、系统性的项目,配备项目清单和儿童社会服务组织清单,双向选择,多重保障。另外,缺乏稳定的经费支持是目前上海市儿童社会服务组织面临的较为紧迫的问题,尤其受到疫情的影响,经费支持持续削减,不利于机构良性发展和儿童社会服务的持续性跟进,因此一方面儿童社会组织应不断提升自己的筹资能力,广开筹资渠道,争取筹资的多元化,另一方面政府购买服务应设立有经费保障的项目库,在年度财政预算中有稳定可持续的经费开支(《未成年人保护法》对此有专门规定:“县级以上人民政府应当将未成年人保护工作纳入国民经济和社会发展规划,相关经费纳入本级政府预算。”),以助力社会组织健康、良性的成长,回应儿童福利发展的需求。

4. 建立政府扶持与行业互助的人才保障体系

在本次调查中,所有的儿童社会组织都面临着人才流失率高、人才培养投入成本高、人才保障体系不完善等方面的问题。在一些规模较大的机构中,对专业服务工作人员的需求较高,但由于人才培养和投入成本高,往往无法实现更加专业化的人才队伍建设,而对于那些小规模的机构来说,较低的工资待遇也无法引进人才,人才来了也无法留住。没有人才,儿童服务的专业化无法保障,没有专业化的服务,机构的社会认同度不高,没有好的社会认同度又拿不到好的项目,机构发展陷入恶性循环,因此建议建立儿童社会组织人才扶持体系,为机构引进专业人才提供更多的保障,同时在政府层面提供更多的人才培养支持机制,如“督导种子计划”“儿童专业人才培训进阶计划”“儿童社会组织评估提升计划”等。此外,行业组织也应牵头建立本领域的互助机制,包括机构间的督导与培训资源的共享等。

5. 建立健全政府购买服务项目的招标体系

在这次的调查中,较多的机构表示在竞标政府购买服务项目存在较大的难度。一是由于制度性门槛过高。政府购买服务招标标准中一般会对机构的服务经验、等级认定等有要求,有些机构经常出现出于某些原因无法达到标准而无法应标,招不到政府项目对机构的影响较大,容易形成死循环。因此建议在招标中可以设立分层级分领域的不同标准，以使不同发展阶段的儿童社会组织进入购买服务行列中；二是信息和关系网络不足。政府在招标过程中的信息资源往往被那些规模比较大的机构，通过自己拥有的关系网络获取，往往在满足购买方需求方面抢占先机，而对那些小机构和新机构来说，项目招标这一类型的信息往往很难获取，即便获取也无法了解更深层面的信息，不足以支撑机构做相应的竞标准备；三是竞争过程不对等。与较小且新型的机构相比，规模较大且抗风险能力强的老机构更容易建立组织声誉，有已经建立的成熟的关系网，可以以更加标准化、程序化和规范化的方式应对各类评估，提升组织的评级，也能够迅速调动组织资源参与政府的大型项目以获取政府和信任和支持。但是一些规模较小的机构则往往局限于服务范围、服务资源，难以形成与之竞争的力量。从社会服务市场的可持续发展来看，机会的垄断不仅会导致效率的降低，也会导致服务质量的下降，同时带来培育新机构作为替换力量成本的增加。当然，这种类似“垄断”的最大隐患还在于政策执行过程中权力寻租风险的增加。因此从这些层面上来说，需要政府层面将政府购买服务项目的招标标准做得更细致、更公正，也需要扩大信息公开的范围和透明度，以使更多的儿童社会组织获得更多的支持和为政府购买服务项目提供更多元的选择。

（二）建立健全政策保障体系，提升社会组织自身能力

在政府政策支持层面上，社会组织对于不同的政府政策支持的需求较多，但实际上能够接受到的支持比较少。这有可能是机构自身对于政策的不了解，但是在现有政策层面之外，提升对儿童社会组织的政策支持也是题中之义。政府应在政策法规、人才保障、项目购买、税收减免、资源联结、社会信任等多方面对社会组织有更多的实在的、可落地的支持，以促使社会组织不断加强自身的造血能力和管理运营能力，促进机构的良性发展。

（三）建立多方主体合作模式和跨行业、跨学科的合作机制

在新的儿童福利服务发展政策背景下，应探索政府、学校、社区，以及社会

组织、医院、基金会、企业、公检法司等多方主体合作模式，建立跨行业、跨学科的合作平台，坚持在儿童社会服务中打破“条块分割”、低水平重复的壁垒，在儿童保护、困境儿童服务、儿童友好社区建设、家庭教育促进等方面多方联动，积极发挥社会组织穿针引线、资源整合的优势，形成合理高效的服务流程、服务规范和服务标准，探索出上海儿童社会服务的模式和机制，为上海儿童社会组织的发展创造良好的外部环境，以回应儿童不断增长的多元需求，提升整个上海儿童的福祉。

儿童是一个国家和民族可持续发展的核心竞争力，关注儿童就是关注我们国家和城市的未来。目前，保障儿童合法权益、促进儿童发展已经成为衡量全球城市发展水平和社会文明程度的重要指标。保护儿童、促进儿童发展也已经纳入国家的重点工作体系中。上海市正处于创建儿童友好城市的关键时期，如何更大范围内提升儿童社会组织服务质量，以及更进一步孵化和培育上海市儿童社会组的专业化、规范化发展，对未来上海的儿童工作发展有深远的影响。我们坚信儿童让城市更加美好，城市也应对每一个儿童更友好，让每一个儿童被看见、被尊重、被关怀、被成就是我们每一个人的责任。

指向跨学科素养的少儿科学课外实践活动的设计与研究*

周建中　等**

一、问 题 提 出

（一）研究背景

1.《中国学生发展核心素养》中所蕴含的跨学科素养的培育

2016年9月北师大颁发的《中国学生发展核心素养》总体框架中，从文化基础、自主发展、社会参与等三个方面确定了六大核心素养：人文底蕴、科学精神、学会学习、健康生活、责任担当、实践创新。同样，这份框架中既有与领域相关的素养，也有跨学科素养。纵观其总体阐述，以跨学科的素养为主。其中与科学教育密相关的跨学科素养要素有：**理性思维**，即崇尚真知，能理解和掌握基本的科学原理和方法；尊重事实和证据，有实证意识和严谨的求知态度；逻辑清晰，能运用科学的思维方式认识事物、解决问题、指导行为等。**批判质疑**，即具有问题意识；能独立思考、独立判断；思维缜密，能多角度、辩证地分析问题，做出选择和决定等。**勇于探究**，即具有好奇心和想象力；能不畏困难，有坚持不懈的探索精神；能大胆尝试，积极寻求有效的问题解决方法等。**问题解决**，即善于发现和提出问题，有解决问题的兴趣和热情；能依据特定情境和具体条件，选择制订合理的解决方案；具有在复杂环境中行动的能力等。**技术运用**，即理解技术与人类文明的有机联系，具有学习掌握技术的兴趣和意愿；具有工程思维，能将创意和方案转化为有形物品或对已有物品进行改进与优化等。

---

* 本文系2020—2021年度上海儿童发展研究课题“指向跨学科素养的少儿科学课外实践活动的设计与研究”的结项成果。

** 课题组负责人：周建中（中国福利会少年宫科技教育部主任、正高级教师）
课题组成员：万立荣、张鑫、李莉、钱利群、肖贤、瞿超、钱佳文

2.《课程标准》中所蕴含的跨学科素养的培育

2017版《义务教育小学科学课程标准》中要求：倡导跨学科学习方式。科学、技术、工程与数学，即是STEM，是一种以项目学习，问题解决为导向的课程组织方式，它将科学、技术、工程、数学有机地融为一体，有利于学生创新能力的培养。2017版《中小学综合实践活动课程指导纲要》总目标中提及：学生能从个体生活、社会生活及与大自然的接触中获得丰富的实践经验，形成并逐步提升对自然，社会和自我之内在联系的整体认识，具有价值体认、责任担当、问题解决、创意物化等方面的意识能力。以上的STEM、价值体认、责任担当、问题解决、创意物化等均为跨学科素养的重要元素。2011版《义务教育生物学课程标准》中有关生物科学素养的描述是：一个人参加社会生活、经济活动、生产实践和个人决策所需的生物科学概念和科学探究能力，包括理解科学、技术与社会的相互关系，理解科学的本质以及形成科学的态度和价值观。同时"课程标准"倡导探究性学习，力图改变学生的学习方式，帮助学生领悟科学的本质，引导学生主动参与、勤于动手、积极思考，逐步培养学生收集和处理信息的能力、获取新知识的能力、分析和解决问题的能力，以及交流与合作的能力等，突出创新精神与实践能力的培养。这些要求基本涵盖了跨学科素养。

3.《双减意见》中所蕴含的跨学科素养的培育

自党的十八大以来，党和国家高度重视教育改革与发展，习近平总书记发表了关于教育的一系列重要论述，中共中央和国务院先后出台了一系列重大教育改革发展的政策文件，尤其是2019年2月中共中央国务院印发《中国教育现代化2035》，同年6月印发《中共中央国务院关于深化教育教学改革全面提高义务教育质量的意见》。在这些政策基础之上，2021年7月中共中央办公厅、国务院办公厅印发《关于进一步减轻义务教育阶段学生作业负担和校外培训负担的意见》（简称《双减意见》），彰显出了前所未有的改革决心与力度，产生了巨大社会反响。之所以引起如此关注与影响，在于"双减"直面了当下青少年教育与成长的困境，是对深化教育领域改革的直接表达。《双减意见》的目的是解决当前学生负担过重、压力过大、焦虑过高状态；彻底摒弃"唯分数"

“唯升学”“唯毕业率”“唯就业率”的教育质量观；建立每个学生主动而积极、自由而全面的教育、学习与发展体系；倡导立德树人、五育并举，让每位学生爱学、乐学、善学、学好；以学生在教育与学习中是否“获得感、幸福感、安全感更加充实、更有保障、更可持续”作为评价依据。① 从上述《双减意见》的要义中可以明晰：我们教育培育的不仅仅是唯学科知识、唯应试能力的学生，更应该注重培育立德树人、五育等核心素养、综合素养、跨学科素养的人才。《双减意见》中所蕴含的跨学科素养的培育，为科学课外实践活动的设计与实践提供了指导和支撑。

（二）研究问题

1. 研究问题的提出

科学课外实践活动是科学学科课堂学习的有效延伸与提高，是培养学生科学实践能力及跨学科素养的重要途径。本课题以学生在科学课外实践活动学习情境下，以跨学科素养培育为切入点，结合近 20 年开展科学与生物学课外活动的实践经验，并查阅相关文献，综合考虑将跨学科素养具体细化为：学科融合素养、探究素养、设计素养、合作素养、表达素养。科学学科特别是自然学科，是以其与真实的自然、生活、问题情境联系最为密切，并具有实验性、开放性、拓展性、体验性强的特点，非常适合在科学课外实践活动中培养学生上述的跨学科素养。本课题在此基础上，研究跨学科素养理念指导下的少儿参与科学课外实践活动现状及问题，寻求基于科学课程标准的跨学科素养培育，在科学课外实践活动中如何有效地将 5 个素养的培育落实到案例的设计和活动的指导中。

2. 核心概念界定

（1）课外教育

由于课外教育和校外教育在性质、特点、培养目标、活动原则、活动内容、组织形式、辅导方法、辅导手段等方面都是相同的，具有一致性，所以本研究不

① 朱益明．“双减”：认知更新、制度创新与改革行动［J］．南京社会科学，2021（11）：141－148.

再区分课外教育与校外教育，而将其统称为“课外教育”或者“课外校外教育”。教育内容包含：科技艺术兴趣小组（班）、主题式游园活动、夏（冬）令营活动、社会实践活动、各类参观、展示、交流、竞赛活动等。[①]

（2）科学教育

科学教育是关注科学技术时代的现代人所必需的科学素养的一种养成教育，是将科学知识、科学思想、科学方法、科学精神作为整体的体系，使其内化成为受教育者的信念和行为的教育过程，从而使科学态度与每个公民的日常生活息息相关，让科学精神和人文精神在现代文明中交融贯通。[②] 本课题所阐述的科学课外实践活动指的是在课外（或校外）进行以科技兴趣小组（社团）、科技活动等为主要形式的科学教育。

（3）跨学科素养

跨学科素养又称通用核心素养或横向素养，是具有跨学科、通用性质的核心素养。[③] 跨学科素养，是通过学生解决一些与其生活世界相关的复杂问题而发展起来的。这种素养依存于学科素养，但又必须具有超越学科的性质，是兼具通用性能的那一部分核心素养。从这个意义上说跨学科素养既是一种中介素养，又是一种交集素养。跨学科素养是学科素养通达核心素养的中介，在真实复杂的问题情境中交叉融合生成学科素养。[④] 本文中进行科学课外实践活动培育的跨学科素养主要是：学科融合素养、探究素养、设计素养、合作素养、表达素养。

3. 主要的研究内容

本课题的研究对象：科学实践指导教师、参与科学课外实践活动的少儿、科学课外实践活动案例。本课题研究的主要内容：核心素养、学科核心素养、跨学科素养的内在关系，指向跨学科素养培育的科学课外教育活动的实践情况，指向跨学科素养培育的科学课外实践活动的案例设计，指向跨学科素养培

① 周建中. 农民工随迁子女参与校外教育的现状与问题研究［D］. 华东师范大学，2013：5－6.

② 中国科学院. 2001 科学发展报告［M］. 北京：科学出版社，2001：187.

③ 柳斯邈，孟静怡. 通用核心素养的内涵、评价与培育［J］. 教学与管理，2017(13)：1－4.

④ 高柏. 跨学科素养的培养方式与策略［J］. 现代中小学教育，2020，36(08)：24.

育的科学课外实践活动的实践反思。课题组成员涉及科学、生物、化学、物理、人工智能等学科的指导教师，从各自指导科学实践活动的教学实际，共同阐释上述相关研究内容。

二、研 究 基 础

（一）文献基础

1. 国外

1975 年，美国学者赫德提出：技术素养与科学素养应当并列成为科学教学的主要目标。之后涵盖科学的学科之间的融合贯通思想，日益在教育界受到关注与发展。1986 年，美国国家科学委员会发布报告《本科的科学、数学和工程教育》，提出了“科学、数学、工程和技术教育集成”的纲领性理念，旨在打破学科之间的界限，培养学生的理工素养，此举被视为 STEM 教育的里程碑，其后美国国家基金会将这四门学科简称为 SMET 教育，2001 年正式更名为 STEM，成为四门学科的统称，并将其称为教育的一次全新尝试，目的是提倡问题解决驱动的跨学科式理工科教育。2006 年，当 STEM 教育理念真正用到实际教学中时，美国学者格雷持 · 亚克门在原有 STEM 教育的基础上，将艺术（Art）作为一个重要因素加入其中而提出 STEAM 教育。随着 STEM 教育发展的过程中不断地丰富学科范围，最终扩展到 STEMx 教育，这其中的 x，意味无限可能，代表了学生科学精神和综合能力的延伸，强调社会价值、人文艺术、信息技术与 STEM 的融合。[①] STEM 课程的主要特征是跨学科融合，本课题研究将其理解为学科融合素养。

欧洲指向终身学习的核心素养参考框架（European Commission，2006）确认了 8 个关键素养：母语交流、用外语交流、数学素养和科学技术的基础素养、数字素养、学会学习、社会和公民素养、主动性和企业家精神、文化意识和表达。这一框架还设置 7 个横向技能来支撑每一个素养：批判性思考、创造性、

① 周建中，万立荣. 小博士 STEMx 探索屋［M］. 上海：上海科技出版社，2020：前言.

主动性、问题解决、风险评估、决策、情绪的建构性管理。从这一框架来看，其中既有与学科领域相关的素养，如母语、数学、科技等，也有诸多跨学科的素养，如学会学习等。

在世界教育创新峰会中发布的《面向未来：21 世纪核心素养教育的全球经验》中，以包括中国在内的 24 个经济体和 5 个国际组织的 21 世纪核心素养框架作为分析对象，探讨了“21 世纪核心素养”这一概念的主要驱动因素和包含的核心要素。报告将素养分为领域素养和通用素养，领域素养与特定的内容或学科领域相关，通用素养则跨越了不同的领域或直接指向人的发展。在领域素养中包含基础领域和新兴领域，在通用素养中包含高阶认知、个人成长与社会性发展。报告发现，最受各经济体和国际组织重视的七大素养分别是：沟通与合作、创造性与问题解决、信息素养、自我认识与自我调控、批判性思维、学会学习与终身学习以及公民责任与社会参与。这些素养大多是指向跨领域的通用型的素养。①（夏雪梅，2017）以上会议或报告中所涉及的跨领域的通用素养，为本课题中所倡导的跨学科素养培育提供了理念支持。

2. 国内

2017 版《生物学课程标准》中提到：自然界是统一的整体，自然科学中的物理学、化学、生物学等各门学科，其思想方法、基本原理、研究内容有着密切的联系。同时，生物学和数学、技术、工程学、信息科学是相互渗透、共同发展的。② 此外，生物学与人文社会学科也是相互影响、相互促进的。加强学科间的横向联系，有利于学生理解科学的本质、科学的思想方法和跨学科的科学概念和过程，这将有利于学生建立科学的生命观，逐步形成正确的世界观，发展生物学学科核心素养。基于此，国内有关生物学跨学科的教学研究主要是学科领域内的素养研究，或者跨领域素养的学科融合素养研究。

① 夏雪梅. 跨学科素养与儿童学习：真实情境中的建构[J]. 上海教育科研，2017(01)：5－9+13.

② 中华人民共和国教育部. 普通高中生物学课程标准（2017 年版）. 北京：人民教育出版社，2018.

如"'眼和视觉'一节的跨学科融合教学设计"(李金月,2020)①,结合STEM教育跨学科学习活动5E设计模型,对"眼和视觉"一节进行跨学科融合教学设计了进入情境与提出问题、工程设计与技术制作、探究学习与数学应用、知识扩展与创意设计、多元评价与学习反思5个教学环节。通过"慧眼识睛"活动创设问题情境,结合工程设计进行眼球模型的拆解和拼装,借助物理学实验模拟探究晶状体的作用,进一步设计并制作简易的照相机模型,同时以过程性评价及多元评价促进学生反思学习过程。引导学生在跨学科学习活动中建构科学概念,渗透眼球结构和功能相适应的生命观念。其主要是基于生物"眼和视觉"学科概念将科学、技术、工程、数学所涉及的相关知识和技能进行学科融合。

如"跨学科融合课堂的开发与实践——以'植物的观察与利用'为例"(蔡思建,2019)②,结合了"美术艺术"这一学校特色,充分利用了校园中的植物资源,将"美术"与"生物"学科有机融合起来形成跨学科融合课堂。课堂中通过绘制植物观察笔记和制作植物水晶滴胶工艺品的活动,让学生既能利用美术基础,发挥自身美术艺术的特长,又能了解校园内的植物,观察并利用校园植物创作出自己的既具科学性又具艺术性的作品。其涉及的是科学与艺术的学科融合素养。

如"跨学科融合视阈下的高中生物学课例探析"(陶忠华 2018)③,通过"检测生物组织中营养物质"实验的比较,比较生物与化学的相关知识表征的异同,分析不同学科课程教学模式等,为生物学教师更具针对性地在课堂教学中引导学生应用各学科的知识与思想方法分析并解决问题,发展学生科学素养提供借鉴。其涉及的是生物学和化学之间的学科融合素养。

另外,在针对小学科学教育或小学科学课外实践活动的文献检索发现,目

---

① 李金月,刘桦."眼和视觉"一节的跨学科融合教学设计[J].生物学教学,2020,45(06):43-45.

② 蔡思建,马丽娜,黄胜琴.跨学科融合课堂的开发与实践——以"植物的观察与利用"为例[J].中学生物学,2019,35(11):16-18.

③ 陶忠华.跨学科融合视阈下的高中生物学课例探析[J].生物学教学,2018,43(06):31-32.

前关于科学教育的跨学科研究主要还是针对学科融合素养方面,而本课题所倡导的以探究素养、设计素养、合作素养、表达素养及学科融合素养的五大素养的组合作为有机整体,培养学生的跨学科素养鲜有研究和报道。

(二)理论基础

科学课外实践活动的跨学科培育过程中,基于本课题跨学科的五大要素的培育,其目标也是为培养具有综合素养而全面发展的人的重要一环,培养学生成为爱学、乐学、会学、善学且具备终身学习、创造思维能力的现代人而服务的,所以自然就受到了一下教育思想或理念的指导或影响。

1. 以人为本的和谐教育思想

《国家中长期教育改革和发展规划纲要》中,明确指出"坚持以人为本,推进素质教育是教育改革发展的战略主题"。以人为本的教育理念是时代发展的产物,它的意义在于把人放在第一位,主张以人作为教育教学的出发点,顺应人的禀赋,提升人的潜能,完整而全面地关照人的发展。① 而以人本的教育思想又是与和谐教育的理念密不可分的。和谐必定以人为本,而以人为本的和谐教育才是历史的必然,教育的属性。② 这与《中国学生发展核心素养》培养全面发展的人的要求遥相呼应。而核心素养中各要素中主要包含了相关的跨领域跨学科素养,这对本课题的实施具有指导意义。

2. 生活即教育的教育理念

一切事物的存在都是人与环境相互作用产生,人不可脱离环境,学校也不能脱离眼前的生活,所以教育就应该是生活本身,必须把教育和儿童眼前的生活融为一体。最好的教育就是"从生活中学习"。这就是杜威"教育即生活"理论的部分阐述。而他的学生陶行知先生在这一理论的基础上提出"生活即教育":真正的生活教育是"以生活为中心的教育",是"供给人生需要的教育",是生活所原有的,生活所必需的教育。教育与生活是同一过程,教育含于

① 严永明. 论"以人为本"教育理念的实践[J]. 新教育,2007,(96):6-7.

② 王婷婷. 夸美纽斯以人为本的和谐教育思想研究[D]. 南京:南京师范大学,2011.

生活之中，教育必须和生活结合才能发生作用。教育以生活为前提，不与实际生活相结合的教育不是真正的教育。[①②③④] 因此无论是杜威的教育即生活，还是陶行知的生活即教育，虽然其内在有着是倡导学生在真实的生活情景中自主地做而学，还是倡导为教、学、做合一的侧重点不同，但都突出了学习与生活的紧密联系。[⑤] 而本课题科学实践活动倡导在真实的问题情境中，进行探究、设计、创作等，同时在科学实践的过程中培育跨学科素养。

3. 生活科普的教育理念

生活科普（周建中 2011）倡导“观生活中的现象、用生活中的材料、探生活中的科学，在实验室之外也能就进行科学实践，从而在真实的问题情境中普及科学的思维和方法，培养科学的情感和态度”[⑥]；它期望营造这样一个空间，在这个空间中，孩子们能够释放快乐、童真、兴趣、思想。生活科普的六种实践形式：生活实验、科学对话、科学游记、科学童话、科学情景剧、笔记自然，即可以作为校外科学活动的实践形式[⑦]，也可以进行本课题跨学科素养培育的有效载体。同样对本课题具有影响作用。

（三）研究意义

国际上几乎所有国家或国际组织所提出的核心素养框架都是跨学科素养和学科素养并存。在具体实践中，两种素养是相融其中。而基于科学教育的跨学科素养的培育，主要是集中学科领域的素养培育，近年来，国内科学教学文献有涉及跨学科素养培育的文献，但主要是讨论学科融合的方面，且文献不

---

① 朱丽. 生活与教育——杜威“教育即生活”与陶行知“生活即教育”之比较. 北京教育学院学报（J），2002，16(4)：51－54.

② 刘梦. 教育即生活与生活即教育——杜威与陶行知生活教育思想比较. 教育理论研究（J），2001，(11－B)：4－7.

③ 唐斌，朱永新. 杜威“教育即生活”本真意义及当代启示. 中国教育学刊（J），2011，(10)：85－87.

④ 曹子超. 从杜威的“教育即生活”到陶行知的“生活是教育”. 江苏高教（J），1996(4)：83.

⑤ 周建中. 农民工随迁子女参与校外教育的现状与问题研究[D]. 华东师范大学，2013：20－21.

⑥ 周建中. “以生活为媒探科学之实”：基于生活科普理念的青少年科学教育[J]. 青少年研究与实践，2015，30(01)：61－63+96.

⑦ 周建中. 生活科普教学促进科学教育的实践研究[J]. 教育参考，2021(05)：93－100.

多,而受国际和国内教育重视的其他通用素养(跨学科素养的其他方面)应用于科学教育,尤其是科学课外实践活动指导中,几乎是空白。鉴于此,本课题将国际国内所提倡的主要跨学科素养,择其要义结合科学课外活动的指导实践,分解为学科融合素养、探究素养、设计素养、合作素养、表达素养进行研究。

1. 重新审视跨学科素养的具体要素,为教学提供借鉴

随着核心素养、学科核心素养、跨学科素养等概念相继进入教育者的视线,也被教育界广泛认同,因此正确理解上述概念内涵,厘清它们之间的区别和联系,并用于指导教学显得尤为重要。本课题拟从上述三种素养出发,发现其中的内在联系,重新审视跨学科素养的具体要素,为教学提供借鉴。

2. 研究跨学科属性,并进行活动指导设计

课题的研究是基于科学学科展开,从科学课外实践活动的开放性、实践性、生活化特点出发,研究其中的跨学科属性,并进行活动指导设计,这对于从学会学习与实践创新角度构建、从单一的学科视角到培育"人"的未来性、整体性视角转变具有重要作用。

3. 丰富了基于科学教育的跨学科内涵

课外活动有关跨学科素养培育的文献不多,而有关科学课外活动跨学科素养培养的研究鲜有报道,且主要集中学科与学科的融合,如概念、方法方面,而着重于人的通用素养的培养的研究未见报道。本课题的研究将跨学科素养界定为学科融合素养、探究素养、设计素养、合作素养、表达素养,在实践指导上具有操作性,拟为有志于从事基于科学教育的跨学科教学的教师们提供借鉴。

(四)研究方法

1. 文献研究法

通过查阅相关学术期刊、著作、图书馆电子数据库、互联网等资源,汲取与本研究有关的资料。在收集整理的基础之上对资料进行辨别和筛选,通过归纳与分析,了解国内外跨学科科学教育的研究现状,探寻本研究的突破口。

2. 访谈法

通过访谈科学学科教师，深入探讨学科教师基于本学科对学生进行跨学科素养培育的开展情况，及实施的可能阻力与条件。通过访谈参加科学实践活动的学生，深入了解他们感兴趣的科学实践活动，及参与相关科学实践活动对其跨学科素养培育的情况。

3. 行动研究法

遵循“计划—行动—观察—反思—修正—计划”的研究步骤，结合少年宫和学校正在开展的科学课外兴趣活动（社团活动），立足当前的发展现状，在实践行动中反思，不断修正与提高对学生进行跨学科素养培育的针对性和实效性，通过实践探索适合科学课外活动指导需求的主题与实践策略。

三、核心素养、学科核心素养、跨学科素养的内在关系

（一）核心素养、中国学生发展核心素养与学科核心素养

1. 素养与核心素养

钟启泉先生在《学科教学的发展及其课题：把握“学科素养”的一个视角》中提到素养概念的形成的三个历史阶段，第一阶段，素养即技能。这是近代学校教育发祥之前就有的观点，它是一种去语境的。第二阶段，素养即学校里传授的知识技能。这种观点同现代学校教育制度的出现与发展相关。第三阶段，认识到素养即社会文化的创造，强调知识的社会建构过程，学习者的背景性知识和既有经验，读者和文本之间的交互作用。① 目前人们对于素养的内涵达成基本共识，即素养包括知识、技能和情意等要素，这些内涵要素通过个体在具体问题情境下，综合利用自身内在资源与外在资源解决具体问题来体现的。

“核心素养”是进入二十一世纪后在教育领域越来越受关注的一个概念。

① 钟启泉，学科教学的发展及其课题：把握“学科素养”的一个视角［J］，全国教育展望，2017(1)：11－23。

联合国教科文组织(UNESCO)基于终身学习社会需要,提出了“学会求知、学会做事、学会与人相处、学会自我实现、学会改变”五大素养,在“21 世纪型能力”的培养中必须重视四个维度,即不仅重视知识,而且必须重视知识同其他三个维度“技能”“人性”和“元学习”的关联。因此,学校课程必须从“知识本位”的课程设计转向“素养本位”的课程设计,借以培育学生的“全球(多元文化)素养”“环境素养”“信息素养”“数字素养”“系统思维”“设计思维”等。①

2016 年颁布的《中国学生发展核心素养》,明确指出核心素养是指学生应具备的能够适应终身发展和社会发展需要的必备品格和关键能力,包括了六大类素养十八个素养点,如图 1 所示。

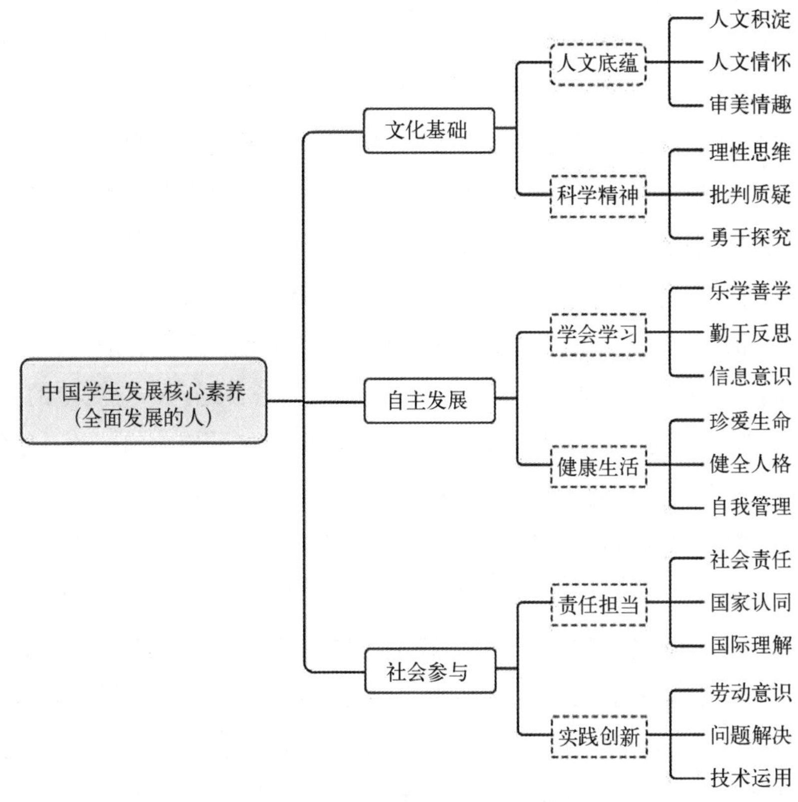

图 1 《中国学生发展核心素养》图示

① 邵昭友,指向核心素养的逆向课程设计[M],华东师范大学出版社,2019.

中国学生发展核心素养以培养全面发展的人为指向，分为文化基础、自主发展和社会参与三个方面，其中文化基础包含了人文底蕴和科学精神、自主发展包含了学会学习和健康生活、社会参与包含了责任担当和社会参与。每类核心素养内又包含三个素养点，例如科学精神中包括理性思维、批判质疑和勇于探究，责任担当中包括社会责任、国家认同和国际理解。这些素养点是以培养德智体美劳全面发展的人为目标，具有综合性和系统性特色，与学校教育中的学科分类没有对应关系。

2. 中国学生发展核心素养与学科核心素养

当前的学校教育以分学科教学为主，学生在学校参加语文、数学、英语、物理、化学、历史等各种学科学习，教师也是分学科进行教学，那么，各学科学习应该培养学生哪些核心素养呢。如果各学科教师还是停留在知识和技能的传授，那么学生的核心素养将在哪里得到培养呢？钟启泉先生指出梳理“核心素养”与“学科素养”的关系是众多挑战中的一个。有研究者认为：“核心素养是作为新时代期许的新人形象所勾勒的一幅‘蓝图’，那么各门学科则是支撑这幅蓝图得以实现的‘构件’，它们各自有其固有的本质特征及其基本概念与技能，以及各自学科所体现出来的认知方式、思维方式与表征方式。”倘若认同这一认识，那么，准确的提法应当是“学科素养”。因此，“核心素养”与“学科素养”之间的关系不是从两者引出的简单化罗列的条目之间一一对应的关系。“核心素养”的养成意味着学习者面对真实的环境，能够解决问题的整体能力的表现，而不是机械的若干要素的总和。

新时代需要回答基于“核心素养”的学科教学应该怎样做？钟启泉先生提出了关于学科核心素养的“上通下联”。其一，“上通”——从学科的本质出发，发挥学科的独特价值，探讨同学科本质休戚相关却又超越了学科范畴的“认知的、情意的、社会的”“通用能力”（诸如问题解决、逻辑思维、沟通技能、元认知）的培育，进而发现学科的新的魅力与命脉。其二，“下联”——挖掘不同于现行学科内容的内在逻辑的另一种系统性，亦即从学科的本质出发，并从学科本质逼近“核心素养”的视点，来修正和充实各门学科的内容体系（学科固有的知识与技能），进而发现学科体系改进与改革的可能性。

2020 年修订的 20 门学科的《普通高中课程标准》①中，提出了各门学科的核心素养，如表 1 所示。

表 1　普通高中 20 门学科核心素养《普通高中课程标准》

学科	核心素养	学科	核心素养
数学	数学抽象、逻辑推理、数学建模、直观想象、数学运算和数据分析	美术	图像识读、美术表现、审美判断、创意实践、文化理解
		音乐	审美感知、艺术表现、文化理解
语文	语言建构与运用、思维发展与提升、审美鉴赏与创造、文化传承与理解	体育与健康	运动能力、健康行为、体育品德
英语	语言能力、文化意识、思维品质、学习能力	信息技术	信息意识、计算思维、数字化学习与创新、信息社会责任
物理	物理观念、科学思维、科学探究、科学态度与责任	艺术	艺术感知、创意表达、审美情趣、文化理解
化学	宏观辨识与微观探析、变化观念与平衡思想、证据推理与模型认知、科学探究与创新意识、科学态度与社会责任	通用技术	技术意识、工程思维、创新设计图样表达、物化能力
		法语	语言能力、思维品质、文化意识、学习能力
生物学	生命观念、科学思维、科学探究、社会责任	日语	语言能力、思维品质、文化意识、学习能力
地理	人地协调观、综合思维、区域认知、地理实践力	俄语	语言能力、思维品质、文化意识、学习能力
历史	唯物史观、时空观念、史料实证、历史解释、家国情怀	西班牙语	语言能力、思维品质、文化意识、学习能力
政治	政治认同、科学精神、法治意识、公共参与	德语	语言能力、思维品质、文化意识、学习能力

从表 1 可知，各门学科核心素养之间存在着重叠交叉，例如物理、化学和生物三门学科中都有“科学探究”这一核心素养。“科学探究”与“中国学生发展核心素养”中“科学精神”下的“理性思维、批判质疑、勇于探究”三个素养点相关联。“科学探究”在科学类的学科中都是主要的学科素养，所以，物理、化

① 《义务教育课程标准》中目前未涉及学科核心素养的描述，本课题以《普通高中课程标准》相关学科核心素养的解读进行参照研究。

学和生物学科中都有,除此之外,物理、生物学科中有“科学思维”,物理和化学学科有“科学态度”,这体现出各学科核心素养内容维度不一致。再例如,音乐、美术和艺术学科中都包含着与审美相关的学科核心素养,“审美判断”“审美感知”“审美情趣”等,这与中国学生发展核心素养中“人文底蕴”中的素养点“审美情趣”相关联。而前面提到的科学类学科中则没有包含与审美相关的核心素养。

因此,在中小学现有的学科中按学科核心素养的亲疏关系可以划分为科学类、人文类、艺术类、语言类等学科群。从孤立的单学科转向学科群内的跨学科,可能为核心素养的落实寻找到一条可行的路径。指向素养培育的学习往往从真实世界的“真”问题开始探究,探究过程中能培养学生解决问题的能力、学会学习、学会探究,增加人文素养和科学精神等。但“真”问题的探究往往很难局限在某门学科内,当前的学科的细致分类将割裂了知识间的自然纽带,使得学习中只能讨论理想状态的问题,每门学科的知识应用都是简化或虚拟的情境。当师生共同来探究“真”问题时,会发现问题的提出可能是物理学科,再在探究的过程中会涉及化学、生物、地理等其他学科的内容。因此,核心素养在中小学教学中落地需要打破学科间严格的界限。

3. 科学素养

在高中阶段的学科中没有“科学”这门学科,但物理、化学、生物和地理都属于科学类学科群。这些学科的学科核心素养中都包含了科学类核心素养。在初中阶段有“科学”学科和小学有“自然”学科,这些学科的主要学科核心素养应该也包含了科学类核心素养。

“科学素养”是一个在动态发展着的概念。佩拉(Pella)1966 年提出:具有科学素养的人能够理解科学与社会的关系、控制科学家工作的伦理道德、科学的本质、科学与技术之间的区别、科学的基本概念以及科学与人类的关系。《面向全体美国人的科学》中提出:“科学素养包括数学、技术、自然科学和社会科学等许多方面,这些方面包括:熟悉自然界、尊重自然界的统一性;懂得科学、数学和技术相互依赖一些重要方法;了解科学的一些重大概念和原理;有科学思维的能力;认识到科学、数学和技术是人类共同的事业,认识它们的长处和局限性。同时,还应该运用科学知识和思维方法处理个人和社会问题。”OECD 认为“科学素养是运用科学知识,确定问题和作出具体证据的结论,以便对自然世界和通过人类活动对自然世界的改变进行理解和作出决定的能力。”①②目前,国内科学教育中,将科学素养的要素分为:科学概念、科学态度、科学思维和科学态度。③

(二)跨学科素养、学科核心素养、学生发展核心素养

1. 跨学科、多学科、超学科

中国学生发展核心素养中的各点都很难与某门学科对应起来,体现了跨学科的特点。在培养学生核心素养的背景之下,跨学科学习近年来也逐渐成为关注的热点,那么跨学科仅仅是将多门学科知识整合起来教学吗?宋歌在《国际科学教育中的跨学科素养:背景、定位与研究进展》中提到跨学科、多学科和超学科的关系,如图 2 所示。④

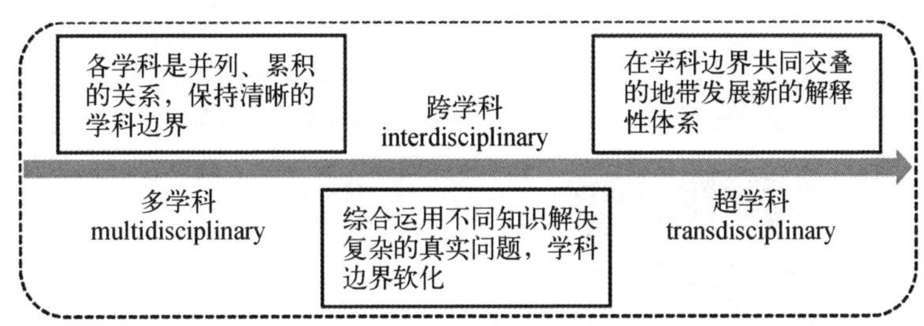

图 2　表征学科整合程度的连续体

多学科、跨学科和超学科组成了一个表征学科整合程度的连续体,多学科是指学科间保持着清晰的学科边界,跨学科位于整合的中间水平,强调学科边界软化和跨学科勾连,超学科是指在学科边界共同交叠的地带发展新的解释

---

① 郭元婕.“科学素养”概念之辨析[J]. 比较教育,2004(11):13－15.

② 冯翠典. 科学素养结构发展的国内外综述[J],教育科学研究,2013. 6. 62－66.

③ 王耀村. 面向核心素养的科学课程建构与教学建议[J]. 物理教学,2018,40(08):2－5+67.

④ 宋歌,王祖浩. 国际科学教育中的跨学科素养:背景、定位与研究进展[J],全国教育展望,2019.(10):28－43.

性体系。

因此，跨学科不是单纯的将几个学科的知识拼凑起来，而是在解决真实问题的过程中，学科知识间的相互融合，融合后的跨学科知识呈现出你中有我我中有你的样态，很难说清楚是哪门学科的知识。

2. 跨学科素养、学科核心素养和中国学生发展核心素养

如图 3 所示，本研究团队根据各类素养间的关系建构的素养塔，最底层为学科层面，包括分学科和多学科，学科核心素养和多学科素养位于这个层面。多学科素养是指根据实际情况将学科核心素养拼凑而成的多学科素养，学科间的界限分明。素养塔的第二层是跨学科层面，与之相对应的跨学科素养是融合学科边界后的素养，这一层面存在着以学科群为单位的各类跨学科素养，例如科学类、人文类跨学科素养等。素养塔的第三层是超学科层面，对应的是中国学生发展核心素养，这一层面没有学科分别，离育人目标最近。

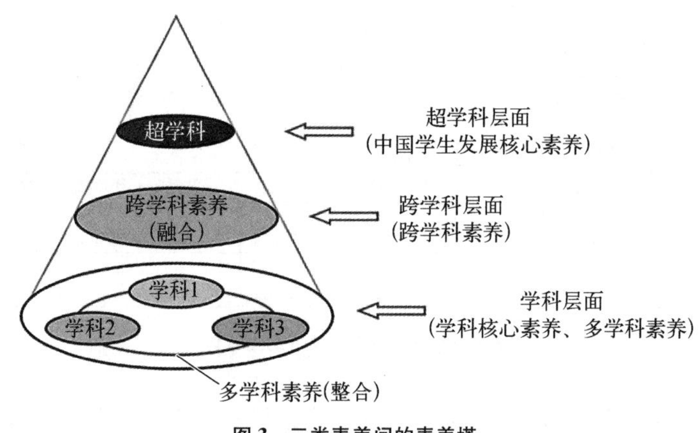

图 3　三类素养间的素养塔

本课题在少儿科学课外实践活动的教学实践领域研究科学类跨学科素养，科学课外实践活动是科学学科课堂学习的有效延伸、不断提高，是培养学生科学实践能力及跨学科素养的重要途径。本课题基于已有的理论和研究团队 20 年开展科学与生物学课外活动实践探索，将其界定为以科学课外实践活动为培育载体，包含学科融合素养、探究素养、设计素养、合作素养、表达素养五个基本素养的跨学科素养。这五个基本素养与科学类学科核心素养一起，

构成了科学课外实践活动课程设计的素养目标。

四、指向跨学科素养的科学课外实践活动的实践情况

目前校外教育单位和学校开展的科学课外实践活动,可以分为科学拓展性课程、兴趣小组(或社团)课程、相关科学类的展示、交流和研学活动。在这些课程或活动中,基于科学(小学为科学、中学为生物、化学、物理、地理)学科内科学概念为基础,也在进行学科融合等跨学科素养方面的培育,但这种培育也是潜移默化,没有一个明确的素养目标。笔者结合20年生物学和科学教学指导实践,结合目前本市中小学开展科学课外活动现状,对于跨学科素培育融入科学实践情况进行了如下梳理。

(一)渗透学科融合素养培育的科学实践

《生物学课程标准》中要求"要注意学科间的联系"。这是因为自然界是一个统一的整体,自然科学中的生物学、物理学、化学等各门学科的思想方法、基本原理、研究内容有着密切的联系。生物学和数学、技术、工程学、信息科学是相互渗透、共同发展的,①由此衍生出来的生物统计学、生物化学、生物地理学、生物工程学、生物信息学,都说明了生物科学具有学科融合的特性,这也为培育学生在生物学实践中形成跨学科素养创造了条件。但生物学与人文社会科学的跨界融合,目前关注与实践的不多,相关研究(周建中 2020)认为可以在科学实践中运用笔记自然和科学游记教学形式进行跨学科素养的培育。如进"家蚕的生殖和发育"实践指导时,教师可以设计饲养家蚕的拓展活动,指导学生用笔记自然的方法记录家蚕"卵—幼虫—蛹—成虫"的生长变化过程,从而更好地理解蚕是完全变态发育的概念。如进行"认识生物的多样性"实践指

① 中华人民共和国教育部制定.普通高中生物学课程标准[M].北京:人民教育出版社,2017:60.

导时，教师可以设计到植物园、动物园或生态保护区进行实地观察，指导学生用科学游记的方法记录自己的所见所闻所思，并最终进行表达交流。以上两种方式，将科学与美术、语文进行学科融合，在生活环境中，给学生释放更多的回归自然空间，让他们带着自然之美、探究之质、记录之思在笔记自然、科学游记的同时，感悟科学之美，培育跨学科素养。①

（二）渗透探究素养培育的科学实践

科学教育的关键是探究。② 科学实践中的诸多现象和问题，与自然、环境、生活密切相关。培育科学探究素养，就是要引导学生在真实的生活环境中，发现现实世界中的真实问题，并将问题引入想干科学主题的学习及拓展实践中。如在“生态系统”科学主题拓展实践时，可引入电影《狼图腾》中的片段：人们赶到大雪湖去寻找狼贮备的食物，发现了一只活的小黄羊，比利格阿爸却要求把那只黄羊放了。这时，教师引发学生思考：当时食物那么匮乏，为什么还要把那只和绵羊争夺食物的黄羊放了呢？在引导学生理解：其实这里面蕴含着生态学的道理。如果狼的食物都被人取走了，狼就会攻击更多的绵羊；如果黄羊种群同时存在的话，那么绵羊被狼攻击的可能性就会减少。这就是生态平衡，即在草原上，草、食草动物（黄羊、旱獭、野兔、草原鼠）、人类饲养的动物（绵羊）、食肉动物（狼），以及它们所处的环境之间达到一个相对稳定的动态平衡状态。经过之前的铺垫，提出探究的主题“生态瓶稳定性探究”，并运用5E③ 探究式教学模式进行探究素养培育，它的一般环节是：引入——起始环节、探究——中心环节、解释——关键环节、迁移——拓展环节、评价——总结环节。④

---

① 周建中，张鑫．在生物学拓展实践中培育学生的STEMx素养［J］．生物学通报，2020，55（11）：39－41．

② 周建中，万立荣．小博士STEMx探索屋［M］．上海：上海科学技术出版社，2020．1：前言．

③ 王健，李秀菊．5E教学模式的内涵及其对我国理科教育的启示［J］．生物学通报，2012，47（3）：39－42．

④ 周建中，张鑫．在生物学拓展实践中培育学生的STEMx素养［J］．生物学通报，2020，55（11）：39－41．

（三）渗透设计素养培育的科学实践

工程学是指设计解决方案的流程的科学，工程学的流程包括为设计生产产品所需要的图纸和模型。① 设计是建立高阶思维上的想象和创造，如何将科学和工程学进行整合，从而更好地培育学生的设计素养，是在科学教育中培育跨学科素养的重要一环，因此在科学实践教学指导中，教师应创设学生进行设计的空间。如在"种子萌发的环境条件"实验时，教师可以先引导学生按"我的设计"要素进行设计，见表2。

表2 "种子萌发的环境条件"实验"我的设计"要素②

设计要素	设计内容
我准备寻找的材料	选用哪种(些)种子？选用什么工具？
我设计的实验装置图	根据选用的材料，绘制实验装置图；通过交流、比较、评估后，再修正装置图。
我设计的实验方案	设计实验对象的基数、实验对比的方法、数据统计的方法、判断萌发与否的生长指标等。通过交流、比较、评估后，再修正实验方案。

另外在科学实验教学中，很多实验需要借助模型来加深对概念的理解，这时可以让学生尝试进行设计，例如：设计血细胞模型、噬菌体模型、测试反应速度快慢的实验装置等等。美国学者莫里森③认为，设计是认知结构的过程，也是学习产生的条件。所以在实验中，引导学生对现实生活中的问题进行思考，根据已有技术和条件进行设计实验、建立模型，也是维持和激发学习动机、保持学习好奇心的重要途径。④

---

① ［美］本·耶茨，著. 程曦，等，译. 工程学入门（上）［M］. 上海：上海科技教育出版社，2017：8.

② 周建中，张鑫. 在生物学拓展实践中培育学生的STEMx素养［J］. 生物学通报，2020，55（11）：39－41.

③ Morrison JS(2005). Workforce and school[C]//Briefing Book. Seek-16 Conference. Washington, Dc: National Academy of Engineering, [S. l.]: [s. n.]: 2－11.

④ 周建中，张鑫. 在生物学拓展实践中培育学生的STEMx素养［J］. 生物学通报，2020，55（11）：39－41.

（四）渗透合作素养培育的科学实践

科学实践活动具有协作性，强调在群体协同中相互帮助、相互启发，进行群体性知识建构。科学探究的问题往往是真实的，真实任务的解决离不开同学、教师或专家的合作。[9]①在科学实践中，通过小课题的研究、项目化的学习进行探究实践，对于培育合作素养是一种非常有效的方法。笔者曾经指导的“几种蔬果提取物对花叶芋试管苗生长的影响”课题研究②中，就是基于学生不同空余时段、选择的不同材料、研究不同阶段的情况，引导学生进行合作研究，见表3。

表3 “几种蔬果提取物对花叶芋试管苗生长的影响”课题协作分工情况

课题不同阶段	协作分工情况
课题主题确立之初	学生与专家合作，确立课题的可行性；学生与教师合作，共同查阅文献了解相关提取物在花叶芋试管苗生长方面的影响情况。
课题方案确立之时	根据课题组学生的不同空余时间，分组分批安排花叶芋植株再生准备和不同配比对照实验计划。
课题实验操作之时	考虑到“不同种类、不同浓度、不同提取方式的提取”配置的培养基及实验工作量极其繁复，设置了“不同种类的提取物对花叶芋试管苗的生长影响”实验小组、“提取物不同浓度对花叶芋试管苗的生长影响”实验小组、“提取物不同提取方式对花叶芋小苗的影响”实验小组进行分工研究，并在研究过程中，定期安排各小组交流，提出修正意见。
课题交流总结之时	各小组总结汇报，汇总数据，进行分析讨论，得出结论：MS基本培养基中添加紫薯、土豆、南瓜、西红柿和香蕉等提取物时，在含有紫薯提取物的培养基中，花叶芋试管苗生长优于其他植物提取物；当紫薯提取物浓度为10%时，花叶芋试管苗长势最佳；比较紫薯上清液、沉淀物、混合液3种提取方式，紫薯混合液对花叶芋的生长最为有利。最终撰写研究报告。

在整个课题研究中，通过分工协作，一则可以让研究有序有质有效进行，二则可以培育学生合作素养，触发学生懂得一个人的能力是有限的，只有不断发挥各自所长，分享各自智慧，才会有更大的成功与收获。③

---

① 余胜泉等. STEM 教育理念与跨学科整合模式[J]. 开放教育研究，2015，21(8)：15.

② 周建中等. 紫薯提取物对花叶芋试管苗生长的影响[J]. 生物学通报，2010，45(10)：49－52.

③ 周建中，张鑫. 在生物学拓展实践中培育学生的 STEMx 素养[J]. 生物学通报，2020，55(11)：39－41.

（五）渗透表达素养培育的科学实践

建构主义指出，学习环境的四大要素包括“情境”“协作”“会话”和意义建构。其中的“会话”可以理解为商讨、表达、交流，这与本课题倡导的表达交流素养相呼应。基于科学学科融合性极强的特点，也就赋予了它更多的表达交流形式，这为在科学实践活动中培育学生的表达交流素养创造了有利条件。常见的有在拓展实践中，学生收集和分析学习资料、表达和验证假设、评价成果过程中的交流；有在课题完成后，通过班级、学校、区市级有关科技类活动的答辩展示交流；有通过海报形式，宣传课题的研究意义成果；有通过专业的学术期刊发表课题的研究报告，进行学术交流。另外可以通过与艺术融合的形式，如科学表演秀的方式，向观众展示科学的奥妙。如笔者曾指导的科学表演秀《多色花》，科学原理源自学生对甘蓝汁液遇到酸碱能显色反应的学习收获，在课后制得甘蓝 pH 试纸，并用其制得“多色花”进行实验表演。剧情设计源自学生感兴趣的科学知识和自身积累的童话故事的整合，剧情的呈现是以生活中的语言以对话这一简单形式进行，剧中所涉及的材料是生活中最常见和方便使用的。从课内到课外、从学生到演员、从教师指导到家长参与，一场科学表演秀巧妙地将科学原理、实验现象融入而使科学与艺术完美结合，学生在这时空转化、角色表演的深刻表达交流的体验中，以最直接最深刻最有趣的表达方式感悟自然科学。①

五、指向跨学科素养的科学课外实践活动的案例设计

（一）设计意图

指向跨学科素养的科学课外实践活动的设计，需要将教师、学生、实施条

① 周建中，张鑫. 在生物学拓展实践中培育学生的 STEMx 素养［J］. 生物学通报，2020，55（11）：39－41.

件三要素综合考虑设计，这需要即要体现学生自主的学、又要教师有设计的指导、更好体现跨学科素养融入实践活动中的特点。

1. 案例设计指向学生基于真实生活情境的自主的学

基于真实生活情境，利用生活资源进行学习。陶行知先生有过一个比喻："接知如接枝"。他认为：我们要以自己的经验做根，以这经验所发生的知识做枝，然后别人的知识方才可以接得上去，别人的知识方能成为我们知识的一个有机部分，这样才能"发芽滋长"。① 校外科学实践活动所依托的真实情景与生活资源，为学生获得"新枝"（科学观念与方法、科学思维与情感）提供了"生长"的环境和丰富的营养。学生在这种情境中，利用生活的材料，解决生活中的问题，进行生活中的科学探究，不仅可以在这种无压力和无拘束的空间维持探索的好奇心，增强学习的自主性，还可以在最真实的体验后收获更为深刻的经验积累。所以科学实践活动的案例设计，不管哪种形式，还是具体什么科学主题，强调了科学世界和自然世界、生活世界的联系和融合；在具体实践中都强调了情境的生活性，学习的自主性。②

2. 案例设计指向教师在实际教学情境中有设计的教

习近平总书记在 2020 年 9 月 11 日召开的科学家座谈会上阐述创新精神时提到"好奇心是人的天性，对科学兴趣的引导和培养要从娃娃抓起"。没有"无中生有"的好奇，就难有"另起一行"的创新。③ 科学实践活动的目的就是激发和维持学生的好奇心，在好奇心的驱动下，学生才会更加主动高效地去学。传统的科学教育一般在课堂中进行，即便有科学教育的课外拓展也是点到为止，学生在课堂上探索科学的量和质是远远不够的。所以教师在进行教学设计或科学实践活动指导时，也可以来一次"无中生有"的设计，进行"另起一行"引发学生兴趣的指导，借鉴生活科普教学的多种形式，依据教学目标，针对学生的年龄特征和经验水平，结合具体色实施环境或条件，因地制宜、因陋就

① 张炳生，张东萍. 陶行知教学思想探析[J]. 教育探索，2009(11)：6－8.

② 周建中. 生活科普教学促进科学教育的实践研究[J]. 教育参考，2021(05)：93－100.

③ 张光斌，宋睿玲，王小明. 科普游戏导论：游戏赋能科学教育[M]. 北京：电子工业出版社，2021：序一.

简、因人而异地进行相应的科学实践活动案例设计，以期拉伸学生维持好奇心的长度，拓展科学实践的宽度，提升科学体验的深度，从而不断建构科学素养。①

3. 案例设计指向跨学科素养在科学实践中的培育

《中国学生发展核心素养》《课程标准》所蕴含的跨学科素养要素，生活科普所倡导的基于生活与自然的实践形式，科学学科所具备的融合性、开放性、参与性的特点，科学实践活动的案例设计在把握科学概念的准确性、科学性的前提下，应以本课题所倡导的学科融合素养、探究素养、设计素养、合作素养、表达素养为培育目标。在具体设计时，可以兼顾上述五个素养综合考虑素养目标，也可以根据具体的活动主题、活动形式、活动条件选择相应的要素作为素养目标。另外，本课题围绕跨学科素养目标设计的科学课外实践活动案例还应体现“生活即教育”理念、“探究式教育”策略、“科学方法、科学思想、科学精神”培育。

（二）案例解析

指向跨学科素养培育的科学课外实践活动的案例设计，以《探秘“莲花效应”》活动设计为例。这是校外科学教育“创意实验与新材料”课程中的一个实践主题，适合 8~9 年级学生能力水平、活动时间为 3 课时、活动形式为小组探究实践。该案例具体以活动任务分析、活动流程、活动评价进行解析。

1. 任务分析

本活动的实践对象为 8~9 年级初中生。他们在科学方面的活动体验中已经具备一定的逻辑思维能力和动手实践能力，对于前沿的科学技术与实际生活或社会热点相关的内容兴趣浓厚。学生们对美丽的莲花“出淤泥而不染”，小水珠落在荷叶上“大珠小珠落玉盘”的自然现象并不陌生，但对于其现象产的原理“莲花效应”的认知还不够准确、清晰，对于莲花效应的自清洁能力没有体验。此外学生的实践创造能力有待提高，而且在他们已有的知识系统中还没有建立起跨学科的相关概念，而这些也正是在本主题实践要完成的目标之一。

---

① 周建中. 生活科普教学促进科学教育的实践研究[J]. 教育参考，2021(05)：93 - 100.

本活动所期望的素养目标具体表现为：**学科融合素养**，知道很多发明可以在自然界中找到原型；学会将多学科知识和技能（物质科学、生命科学、美术设计等）有机融合，融汇贯通，解释现象，解决问题、创意物化。**探究素养**，学习运用实验、比较、归纳、控制变量等方法验证物质性质、解释实验现象。**设计素养**，通过完成纳米布的制作、再设计，学生的探索精神、科学意识、艺术素养不断滋养，实践能力进一步提高。**合作素养**，学生之间的交流、相互促进；学生之间的取长补短、优势互补。**表达素养**，展示交流过程中、用比较科学的语言解释科学现象（文字表达、语言表达）。

2. 活动流程

活动流程在借鉴了“5E+D”模式①（见图 4），参考了《奇趣科学智创坊》（周建中、张鑫. 上海科技出版社，2020.）样例涉及的“我准备寻找的材料”“我设计的实验装置图”“我设计的实验方案”等活动要素，结合课题组成员在科学教育活动的指导实践，设计“I Do”指导流程②。

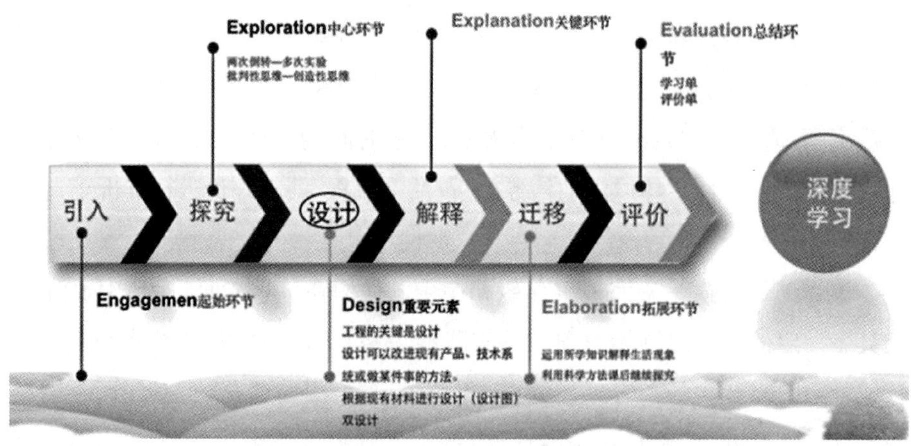

图 4 “5E+D”活动模式

① 此活动模式结合“5E”教学模式增加了 D（设计）要素，周建中于 2020 年 11 月 21 日在上海市师资培训中心举办的“跨学科与教师专业成长”论坛提出，并在在论坛“STEM 工作坊趣体验”进行了展示。

② “I Do”法，由张鑫老师《探秘“莲花效应”》活动中设计，并进行了实践。

“I Do”教学法中的“I”代表学生“我”，“Do”是“实践”的含义，其含义是一切以学生为主体，从学生自身出发，教师引导进行的活动体验策略。以《探秘“莲花效应”》活动设计为例，其具体活动流程为：① **我发现**：主题的确定是一个项目的起点，往往是从生活中的现象或基于兴趣的主题为切入点。莲花是生活中十分熟悉的花卉，在中医眼中，它是“活化石”，可作食材可入药；在文人笔中，它是出淤泥而不染的清廉情怀；在科学家眼中，这样的出淤泥而不染则造就了新材料。为什么莲花可以出淤泥而不染？联系生活实际，为什么雨滴落在衣服上就会被吸收进去，将我们的衣服打湿？而水珠在荷叶上打滚却现象不同？② **我设想**：从生活中的发现提出问题，根据问题进行猜想与假设。“水珠形状、表面张力、防水材料等，这些和莲花（材料、结构、性质）有什么关系？”③ **我设计**：根据自己的猜想，开始进行方案的设计，包括将寻找什么的材料，用什么的方法，设计怎样的方案进行研究？④ **我实践**：根据自己的设计方案进行实践验证。例如通过观察“莲花效应”、感受“莲花效应”、制作纳米防水布等实践活动探究莲花。⑤ **我知道**：经过探究过程，查阅资料，数据分析、教师解析等，学生了解、知道、理解或掌握了相关的科学知识、原理、技能。在《探秘“莲花效应”》案例中，学生最后得知“莲花效应”的科学原理、“莲花效应”的自清洁特性，超疏水纳米材料等。⑥ **我感悟**：总结分析的环节是课堂、课程最高的生成性资源，每个学生通过自己实践体验，会有不同的收获与感悟，例如“我”是如何寻找方法，获得知识？如何通过合作，让自己收获更大？如何面对差异，解决问题？实验中有哪些好的方法和技巧？本次实验成功/失败的关键因素？⑦ **我分享**：将以上思考的宝贵经验分享交流，总结成功的经验，分析失败的原因，既可以锻炼深度思考力，提升语言表达力，在项目开展的过程中，学生之间愿意分享、相互学习、共同进步的凝聚力也是适应未来社会的关键能力，这远比收获知识更加可贵，而是一种开放、共享、生成的学习方法；⑧ **我创造**：在原有基础上做出进一步的发明与创造，例如创意设计出具有新功能的作品，并附文字说明发挥想象。或结合资料和手中已经完成的超疏水纳米布，利用该材料创设出新的有意义的作品。“I Do”教学法中的相关环节是可以内循环，学生每提出一个新的问题，将再次进行我设计、我实践、我知道，从而获取新知，提升动手能力，解决实际问题、创意思维等。

《探秘“莲花效应”》案例本身就是一个融合了生物、物理、化等学科的学科融合主题，学生在该主题的实践中，通过探究、设计、合作、表达等活动自然而然、潜移默化地逐步在祭奠着跨学科素养。

3. 活动评价

指向跨学科素养培育的校外（课外）科学实践活动的评价，可以将实践过程中的探究、设计、合作、表达等要素分别设计进行评价，如进行设计环节时，可参照表4，进行评价量表设计。也可以在活动结束时，设计相关评价要素进行整体评价，可参照表5。

表4 “设计”评价参考①

评价项目	标　　准	分　值
完整度	设计方案详细完整、内容全面、条理清晰。	1
科学性	设计方案符合科学原理。	1
可实施性	设计方案具有较强的可实施性、功能配置明确。	1
创意性	设计构思角度新颖、深入合理。	1
展示性	设计图纸布局合理、美观工整； 针对方案表达无误、条理清晰。	1
		注：以上分值可以累加

表5 “活动”评价参考

活动评价细则	小组达成度
√活动安排是否有序	★★★★★
√每个成员的参与度与研究态度	★★★★★
√研究过程中的新发现、解决问题的能力	★★★★★
√成员之间相互合作、共同促进的情况	★★★★★
√是否完成了相关实验的测试	★★★★★

① 此评价表于2020年11月21日在上海市师资培训中心举办的“跨学科与教师专业成长”论坛提出，并在在论坛“STEM工作坊趣体验”进行了展示。

续表

活动评价细则	小组达成度
√小组分工明确、各司其职	★★★★★
√按计划实施、中期会有成果等	★★★★★

六、指向跨学科素养的科学课外实践活动的实践反思

（一）指向跨学科素养的科学实践活动应走向深度学习

跨学科素养要素需要融入精心设计的活动案例中，更需要在科学教育活动，激发、引导学生充分地设计、探究、合作、表达，这不但有利于学生逐步培育跨学科素养，同时又将这种实践指向基于设计与探究的深度学习，进一步促进跨学科素养的培育。基于深度学习能促进跨学科素养的培育，因此在进行科学实践活动中可以提倡“双设计方法”、“两次倒转”。

运用双设计方法。双设计是指向教师教的设计和指向学生学的设计。在相关科学主题实践中，教师设计的不同体验场景、设置的不同层次的问题情境，目的是促使学生在充分的体验实践中进行真实的探究、有效的探究、深度的探究；学生依据所收获的科学原理，进行“我的设计”体验，目的是在材料取舍、模型构思、周密计划过程中实现灵感的激发、思维的碰撞，培养创造性思维。双设计的目标指向学生在科学实践中的深度学习。①

实践“两次倒转”。教学不是从摸索、试误、实践开始，而是直接从认识开始，有目的指向人类已有认识成果的学习，即“第一次倒转”。“第二次倒转”在承认“第一次倒转”的基础上，把第一次“倒过来”的过程再倒回去，帮助学生去“亲身”经历知识的发现与重构过程。② 科学实践活动要引导学生在真实的自然环境下进行充分的科学体验，他们因发现、因探究、因思辨而直接收获

① 周建中. 生活科普教学促进科学教育的实践研究[J]. 教育参考，2021(05)：93－100.

② 刘月霞，郭华. 深度学习：走向核心素养[M]. 北京：教育科学出版社，2018：41－42.

科学道理,从而实现教学的"两次倒转"。[①]

(二)指向跨学科素养的科学实践活动应不拘于教室环境

不拘于教室、实验室等固定有形的教学空间。科学实践活动可以走向更为广阔的生活空间、自然空间,这是由科学学科与自然界有些千丝万缕的联系决定的,即科学现象的观察、科学实验的对象、科学原理的发现离不开自然界,也是科学教学主体(少年儿童)对周围世界具有强烈好奇心和求知欲的心理特点决定的。在生活空间,学生最容易接触的是生活中的材料,在家里他们可以看到厨房间存放的瓶瓶罐罐、各种种子,看到爸爸妈妈用各种调料烹制的美食,在生鲜超市里可以看到各种蔬菜、水果、鱼类、贝壳类等;在自然空间,学生可以看到日落日出、雨雪冰霜、花开花谢、果熟果落,感受到风吹冷暖……这些孩子们直接接触的材料和现象,是他们最深刻的、最好奇的、最有兴趣去探究的。[②]

因此,科学实践活动的指导与组织要兼顾科学学科、儿童心理、自然生活三要素,根据实际条件,将科学本质、科学思想、科学知识、科学方法等学习内容镶嵌在儿童喜闻乐见的科学主题中[③],创设各种教学环境,如在课内课外,利用生活中的材料、探索生活中的问题、进行生活中的实验,在博物馆、科技馆、探索馆,结合场馆科学主题,设计观察任务进行教学,在组织夏令营、考察、交流活动中,根据自然环境,指导学生就相关科考主题进行探究……通过教室内外的自然切换、科学主题与自然环境的有机结合、教学氛围的精心营造,就能在学校环境、自然环境、生活环境,实现科学实践活动既能激发学生学习科学的兴趣、培养学生主动探究的热情,又能增强课程的实践性、趣味性的目的。[④]

---

① 周建中. 生活科普教学促进科学教育的实践研究[J]. 教育参考,2021(05):93-100.

② 周建中."拒病毒宅在家"引发的生活科普教学实践思考[J]. 科学教育与博物馆,2020(3):203-211.

③ 中华人民共和国教育部制定. 义务教育小学科学课程标准[M]. 北京:北京师范大学出版社,2017:62;4.

④ 周建中. 生活科普教学促进科学教育的实践研究[J]. 教育参考,2021(05):93-100.

（三）指向跨学科素养的科学实践活动可以是多形式的结合

指向跨学科素养的科学实践活动应倡导多样化的指导形式，它将在传统教室和实验室（特定场所）上采用较为单一的讲授、指导、实践的方式，进行了生活化的拓展。如利用生活材料，在实验室之外可以指导学生进行的生活实验；如将一般的课堂交流设计成《两小儿辩日》般的有质量有内涵的科学对话式教学；如带领孩子走出课堂、走出学校，走进自然、让教材的文本知识活跃在真实的生活情景中，伴随着学习者的观察、记录、发现、理解的思维变化与发展，通过自我建构、逐步实现自我发展的科学游记教学、笔记自然教学；如将科普童话与教材相结合，运用一点故事情节进行铺垫，学生的关注点就会从故事内容，自然而然地过渡到教师所要传达的知识上，从而激发学生学习科学的兴趣引擎；如指导学生编排科学情景剧，从课内到课外、从学生到演员、从教师指导到家长参与，一场科学情景剧巧妙地将科学原理、实验现象融入而使科学与艺术完美结合，孩子在这时空转化、角色表演的体验中，以最直接最深刻的方式学习科学。①

多种形式结合的科学教学可以促成学生沉浸在课堂、生活、自然环境中，接受多感官的刺激、感受多维度的体验、进行全方位的学习，这为基于科学的深度学习创造了条件。同时这种多种形式组合、多学科融合的科学实践活动，更有利于学生在探究实践、发现设计、表达交流中培育跨学科素养。

结　语

从研究性学习、到 STEM 教育、到项目化学习，其要义就是学生在真实的问题情境中，好奇心得以激发，探究欲望、探究实践得以实现，并在实践的过程中通过猜想、设计、探究、反思、合作、交流等一系列活动，收获科学观念、可科学方法、科学思想、科学精神，而这其中更多的是与人全面发展、终身发展密切

① 周建中. 生活科普教学促进科学教育的实践研究[J]. 教育参考，2021(05)：93－100.

相关的跨学科素养。本课题基于课题组成员各学科的教学实践与研究,从问题的提出、研究基础、素养间的内在关系、实践情况、案例解析、实践反思六个方面阐释了在科学课外实践活动中如何进行跨学科素养(学科融合素养、设计素养、探究素养、合作素养、表达素养)的培育,以期望通过课题的研究成果为教育同行提供借鉴和参考。由于时间、精力、能力有限,课题研究仍需要不断完善和提高,特别是如何设计基于跨学科素养的评价体系、如何促进不同学科教师之间的跨学科式的协作教学等方面需要继续、更深入的研究。

家庭养育支持

支持家庭育儿的公共政策研究*

黄娟娟**

一、问题的提出

（一）研究的意义

1. 有利于“全面两孩”政策的顺利实施

自2016年起，我国全面实施一对夫妇可生育两个孩子的政策，“全面两孩”政策是国家减缓人口老龄化趋势的重要举措。但相关调查显示，经济原因、工作太忙和无人照料0～3岁孩子是限制适龄人口生育意愿和行为的重要因素。支持家庭育儿，完善0～3岁儿童照料服务体系，将在一定程度上提升生育意愿和生育率，对人口结构调整作出积极贡献。因此，政府应尽快出台强有力的家庭支持政策，并会同社会力量，让国家、社会与家庭共同分担育儿责任和成本，这既能保障家庭与儿童的福利，又能避免社会问题的滋生。

2. 有利于人口素质的提高

0～3岁是生长发育和人的大脑发育的黄金时期。科学显示这一时期对儿童大脑发育和未来成长影响深远，《生命早期对每一名儿童至关重要》的报告强调：投资于儿童早期发展在未来将产生巨大的经济回报。每投资1美元支持母乳喂养将获得35美元的回报，每投入1美元用于为最弱势儿童提供早期照料和教育服务，则将获得高达17美元的回报。研究提出支持家庭育儿公共政策，更好地从社会政策的角度支持为人父母者培育出更健康的儿童，有利于提高人口素质，提升整个社会的人力资源。

---

* 本文系2018—2019年度上海市儿童发展研究课题“支持家庭育儿的公共政策研究”的结项成果。

** 黄娟娟，上海市教育科学研究院研究员。

（二）关键概念界定

1. 支持家庭育儿

以0~3岁每个儿童家庭所在的社区为基础，通过各种形式为0~3岁儿童家庭提供帮助。强调家庭的能力和优势，采用一种注重早期预防的"普惠"模式（即在问题发生之前就为家庭提供支持），通过提高家长的育儿能力确保0~3岁儿童的健康成长。在这个意义上，支持家庭育儿与其说是一种"服务"，不如说是一种帮助家庭的方法，它试图从根本上提升家庭处理问题、应对风险的能力。

2. 支持家庭育儿公共政策

面向全体家庭，充分考虑家庭的多元需求，以家庭整体作为政策设计、实施对象，包括政策主体、政策对象、政策内容、政策执行系统和支持系统等，旨在帮助家庭提升保护儿童成长、承担家庭责任、抵御家庭风险、获得积极发展等方面能力的综合性的支持家庭育儿的指导意见等。

（三）国内外研究现状述评

1. 国内研究现状述评

吴帆认为，为应对家庭结构和功能变化带来的挑战，国家不断加大对家庭的政策支持和经济援助，迄今已颁布了57项涉及家庭的社会政策，覆盖领域包括低收入家庭的财政支持、就业扶助、儿童支持、计划生育家庭奖励扶助和其他方面5个领域。不过，这些政策大多散见于各项法律、法规、条例中，既缺乏专门以家庭为基本单位的家庭政策，也缺乏操作性较强的政策内容和社会行动项目①。

社会支持对缓解父母育儿压力具有重要作用，相较于家庭因素，社区育儿环境因素对母亲育儿压力有显著影响。伴随着社会的转型发展，传统以家庭

---

① 吴帆. 第二次人口转变背景下的中国家庭变迁及政策思考[J]. 广东社会科学，2012(2).

为主的育儿模式已呈现出明显的不足,并引发了诸多社会问题①。在当今中国二孩政策开放之下,中国父母育儿子女数逐渐增加,家庭结构由独生子女主干家庭变为多子女主干家庭,来自家庭内部的育儿支持已经不能满足父母育儿需要。这也就是说,在中国育儿已不再仅仅是一个家庭内部的问题,社会需要积极和主动参与育儿,联动教育、医疗、幼儿保健、志愿者、行政机构等各相关职能部门,通过政策推动、理念引导、资源整合等多种途径,全面建设一个能够满足社会需求和家庭育儿愿望的育儿支援网络,为广大育儿家长提供积极有效的育儿支持。

2. 国外研究现状述评

在许多发达国家,支持家庭的良性运转、提高家庭抚育儿童的能力,进而增进家庭福利、促进儿童发展,已经成为一项国家发展战略。联合国儿童基金会 2017 年 9 月 21 日发布的一份报告显示,全球只有古巴、法国、葡萄牙、俄罗斯和瑞典等 15 个国家制定了支持家庭育儿三项国家政策——两年免费学前教育、婴儿出生头 6 个月的带薪哺乳假、母亲的 6 个月带薪产假和父亲的 4 周带薪陪产假。这些政策支持家长更好地保护他们的孩子,并为他们在生命最初的关键几年提供更好的营养、游戏和早期学习体验。

许多国家,如美国、加拿大、英国、德国、澳大利亚、意大利等都较为注重家长参与幼儿的早期教育,并推出了相关的早期教育项目,结果证明对幼儿成长有着显著成效。英国的幼儿服务中心既为幼儿提供保育服务,也为幼儿家长提供职前技能培训和家庭事务咨询,"家庭开端计划"鼓励家长相互帮助,以家访形式为家长提供帮助,并建立监测评估系统,在各个城市已成立了 200 多个独立的家庭开端机构,3 万个家庭、6 万名儿童、1.6 万名志愿者参与该项目。

20 世纪 70 年代末,全美各地陆续出现了一些"家庭资源项目"(Family Resource Program),它们是家庭支持服务的雏形。家庭支持服务在 20 世纪 80 年代开始向组织化、专业化发展。1981 年,在联邦儿童与家庭署的资助下,成立

① 李敏谊,等.低生育率时代中日两国父母育儿压力及社会支持的比较分析[J].学前教育研究,2017(3).

了家庭资源联盟(Family Resource Coalition,后更名为 Family Support America)。20 世纪 90 年代以来,家庭支持服务的经费来源渠道日益拓展,促使项目的规模与影响力不断扩大。1990 年,联邦政府出资成立了全国家庭支持项目资源中心(National Resource Center on Family Support Programs),由家庭资源联盟负责运行。3 年后,国会又通过了《家庭维系和家庭支持服务计划》(*Family Preservation and Family Support Services Program*),其中规定划拨 10 亿美元,用于扩张家庭维系服务和以社区为基础的家庭支持项目。到 20 世纪末,家庭支持服务已经遍布全美各州,一些州尝试将儿童与家庭服务的管理权下移到社区层面,鼓励父母们参与决策过程。到 21 世纪初,家庭支持的理念已为服务于儿童和家庭的大多数领域所吸收,家庭支持项目不仅成为社区为儿童和家庭提供的重要资源,也成为儿童保护、育儿指导、早期教育、学校教育等相关领域的重要支撑。

关于日本的研究显示,自 1990 年以来,日本制定了一系列应对"少子化"的保育政策,如:《天使计划》(1994)、《新天使计划》(1999)、《少子化社会对策大纲》(2003)、《儿童及育儿新体系基本制度案纲要》(2010)、《儿童及育儿援助法》(2012)等。整个社会的保育观念在发生着变化,育儿不再仅仅是家庭的责任,政府也应制定政策对育儿家庭进行积极支援。

2014 年联合国"纪念国际家庭年 20 周年"会议就指出,世界家庭政策的价值取向发生了以下重要变化:一是由家庭的自我保障转变为由社会与政府共同支持;二是家庭政策从支持型转为发展型的导向,即从满足家庭最基本的生存需求转向建构家庭的功能,进而提升家庭的能力;三是家庭政策向普惠型转变,即政策对象开始从一部分贫困家庭扩大到一般家庭。

综上所述,美国、日本等国支持家庭育儿的公共政策从价值取向、支持内容和方式、执行系统和支持系统等方面进行了设计和实施,比较完备,而我国在支持 0~3 岁儿童家庭育儿政策方面的研究比较少,出台的相关政策也不够系统。上海市人民政府印发《关于促进和加强本市 3 岁以下幼儿托育服务工作的指导意见》的通知(沪府发〔2018〕19 号),还印发了《上海市 3 岁以下幼儿托育机构管理暂行办法》《上海市 3 岁以下幼儿托育机构设置标准(试行)》,

于 2018 年 6 月实施，为本研究提供了很好的基础。

（四）本研究要解决的问题

本研究力图构建支持家庭育儿公共政策的框架并进行设计，从价值取向、行政主体、政策对象、政策内容及执行系统和支持系统等方面进行政策的系统研究。

二、研究过程与方法

（一）研究时间

2018 年 5 月—2019 年 4 月。

（二）研究目标

在对支持家庭育儿的公共政策国际比较研究基础上，调查研究本市 0~3 岁家庭在育儿过程中的困难与需求，分析当前家庭育儿政府职能和社会支持方面的优势、薄弱环节与不足之处，并在借鉴国内外相关经验的基础上，进行支持家庭育儿公共政策的框架研究并开展具体的政策内容研究，提出符合国情市情、具有可操作性的健全家庭育儿支持的公共政策建议，建立支持家庭育儿公共政策的执行系统和支持系统，促进 0~3 岁婴幼儿的健康成长。

（三）研究内容

1. 支持家庭育儿的公共政策国际比较研究

对美国、英国、澳大利亚和日本等国支持家庭育儿的公共政策从政府职能、价值取向、支持内容和方式、执行系统和支持系统等方面进行比较，寻找各国在推进支持家庭育儿政策过程中的经验、教训和规律。

2. 开展基线调查

调查 0~3 岁婴幼儿家庭育儿方式、原因及对育儿政策的认知度、感受度和赞誉度的现状；调查婴幼儿家长心目中理想的带养方式、对政府政策支持的期望；总结当前家庭育儿政府职能和社会支持方面的优势、薄弱环节等，在进行不同月龄段、婴幼儿所处不同地域、家庭结构、主要教养者学历等双变量数据统计处理分析的基础上，为支持家庭育儿公共政策的框架研究提供依据。

3. 支持家庭育儿公共政策的框架研究

从政府职能、价值取向、政策主体、政策对象、政策内容及执行系统和支持系统等方面进行政策的框架研究。

4. 支持家庭育儿公共政策设计研究

面向全体家庭，从家庭整体利益出发，充分考虑家庭的多元需求，以家庭为单位进行设计。从设计原则、设计内容两方面进行研究，设计内容包括指导思想、目标、政策对象及任务、政策主体及任务清楚明晰的、综合性的支持家庭育儿公共政策。

5. 支持家庭育儿公共政策的执行系统研究

从执行主体、执行原则、执行功能、整合机制等方面进行执行系统研究。

6. 支持家庭育儿公共政策的支持系统研究

进行 0~3 岁学前教育管理体制改革、教育投入、标准制定、社会资源支持、评估等支持系统的研究。

（四）研究方法

1. 文献研究法

查阅、学习教育政策等相关的理论，研究国内外已有的支持家庭育儿公共政策的相关成果，把握研究动态。

2. 比较研究法

比较美国、英国、澳大利亚和日本等国支持家庭育儿的公共政策。

3. 问卷调查法

采用分层随机抽样的方法，抽取中心城区、近郊、远郊各 1 个区，每区随机抽取 0~12 个月 860 名、12~24 个月 1 298 名、24~36 个月 2 489 名儿童，共调查了 4 647 名婴幼儿主要教养者。

4. 访谈法

对教育、民政、工商、卫生计生、财政等部门和群团组织领导进行访谈，研究家庭育儿政府职能和社会支持方面的优势、薄弱环节与不足之处等。

5. 专家咨询法

研究过程中向专家咨询，进行修改完善，使之更加合理，真正提出符合国情、市情，具有可操作性的健全家庭育儿支持的公共政策建议。

（五）研究过程

1. 准备阶段（2018年5月—6月）

查阅情报资料，分析研究趋势，把握研究动态；设计研究方案，成立课题组，明确分工；开展支持家庭育儿的公共政策国际比较研究。

2. 实施阶段（2018年7月—12月）

（1）设计婴幼儿主要教养者家庭育儿的现状调查问卷，开展基线调查，在对数据统计处理的基础上，提出政策实施框架建议。

（2）开展支持家庭育儿公共政策的框架研究和设计研究，从家庭整体利益出发，充分考虑家庭的多元需求，以家庭为单位进行设计。

（3）从执行主体、执行原则、执行功能、整合机制和组织结构等方面进行支持家庭育儿公共政策的执行系统研究。

（4）开展支持家庭育儿公共政策的支持系统研究，进行0~3岁学前教育管理体制改革、教育投入、标准制定、社会资源支持、评估等支持系统的研究。

3. 总结阶段（2019年1月—4月）

整理研究资料，撰写结题研究报告。

（六）数据统计处理

对婴幼儿带养方式的现状与原因、育儿政策的认知度和感受度及赞誉度、主要教养者心目中理想的带养方式、对政府育儿政策的期望等的调查数据进行单变量的描述性统计；然后与不同月龄段、婴幼儿所处不同地域、家庭结构、主要教养者学历等进行双变量推断性统计。

三、研 究 结 果

（一）0～3 岁婴幼儿家庭育儿的现状与需求调查

1. 不同月龄段、不同地域、不同学历、不同家庭结构婴幼儿家长育儿的现状

由表 1 结果可见：从总体上看，“在自己家里带养”比例最高，占 83.7%；其次是“送进托儿所等集体性托育机构”，占 15.9%；“寄托在别人家中”比例最低，占 0.4%。

表 1　不同月龄段、不同地域、不同学历家长、不同家庭结构婴幼儿目前主要带养方式(%)

		在自己家里带养	寄托在别人家中	送进托儿所等集体性托育机构
不同月龄段	0～12 个月	96.5	0.8	2.7
	12～24 个月	95.8	0.5	3.8
	24～36 个月	73	0.3	26.8
不同地域	中心城区	78.7	0.5	20.8
	城乡接合部	83.5	0.5	16
	远郊	87.3	0.4	12.3
不同学历家长	初中及以下	92.7	0.5	6.9
	高中（含职业高中、中专、技校）	87.3	0.4	12.4
	大专	85.9	0	14.1
	本科及以上	82.2	0.6	17.3
不同家庭结构	单亲家庭	91.4	0	8.6
	核心家庭	83.8	0.4	15.8
	主干家庭	83.2	0.3	16.5
	隔代家庭	74.4	9.3	16.3

续表

		在自己家里带养	寄托在别人家中	送进托儿所等集体性托育机构
不同家庭结构	联合家庭	91.2	0	8.8
	其他家庭	86.7	0	13.3
合计		83.7	0.4	15.9

不同月龄段间的比例由高至低的顺序与总体一致。随着婴幼儿月龄的增长,“在自己家里带养”比例在下降;“送进托儿所等集体性托育机构”的比例在提高;0~24 个月 95%以上都是在自己家里带养,24~36 个月 26.8%送进托儿所等集体性托育机构。说明孩子越小,在家里带养的比例越高,随着孩子年龄增长,有部分孩子进集体性托育机构。随着中心城区向远郊延伸,“在自己家里带养”比例在提高;而“送进托儿所等集体性托育机构”的比例在下降。说明越是远郊的地方,在自己家里带养的比例越高。不同学历家长的比例由高至低的顺序与总体一致。随着学历的提高,“在自己家里带养”比例在下降;“送进托儿所等集体性托育机构”的比例在提高。不同家庭结构的比例由高至低的顺序与总体一致。

2. 造成婴幼儿家长育儿现状的主要原因

(1) 不同月龄段、不同地域、不同学历家长、不同家庭结构婴幼儿在家里带养的主要原因。

由表 2 结果可见:从总体上看,“祖辈老人带养”比例最高,占 60.4%;其次是“母亲休产假带养”,占 15.0%;第三是“找不到合适的托育机构”,占 9.5%;第四是“托育机构收费太贵了”,占 5.2%;第五是“其他”,占 4.3%;第六是“托育机构每班孩子太多了,不放心”,占 3.9%;第七是“托育机构孩子已满额了,放不进去”,占 1.7%。

0~12 个月前两位的比例由高至低的顺序与总体一致,12~24 个月前三位的比例由高至低的顺序与总体一致。随着月龄的增长,“母亲休产假带养”比例在下降;除“其他”之外 5 项的比例都在提高。对 24~36 个月的婴幼儿而言,在家带养有 30%原因与托育机构有关,说明家长还是有送孩子进托育机构

表 2　不同月龄段、不同地域、不同学历家长、不同家庭结构婴幼儿在家里带养主要原因(%)

		母亲休产假带养	祖辈老人带养	不放心托育机构	托育机构收费太贵了	找不到合适的托育机构	托育机构满额	其他
不同月龄段	0~12 个月	37.5	48.7	2.5	3.7	3.3	0.1	4.2
	12~24 个月	11.3	64.8	3.5	4.3	10	1.4	4.7
	24~36 个月	7.3	62.7	4.7	6.5	12	2.6	4.2
不同地域	中心城区	5.1	59.7	3.2	3.9	18.3	3.9	6
	城乡接合部	16.5	61.3	4.3	5	8	0.9	4
	远郊	20.1	60.1	3.9	6.2	5.1	0.9	3.6
不同学历家长	初中及以下	44.6	33.7	2.5	9.4	3	0	6.9
	高中(含职业高中、中专、技校)	29.6	46.6	6.5	5.7	5.3	0.8	5.7
	大专	17.5	58.2	3.8	6.8	8.2	1.3	4.1
	本科及以上	10.8	64.3	3.7	4.4	10.7	2	4.1
不同家庭结构	单亲家庭	40.6	41.7	3.1	6.3	3.1	1	4.2
	核心家庭	19.4	51.7	4.2	5.9	11.7	1.3	5.7
	主干家庭	9.8	68.4	3.6	4.5	8.2	2.2	3.3
	隔代家庭	21.9	75	0	3.1	0	0	0
	联合家庭	24.2	54.8	3.2	9.7	6.5	0	1.6
	其他家庭	15.4	38.5	7.7	7.7	7.7	0	23.1
合计		15	60.4	3.9	5.2	9.5	1.7	4.3

的需求的。随着中心城区向远郊延伸,“母亲休产假带养”“托育机构收费太贵了”比例在提高,说明有近 1/5 的中心城区家长,因选择不到合适的托育机构,就让孩子在家里带养。选择合适的托育机构,也是中心城区家长的一大困扰。随着学历的提高,“母亲休产假带养”比例在下降。核心家庭的比例由高至低的顺序与总体一致,主干家庭的比例由高至低的顺序前四位与总体一致,隔代家庭、联合家庭、单亲家庭前两位与总体一致,其余略有差异。

（2）不同月龄段、不同地域、不同学历家长、不同家庭结构婴幼儿进入托儿所等集体性托育机构的主要原因。

由表3结果可见："托育机构孩子们在一起，玩得开心"的比例最高，占56.9%，其次是"孩子父母亲都要上班，没人带养"，占25.5%，第三是"教育观念、教养方式祖辈与父辈有冲突，不要老人带"，占9.9%，第四是"其他"，占3.7%，第五是"没有祖辈老人帮忙带养"和"托育机构收费能承担得起"，都是2.0%。

表3 不同月龄段、不同地域、不同学历家长、不同家庭结构的婴幼儿进入托儿所等集体性托育机构，而不在家里带养的主要原因(%)

		父母都要上班，没人带养	没有祖辈老人帮忙带养	托育机构孩子们在一起，玩得开心	托育机构收费能承担得起	教育观念、教养方式有冲突，不要老人带	其他
不同月龄段	0~12个月	39.1	4.3	30.4	0	21.7	4.3
	12~24个月	34.7	2	55.1	4.1	4.1	0
	24~36个月	24.3	2	58	2	9.9	3.9
不同地域	中心城区	24	0.7	59.4	1.1	9.6	5.2
	城乡接合部	31.5	2.1	48.7	2.1	11.8	3.8
	远郊	21	3.5	62.4	3.1	8.3	1.7
不同学历家长	初中及以下	20	6.7	53.3	20	0	0
	高中(含职业高中、中专、技校)	11.4	8.6	60	2.9	14.3	2.9
	大专	21	2.4	53.2	3.2	14.5	5.6
	本科及以上	27.5	1.4	57.6	1.2	8.9	3.4
不同家庭结构	单亲家庭	22.2	11.1	33.3	22.2	0	11.1
	核心家庭	29.9	3.5	52.4	1.3	9.6	3.2
	主干家庭	21.3	0.5	62.3	2	10.4	3.5
	隔代家庭	57.1	0	28.6	14.3	0	0
	联合家庭	33.3	16.7	16.7	0	16.7	16.7
	其他家庭	50	0	0	0	0	50
合计		25.5	2	56.9	2	9.9	3.7

12~24个月、24~36个月前三位的比例由高至低的顺序与总体一致。从不同月龄段来看,0~12个月"孩子父母都要上班,没人带养"比例最高,占39.1%,所以,有相当部分家长是被迫无奈才送孩子去托儿所等集体性托育机构的。"托育机构孩子们在一起,玩得开心"中心城区、远郊比例都高于城乡接合部;"没有祖辈老人帮忙带养"中心城区比例低于远郊;"孩子父母亲都要上班,没人带养"比例城乡接合部高于远郊。随着学历的提高,"孩子父母亲都要上班,没人带养"比例在提高;"没有祖辈老人帮忙带养"比例在下降;"托育机构收费能承担得起"比例在下降;其余均没有显著性差异。主干家庭的比例由高至低的顺序与总体一致,核心家庭的比例由高至低的顺序前三位与总体一致,单亲家庭的比例由高至低的顺序前二位与总体一致,其余家庭与总体略有差异。

3. 对育儿政策的认知度、感受度、赞誉度的现状

(1) 对育儿政策认知度的现状:

① 不同月龄段、不同地域、不同学历、不同家庭结构婴幼儿家长对"任何用人单位的女职工,均享有产假假期为90天"认知度的现状。

由表4结果可见:从总体上看,"知道"比例最高,占89.4%,其次是"不清楚",占7.3%,第三是"不知道",占3.3%。

表4 不同月龄段、不同地域、不同学历、不同家庭结构的婴幼儿家长对"任何用人单位的女职工,均享有产假假期为90天"的认知度、感受度、赞誉度(%)

		认知度			感受度			赞誉度		
		不知道	不清楚	知道	没有享受到	不清楚	享受到	不好	不清楚	好
不同月龄段	0~12个月	5.1	9.4	85.5	10.3	8.4	81.3	8.3	7.6	84.2
	12~24个月	2.9	7.2	89.8	7.6	5.9	86.4	8.8	6.2	85.1
	24~36个月	2.9	6.5	90.6	8.2	5.9	85.9	9	5.3	85.7
不同地域	中心城区	1.5	4.8	93.8	4	2.9	93.1	11.6	4.8	83.6
	城乡接合部	3.7	7.5	88.8	8.9	7.9	83.3	8.4	5.9	85.7
	远郊	4.3	8.8	86.9	11.1	7.6	81.2	7.2	6.8	86

续表

		认知度			感受度			赞誉度		
		不知道	不清楚	知道	没有享受到	不清楚	享受到	不好	不清楚	好
不同学历家长	初中及以下	12.4	22	65.6	36.7	18.8	44.5	2.3	13.8	83.9
	高中(含职业高中、中专、技校)	6	20.1	73.9	25.8	18	56.2	4.9	9.2	85.9
	大专	4.2	8	87.8	11.2	8.2	80.6	6.9	6.3	86.8
	本科及以上	2.2	5	92.8	4.3	4.1	91.6	10.1	5	84.9
不同家庭结构	单亲家庭	16.2	16.2	67.6	23.8	14.3	61.9	15.2	11.4	73.3
	核心家庭	3.5	8.5	88.1	9.3	7.7	83	9	6.3	84.6
	主干家庭	2.6	5.7	91.7	7	4.8	88.2	8.3	5.2	86.5
	隔代家庭	0	7	93	0	9.3	90.7	2.3	9.3	88.4
	联合家庭	7.4	16.2	76.5	14.7	13.2	72.1	14.7	10.3	75
	其他家庭	6.7	0	93.3	6.7	0	93.3	13.3	6.7	80
合计		3.3	7.3	89.4	8.4	6.4	85.2	8.8	5.9	85.3

不同月龄段间比例由高到低的顺序与总体一致。随着月龄的增长,“不知道”比例在下降;“不清楚”比例在下降;“知道”比例在上升。不同地域间,比例由高到低的顺序与总体一致,随着中心城区向远郊延伸,“不知道”“不清楚”比例都在提高,“知道”比例在下降。不同学历间比例由高到低的顺序与总体一致,随着学历的提高,“不知道”比例在下降;“不清楚”比例在下降;“知道”比例在提高。除“其他家庭”外,不同家庭结构比例由高到低的顺序与总体一致。

② 不同月龄段、不同地域、不同学历、不同家庭结构婴幼儿家长对“每年为本市 0~3 岁婴幼儿家庭提供 6 次早教指导免费服务”认知度的现状。

由表 5 结果可见:从总体上看,“知道”比例最高,占 50.5%;其次是“不知道”,占 29.9%;第三是“不清楚”,占 19.6%。不同月龄段间比例由高到低的顺序与总体一致。随着月龄的增长,“不知道”比例出现提高的趋势;“知道”

比例在下降;“不清楚”比例在提高。城乡接合部、远郊比例由高到低的顺序与总体一致,但中心城区“不知道”比例最高,其次是“不清楚”,第三是“知道”。随着中心城区向远郊延伸,“不知道”“不清楚”比例都在下降,“知道”比例在提高。除初中及以下外,其余学历比例由高到低的顺序与总体一致。随着学历的提高,“不知道”比例在提高;“不清楚”比例在下降;“知道”比例出现提高又回落的情况。除“其他家庭”外,不同家庭结构比例由高到低的顺序与总体一致。

表5 不同月龄段、不同地域、不同学历、不同家庭结构的婴幼儿家长对“每年为本市0~3岁婴幼儿家庭提供6次早教指导免费服务”的认知度、感受度、赞誉度(%)

		认知度			感受度			赞誉度		
		不知道	不清楚	知道	没有享受到	不清楚	享受到	不好	不清楚	好
不同月龄段	0~12个月	26.7	18.4	54.9	35.1	17.1	47.8	3.1	10	86.9
	12~24个月	30.8	19.5	49.7	43	15.1	41.9	1.8	10.8	87.4
	24~36个月	30.5	20	49.5	41.7	14.1	44.2	1.7	11.8	86.5
不同地域	中心城区	51.2	25.4	23.4	66.9	17.1	16.1	2.2	14.9	82.9
	城乡接合部	25.3	20.2	54.5	36.2	15	48.8	1.8	8.8	89.4
	远郊	18.7	15	66.4	26.3	13.4	60.4	2	10.5	87.5
不同学历家长	初中及以下	24.3	24.8	50.9	34.4	22.5	43.1	1.8	15.1	83
	高中(含职业高中、中专、技校)	25.1	20.8	54.1	34.3	17.7	48.1	1.4	14.5	84.1
	大专	26	19.5	54.6	35.3	15.1	49.5	1.4	10.8	87.8
	本科及以上	31.7	19.1	49.1	43.3	14.1	42.6	2.2	10.7	87
不同家庭结构	单亲家庭	21	17.1	61.9	30.5	13.3	56.2	7.6	11.4	81
	核心家庭	27.4	19.3	53.2	38.5	14.6	46.9	2	11.5	86.5
	主干家庭	31.9	19.9	48.1	43.3	15.2	41.5	1.7	10.8	87.6
	隔代家庭	32.6	11.6	55.8	34.9	11.6	53.5	0	14	86
	联合家庭	32.4	20.6	47.1	30.9	20.6	48.5	4.4	14.7	80.9
	其他家庭	60	26.7	13.3	80	13.3	6.7	13.3	13.3	73.3
合计		29.9	19.6	50.5	40.8	14.9	44.2	2	11.2	86.8

（2）对育儿政策感受度的现状：

① 不同月龄段、不同地域、不同学历、不同家庭结构婴幼儿家长对“任何用人单位的女职工，均享有产假假期为90天”感受度的现状。

由表4结果可见：从总体上看，“享受到”比例最高，占85.2%，其次是“没有享受到”，占8.4%，第三是“不清楚”，占6.4%。

不同月龄段间比例由高到低的顺序与总体一致。随着月龄的增长，“没有享受到”“不清楚”的比例都出现下降的趋势；“享受到”比例出现提高的趋势；其余月龄段间都没有显著性差异。不同地域间，比例由高到低的顺序与总体一致。随着中心城区向远郊延伸，“没有享受到”比例都在提高；“不清楚”比例出现提高的趋势；“享受到”比例在下降。不同学历间比例由高到低的顺序与总体一致。随着学历的提高，“没有享受到”比例在下降；“不清楚”比例在下降；“享受到”比例在提高。除“隔代家庭”外，不同家庭结构比例由高到低的顺序与总体一致。

② 不同月龄段、不同地域、不同学历、不同家庭结构婴幼儿家长对“每年为本市0~3岁婴幼儿家庭提供6次早教指导免费服务”感受度的现状。

由表5结果可见：从总体上看，“享受到”比例最高，占44.2%，其次是“没有享受到”，占40.8%，第三是“不清楚”，占14.9%。

随着月龄的增长，“没有享受到”比例出现提高的趋势；“不清楚”比例在下降；“享受到”比例出现下降的趋势；其余月龄段间都没有显著性差异。城乡接合部、远郊比例由高到低的顺序与总体一致，但中心城区“没有享受到”比例最高，其次是“不清楚”，第三是“享受到”。随着中心城区向远郊延伸，“没有享受到”比例在下降；“享受到”比例在提高；“不清楚”比例在下降。除本科及以上外，其余学历比例由高到低的顺序与总体一致。随着学历的提高，“没有享受到”比例在提高；“不清楚”比例在下降；“享受到”比例出现提高又回落的情况。除“主干家庭”“其他家庭”外，不同家庭结构比例由高到低的顺序与总体一致。

（3）对育儿政策赞誉度的现状：

① 不同月龄段、不同地域、不同学历、不同家庭结构婴幼儿家长对“任何用人单位的女职工，均享有产假假期为90天”赞誉度的现状。

由表4结果可见：从总体上看，“好”比例最高，占85.3%，其次是“不好”，占8.8%，第三是“不清楚”，占5.9%。

不同月龄段间比例由高到低的顺序与总体一致。随着月龄的增长，“不清楚”比例在下降；“不好”“好”的比例都在提高。不同地域间，比例由高到低的顺序与总体一致。随着中心城区向远郊延伸，“不好”比例在下降；“不清楚”比例在提高；“好”比例在提高。随着学历的提高，“不好”比例在提高；“不清楚”比例在下降；“好”比例出现在提高的趋势。除“隔代家庭”外，不同家庭结构比例由高到低的顺序与总体一致。

② 不同月龄段、不同地域、不同学历、不同家庭结构婴幼儿家长对“每年为本市0~3岁婴幼儿家庭提供6次早教指导免费服务”赞誉度的现状。

由表5结果可见：从总体上看，“好”比例最高，占86.8%，其次是“不清楚”，占11.2%，第三是“不好”，占2.0%。

不同月龄段间比例由高到低的顺序与总体一致。随着月龄段的增长，“不好”比例在下降；“不清楚”比例在提高、“好”比例出现下降的趋势。不同地域间比例由高到低的顺序与总体一致，随着中心城区向远郊延伸，“不清楚”比例出现下降的趋势；“好”比例在提高。不同学历间比例由高到低的顺序与总体一致。随着学历的提高，“不清楚”比例下降；“不好”的比例有提高的趋势、“好”比例在提高，但不同学历间均没有显著性差异。不同家庭结构比例由高到低的顺序与总体一致。“不清楚”在单亲家庭和核心家庭、主干家庭间均有极显著性差异；“好”在单亲家庭和主干家庭间均有显著性差异。其余均没有显著性差异。

4. 婴幼儿家长心目中理想的带养方式

由表6结果可见：从总体上看，“家庭内带养”比例最高，占56.3%，其次是“进集体性托育机构”，占40.3%，第三是“家庭外寄托带养”，占3.3%。

随着月龄的增长，“家庭内带养”比例在下降，但即使是24~36个月，还是有46.4%的婴幼儿家长希望在家庭内带养；“进集体性托育机构”由0~12个月的20.8%上升到24~36个月的50.4%，但实际上只有26.8%的24~36个月的孩子送进托儿所等集体性托育机构，说明老百姓有一定的需求，但现在提供的托儿所不能满足老百姓的需求。随着中心城区向远郊延伸,“家庭内带养”比例在提高;“进集体性托育机构”比例在下降。越是中心城区,越希望孩子进集体性托育机构。随着学历的提高,“家庭内带养”比例在下降;“进集体性托育机构”比例在提高;“家庭外寄托带养”没有显著性差异。不同家庭结构的比例由高至低的顺序与总体一致。

表6 不同月龄段、不同地域、不同学历、不同家庭结构的婴幼儿家长心目中理想的婴幼儿带养方式(%)

		家庭内带养	家庭外寄托带养	进集体性托育机构
不同月龄段	0~12个月	75.9	3.3	20.8
	12~24个月	62.5	3.5	34
	24~36个月	46.4	3.2	50.4
不同地域	中心城区	38.6	2.6	58.8
	城乡接合部	61.6	2.9	35.5
	远郊	64.6	4.1	31.3
不同学历家长	初中及以下	72.5	4.1	23.4
	高中(含职业高中、中专、技校)	65.4	2.1	32.5
	大专	60.6	3.6	35.8
	本科及以上	53.3	3.3	43.4
不同家庭结构	单亲家庭	61	3.8	35.2
	核心家庭	56.8	3.5	39.7
	主干家庭	55.4	2.9	41.7
	隔代家庭	53.5	11.6	34.9
	联合家庭	73.5	7.4	19.1
	其他家庭	40	0	60
合计		56.3	3.3	40.3

5. 对政府政策支持的期望

(1) 孩子在家里带养,不同月龄段、不同地域、不同学历、不同家庭结构的婴幼儿家长希望政府政策支持的内容。

由表 7 结果可见：从总体上看，“母亲一年的带薪产假”比例最高，占 81.5%，其次是“父亲 4 周的带薪陪产假”，占 12.3%，第三是“其他”，占 6.2%。

表 7　孩子在家里带养，不同月龄段、不同地域、不同学历、不同家庭结构的婴幼儿家长希望政府政策支持的内容(%)

		母亲一年的带薪产假	父亲 4 周的带薪陪产假	其　他
不同月龄段	0~12 个月	83.4	12.4	4.2
	12~24 个月	81.7	11.7	6.5
	24~36 个月	80.7	12.5	6.7
不同地域	中心城区	81.3	9.9	8.8
	城乡接合部	80	14.3	5.7
	远郊	82.8	12.3	4.8
不同学历家长	初中及以下	71.1	22	6.9
	高中(含职业高中、中专、技校)	78.8	17.7	3.5
	大专	81.4	12.6	5.9
	本科及以上	82.4	11.1	6.5
不同家庭结构	单亲家庭	81.9	11.4	6.7
	核心家庭	81.9	12.7	5.4
	主干家庭	81.7	11.4	6.9
	隔代家庭	69.8	25.6	4.7
	联合家庭	69.1	25	5.9
	其他家庭	80	13.3	6.7
合计		81.5	12.3	6.2

不同月龄段比例由高至低的顺序与总体一致。随着月龄的增长，“母亲一年的带薪产假”比例在下降，但也在 80.7%；“父亲 4 周的带薪陪产假”比例在 12%左右。说明更希望母亲一年的带薪产假。“父亲 4 周的带薪陪产假”比例中心城区低于城乡接合部、低于远郊；“母亲一年的带薪产假”，城乡接合部、远

郊间有显著性差异。不同学历家长比例由高至低的顺序与总体一致。随着学历的提高，“母亲一年的带薪产假”比例在提高；“父亲 4 周的带薪陪产假”比例中心在下降；“其他”有一定的比率。不同家庭结构的比率由高至低的顺序与总体一致。

(2) 孩子进入托育机构，不同月龄段、不同地域、不同学历、不同家庭结构的婴幼儿家长希望政府政策支持的内容。

由表 8 结果可见：从总体上看，“提供收费适中的托育机构”比例最高，占 56.4%，其次是“提供大量的收费便宜的托育机构”，占 31.4%；第三是“提供多样化、多层次收费昂贵的托育机构”，占 9.0%；第四是“其他”，占 3.3%。所以，还是希望政府提供的托育机构收费不要太贵。

表 8　孩子进入托育机构，不同月龄段、不同地域、不同学历、不同家庭结构的婴幼儿家长希望政府政策支持的内容(%)

		提供大量收费便宜的托育机构	提供收费适中的托育机构	提供多样化、多层次收费昂贵的托育机构	其　他
不同月龄段	0~12 个月	39	50.2	8.4	2.4
	12~24 个月	30.8	57.2	8.8	3.2
	24~36 个月	29	58	9.4	3.6
不同地域	中心城区	21.9	63.8	10.2	4.1
	城乡接合部	30.5	57	8.5	4.1
	远郊	38.7	50.7	8.6	2
不同学历家长	初中及以下	51.4	43.1	4.6	0.9
	高中(含职业高中、中专、技校)	37.1	51.9	8.8	2.1
	大专	37.5	53.5	5.7	3.3
	本科及以上	27.9	58.4	10.2	3.5
不同家庭结构	单亲家庭	56.2	35.2	7.6	1
	核心家庭	33.9	53.8	9.8	2.5
	主干家庭	27.9	59.9	8.3	3.9

续表

		提供大量收费便宜的托育机构	提供收费适中的托育机构	提供多样化、多层次收费昂贵的托育机构	其 他
不同家庭结构	隔代家庭	44.2	41.9	14	0
	联合家庭	38.2	48.5	11.8	1.5
	其他家庭	20	40	6.7	33.3
合计		31.4	56.4	9	3.3

不同月龄段比例由高至低的顺序与总体一致。随着月龄的增长,“提供大量的收费便宜的托育机构”的比例在下降;“提供收费适中的托育机构”比例在提高;其余均没有显著性差异。87%以上的家长还是希望托育机构的收费不要太贵。地域随着中心城区向远郊延伸,“提供大量的收费便宜的托育机构”的比例在提高;“提供收费适中的托育机构”比例在下降。随着学历的提高,“提供大量的收费便宜的托育机构”的比例在下降;“提供收费适中的托育机构”比例在提高;“提供多样化、多层次收费昂贵的托育机构”比例有提高的趋势;“其他”比例在提高。核心家庭、主干家庭、联合家庭的比例由高至低的顺序与总体一致,其余家庭结构的比例由高至低的顺序与总体略有差异。

(3) 婴幼儿不管是在家里带养还是进入托育机构,家长希望政府政策支持的内容。

由表9结果可见:从总体上看,“联动教育、医疗、幼儿保健、志愿者、行政机构等各相关职能部门,全面建设一个能够满足社会需求和家庭育儿愿望的育儿支持网络”比例最高,占36.0%;其次是“设立家庭支持项目,不仅成为社区为儿童和家庭提供的重要资源,也成为儿童保护、育儿指导、早期教育、学校教育等相关领域的重要支撑”,占33.6%;第三是“政府应认识到:育儿不再仅仅是家庭的责任,政府也应制定政策对育儿家庭进行积极支持”,占30.4%。总的来说,这三者的比例比较接近。家长很希望政府认识转变,建立育儿支持网络和设立家庭支持项目。

表9 婴幼儿家长希望政府在育儿上的支持(%)

	政府应认识到：育儿不再仅仅是家庭的责任,政府也应制定政策对育儿家庭进行积极支持	联动教育、医疗、幼儿保健、志愿者、行政机构等各相关职能部门,全面建设一个能够满足社会需求和家庭育儿愿望的育儿支持网络	设立家庭支持项目,不仅成为社区为儿童和家庭提供的重要资源,也成为儿童保护、育儿指导、早期教育、学校教育等相关领域的重要支撑
合计	30.4	36	33.6

（二）支持0~3岁婴幼儿家庭育儿的政策建议

1. 政府应建设育儿支援网络对育儿家庭进行积极有效的支持

伴随着社会的转型发展,传统以家庭为主的育儿模式已呈现出明显的不足,并引发了诸多社会问题。有研究认为,在当今二孩政策之下,中国父母育儿子女数逐渐增加,家庭结构由独生子女主干家庭变为多子女主干家庭,来自家庭内部的育儿支持已经不能满足父母育儿需要。这也就是说,在中国育儿已不再仅仅是一个家庭内部的问题,社会需要积极和主动参与育儿,联动教育、医疗、幼儿保健、志愿者、行政机构等各相关职能部门,通过政策推动、理念引导、资源整合等多种途径,全面建设一个能够满足社会需求和家庭育儿愿望的育儿支援网络,为广大育儿家长提供积极有效的育儿支持。

2. 家庭育儿政策应进行系统的设计和思考

在许多发达国家,支持家庭的良性运转、提高家庭抚育儿童的能力,进而增进家庭福利、促进儿童发展,已经成为一项国家发展战略。

从我国来看,为应对家庭结构和功能变化带来的挑战,国家不断加大对家庭的政策支持和经济援助,迄今已颁布了57项涉及家庭的社会政策,覆盖领域包括低收入家庭的财政支持、就业扶助、儿童支持、计划生育家庭奖励扶助和其他方面等五个领域。不过,这些政策大多散见于各项法律、法规、条例中,既缺乏专门以家庭为基本单位的家庭政策,也缺乏操作性较强的政策内容和社会行动项目,导致有的政策婴幼儿家长不知道、没享受到。因此,国家应该对育儿政策进行系统的设计,有专门性、针对性的政策,以减轻育儿压力。

3. 加强对家庭的科学育儿服务指导

现阶段我国颁布的家庭教育相关的政策文件均只是指导性文件，多数地方政府的家庭教育工作贯彻得并不到位，以至于近半数婴幼儿家长不知道也没接受到育儿指导服务。要在家庭教育指导服务中发挥政府的职能，首先需要制定家庭教育法律法规，明确各个部门在家庭教育指导中的职能，不断探索推进家庭教育指导的整体运作机制；其次，搭建家庭教育指导平台，除了早教中心外，还应有网上课堂、满足家长不同需求的各类家长学校等，让家长们在遇到育儿问题时“求助有门”；除此之外，还需要为指导平台培养专业的指导人员，以保证指导的质量，逐步构建起高质量的家庭教育指导服务体系。

（三）支持家庭育儿公共政策的框架研究

政策工具是政府为解决社会公共问题或达成一定政策目标而采用的方式或手段，对政策执行的效果有着直接而重要的影响。只有在条件适宜的政策环境中，政策工具才能发挥其特定的功能。由于每种政策工具都有其优缺点，而且没有哪种政策工具能适应所有环境，所以在选择政策工具上必须慎重而行，将政策环境、政策目标及政策工具自身特点等主要影响因素有机结合起来，科学合理地选择多种有利于政策执行和发展的政策工具，以便有效地贯彻政策方针。

本研究根据“0~3 岁家庭育儿的现状与需求调查”结果及 0~3 岁婴幼儿的身心发展特点，采用麦克唐纳尔和埃尔莫尔的报酬型政策工具（是指给予个体或机构货币或货款以交换其物品或服务）、命令型政策工具（是指规范个体和机构的规则，主要是对政策客体行为要求的规则和处罚），从政府职能、价值取向、政策主体、政策对象、政策内容及执行系统和支持系统等方面进行政策的框架研究。

（四）支持家庭育儿公共政策设计研究

1. 设计原则

（1）全面性与个体性相结合：从家庭整体利益出发，充分考虑家庭的多元需求,以家庭为单位设计出行政主体、政策对象及政策内容清楚明晰的综合性的支持家庭育儿公共政策。

(2)系统性和可操作性相结合:支持家庭育儿的公共政策,是一个系统工程,涉及教育、卫生、工会、共青团、妇联、企事业单位等,因此要综合考虑、系统设计,同时政策又有可操作性,便于各部门、各单位实施。

(3)全程性与阶段性相结合:有的婴幼儿在0~3岁阶段全程在家庭带养,但也有婴幼儿到了某一月龄段会进入集体性托育机构,因此呈现阶段性的特点。

2. 设计内容

支持家庭育儿公共政策的内容应包括:

(1)指导思想:以习近平新时代中国特色社会主义思想为指导,全面贯彻党的十九大精神,坚持以人民为中心的发展思想,以需求和问题为导向,支持以家庭为主的科学育儿,促进婴幼儿健康成长、广大家庭和谐幸福、经济社会持续发展。

(2)目标:让每一位0~3岁的婴幼儿健康快乐地成长。

(3)政策对象及任务:0~3岁婴幼儿家长,即孩子父母亲。要求在母亲怀孕前和怀孕期间,父母亲双方就要接受有关婴幼儿生理、心理发展和保育教育、家庭教育方面的50学时的培训,并获得证书。

(4)政策主体及任务——加强对家庭婴幼儿照护的支持和指导。

各用人单位:全面落实产假政策,鼓励用人单位采取灵活安排工作时间等积极措施,为婴幼儿照护创造便利条件。在有条件的地区,可先行先试母亲一年的带薪产假,父亲4周的带薪陪产假,为婴幼儿照护创造更加便利的条件。

教育部门:加强对家庭的婴幼儿早期发展指导,通过入户指导、亲子活动、家长课堂等方式,利用互联网等信息化手段,为家长及婴幼儿照护者提供婴幼儿早期发展指导服务,每年4次,增强家庭的科学育儿能力。

卫生部门:切实做好基本公共卫生服务、妇幼保健服务工作,为婴幼儿家庭开展新生儿访视、膳食营养、生长发育、预防接种、安全防护、疾病防控等服务。

所在社区：设立家庭支持项目，不仅成为社区为儿童和家庭提供的重要资源，也成为儿童保护、育儿指导、早期教育、学校教育等相关领域的重要支撑。

（五）支持家庭育儿公共政策的执行系统研究

1. 执行主体

各用人单位、教育部门、卫生部门、所在社区。

2. 执行原则

（1）坚持性原则。政策与法律有密切的关系，政策是国家法律、法规最核心的内容。因此，对制定的“加强对家庭婴幼儿照护的支持和指导”的内容，要能有效落实。

（2）灵活性原则。政策在执行过程中，要不断地进行评估，以发现政策在制定、执行过程中存在的问题，以不断地调整、改进政策，顺应时代发展需要，使之更加贴合，以提高政策执行效度。

3. 执行功能

（1）目标的导向性。具体实施和开展支持家庭育儿时，根据目标的实现与否来评价支持的结果，使支持家庭育儿的公共政策更具有针对性和可操作性。

（2）行为的能动性。支持家庭育儿公共政策涉及的个体、部门，都要主动地、自觉地、有目的地、有计划地执行政策，这样才能保证政策的有效落实。

（3）手段的强制性。支持家庭育儿的公共政策，涉及0~3岁婴幼儿的千家万户，涉及祖国的希望和未来，因此必须强制执行。

4. 整合机制

支持家庭育儿公共政策在执行过程中，政策的各要素、各部门之间相互配合，并且有效地运行，从而实现政策的各要素、各部门之间的资源共享和协同工作，形成有价值、有效率的一个整体。

（六）支持家庭育儿公共政策的支持系统研究

支持家庭育儿公共政策的支持系统是指0~3岁婴幼儿家庭所能获得的、感受到的来自各用人单位、教育部门、卫生部门、所在社区等的物质和精神上的帮助和支援。包括：管理体制、教育投入、标准制定、社会资源支持、评估等。

1. 强化部门协同

由于0~3岁婴幼儿家庭育儿的公共政策除了育儿外还涉及脱产照护婴幼儿的父母亲重返工作岗位等，因此与教育部门、卫生部门、各用人单位、妇联等都有关系，在管理体制上要进行改革，各部门要通力合作，形成合力，全面建设一个能够满足社会需求和家庭育儿愿望的育儿支持网络。

2. 加大教育投入

孩子在家里带养，在有条件的地区，可先行先试母亲一年的带薪产假、父亲4周的带薪陪产假，这意味着一笔很大的经济投入。因此，政府要加大教育投入，否则难以有效实施。

3. 落实制定标准

对各用人单位、教育部门、卫生部门、所在社区等的政策任务，要制定标准，以更好地衡量。如各用人单位，对已有产假政策的落实情况、新的产假政策（母亲一年的带薪产假、父亲4周的带薪陪产假）先行先试情况；教育部门每年4次入户指导、亲子活动、家长课堂或互联网等信息化手段利用情况；卫生部门对基本公共卫生服务、妇幼保健服务工作落实情况；所在社区建立1个家庭支持项目情况。

4. 社会资源支持

在支持家庭育儿过程中，为了应对家长的需要、满足其需求，社会资源的支持非常重要。如：为了支持脱产照护婴幼儿的父母亲重返工作岗位，并为其提供信息服务、就业指导和职业技能培训，就需要人力资源与社会保障部门的支持；为加快推进公共场所无障碍设施和母婴设施的建设和改造，为婴幼儿出行、哺乳等提供便利条件，就需要住房城乡建设部门的支持等。

5. 开展评估

标准制定了以后,各单位、各部门可以根据设立的标准,开展评估,以便于实施、监督和检查。评估既可以是自评,也可以是他评(上级部门评价或第三方评价),依据评估的结果更好地改进,使家庭育儿的公共政策真正体现支持性。

0~1 岁婴儿家庭的育儿社会支持现状及提升路径研究*

何姗姗**

一、绪　　论

（一）研究背景和研究意义

1. 研究背景

妇女儿童是《“健康中国 2030”规划纲要》中提到要突出解决健康问题排在首位的重点人群，在当前中国老龄化社会背景及“全面两孩”政策实施同时职场压力不变的条件下，增强育儿社会支持对促进女性尽快适应母亲角色、降低产后抑郁发生率、缓解中国父母育儿压力、增强其生育意愿显得尤为重要。研究表明，虽然多数家庭有生育意愿，但目前不完善的公共配套服务和高昂的育儿成本，加大了生育两孩的压力，除加大医疗保健服务之外，更应注重人文与社会关怀，加强女性产后的社会心理服务。

女性是家庭中的生育主体，但生育其实包含有“生”和“育”两件大事，涉及诸多重要家庭成员的投入与贡献，同时也和社区、工作单位及相关社会文化氛围息息相关。据此，如何以新手妈妈为核心，打造强有力的家庭支持氛围，营造育儿友好的社区支持环境，合力促进 0~1 岁婴儿家庭的育儿能力建设和未来育儿之路的可持续发展将是一个非常重要的社会议题。本课题研究将以新手妈妈（指 0~1 岁婴儿母亲，无论胎次，因为新的孩子意味着新的适应）为重点研究对象，以 0~1 岁婴儿家庭为核心研究单位，对其育儿社会支持的现状及提升路径展开调查，并提出具有实证依据的服务方案和政策建议。

---

* 本文系 2018—2019 年度上海市儿童发展研究课题“0~1 岁婴儿家庭的育儿社会支持现状及提升路径研究”的结项成果。

** 何姗姗，华东师范大学社会发展学院副教授。

2. 研究问题

本课题报告中的“新手妈妈”指的是0~1岁婴儿的母亲,主要有两大内容主题,一方面集中于医学和保健领域,以护理学领域发文最为常见,主要关注母婴护理、照料和新手妈妈产后抑郁。另一方面集中在社会科学领域,文献量明显少于护理学科领域的相关文献,主要涉及的内容是新手妈妈的压力和其社会支持。对新手妈妈的压力,主要是其来源的研究,涉及角色适应困难、缺少育儿经验等内部压力和现代母职的加码、“全能妈妈”的迷思等外部压力[①],及对新手妈妈的社会支持来源的研究。

围绕着0~1岁婴儿家庭的育儿社会支持,本研究提出以下研究问题:

(1) 0~1岁婴儿家庭(尤其以新手妈妈为主)的育儿社会支持的社会结构构成特点、社会支持传递方式有哪些类型及现状特点是什么?

(2) 0~1岁婴儿家庭育儿社会支持的需求有哪些突出表现特点?

(3) 通过高校与医院合作开展的提升其育儿社会支持的社会工作服务项目的成效如何?

(4) 未来提升0~1岁婴儿家庭育儿社会支持的可行性路径或方案有哪些?

3. 研究目的

鉴于此,本研究拟开展一个以0~1岁婴儿家庭为研究对象、以探寻其育儿社会支持现状及需求为主要研究目标的公共政策研究。

4. 研究意义

学术价值:采用基于循证介入(Evidence-based intervention, EBI)的社会工作干预研究方法,通过“需求—证据—理论—实践”循环,从0~1岁婴儿家庭育儿社会支持的实际服务需求及问题出发,经过求证,提出理论依据,制定实践方案,评估服务效果,使社工介入活动更加科学化和专业化,进一步拓展和丰富我国医务与健康社会工作的学科发展。

应用价值:探索出符合中国文化特色的提升新手妈妈及其家庭育儿社会

① 施芸卿.当妈为何越来越难——社会变迁视角下的“母亲”[J].文化纵横,2018(5).

支持的社会服务模式,以有效促进育龄女性生育意愿,提高家庭幸福感,为提供促进全面两孩政策实施的公共配套服务政策提供实证依据和对策建议,充分释放“全面两孩”政策生育促进作用,达成健康中国战略目标。

(二)文献综述

1. 社会支持及育儿社会支持的概念界定及理论基础

(1)社会支持的概念界定。国内外学者从功能、关系与网络、主客观、信息等不同的角度给出了不同的定义。Tolsdorf① 从社会支持的功能角度对其进行了界定,认为社会支持“是这样一些行为或行动,其功能在于帮助某个中心人物实现个人目标,或者是满足在某一特殊情形下的需要”。Cobb② 等人从主观感受到的信息角度出发,认为社会支持是一些个体主观感受到的信息,这些信息使主体至少在三个方面产生自信:一是相信自己被关怀、被爱;二是相信自己被尊敬、得到好评;三是相信自己有许多人际网络。Lin③ 等学者则从社会关系和网络的角度解释社会支持,他认为社会支持“是人们通过与他人、群体或者更大的社区之间的社会关系而得到的支持”。Vaux④ 认为社会支持包括客观和主观两方面的因素,既包括实际发生的支持活动和事件,也包括支持活动参与者对活动和事件的感知与评价。

国内学者对社会支持的定义和国外学者略有不同,蔡禾等⑤认为社会支持就是“社会支援”;张文宏等⑥认为社会支持指人们从社会中所得到的、来自他

① Tolsdorf, C. C. Social networks, support, and coping: an exploratory study. Family process. 1976, 15(4).

② Cobb, S. Presidential Address. Social support as a moderator of lifestress. Psychosomatic medicine. 1976, 38(5).

③ Lin, N., Woelfel, M. W., & Light, S. C. The buffering effect of social support subsequent to an important life event[J]. Journal of Health and Social Behavior. 1985, 26(3).

④ Vaux, A. Social Support: Theory, Research, and Intervention. NewYork: Praeger. 1988.

⑤ 蔡禾,叶保强,邝子文,等.城市居民和郊区农村居民寻求社会支援的社会关系意向比较[J].社会学研究,1997(6).

⑥ 张文宏,阮丹青.城乡居民的社会支持网[J].社会学研究,1999(3).

人的各种帮助”;程虹娟等[1]将社会支持的定义归纳为三类,包括一是社会互动关系角度:社会支持表现为人与人的亲密联系,是双向的关怀与帮助,常以社会交换表现,是一种社会互动关系;二是社会行为性质角度:社会支持是能促进、帮助、支持事物发展的行为或过程,是一种于社会环境中推动人类发展的力量;三是社会资源作用角度:社会支持是个人处理紧张事件问题时的潜在资源,是通过社会交换取得的,其包括施受双方两个个体间的资源交换。

综上所述,社会支持的概念在国内外学者的研究中有不同的视角和丰富的内涵,大大拓展了我们对于社会支持概念的理解和应用。总之,社会支持是结构性的也是功能性的,兼具行为过程与行动结果、主观认知与客观现实、信息获取与资源交换等诸多属性,其中信息的内涵最为广泛,可能包含有知识信息、情感信息、自我信息、外界评价信息等。

就本研究而言,社会支持如果从育儿的角度出发,可以界定为围绕育儿的行为,以女性为生育主体、家庭为单位,获得的来自内部和外部的社会网络和社会关系的构成,主客观形成的社会支援的过程及结果,包含有具体的各种实际围绕育儿过程的帮助,体现了工具性(物质支持和信息支持)和情感性(情感和评价支持)等多维度的功能,其内涵、真伪和优劣程度或许还受到某种程度的、潜在存在的社会资源交换程度的影响。

(2) 社会支持的理论基础。西方和国内的相关社会网络、社会互动和社会关系理论给予了社会支持研究提供了很多可借鉴而有价值的理论基础,比如社会交换理论、强关系与弱关系理论和社会资源理论等。以下就这几个理论和社会支持的关系进行梳理和阐述。

社会交换理论。社会支持的很多定义中都体现了社会交换和一种社会性能力的体现。Tilden & Gaylen[2] 指出社会交换理论把人类行为解释为“接受奖赏和给予恩惠两方面相一致的交互性奖励行为”,社会互动的动力和方向来自

---

① 程虹娟,张春和,龚永辉. 大学生社会支持的研究综述[J]. 成都理工大学学报(社会科学版),2004(1).

② Tilden, V. P. , & Gaylen, R. D. Costand conflict: the darker side of social support. Kangokenkyu [J]. The Japanese journal of nursing research. 1987, 20(4).

社会交换的结果。Pender[①](1987)把社会性能力描述为一种与环境有效地相互作用的本领,认为社会性健康是行动能力的一个维度。社会性能力对于建立和维持关系极为重要,是社会性健康的一个基本组成部分。Stevens[②] 证实了生活满足感与社会支持的接受、给予存在正性相关关系。社会交换和社会支持的接受和给予提示了某种程度社会性能力的存在,而社会性能力与社会性健康及个人健康在往后的诸多研究中存在了已被证实的某种程度的关联。

强关系与弱关系理论。社会支持体现了信息的传递与给予,而强关系与弱关系理论主要就信息的传递主体及信息属性给予了较为明确的理论阐释。Granovettor[③] 从互动的频率、情感强度、亲密程度和互惠交换 4 个维度定义了关系强弱,认为互动的次数多、感情较深、关系亲密、互惠交换多则为强关系,反之则为弱关系。但在中国文化环境下,血亲关系即使互动次数不多、感情不深,也属于强关系。强关系通常在相似性高的群体内形成,因此通过强关系获得的信息透明度高、重复率高;而弱关系形成于不同群体之间,因为相似度低,难以形成共同的志趣,因此关系强度是弱的,但信息重复率低,可以将信息传递给其他群体的人,从而架起信息桥梁。故社会支持的主体来自强关系还是弱关系,决定了信息的属性。

社会资源理论是弱关系假设的一种扩充和延伸。社会支持中的社会交换主要值得是社会资源的交换(现时交换、提前支取)、摄取或共享。同一社会地位的人拥有的社会资源极其相似,易联结所以是强关系,不同地位群体资源差异大,通常难联结,所以是弱关系。人们可以通过弱关系来汲取、共享网络中其他成员所拥有的社会资源。社会支持来自强关系还是弱关系,某种程度上反映了其获得或者交换而来的社会资源的多少。

以上三个理论从社会网络构成、信息传递与社会资源交换等社会支持的

---

① Pender N. J. Health Promotion in Nursing Practice. Appleton & Lange, Norwalk, CT. 1987.

② Stevens, E. S. Recipro city in social support-anadvantage for the aging family[J]. Families in Society — the Journal of Contemporary Human Services. 1992, 73(9).

③ Granovettor, M. The strength of weak ties[J], American Journal of Sociology. 1973: 78.

核心要素出发，很好地帮助我们理解社会支持的结构和内涵，即社会支持本质上是一种社会交换属性的社会性功能的体现，具体表现在信息的传递和社会资源的交换上。但具体在养育婴儿的家庭层面和母亲个体层面，育儿社会支持将会是什么具体内涵和表现形式？又会有如何不同于社会支持理论构想的地方？育儿社会资源的真伪、好坏、适切性程度是否和社会关系的强弱、社会支持的输送和传递方式有关联？育儿在中国属于具有文化特色的家族式抚养模式，血缘关系是否属于特殊的强关系，是否适用于社会支持理论下的育儿社会支持解释？这些问题目前仍然是有待进一步探索的研究议题。

（3）社会支持的内容与分类。目前关于社会支持的分类很多，但是没有统一的分类方法。根据结构属性，可分为正式和非正式支持，根据功能属性，可分为情感和工具性支持等，具体细分可以有情感支持、信息支持、友谊支持和工具性支持。Cohen 等[①]认为社会支持也可分为客观支持、主观支持和对支持的利用度三类。客观支持包括物质上的直接援助和社会网络、团体关系的存在和参与，它独立于个体感受，是客观存在的现实；主观支持指主观体验到的感情上的支持，是个体在社会中受尊重、被支持、理解的感情体验和满意程度，与个体的主观感受密切相关。Wellman, B. & Wortley[②] 认为朋友提供的感情和工具性支持没有父母和成人子女多，但有更多的陪伴型支持。另一方面，邻居则主要提供日常陪伴和较少的物质支持。空间接近程度与相互交流的频繁程度呈正相关。有学者认为感受到的支持比客观支持更有意义[③]，更能与心理健康及社会性健康有直接的关联。Barrera[④] 将社会支持分为六类，具体包括：① 行为的援助；② 物质的帮助；③ 指导；④ 亲密的交往行为；⑤ 积极的社会交往；⑥ 反馈。

---

① Cohen S. & Syme S. L. Issues in the Study and Application of Social Support. In Social Support and Health, Academic Press, Orlando, Florida. 1985.

② Wellman, B., & Wortley, S. Different strokes from different folks-community ties and social support [J]. American Journal of Sociology. 1990, 96(3).

③ 邓莉，栾荣生，罗小辉，等. 人群心理社会因素及综合健康水平的监测[J]. 中国公共卫生，2003(1).

④ Barrera, M. Distinctions between social support concepts, measures, and models. American Journal of Community Psychology. 1986, 14(4).

目前学术界对社会支持的理解，大致可归结为两大类：一是客观、现实可见的支持，即实际社会支持，包括物质上的援助以及其他的直接服务；二是主观体验到的或有情绪上的支持，即领悟社会支持，它指个体在社会中感到被理解、被支持、被尊重的情绪体验和满意程度。也可以分为功能性的两大类：情感性和工具性的社会支持。

综上所述，从功能意义上理解社会支持，即社会支持是由社会网络或亲密关系者（重要他人）通过社会互动（如资源交换、资源共享）提供的工具性或情感性的社会资源，在育儿方面的社会资源包含时间、照护、金钱、情感、信息提供等。

以下是根据上述社会支持概念及理论解析后，本研究对于育儿社会支持的概念结构及理论设想图示（见图 1）。育儿社会支持由支持主体、支持客体和支持内容组成，支持主体根据社会网络关系的紧密和亲密程度、血亲的有无，可划分为强关系和弱关系。强关系包含血亲和其他重要他人，弱关系包含非血亲和相似他人；社会支持所提供的内容包括工具性支持和情感性支持两大类，其中工具性支持主要为实际的帮助和资源获取，比如育儿时间的节省、家务劳动的分担、金钱或物资的提供、知识信息或其他重要资讯的提供等，情感性支持主要为被感知的帮助和资源获取，比如被人倾听、理解、安慰、尊重、认可和肯定等；根据不同的支持提供方和内容，可有两大类的社会互动模式：

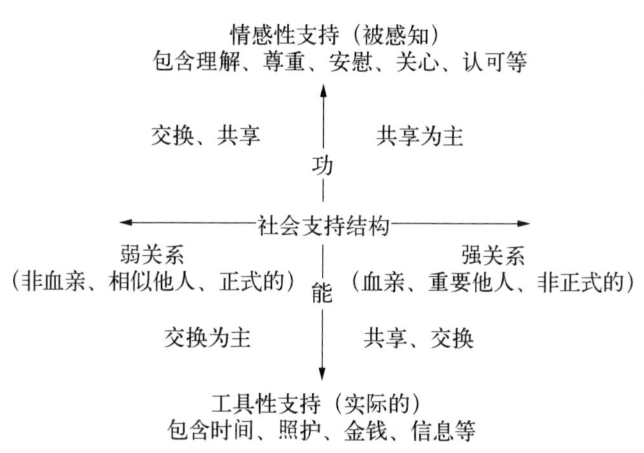

图 1　育儿社会支持的概念结构及理论设想

交换和共享,“交换”意指有来有往的社会资源互换,而“共享”是不求回报或即时回馈的资源分享。

四个象限代表了四类不同社会支持结构通过不同社会互动模式传递出来的社会支持功能。第一象限是强关系提供的情感性支持,一般以共享为主要形式,比如新手妈妈的母亲或丈夫来照顾自己和婴儿;第三象限是弱关系提供的工具性支持,一般以交换为主要形式,如聘用月嫂或保姆看护孩子和进行家务劳动,同辈新手妈妈群体给予一定的信息交流等;第二和第四象限相对复杂一些,是弱关系提供情感性支持和强关系提供工具性支持,比如相似他人的同辈群体给予情感鼓励、理解和肯定,新手妈妈的母亲给予买菜做饭等家务劳动的付出,这些情况都可能会有共享或者交换的形式来传递社会支持,具体要分不同的支持主体和客体的关系而定。

分左右和上下部分来看此图,右边的图示以强关系为支持主体,社会支持供给方式是“共享”为主,而左边的图示以弱关系为支持主体,社会支持供给方式以“交换”为主。而就所获得的社会支持功能或类别而言,上半部分的图示以情感性支持为内容,支持主体包含有不同强弱关系的社会网络,但所传递的方式有所不同(假设共享为主);而下半部分的图示以工具性支持为内容,支持主体同样包含了不同强弱关系的社会网络,传递方式多元化(假设交换为主)。该图示依次类推,将会有很多的分析视角和类别,帮助我们更好地理解和剖析育儿过程中诸多复杂社会关系及其变化的过程和趋势。本课题将以此概念框架为基础,对所采集的实证数据进行分析和解释,结合以往文献不断修正和补充框架图,最终希望形成一个具有实证基础的、富有中国本土化意涵的育儿社会支持理论框架。

2. 0~1 岁婴儿家庭育儿社会支持的国内外相关研究

国内外关于育儿社会支持的研究主要以女性为研究对象,研究表明充分的育儿社会支持有助于初产妇减少产后抑郁,更好地适应和达成母亲角色,能够促进二孩生育决定。在当前中国老龄化加剧及全面二胎政策实施同时女性生育后职场压力不变的条件下,育儿社会支持对缓解中国家庭育儿压力、增加其生育意愿具有非常重要的意义,但目前有研究表明我国家庭面临着低母乳喂养率、低父亲参与率、高劳动强度和高隔代抚养为典型特征的亲职抚育困境，揭示了家庭变迁转型中的社会支持不充分困境的根源机制(夫妻关系脆弱性和代际关系脆弱性)①。故诸多学者呼吁我国政府全面、积极地建设可获得的育儿社会支持网络、重构社会支持②③。

(1) 育儿社会支持的定义与分类。目前国内对产后新手妈妈社会支持网络的研究多局限在护理学领域，关注社会支持对产后抑郁症防治方面的作用④，通常采用"产后社会支持"或仅是"社会支持"作为育儿社会支持的表述⑤⑥，分为功能性社会支持(信息支持、情感支持、物质支持和评定支持)和结构性社会支持⑦。徐源等⑧表明传统的育儿社会支持根据提供方的不同，可分为政府支持、市场支持、专业支持、家庭支持，包含了正式和非正式支持。最新调查表明，我国新手妈妈主要从丈夫、女性亲属等强关系中获得育儿社会支持，由祖辈参与孙辈照料是较为普遍的现象⑨，祖辈带养已成为0~3岁婴幼儿家庭带养的主要模式⑩。故代际育儿社会支持是新手妈妈社会支持来源的重要也是主要的组成部分。除了传统的支持方式，随着网络时代到来，网络媒介的社会支持也以其信息交流多样化、安全、无评判、超地域等特征获得一席之地。

---

① 陈雯. 亲职抚育困境：二孩国策下的青年脆弱性与社会支持重构[J]. 中国青年研究，2017(10).

② 李敏谊，七木田敦，张倩，等. 低生育率时代中日两国父母育儿压力与社会支持的比较分析[J]. 学前教育研究，2017(3).

③ 张赛群. 育龄妇女二孩生育顾虑及其家庭发展支持体系的完善[J]. 社会科学家，2017(5).

④ 阿布都热西提·基力力，王霞. 新手妈妈社会支持网络的多元化：一个文献综述[J]. 兰州学刊，2013(9).

⑤ 罗庆平，涂素华，曾霞. 社会支持在初产妇母性角色达成过程中的作用[J]. 护理研究，2005(4).

⑥ 臧少敏，绳宇. 育儿效能影响因素的研究进展[J]. 解放军护理杂志，2011，28(4).

⑦ Leahy-Warren, P., Mc Carthy, G., & Corcoran, P. First-time mothers: social support, maternal parentalself-efficacy and postnatal depression[J]. Journal of Clinical Nursing. 2012, 21(3-4).

⑧ 徐源，余旬，金春林，等. 家庭科学育儿的社会支持需求及体系研究[J]. 中国妇幼健康研究，2018，29(11).

⑨ 肖索未. "严母慈祖"：儿童抚育中的代际合作与权力关系[J]. 社会学研究，2014，29(6).

⑩ 张苹，茅倬彦. 上海市社区0~3岁婴幼儿家庭养育模式与需求的调查[J]. 中国妇幼保健，2017，32(18).

（2）我国代际育儿社会支持研究现状及理论基础。在中国家庭中，祖辈参与孙辈照料现象是非常普遍的，家庭支持中的隔代抚养现象由来已久，故代际育儿社会支持是新手妈妈社会支持的一大重点。

20 世纪 80 年代，我国将托幼事业作为一项社会性事业，这个时期对新手妈妈育儿的政府支持力度较大。但在 20 世纪 90 年代中后期，随着家庭教育在儿童成长中的重要作用被强调，我国的托儿所在这个过程中逐步走向消亡，意味着对新手妈妈育儿的社会支持又更加转向家庭支持。第三期中国妇女社会地位调查（2010 年）显示，城镇家庭中孩子 3 岁以前白天主要由母亲或祖父母/外祖父母照料，入托儿所的比例仅为 0. 9%[①]。公共托幼服务不够成熟，社会化的托管机构不能满足幼儿照料的需求的情况下，代际育儿支持成为不容忽视的力量。

国内学者指出，对我国广大农村地区来说，传宗接代等传统观念使祖辈参与孙辈照料成为思维定式和心理特征[②]，同时也受到我国亲子的代际交换关系影响。这种理论认为，家庭内部的父母与子女之间存在一种付出与回报的交换关系。区别于西方社会的“接力模式”，中国的亲子关系是一种双向交流、均衡互惠的“反馈模式”，或者说是“抚养-赡养”模式。父母在年轻时抚养子女，而子女成年后又会反过来赡养父母，即“反哺”。而祖辈对其孙辈的照料也相应成为代际交换模式中前半部分——“抚养”的延伸[③]。同时，老人在照顾孙辈的过程中也得到了快乐，感受到了心理慰藉。其次，农村年轻劳动力外出务工，家庭空心化严重，年轻人没有足够的时间精力为幼儿提供照料[④]，“隔代抚

---

① 向小丹. 中国家庭｜托儿所的“生”与“死”[E]. https://m. thepaper. cn/newsDetail_forward_2652249? from=timeline&isappinstalled=02018-11-21/2018-12-26.

② 李星. 试论单亲家庭隔代教育问题[J]. 教育学术月刊，2011(8).

③ 陈涛，刘雯莉. 爷爷奶奶们，准备好带二孩了吗？[E] https://mp. weixin. qq. com/s? biz = MzI5MDEwNzMwMQ = = &mid = 2247486229&idx = 1&sn = 44a35bddc00050e1af38b7b34d7f6764&chksm = ec25b1dfdb5238c93b4ad941f46dfc61cbfeac60d2dbcd4535d8c2da1ad68f199f758799f66e&mpshare = 1&scene = 1&srcid = 1226wOmJPpc5wo4K3OPSwwqh&pass _ ticket = EU1Cb1YGLTEITUb5Jbjq49%2FTEi%2Bn0O9ccb6O1Zn9GpKnPefeOY%2Bm7Nk7XSx3XjVe#rd2018-12-26/2018-12-26.

④ 朱文硕. 隔代教育面面观[N]. 家庭导报家教周刊，2004 - 11 - 10.

养"成为现实选择。再加上中国传统家庭主义伦理影响,出于责任感为子女承担起部分照料工作,"隔代抚养"也就顺理成章[①]。

除此之外,隔代抚养的模式也是应对养育压力的家庭策略。首先,幼儿照料与新手妈妈职业生涯规划之间存在矛盾,使家庭尤其是新手妈妈面临压力;其次,幼儿照料对家庭的照顾能力提出诸多要求,金钱、时间、人力、居住空间乃至知识等方面的投入都使家庭面对资源压力。面对个人职业和资源压力,中国家庭发展出一种应对策略,通过基于血缘关系的代际分工与合作,将育儿负担部分或全部向上转移给祖辈,形成隔代抚养模式。根据中国老龄中心 2014 年调查数据,在全国 0~2 岁儿童中,主要由祖辈照顾的比例高达 60%~70%,其中 30%的儿童完全交由祖辈照顾[②]。从历史发展来看,完全由祖辈照顾儿童的二代家庭户占全部家庭户的比重从 1982 年的 0.7%上升至 2010 年的 2.26%[③]。

可见,在我国"隔代抚养"盛行的背景之下,代际育儿社会支持是新手妈妈社会支持的一大重点,值得研究者关注。

(3) 我国父职参与育儿现状及其对于家庭育儿支持的贡献与作用。多数国内研究表明父亲参与育儿的积极作用包含父亲自身成长[④⑤]和孩子的健康成长(尤其是社会交往能力和正向社会行为),能有效缓解母亲的育儿压力。有研究表明,城市的父亲投入育儿工作更多,对父职角色有更强的认同感和责任心[⑥];而马爽等[⑦]调查发现当前我国农村地区中幼儿抚育的父亲参与现状不

---

① 陈静,白琳琳,栾文敬."断链后的再链接":儿童社会保护视域下的乡村家庭隔抚养模式研究[J].北京青年研究,2018,27(1).

② 钟晓慧,郭巍青.人口政策议题转换:从养育看生育——"全面二孩"下中产家庭的隔代抚养与儿童照顾[J].探索与争鸣,2017(7).

③ 胡湛,彭希哲.中国当代家庭户变动的趋势分析——基于人口普查数据的考察[J].社会学研究,2014,29(3).

④ 徐安琪,张亮.父职参与对男性自身成长的积极效应——上海的经验研究[J].社会科学研究,2009(3).

⑤ 尹靖水,朴志先,中岛和夫,等.城市父亲参与育儿对自身心理健康的影响[J].延边大学医学学报,2012,35(2).

⑥ 徐安琪,张亮.父职参与对孩子的效用:一个生态系统论的视角[J].青年研究,2008(9).

⑦ 马爽,高然,王义卿,等.农村地区父亲参与现状及其与幼儿发展的关系[J].学前教育研究,2019(5).

容乐观，缺位现象较为普遍而且严重，该研究认为父亲参与可以显著预测幼儿社会性能力的发展，比如社交退缩、抑郁、注意力发展水平等，父亲参与幼儿抚育工作越积极，幼儿社交能力越强。类似研究已经表明，良好的父子关系对孩子的正向行为建立具有促进作用，其中母亲作为"守门人"的非传统的性别角色态度，对父亲参与育儿有积极的影响。

新生儿诞生后，作为父亲的男性也会和母亲一样遭遇抑郁情绪，有研究表明新任母亲对于父母的责任认识和育儿的积极性的认识能力要高于父亲①，因此男性也需要得到社会支持的帮助来度过这一父职角色转换的过程②。有研究建议政府应加强对育儿期家庭的社会支持，促进父亲更多地参与日常育儿活动③。李洁等④也发现，丈夫参与新生婴儿的夜间照料不仅有助于妻子产后健康的调整与恢复，还能够有效促进夫妻关系和大家庭关系的和谐。

根据上述现状调查得知，父亲参与育儿实践会经历一段不同于女性的过程，既有困难有挑战，也有价值和独特的育儿贡献。有学者从不同角度给出了建议，比如许颖⑤建议促进父亲参与儿童早期教养，可以从调整男性对自身父职角色价值的认知，提升父亲教养技能和教养动机的方向入手。在分析父职角色的虚化和边缘化问题时，刘中一⑥认为要改变父职实践路径的固化和恶性循环，应消除"密集母职"的迷思，唤醒男性照顾意识与自觉，转变传统男性性别态度和做法，倡导"父母共同照顾"或者协同照顾以及推行性别平等社会政策。

综上所述，在我国普遍存在的婴幼儿抚育工作中父亲参与不足、父职角色

① 张双双，胡颖，张齐放. 初生婴儿父母育儿观调查[J]. 护理研究，2014，28(2).

② 李正梅，刘雪琴，陈玉平，等. 分娩后初产妇及其配偶抑郁情绪状况的研究[J]. 实用医学杂志，2010，26(17).

③ 崔巍，王练. 城市年轻母亲育儿感受与育儿支援——基于北京与南京4所幼儿园的调查研究[J]. 中华女子学院学报，2015，27(2).

④ 李洁，刘婧. 丈夫参与对妇女产褥期恢复与家庭关系的影响——以北京市常住人口调查数据为例[J]. 妇女研究论丛，2016(2).

⑤ 许颖. 父亲对自身的角色态度与教养参与关系研究[J]. 宁波大学学报(教育科学版)，2017，39(4).

⑥ 刘中一. 角色虚化与实践固化：儿童照顾上的父职——一个基于个体生命经验的考察[J]. 人文杂志，2019(2).

实践固化的背景之下,父职育儿社会支持是新手妈妈社会支持的第二大重点,值得研究者关注。

(4) 育儿社会支持与新手母亲角色适应、产后抑郁的关系。Thoits[①] 指出了社会链接与社会支持对于生理和精神健康的作用机制,即个体在面临重大健康或压力问题时,强关系主要能提供有效的社会支持是情感支持和工具(物质)支持,信息比较集中而单一,但情感力度较大;而弱关系则能提供有效的评定支持和信息支持,信息较为异质和多元,但情感力度可能偏弱。大量国内外研究表明,产后社会支持在初产妇适应母亲角色过程中起到极为重要的作用,社会支持与母亲角色适应呈正相关关系,其中社会支持中的信息支持和评定支持对促进母亲角色达成、降低产后抑郁起到相对更强的预测作用[②③④],社会支持的利用度也是很重要的预测变量[⑤];社会支持中的丈夫关心程度相对于其他家庭成员的支持,对初产妇的母亲角色适应起到更为重要的预测作用[⑥],在初产妇产褥期内丈夫参与程度越高,越有利于产妇恢复和夫妻关系、家庭关系的和谐[⑦]。Tarkka[⑧] 分别对 3 个月及 8 个月婴儿的新手妈妈的育儿胜任力进行追踪调查发现,妈妈的社会隔离感知度及社会支持一直都是重要的影响因素。父母社会支

---

① Thoits, P. A. Mechanisms Linking Social Ties and Support to Physical and Mental Health[J]. Journal of Health and Social Behavior. 2011, 52(2).

② 罗庆平,涂素华,曾霞. 社会支持在初产妇母性角色达成过程中的作用[J]. 护理研究,2005(4).

③ Emmanueletal., Maternal role development: the impact of maternal distress and social support following childbirth. Midwifery. 2011, 27(2).

④ Backstrom, C., Larsson, T., Wahlgren, E., Golsater, M., Martensson, L. B., & Thorstensson, S. 'It makes you feel like you are not alone': Expectant first-time mothers' experiences of social support within the social network, when preparing for childbirth and parenting[J]. Sexual & Reproductive Healthcare. 2017, 12: 51-57.

⑤ 吴丽萍,胡晓斐,王叶飞. 初产妇母亲角色适应与应对方式及社会支持的相关性研究[J]. 中华护理杂志,2012(5).

⑥ 陈洁冰,彭勤宝,李岚. 初产妇产褥期母亲角色适应状况及其影响因素[J]. 护理研究,2011,25(31).

⑦ 李洁,刘婧. 丈夫参与对妇女产褥期恢复与家庭关系的影响——以北京市常住人口调查数据为例[J]. 妇女研究论丛,2016(2).

⑧ Tarkka, M. T. Predictors of maternal competence by first-time mothers when The child is 8 months old[J]. Journal of Advanced Nursing. 2003, 41(3).

持的作用机制是通过提升新手妈妈育儿效能，进而降低其产后抑郁症状[①]。

研究方法。大多数研究采用非实验的定量研究方法，对初产妇的育儿社会支持现状及其与女性产后抑郁的关系进行问卷调查，但近几年质性研究方法开始在该领域使用，如 Ngai 等[②]采用内容分析法对 26 名香港初产妇进行访谈，探索母亲角色能力的内涵及影响因素，发现社会支持的获得、成功的母乳喂养、婴儿健康等是影响母亲角色能力的主要因素。Ong 等[③]通过半结构式访谈调查发现，产妇能够获得来自家人足够的社会支持，却缺乏丈夫的支持，她们很关注母乳喂养，非常需要持续专业的信息供给以及与健康服务机构对接等服务。

提升婴儿母亲育儿社会支持的相关干预研究，包括增加母亲在围产期的心理社会教育干预、增强人际沟通技能和问题解决的技巧，不良认知的重构、加强社会网络建设、夫妻共同参与产后干预等[④][⑤]。在相关干预研究中，国内研究多采用护理学干预方法，国外干预研究有采用产后教育电影和提供热线咨询[⑥]、护士与产妇一对一的心理干预、基于电话形式的认知行为干预疗法、音乐治疗[⑦]、瑜伽练习[⑧]等。

---

① Haslametal. Social support and postpartum depressive symptomatology: The mediating role of maternal self-efficacy[J]. Infant Mental Health Journal. 2006, 27(3).

② Ngai, F. W., Chan, S. W. C., & Holroyd, E. Chinese primiparous women's experience so fearly motherhood: factor saffect ingmaternal role competence. Journal of Clinical Nursing. (2011), 20(9－10).

③ Ong, S. F., Chan, W. C. S., Shorey, S., Chong, Y. S., Klainin-Yobas, P., & He, H. G. Postnatal experiences and support need soffirst-time mothe rsin Singapore: Adescriptive qualitative study. Midwifery. 2014, 30(6).

④ Gao, L. L., Xie, W., Yang, X., & Chan, S. W. C. Effect so fan interpersonal-psychotherapy-oriented postnata lprogramme for Chinese first-time mothers: Arandomized controlled trial [J]. InternationalJournalofNursingStudies. 2015, 52(1).

⑤ Ngai, F. W., Wong, P. W. C., Chung, M. F., & Leung, K. Y. The effect of telephone-based cognitive-behavioural therapy on parenting stress: Arandomisedcontrolledtrial [J]. JournalofPsychosomaticResearch. 2016(86).

⑥ Osman, H., Saliba, M., Chaaya, M., & Naasan, G. Intervention storeduce postpartum stress infirst-timemothers: arandomized-controlledtrial[J]. BmcWomensHealth. 2014(14).

⑦ Liu, Y. H., Chang, M. Y., & Chen, C. H. Effects of music therapy on labour pain and anxiety in Taiwanese first-time mothers[J]. Journal of Clinical Nursing. 2010, 19(7－8).

⑧ Timlin, D., & Simpson, E. E. A. A preliminary randomise dcontrol trial of the effects of Druyogaon psychological well-being in Northern Irish first-time mothers[J]. Midwifery. 2017(46).

3. 文献述评

(1) 育儿社会支持理论有待拓展论证,社会支持理论引申出的育儿社会支持理论框架有待明晰和验证,尤其是在中国文化背景下,需要结合时代特点,对育儿社会支持理论进行进一步构建和实证验证。

(2) 研究(服务)对象的范围需要聚焦,多数研究(服务)对象是围产期或产褥期(即产后 42 天左右)的初产妇或者是笼统的 0~3 岁幼儿家庭,少有将其他 1 岁以内的婴儿妈妈纳入研究(服务)范围,但新手母亲角色适应至少要持续到婴儿 1 岁才能完成[①],更少有以家庭为单位进行综合研究。应以家庭为核心单位,展开综合性的社会支持服务。

(3) 家庭的育儿社会支持需要本土化,以往研究直接针对初产妇及其家庭育儿社会支持的干预寥寥,我国女性生育后重返职场的居多,面临母职、家庭、事业多重角色整合的挑战,目前已有针对新手妈妈其家庭的干预研究国外居多,且以护理临床干预为主体,仍有待研发出更为有效的本土化服务模式。

(4) 医社跨学科跨地区合作空间广阔。0~1 岁婴儿家庭的育儿社会支持不仅是医学问题,更是社会问题,女性产休 4 个月假期后医护介入空间有限,对于家庭育儿社会支持的提供需要加强医(学)社(会工作)合作、和医(院)社(区)联动,目前上海各大医院均设立有社会工作部、民政部下达文件鼓励社会组织扎根社区提供服务,社会工作者擅长链接社会资源、用专业的方法助人自助并恢复社会功能。本研究将在专业社会工作视角下对 0~1 岁婴儿家庭的育儿社会支持现状及需求展开调查。

结合上述文献回顾及述评,以下将就如何促进 0~1 岁婴儿家庭育儿能力建设提出两个主要观点,并在接下来的实证调查中给予一定的补充论证。

首先,新手妈妈及其家庭的育儿社会支持程度直接关系到婴儿健康及家庭幸福和谐程度,影响母亲角色适应的诸多因素有年龄、分娩经历、婴儿抚养方式、母乳喂养、母亲的个体因素(如性格、学历、职业、掌握婴儿养育知识程度

---

① Mercer R. T. The process of maternal role at tainment over the first year[J]. Nursing Research. 1985 (34).

等)、婴儿的个体因素(如婴儿性格、健康状况等),以及提到最多的影响因素:社会支持(尤其是丈夫关心程度、丈夫参与等)。在这些影响因素中,帮助新手妈妈掌握婴儿养育知识和给予其充分的社会支持,可以通过制定政策及输出相关社会福利服务来完善。

其次,所有参与直接照顾婴儿的家庭成员都应掌握正确的婴儿照顾技能,同时也能有效避免由于育儿方式冲突引起的家庭矛盾。照料0~1岁婴儿有着鲜明的月龄进阶变化特点,随着时代的进步,育儿知识和育儿措施及设备也在不断更新,新旧知识的碰撞很容易引发家庭矛盾。婴儿养育包含了正确识别和处理婴儿常见病、科学喂养、睡眠护理、疫苗接种、智力发育、婴儿急救处理等诸多专业知识和技能,这些都是所有0~1岁婴儿家庭需要的、也是必须掌握的重要的人生再继续教育内容。

(三)研究设计

1. 研究内容

(1) 不同婴儿月龄家庭的育儿社会支持表现特点。编制信效度俱佳、符合中国文化的育儿社会支持量表,用此量表调查当前上海不同婴儿月龄家庭(以新手妈妈为主要调查对象)育儿社会支持动态发展特点,用访谈的方法调查了解新手爸爸、其他家里照顾婴儿的长者(如外婆、奶奶等)的育儿现状及支持情况。

(2) 提升0~1岁婴儿家庭育儿社会支持的社会服务需求调查,包括服务形式(如医院内的医生讲座结合社工小组服务、社区内提供医生讲座和社工小组、社区大型活动)、服务内容(角色澄清、有效沟通等)、服务场域(儿童类医院、社区医院、社区、街区公园等)。通过服务实践,摸索出一个可行的、适用于当前上海地方特色的育儿社会支持服务提供模式。

(3) 科学评估某个正在进行的新手妈妈育儿支持社会工作干预项目。评估课题负责人与医院合作开展的某个新手妈妈支持社会工作项目。该项目设计原理是验证母亲角色适应与社会支持(情感、信息、工具、评定支持)、产后抑郁的关系路径,寻找解释效应力最大的干预变量作为干预设计的实证依据。

对正在某儿童类医院开展的家庭育儿社会支持干预项目进行项目执行及成效评估，包括项目设计（结合已有文献、实证调查结果设计干预方案）、项目实施（试点干预、正式实验）、项目成效评估（开展过程评估和随机对照实验的干预结果评估，对干预组和对照组的结果变量进行重复测试和对比分析）。

(4) 归纳总结出符合受众需求、基于实证及经验佐证有效的 0~1 岁婴儿家庭育儿社会支持干预思路及具体可行路径，提出公共配套服务政策和项目推广建议。结合上述调查结果和干预项目实施经验，提出能够对接现有公共生育服务（如孕妇课程）的延展性社会服务政策建议（如产妇关爱服务进社区）。

2. 研究的基本思路

(1) 问题分析，通过文献梳理、实证调研（了解新手妈妈及其家庭育儿社会支持现状特点、可干预的社会影响因素、服务需求），获得所干预问题的特征及拟干预点，成为干预设计的有力证据。

(2) 试点干预，通过对新手妈妈及其家庭在育儿社会支持方面存在的实际问题和服务需求进行深入调研，了解目标群体的状况和需求，结合已有文献，设计出有针对性和精准性的干预方案。在某一家儿童类医院试点干预，结合已有的家长学校学习资源和服务体系，嵌入新设计的提升新手妈妈育儿社会支持的社会工作服务内容，形成下一步干预实验的方案。

(3) 效果评估，对在试点干预中证明为初步可行并有效的社工干预项目进行效能测试，采用随机对照实验的方法在小范围内进行干预效果的评估。

(4) 项目推广，根据试点实施经验和效能测试结果编制干预手册，通过提交政策咨文、参与学术会议、政府或基金会的公益项目招投标、医院或社区投放、社会工作机构发放等形式推广宣传该干预手册，扩大社会影响力和使用范围。

3. 主要研究方法

本研究拟采用定性和定量相结合的方法，用定量的问卷法和实验法进行相对大的样本的现状调查和干预项目的实证研究，为完善可行的育儿社会支持干预方案提供有科学依据的前期实证数据；用定性的个别访谈、焦点小组访谈进行问卷的前期设计和深入探究新手妈妈家庭的育儿社会支持结构性和功能性现状，通过主题分析法深入梳理和提炼现有的0~1岁婴儿家庭在育儿方面的育儿资源和困境分别在哪里，通过参与式观察法侧面而相对客观的评估干预项目执行情况和成效，与定量数据进行三角印证。通过以上方法采集而来的数据为将来精细化和优化干预服务项目提供可靠的实证基础，也为育儿社会支持理论进行本土化和理论化的补充和完善。

二、0~1岁婴儿家庭育儿社会支持的现状调查

（一）0~1岁婴儿家庭育儿社会支持的现状特点及影响因素

1. 招募干预对象的在线定量调查结果

本次调查的对象是0~12个月婴儿月龄的新手妈妈，通过浏览位于上海市某儿童医院微信公众号的0~1岁婴儿家庭育儿支持服务项目招募通告，点击招募通告里的问卷链接，在线填答问卷后提交，后台产生调查数据。在2017年6月—2018年5月一年的时间内，总共有509名新手妈妈参与了问卷调查，年龄分布是最大51岁、最小20岁，平均年龄是32.1岁（SD=4.1）。婴儿月龄分布如表1，男孩有222人（57.5%），女孩有164人（42.5%），未填者有123名。

（1）婴儿月龄分布。调查对象限于0~1岁婴儿的主要照顾者，一般是母亲，本研究用“新手妈妈”来代指这个群，虽有部分二孩或者三孩妈妈，但因为目前有养育0~12个月龄的婴儿，本研究认为仍属新手妈妈。结果表明，每个月龄的妈妈人数分布大体较为均衡，没有存在极端偏差的结果，超过10%的婴儿月龄分布在六个月以内。

表1　婴儿月龄分布

婴儿月龄	妈妈人数	百分比(%)
1个月	35	7.2
2个月	61	12.5

续表

婴儿月龄	妈妈人数	百分比(%)
3 个月	57	11.7
4 个月	61	12.5
5 个月	33	6.8
6 个月	52	10.7
7 个月	40	8.2
8 个月	49	10.0
9 个月	29	5.9
10 个月	37	7.6
11 个月	19	3.9
12 个月	15	3.1
总计	488	100.0

（2）新手妈妈婚姻状况。虽然大多数新手妈妈都是已婚状态，但仍然有少数属于未婚或者重组家庭的已婚状态。这也和本次题目设计不完全规范有关，未能实际区分出已婚人群中的初婚和再婚类别。

表 2　新手妈妈婚姻状况

婚姻状况	妈妈人数	百分比(%)
单身	2	0.5
已婚	377	97.7
离异	1	0.3
再婚	5	1.3
其他	1	0.3
总计	286	100.0

（3）家有孩子数量。多数家庭（八成左右）属于一孩家庭，15.4%的家庭有二孩。结合本次调查口径是属于某个服务项目的招募问卷链接，所以不能完全代表所有的新手妈妈群体。

表3　家有孩子数量

家有孩子数量	妈 妈 人 数	百分比(%)
一孩	317	84.1
二孩	58	15.4
三孩	2	0.5
总计	377	100.0

(4) 新手爸妈的文化程度。一半左右的新手爸妈拥有本科文凭,25%左右的新手爸妈拥有硕士及以上的文凭。该网络填答问卷的新手爸妈属于文化程度普遍偏高的群体,这在后面很多数据解释方面需要注意。

表4　新手爸妈的文化程度

文化程度	母　亲	百分比(%)	父　亲	百分比(%)
初中及以下	11	2.2	9	1.8
高中或中专	26	5.1	29	5.7
大专	76	14.9	71	13.9
本科	277	54.4	251	49.3
硕士及以上	119	23.4	149	29.3
总计	509	100.0	509	100.0

(5) 新手爸妈的工作情况。如同上述文化程度分析类似,偏高的文化程度决定了可能较高的工作比例,调查显示女性产后仍然拥有73.9%的高比例工作参与度,和新手爸爸的比例很接近。

表5　新手爸妈的工作情况

工作情况	母　亲	百分比(%)	父　亲	百分比(%)
全职	376	73.9	488	95.9
兼职	42	8.3	10	2
无业	91	17.9	11	2.2
总计	509	100.0	509	100.0

(6) 家庭每月总收入。家庭月收入高达 2 万以上者的比例在 46.4%，说明有近一半的调查对象家庭超过了上海市 2018 年家庭月平均收入的水准。

表 6　家庭每月总收入

家庭每月总收入	人　数	百分比(%)
2 000 元及以下	3	0.8
3 001~5 000 元	7	1.8
5 001~8 000 元	24	6.2
8 001~12 000 元	47	12.2
12 001~20 000 元	126	32.6
20 000 元以上	179	46.4
总计	386	100.0

参考数据上海市职工人均月收入是 6 504 元,数据来源：上海市人社局。

(7) 目前婴儿喂养方式。以母乳喂养为主,近一半的新手妈妈选择是纯母乳喂养自己的孩子,而混合和奶粉喂养占比也超过一半。说明有近八成的女性产后第一年需要和婴儿亲密接触,这也为后面的婴儿主要照顾者会有八成是老人的结果提供了交叉对比的参考效应,即在婴儿出生第一年里,中国特色的妈妈+老人的养育合作模式是因为母乳喂养而成为基础的。

表 7　目前婴儿喂养方式

喂 养 方 式	人　数	百分比(%)
母乳喂养	233	48.2
混合喂养	150	31.1
奶粉喂养	100	20.7
总计	483	100.0

(8) 目前婴儿的照料方式。至少有近八成的家庭属于需要老人的参与才能完成育儿的重任,这也是在后面的前期质性访谈中可以得到印证和原因的探寻,即目前中国 0~3 岁婴幼儿托育服务的不足加之女性工作的高参与比例,

导致了婴儿的照料离不开最合适的家人人选：祖辈，尤其是女性祖辈。本调查样本上述结果表明，女性高学历、高工作参与率决定了很多女性在结束产假后需要返回职场，即使在产假中也需要为未来返回职场做准备。结合上述结果中的新手妈妈高学历比例和高就业参与率，不难理解这里的高老人育儿参与率。

表 8　目前婴儿的照料方式

照料方式	人数	百分比(%)
妈妈全职照料	65	13.2
主要外婆帮忙照料	139	28.3
主要奶奶帮忙照料	142	28.9
外婆和奶奶一起照料	92	18.7
仅保姆照料	18	3.7
老人和保姆一起照料	34	6.9
其他	2	0.4
总计	492	100.0

(9) 有了孩子之后自己作为母亲及与重要家人关系的影响。一定比例(13%)的新手妈妈会存在不适应母亲角色，和自己丈夫、婆媳关系存在不良改变的情况，多数家庭属于维持正常关系状态，甚至往更好的家庭关系构建的方向发展。

表 9　有了孩子之后自己作为母亲及与重要家人关系的影响

		人数	百分比(%)
是否适应母亲角色	不适应	66	13.0
	不确定	205	40.3
	适应良好	238	46.8
对夫妻关系的影响	夫妻关系比以前差多了	123	24.2
	没什么影响	320	62.9
	比之前更好	66	13.0

续表

		人　数	百分比(%)
对婆媳关系的影响	婆媳关系比以前差多了	152	29.9
	没什么影响	285	56.0
	比之前更融洽	72	14.1
总计		509	100.0

（10）新手妈妈的育儿社会支持得分。调查结果表明，新手妈妈的情感和物质支持得分略高，平均分在 4.0 分以上左右，而评价和信息支持的得分略低。总体育儿社会支持的得分是 3.8 分，按照满分是 5 分来计算，属于中等偏上的水平。从情感支持和物质支持得分略高的情况看，该调查群体新手妈妈的这两类育儿社会支持主要来自家人，包括配偶和老人，在社会支持结构上属于强关系的类别（血亲、重要他人、非正式），传送方式主要通过共享或者少量的交换；而评价支持和信息支持却主要来自非血亲、相似他人、正式的），在社会支持结构上属于弱关系，传送方式主要应通过交换或者少量的共享。育儿社会支持的总分虽然属于中等偏上的水平，但提示仍然有一定的上升空间。

表 10　新手妈妈的育儿社会支持得分（$n=440$）

育儿社会支持条目	M	SD
我感到家人都爱我	4.1	0.8
家人经常给我鼓励	3.8	0.9
家人对我很关心	4.0	0.8
我获得了家人给予的经济资助	3.7	1.1
家人在家务活上对我帮助很大	4.2	0.9
家人在物质上充分满足我的要求	3.8	1.1
大家都认为我是一个好妈妈	3.8	0.8
我经常得到别人对我育儿方式的肯定	3.3	0.8
大家都认为我是一个好妻子	3.7	0.8
我获得了很多需要的育儿知识	3.6	0.8

续表

育儿社会支持条目	M	SD
我获得了很多产后母亲自我护理的知识	3.4	0.9
我获得了很多婴儿喂养的知识	3.6	0.8
维度一：情感支持	4.0	0.8
维度二：物质支持	3.9	0.9
维度三：评价支持	3.6	0.7
维度四：信息支持	3.6	0.7
育儿社会支持总分	3.8	0.6

（11）新手妈妈育儿社会支持的影响因素。调查结果表明婴儿月龄与信息支持呈现显著的正相关，说明随着婴儿不断生长，母亲也在紧跟着积累更多的养育知识，主动或被动获取了喂养信息和相关自我护理信息，是一个不断学习和育儿学识积累的过程；另一结果表明，母亲年龄与信息支持呈现显著的负相关，因为母亲年长者其祖辈年龄也越大，难以提供相应的家务或者婴儿看护的支持作用，高龄的新手妈妈应该是重点需要关注的对象，因为她们可能存在物质和信息支持的不足。家庭月收入与育儿社会支持子维度均不存在显著的相关关系。

表 11　育儿社会支持子维度与家庭一般信息资料的相关分析

	情感支持	物质支持	评定支持	信息支持
婴儿月龄	-0.02	-0.05	0.04	0.188***
母亲年龄	0.02	-0.099*	0.03	-0.111*
家庭月收入	0.01	0.08	0.04	0.04

* $p<0.05$；*** $p<0.001$

将育儿社会支持子维度与不同的分类变量进行单因素方差分析（数据结果参见表 12），结果表明有不少值得注意到地方，以下将逐一介绍。

① 孩子数量。三孩的家庭物质支持度显著低于一孩和二孩家庭，一定程度上反映了多孩家庭的物质支持的需求和重要性，未来的服务中应重点关注

多孩家庭的照顾负担问题。

② 婴儿性别。育儿社会支持并未因为婴儿性别的不同而存在显著差异，说明我国目前的育儿文化中已经逐渐摈弃了传统重男轻女的思想影响。

③ 父母亲文化程度，其中只有母亲文化程度与信息支持存在显著的差异，初中及以下文化程度的新手妈妈会在信息支持得分上显著低于其他文化程度的妈妈，所以未来对文化程度低于初中的新手妈妈需要重点关注，提供信息教育的帮助。

④ 父母亲的工作情况，这两个变量与育儿社会支持的子维度均不存在显著的差异，说明家庭经济状况不足以说明或者代表育儿社会支持的水平情况，表明育儿社会支持无论是工具性的还是情感性的，都不存在明显的金钱影响。

⑤ 婴儿养育方式，婴儿照顾方式在物质支持上存在显著差异，有外婆参与照顾的选项得分显著高于其他选项，说明在女性养育婴儿过程中，外婆与自己女儿(也就是新手妈妈)的合作与配合、沟通，都会在诸多方面优于婆媳之间的合作与沟通。

⑥ 婴儿喂养方式，纯奶粉喂养的婴儿母亲在信息支持上的得分显著低于纯母乳和混合喂养的婴儿母亲，提示了未来对纯奶粉喂养的母亲应该提供更为充分、科学的信息支持、科普教育等。

⑦ 母亲角色适应。不适应母亲角色的新手妈妈的情感支持得分显著低于适应良好者；评定和信息支持方面，适应良好者的评定支持得分均显著高于不确定和不适应者。该结果提示了新手妈妈母亲角色适应的重要性，来自评定支持和信息支持两个方面最为突出。

⑧ 夫妻关系是否受到影响。夫妻关系比以前差的情感及评价支持均显著低于没什么影响和关系更好者，这两方面的支持均属于情感类的社会支持，说明夫妻关系与情感类的社会支持关系更为密切，未来的婚姻辅导方面应多加关注。

⑨ 婆媳关系是否受到影响。婆媳关系比以前差的物质及评价支持均显著低于没什么影响和关系更好者，婆媳关系比以前差的情感支持均显著低于没什么影响者。与夫妻关系不同的是，婆媳关系好坏影响的更突出方面是物

质支持和评价支持，说明老人中婆婆与新手妈妈的关系，更会影响到工具性和情感性的社会支持，对于新手妈妈的社会支持水平影响较为明显，而且如果处理不好会是比较严重的负面影响，是工具性和情感性的双重负面打击。

表 12　育儿社会支持子维度在不同影响因素变量上的方差分析

影响因素	情感支持		物质支持		评定支持		信息支持	
	F	*df*	*F*	*df*	*F*	*df*	*F*	*df*
孩子数量	0.698	2	3.334*	2	1.245	2	1.327	2
婴儿性别	0.164	1	0.039	1	0.267	1	0.66	1
母亲文化程度	1.246	4	1.978	4	0.918	4	4.070**	4
父亲文化程度	0.646	4	2.555	4	0.75	4	0.791	4
母亲工作	0.096	2	0.403	2	1.102	2	0.095	2
父亲工作	0.706	2	0.493	2	0.223	2	2.066	2
婴儿养育方式	1.859	6	3.543**	6	1.588	6	0.673	6
婴儿喂养方式	1.691	2	1.829	2	1.117	2	5.102**	2
母亲角色适应	4.444*	2	0.633	2	31.417***	2	19.539***	2
夫妻关系	14.991***	2	0.989	2	11.231***	2	1.069	2
婆媳关系	22.119***	2	6.316**	2	15.316***	2	2.151	2

* $p<0.05$；** $p<0.01$；*** $p<0.001$

（二）祖辈育儿代际社会支持的巨大贡献与潜在隐患

1. 0~1 岁婴儿家庭存在重要而难以或缺的代际育儿社会支持

从前期访谈结果来看，新手妈妈总体来说并不推崇祖辈参与照料。然而根据事实性结果来看，她们的婆婆都在月子期间一定程度地帮助新手妈妈在这个阶段进行了缓冲，而不至于以初产妇的角色独自承担育儿任务。还有一位参加育儿小组服务的新手妈妈提到了祖辈参与育儿工作的重要性和强有力的支持。

根据文献研究和实际访谈结果的对比发现，祖辈存在观念上的改变，如今的祖辈对自己老年生活丰富性和更多可能性的期许同以往的传统意义上的祖辈相比也产生了变化。也确实存在祖辈是出于现实的无奈，将自己纳入孙辈照料的团体中去的现象。除此之外，祖辈不参与孙辈照料也可能产生道德压力。

总而言之，由于存在新手妈妈分身乏术、习俗上的道德压力等现实原因，虽然一些祖辈们观念上已经有所改变，但祖辈参与照料孙辈仍然具有现实必要性。

2. 代际育儿社会支持的具体表现：照顾婴儿也照顾整个小家

(1) 祖辈承担孙辈（婴儿）的基础抚育工作。祖辈通常以“帮忙者”的角色进入子女家庭，在孙辈照料上奉献一己之力。代际社会支持的具体表现其中之一是祖辈承担了大量的孙辈生理性抚育工作，这部分工作恰恰也是给新手妈妈带来挑战的工作。一方面，新手妈妈由于职场任务，本身不具备做这些工作的时间和精力；另一方面，幼儿的照顾工作也有难度。为了减轻新手妈妈的负担，祖辈会多分担。

(2) 祖辈承担整个家庭的家务劳动工作。代际育儿社会支持的另一个具体表现是对家庭的照料，尤其是整个家务劳动的承包工作。值得强调的是，对家庭的照料并不是简单的买菜做饭，照料饮食，更涵盖了家庭中的各个大大小小的家务，洗衣、打扫卫生诸如此类。故而祖辈在新手妈妈育儿阶段的作用不容小觑。

3. 为何需要代际育儿社会支持?

(1) 小家的经济实力限制。5 位受访者中有 3 位提到了经济实力的限制是不得不需要祖辈参与的原因之一，是影响新手妈妈们决策，选择是否要家中祖辈参与孙辈照料的重要依据（工具性支持的重要体现）。

(2) 新手妈妈很难兼顾职场和家庭。文献研究和访谈结果表明，新手妈妈面临着职场和家庭的双重压力。当育儿的强大外援——丈夫也被职场拖住，祖辈成了新手妈妈们期望伸出援手的群体。

(3) 月子阶段成为被照顾者。无论经济情况、双重角色的压力状况如何，新手妈妈无法避免在这个特殊的阶段成为被照顾者，不得不需要祖辈的援助。

4. 代际育儿社会支持的挑战

(1) 存在祖辈对参与育儿的意愿不强。现在的祖辈对自己老年生活丰富性和更多可能性的期许同以往的传统意义上的祖辈产生了变化，会给家庭成员造成压力。意愿不强的祖辈照料者本身在照料过程中存在压力，将孩子托付祖辈的新手妈妈也有心理压力。

（2）祖辈与新手妈妈之间存在育儿观念的差异。就访谈的事实性结果来说，祖辈通常会和新手妈妈在育儿方面存在观念上的分歧。如果家庭权力结构分明或者双方沟通到位，则一切会得到好的解决。而如果解决得不好的话，自然会给新手妈妈带来不好的体验。

5. 新手妈妈矛盾地看待代际育儿社会支持

（1）承认祖辈参与孙辈照料的必要性和重要性。根据访谈结果来看，新手妈妈们对代际育儿社会支持的看法较为客观，大多数新手妈妈都提到祖辈参与孙辈照料存在的可能性、必要性和重要性。当然也有新手妈妈基于各方面的统筹考虑，选择放弃职场生活，而成为全职妈妈。

（2）认为需控制祖辈参与孙辈照料的介入程度。在看待祖辈参与孙辈照料的问题上，新手妈妈们也并不是一味地认为要祖辈全部参与其中来减轻自己的负担。相反，妈妈们有很多考量。有妈妈提到祖辈参与育儿的不良影响，也有妈妈认为不能过度依赖祖辈对孩子的照料。强调良好亲子关系的建立需要陪伴，爸爸妈妈在育儿的过程中永远起最主要的作用，祖辈则是次要作用。

6. 新手妈妈对代际育儿社会支持持克制的欢迎态度

在前期访谈案例中，对于享受到的代际育儿社会支持，新手妈妈情感上感激居多，但这种欢迎态度也是克制的，因为大多数新手妈妈对代际育儿社会支持的优点和弊端都有思考，且有较为客观的认识。首先，妈妈们一致认为祖辈照料的弊端就是溺爱孩子；其次，祖辈存在育儿观念的落后；再次，过多的祖辈介入会影响孩子的成长和为人父母的体验。

（三）新手爸爸育儿社会支持的现状特点与独特优势

1. 新手妈妈对于新手爸爸育儿工作的评价

爸爸平时在妈妈心目中的育儿工作存在比较明显的不足，其中出现词频最多的是“懒”“不细心”“少交流”“少玩游戏”“树立榜样”。在“期待”原文出现最多的词频是"主动""耐心""理解""沟通""多陪伴""学习""成长",说明作为一名合格的父亲,需要学习和自我成长,需要对婴儿和妻子、家庭的照顾和投入,这种投入包含了最重要的时间、金钱和情感的投入。因为没有亲身经历怀孕和生产、哺乳等孕育的过程,男性要在较晚的时间,通过与婴儿不断互动才进入父职角色,自我意识到"我是一名父亲","作为父亲意味着什么,我要做什么?"所以作为育儿社会支持的重要一分子,新手爸爸其实有着非常重要的责任和使命。

在"感谢"部分还是有不少的爸爸在照顾婴儿的过程中展现了自己的独特而重要的力量,词频出现较多的有"安保""买买买""赋权""照顾""挣钱养家""理解""陪伴"等,新手爸爸在物质提供、照顾人手、安全保障、情感交流方面的确有难以替代的重要作用,而这些作用是代际育儿支持无法提供的,甚至连育儿嫂等照顾人员也不能比拟。

2. 新手爸爸对于新手妈妈育儿工作的评价

提到最多的几个关键词是"沟通""肯定""鼓励""放松",侧面反映了作为新手妈妈的辛苦和在爸爸眼中的形象,也反映了新手爸爸和新手妈妈一样有着共同的希望获得情感性支持的需求,即希望得到对方的肯定、鼓励和多一些的沟通。但在繁重的育儿工作和相对于两人世界而更多元复杂的家庭人际关系中,属于夫妻二人的沟通时间或许需要特意去寻求才可得,既而产生了社会工作服务设计的基础,即创造一个机会给生育了新生儿的夫妇一个宝贵机会,让彼此重新审视自己和对方的需求与真实想法,坦诚沟通,获得新的理解和谅解。

三、新手爸妈育儿社会支持的社会服务项目成效评估

(一) 干预项目定量评估结果

采用非参数检验中的曼·惠特尼 U 检验(Man - Whitney Test),干预组与对照组显著性水平在育儿社会支持总评分、情感支持、物质支持、评定支持和信息支持等方面,均不存在显著差异。

表 13　新手妈妈育儿社会服务项目提升育儿社会支持的前测数据

		M	SD	Man - Whitney
社会支持总分-前	干预组	3.96	0.82	0.934
	对照组	3.93	0.55	
情感支持-前	干预组	4.25	0.85	0.833
	对照组	4.07	1.28	
物质支持-前	干预组	4.08	1.14	1.000
	对照组	4.20	0.96	
评定支持-前	干预组	3.88	0.80	1.000
	对照组	3.87	0.61	
信息支持-前	干预组	3.63	0.90	1.000
	对照组	3.60	0.43	

干预组前后测数据对比分析表明(见表 14),干预组的育儿社会支持总分、评价支持和信息支持的前后测得分出现显著性差异,而对照组前后测数据对比分析表明(见表 15),干预组的育儿社会支持总分、情感支持、物质支持、评价支持和信息支持的前后测得分均未出现显著性差异。前后测中两组人的得分在育儿社会支持、评价支持和信息支持维度上的表现出现了明显的斜率差异,表明了干预组在育儿社会支持总分、评价支持和信息支持维度上的改变比对照组明显。

表 14　干预组育儿社会支持前后测数据对比

干预组(n=8)	M	SD	Man - Whitney Test
社会支持总分-前	3.96	0.82	−2.058*
社会支持总分-后	4.21	0.68	
情感支持-前	4.25	0.85	0
情感支持-后	4.25	0.71	
物质支持-前	4.08	1.14	0
物质支持-后	4.13	0.91	

续表

干预组（$n=8$）	M	SD	Man - Whitney Test
评定支持-前	3.88	0.80	-2.060*
评定支持-后	4.29	0.74	
信息支持-前	3.63	0.90	-2.392*
信息支持-后	4.17	0.73	

* $p<0.05$

表 15　对照组育儿社会支持前后测数据对比

对照组（$n=5$）	M	SD	Man - Whitney Test
社会支持总分-前	3.93	0.55	0
社会支持总分-后	3.97	0.53	
情感支持-前	4.07	1.28	-0.184
情感支持-后	4.27	0.72	
物质支持-前	4.20	0.96	-0.184
物质支持-后	4.27	0.43	
评定支持-前	3.87	0.61	-0.816
评定支持-后	3.73	0.64	
信息支持-前	3.60	0.43	0
信息支持-后	3.60	0.60	

* $p<0.05$

（二）干预项目定性评估结果

采用半结构式访谈，旨在了解新手妈妈对于活动组织的满意度、项目对于自己的帮助、对未来项目开展的建议等。设置小组活动观察员的角色对新手妈妈及其家庭参与小组活动过程进行观察，并对观察到的信息进行记录，从而获得资料。总体评价是好的，组员表示对于在小组服务中获得的工具性和情感性支持都很有所提高，解决了自己很多实际的问题，也得到了情感共鸣，对于项目组织方和社工都表示了感谢和肯定，但在活动建议方面组员和小组观察员(2名)都给予了不同方面的回应,尤其集中在时间把控和组员人数管理方面,而后者组员人数的招募也是和时间把控密切相关,提醒了组织方未来在人员招募和时间管理方面需要更加用心和有科学合理的安排,以保证在规定的活动时间内获得最佳的服务效果。

四、结论与展望

(一)0~1岁婴儿家庭育儿社会支持的现状构成特点

1. 0~1岁婴儿家庭育儿社会支持现状特点的研究结论

(1)婴儿喂养主要以母乳喂养为主,近一半的新手妈妈选择是纯母乳喂养自己的孩子,而混合和奶粉喂养占比也是超过一半;有近八成的家庭属于需要老人的参与才能完成育儿的重任。

(2)有一定比例(13%)的新手妈妈会存在不适应母亲角色,和自己丈夫、婆媳关系存在不良改变的情况,多数家庭属于维持正常关系状态,甚至往更好的家庭关系构建的方向发展。

(3)新手妈妈的情感和物质支持得分略高,评价和信息支持的得分略低,总体育儿社会支持的得分属于中等偏上水平。

(4)母亲年龄越长者,其物质支持的获得越少。

(5)婴儿月龄越高,母亲的信息支持水平越高。

(6)家庭月收入与育儿社会支持子维度均不存在显著的相关关系。

(7)三孩的家庭物质支持度显著低于一孩和二孩家庭。

(8)育儿社会支持并未因为婴儿性别、家庭月收入的不同,而存在显著差异。

(9)初中及以下文化程度的新手妈妈会在信息支持得分上显著低于其他文化程度的妈妈。

(10)婴儿照顾方式在物质支持上存在显著差异,有外婆参与照顾的选项得分显著高于其他选项。

(11)纯奶粉喂养的婴儿母亲在信息支持上的得分显著低于纯母乳和混

合喂养的婴儿母亲。

(12) 母亲角色适应的不同程度与感知到的育儿社会支持不同维度存在显著差异,不适应母亲角色的新手妈妈的情感支持得分显著低于适应良好者;在物质支持方面不存在显著母亲角色适应方面差异;评定和信息支持方面,适应良好者的评定支持得分均显著高于不确定和不适应者。

(13) 夫妻关系是否受到影响在情感和评价支持方面存在显著的差异,夫妻关系比以前差的情感及评价支持均显著低于没什么影响和关系更好者。

(14) 婆媳关系是否受到影响在情感、物质和评价支持方面存在显著的差异。

(15) 婆媳关系比以前差的物质及评价支持均显著低于没什么影响和关系更好者,婆媳关系比以前差的情感支持均显著低于没什么影响者。

2. 育儿社会支持的结构偏重于强关系和非正式支持

根据图 2 所示,研究中所调查的 0~1 岁婴儿家庭多数(八成左右)以祖辈为育儿的主要照顾者之一,而祖辈属于非正式支持的强关系里的血亲(婴儿的奶奶或者外婆,新手妈妈的母亲或者新手爸爸的母亲),通过共享的方式,即付出自己富余的退休时间来帮助子女照顾婴儿和做家务劳动,甚至有些老人还会除了付出时间精力外,还会付出金钱来补贴小家庭,这些支持的输送路径属于"共享",即不需要对方即时回报和交换的一种社会资源的分享行动。根据研究结果育儿社会支持在婆媳关系、夫妻关系方面的差异体现了不同的特点,婆媳关系的好坏决定了情感、评价支持和物质支持的差异,主要集中在了情感性支持的功能(体谅、关心、好评等),物质支持主要是照料婴儿和家务劳动的供给,而夫妻关系的好坏仅体现在了情感和评价支持的差异。这说明了祖辈的育儿支持某种程度上超越了丈夫的支持功能,而凸显了极其重要的地位。其中祖辈如果是外婆会比是奶奶更能体现了其支持的优势,结果表明外婆照顾为主的婴儿养育模式的物质支持得分要高于奶奶照顾模式,因为调查对象是新手妈妈,说明了外婆角色的重中之重。

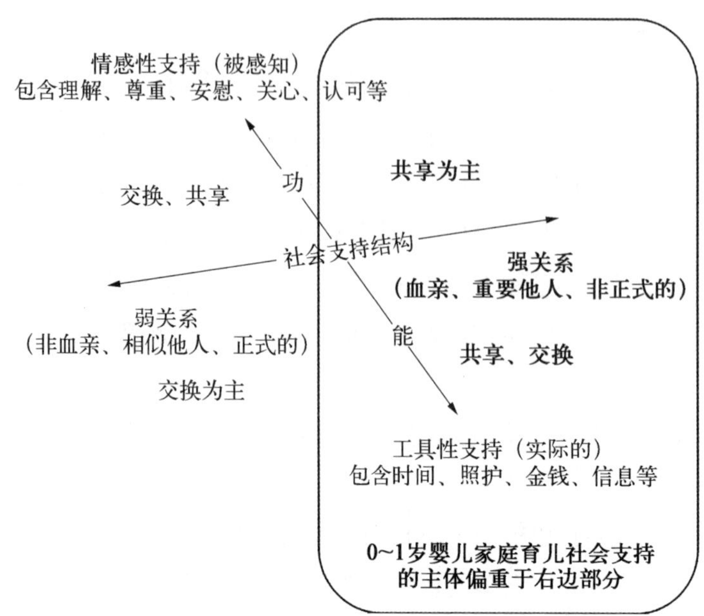

图2　0~1岁婴儿家庭育儿社会支持现状结构呈现图

3. 育儿社会支持的功能兼具工具性和情感性支持

由于育儿工作不同于普通的家务劳动，除了付出大量的时间、金钱、体力和精力外，仍然需要同样重要的情感类支持，这些情感类的支持来源来自有血亲的非正式支持体系无疑是最为合适的，祖辈和丈夫给予新手妈妈的情感性支持功能是被雇用的家政人员无法所给予的。

工具性的育儿社会支持主要在本研究的测量工具中指物质支持和信息支持，其中物质支持即提供给育儿工作中需要的金钱、照顾时间、体力、家务工作等，而信息支持包括育儿工作需要的科学知识、育儿资讯、不同家庭的育儿经验等，前者根据调查结果发现可以通过强关系来提供，但信息支持的获取，调查结果显示新手妈妈是不充分的，而新手妈妈的角色适应与其所获得的信息支持与评价支持紧密相关。

情感类社会支持在本研究中指的是情感支持和评价支持，前者在强关系中可以获取，即新手妈妈的家人会给予她非常多的关心、理解和安慰、体谅，但评价支持在调查数据中显示是相对不足的。评价支持和新手妈妈的角色适应程度密切相关。

4. 育儿社会支持的传送方式以共享为主、交换为辅

社会支持是一种社会资源的传递和供给，而在传递过程中难能可贵的是一种血亲似的不计回报的共享模式。在育儿社会支持中，共享模式尤其显得突出和常见。0~1 岁婴儿家庭的育儿社会支持并不因为婴儿性别和家庭经济情况而有所差异，其支持的传递方式主要以血亲为主体的强关系提供的工具性和情感性支持，而这种传递方式是通过共享的方式。但如果是婆婆照顾儿媳及孙子的模式则会出现二元模式，即在照顾婴儿时属于血亲的共享模式，不计代价不求回报，而在照顾儿媳的方面，由于不是直系血亲的强关系，则可能会出现交换为传递模式的育儿社会支持供给，即你对我好，我才对你好的交换模式。丈夫对于新手妈妈而言，属于强关系里的非血亲的重要他人，在社会支持的传递过程中会出现很多意想不到的期待与实际不符的现象，这种表面共享模式行不通的情况下，可能要重新思考是否需要从“交换”模式来获取丈夫的支持。相比之下，外婆比丈夫似乎在先天血亲关系上就占据了很大的支持来源优势。作为新手妈妈，需要厘清其中家庭关系的脉络和社会支持的传递规律，才能更好地从不同人员获取自己需要的育儿社会支持。

（二）0~1 岁婴儿家庭育儿社会支持的提升路径探析

1. 维系和巩固现有的强关系育儿社会支持结构与功能

无论基于理论框架、文献还是本课题研究的数据显示，0~1 岁婴儿家庭的育儿社会支持都在以前、现在和未来会一直以家族式血亲共享模式来提供，不断注入新生儿诞生的家庭成长中，让婴儿能够以更安全、健康的方式成长。这种以强关系为支持主体、共享模式为传递方式的育儿社会支持供给模式，应该维系、鼓励和倡导。对于本应该有的强关系育儿支持模式却因为各种原因不到位的情况，应通过调研走访后获取相关家庭信息，通过社会服务的方式帮助这些家庭重塑育儿支持模式。

2. 拓展和深化未充分供给的正式育儿社会支持的传送

社会、政府均需要提供更多的力量帮助每个家庭适应养育孩子的节奏。

工具性支持主要是信息支持，情感类支持主要是评定支持，可以通过正式支持来源（比如政府、医院、组织机构、家政服务公司、工作单位等）提供，拓展更多这方面的支持来源会更有助于支持的传送和供给。

3. 重视交换为未来主体支持方向的育儿社会支持供给

信息支持不是仅仅以强关系为主体的非正式支持可以充分提供的，一定需要借助于外界的正式支持力量来提供，而如果属于弱关系提供的社会支持，则必然走以交换为主体的支持供给模式，所谓交换不仅是指金钱的交换（金钱购买服务），也可能是指同等物质的交换，比如时间换时间、情感换情感、信息换信息，所以未来的育儿社会支持供给模式，将更需要重视以交换为主体的支持方向，如大力发展和规范家政行业、育儿信息行业、软性的育儿支持社会服务（如新手爸妈课程）等。但需要注意的是，交换意味着价格限定和商品品质与价格挂钩，服务提供也有一定的边界和范围，与共享模式不同之处，这点在育儿服务中是需要提醒使用和提供服务的双方。

（三）研究展望

1. 调查口径采取更为宽口径和尽可能代表总体的取样方法

未来调查需要进行更为宽口径的调查途径来采集问卷数据，比如街访或者医院人流量较大的部门（门诊或输液区），从更大的人群范围（不同文化程度、地域背景、经济状况）中探寻到新手妈妈及其家庭的育儿模式、育儿社会支持的真实图景，从而找到提升其育儿支持的可行路径。

2. 深入访谈不同典型案例家庭，进行长期追踪的纵向研究

深入访谈不同类型的新手妈妈家庭育儿社会支持样本，获取最大限度的深度数据，采取理论化抽样的方式从不同维度进行取样，直到获得理论饱和的数据为止，在获取访谈对象的同意后，争取做到追踪调查，继续访谈婴儿在 1~3 岁，甚至 3~6 岁，及 6 岁以后的育儿社会支持模式特点及变化轨迹，在其中探寻到更多的支持变化规律，为提供相应的支持内容及开拓育儿支持来源提供实证依据。

3. 育儿社会支持的干预服务应走向社会化的交换供给模式

本研究的文献回顾及实证调查、干预实践研究，初步认为当前 0~1 岁婴儿

家庭育儿社会支持仍然集中于家内血亲为主体的强关系支持模式,传递方式是共享。但随着我国社会经济的快速发展,城市化进程的加速,老龄化少子化的挑战,这种家族式的抚养支持模式必然会受到很多的冲击和挑战,比如不是每个家庭都能够有充分的祖辈支持力度,也不是每个家庭都能够正确获取足够的育儿知识和信息来源帮助他们科学育儿。所以,在未来我国实施全面二孩的生育政策背景下,要促进生育、鼓励家庭承担育儿重任,单依靠家庭自身的力量是不够的,未来可行的方式是鼓励育儿社会支持的干预服务走向社会化的交换供给模式,通过交换的方式提供育儿支持服务(比如幼儿托管、早教、父母教育的公益课程等),而政府可以鼓励、支持、监管这类的社会服务传送。

隔代照护、照护社会化和照护社区化的路径选择研究*

——以上海市为例

上海心翼家庭社工师事务所**

一、问题的提出

上海是全国人口老龄化程度最高的城市，截至2015年12月31日，上海60岁及以上老年人口已经达到435.95万人，占户籍总人口（1 442.97万人）比例达到30.2%。根据预测，到2030年上海户籍人口中40%是老年人，2040—2050年，上海60岁以上老年人届时预计将达44.5%，成为全球老龄化程度最高的城市之一。

作为中国老龄化程度最高、生育率第二位低的城市，关于上海生育状况的研究显得尤为重要。在2017年两会上，全国政协委员、全国妇联原副主席崔郁在发言中指出，有60.7%的人目前因无人照料孩子而放弃生育二孩，在有3岁以下孩子的18~45岁城镇女性中，有近1/3的人因为孩子无人照料而被迫中断就业；在双职工家庭，有近80%婴幼儿由祖辈看护。生育行为是在家庭中发生的，研究生育行为离不开家庭这个分析环境。同时，家是构成中国社会的基本单位，研究中国问题也离不开家庭分析①。由此，我们从家庭支持中隔代照护的视角出发，调查研究隔代照护的必要性、存在的问题，并针对问题提出政策回应。

* 本文系2018—2019年度上海市儿童发展研究课题“上海市3岁以下儿童养育的社会化体系构建研究”的结项成果。

** 上海心翼家庭社工师事务所，成立于2014年10月13日，其经营范围包括针对家庭开展个案辅导、危机干预，为社会组织提供支持性服务，进行妇女儿童公益项目研究等。

① 费孝通. 乡土中国[M]. 北京：人民出版社，2008：1.

二、文献回顾与研究策略

（一）文献回顾

国内外关于二孩生育的研究主要集中于生育意愿、二孩生育对妇女职业的影响、二孩生育政策评价、二孩生育环境及政策保障等，涉及的学科有社会学、人口学、经济学和管理学等相关学科。

关于二孩生育意愿的研究主要集中在是否愿意生和影响因素分析上。在生育意愿上，学者的研究显示居民的生育意愿普遍不高，甚至低于 20% 以下①②③④⑤。只有个别学者的研究显示愿意生的所占比例较高，例如，王松的研究显示四川 Z 县的城镇居民生育意愿为 58%⑥；“全面两孩”政策激发了农民工的生育意愿⑦。

关于二孩生育意愿研究常常和二孩生育影响因素的分析结合在一起。有学者的研究显示生育观念的变化影响生育意愿⑧；有学者的研究显示家庭经济负担是影响二孩生育的核心因素⑨；有学者认为“双独”家庭的生育意愿高于“双非”家庭，东部地区的生育意愿低于西部地区，农业户口家庭的生育意愿略

① 张勇，尹秀芳，徐玮. 符合“单独二孩”政策城镇居民的生育意愿调查[J]. 中南财经政法大学学报，2014(5).

② 韩雷，田龙鹏. “全面二孩”的生育意愿与生育行为——基于 2014 年湘潭市调研数据的分析[J]. 湘潭大学学报(哲学社会科学版)，2016(1).

③ 朱健，陈湘满. “80 后”流动人口二孩生育意愿研究——以湖南省 2013 年流出人口为例[J]. 湘潭大学学报(哲学社会科学版)，2016(1).

④ 张晓青，黄彩虹，张强，陈双双，樊其鹏. “单独二孩”与“全面二孩”政策家庭生育意愿比较及启示[J]. 社会科学文摘，2016(3).

⑤ 马蔚姝. 天津城市居民二孩生育意愿及影响因素的调查分析[J]. 中国城乡企业卫生，2017(1).

⑥ 王松，刘光远，刘希珍. 城镇居民生育二孩意愿及影响因素研究[J]. 四川理工学院学报(社会科学版)，2016(4).

⑦ 张露露，任中平. 乡村治理视阈下现代乡贤培育和发展探讨[J]. 广州大学学报(社会科学版)，2016(8).

⑧ 蒋旻霈. 生育观念变迁及其对“单独二孩”政策的影响[J]. 知与行，2016(2).

⑨ 王松，刘光远，刘希珍. 城镇居民生育二孩意愿及影响因素研究[J]. 四川理工学院学报(社会科学版)，2016(4).

高于非农业户口①;老年人的物质支持影响二孩生育②;育龄妇女生育意愿是否满足影响生育率,经济压力导致人们放弃生育二孩,城市类型和区域生育文化影响生育意愿③。在生育意愿的影响因素分析中,所有作者都直接或间接提到经济因素对二孩生育的影响。

学术界目前对二孩生育政策实施后果的研究主要集中在两个方面:

一是二孩生育政策对国家长远发展的积极作用。有学者认为"全面两孩"政策的实施会给中国养老保险资金缺口的缓解带来积极的影响④,有利于改变现有人口的不均衡发展现状、是实现理想人口的愿景、人口长期均衡发展的政策基础和必然选择⑤。郑秉文的研究表明,"全面两孩"政策对中国经济新常态及时而必要,有利于缓解社会经济压力、促进经济增长⑥。

二是对妇女群体的影响。"全面两孩"政策的实施影响妇女工作平等的权利⑦,引发隐性的就业歧视⑧,中断妇女的职业生涯、造成现实幸福损耗和未来收益减少⑨,对妇女就业状态产生消极影响⑩。学术界目前对二孩生育对女性的影响和冲击主要集中在两个方面:一是对女性职业的影响;二是关于妇女权益的保护。"全面两孩"政策进一步加剧就业性别歧视⑪;"全面两孩"政策导致女性职业生涯中性别歧视加剧、角色冲突、职业生涯中短期加长和性别歧

① 张晓青,黄彩虹,张强,陈双双,樊其鹏."单独二孩"与"全面二孩"政策家庭生育意愿比较及启示[J].社会科学文摘,2016(3).

② 陶涛,杨凡,张现苓."全面两孩"政策下空巢老年人对子女生育二孩态度及影响因素——以北京市为例[J].人口研究,2016,5(3).

③ 风笑天,李芬.生不生二孩?城市一孩育龄人群生育抉择及影响因素[J].国家行政学院学报,2016(1).

④ 袁磊,尹秀,王君."全面二孩"、生育率假设与城镇职工养老保险资金缺口[J].山东财政大学学报,2016(2).

⑤ 原新.我国生育政策演进与人口均衡发展[J].人口学刊,2016(5).

⑥ Bingwen Zheng. Population ageing and the impacts of the universal two-child policy on China's socio-economy[J]. Economic and Political Studies. 2016, 4(4).

⑦ 程雅馨,何勤.全面放开二孩政策形势下女性生育二孩意愿与女性权益保护[J].中国劳动关系学院学报,2016(4).

⑧ 高媛.职场女性生育成本分担模式的重构[J].中国劳动关系学院学报,2016(3).

⑨ 张霞,茹雪.中国职业女性生育困境原因探究[J].贵州社会科学,2016(9).

⑩ 宋健.普遍二孩生育对妇女就业的影响及政策建议[J].人口与计划生育,2016(1).

⑪ 岳玲.浅析全面二孩政策对就业性别歧视的影响[J].工会博览,2016(22).

视的叠加效应[1][2]，身心健康是政策对女性职业发展的直接影响，职业机会减少是对女性职业发展的间接影响，职业动机减弱是对女性职业发展的根本影响。

当前学术界专门研究二孩政策落实的比较，观点多散落在相关的研究中，比如在研究生育意愿及影响因素中提到提高生育意愿的措施，在提到妇女二孩生育与权利保护中提到政策保障措施。专门的研究有两篇。宋健在一篇文章中专门研究了政策环境和政策目标，文章围绕生育主体、社会经济条件和生育文化三个问题展开，提出在二孩政策没有起到立竿见影效果的情况下，政府工作的重点不应是贸然改变政策，而应顺应环境的变化，努力创造生育友好型社会[3]。卢晓莉在基于成都市的研究中指出，政府应出台支持家庭发展的相关政策，创新家庭支持网络与体系，保障"全面两孩"政策的实施[4]。

社会学、人口学和管理学等学科对二孩生育政策的相关研究都积累了丰富的成果，为本研究奠定了良好基础，但也有一些不足。之前的研究多在于剖析问题，没有提出或者仅仅提出笼统的解决问题的方案；很少谈及生育行为发生的家庭支持中隔代照护方面，对于在中国现实环境中普遍存在的隔代照护仅有陶涛等人的一篇研究，且研究的视角是放在空巢老人对二孩生育的影响。中国存在着城乡差别，不同地区间的差别，特大城市、大城市和中小城市的差别，对于不同城市，制定的激励二孩生育的政策也应有别，而现有的研究中多是泛泛而谈，对中国城市化最为严重的上海市缺少系统的研究。

（二）研究策略

为深入了解年轻人对隔代照护的看法和担忧，老年人进行隔代照护的真

① 肖琴，汤林涛，等. 全面二孩政策下的女性职业生涯保障分析[J]. 河南科技大学学报（社会科学版），2016,8(4).

② 张韵. "全面二孩"政策对女性职业发展的影响及其因应之策[J]. 福建行政学院学报，2016(4).

③ 宋健. 中国普遍二孩生育的政策环境与政策目标[J]. 人口与经济，2016(4).

④ 卢晓莉. "全面两孩"政策下成都市构建家庭支持体系的思考[J]. 成都行政学院学报，2016,6(108).

实情况，我们选择上海徐汇、闵行和奉贤三个区，对育龄父母和祖辈进行访谈，初步访谈共计访谈300位老年人，200位育龄期年轻人。在剔除了重复和无效信息的个案后，根据个案是否具有代表性确定了50个个案进行深度访谈。其中包括18位老年男性、32位老年女性，其中包括14对老年夫妇，外来随迁老人占30位。依据选择老年人样本的方法，我们选择30个育龄人群（其中有8对夫妻）作为对照样本进行了深度访谈。

三、隔代照护的现状

（一）隔代照护似乎是必然选择

1. 老人是“安全的保姆”

费孝通在《乡土中国》一书中提出差序格局，描述亲疏远近的人际格局，如同水面上泛开的涟晕一般，由自己延伸开去，一圈一圈，按离自己距离的远近来划分亲疏。在中国当今社会，社会风险加大，人与人之间的信任度降低，加上媒体上与拐卖儿童、保姆虐待自己照护的婴幼儿，年轻父母对谁照护孩子最安全有着最为严格的考量。在照护孩子上，育龄群体最为信任的首先是自己，其次是孩子的祖辈，再次是亲戚，保姆被排在了最后，即使请保姆，也是在高度戒备中与之相处。

“这个是我和老伴一起带大，带到一岁多，他爸妈接到国外的。”

“虽然有经济能力，在请阿姨方面不是觉得不太放心嘛。”

“想过请保姆，但是觉得保姆像是一种牵制，我就不喜欢，你完全交给她又不行，实际上还是得自己带着，你说对吧。”

被访谈的老人，家住静安区，虽然经济条件较好，完全有能力请保姆，但是对于把孩子交给保姆照顾，顾虑很深，不敢请保姆照护，仍由爷爷、奶奶照护。即使有的家庭请了保姆，也不是完全把孩子交给保姆，而形成另一种情况，保姆带孩子，爷爷、奶奶同住，“监督”保姆。如果没有爷爷、奶奶照顾孩子，年轻父母一般也不愿意请保姆，而是选择自己带孩子。

“我才不会傻到把孩子交给保姆呢！孩子就这么一个，万一碰到坏保姆，把孩子拐走了,我们就完了。”

这个个案是一个30多岁的年轻女性,孩子刚满一岁,因为没有祖辈照护孩子,她辞去高薪的工作,成为全职妈妈。在访谈中的其他个案也都有类似的表述。

2. 老人是免费的“保姆”

对于收入不高的家庭,几乎所有育龄群体都关注孩子带来的经济开支问题。而要减轻家庭的经济压力,一是增加家庭收入,二是减少家庭支出。增加家庭收入受很多因素的影响,个人在其中的作用较小,很难在短期内实现。减少因抚养孩子而产生的家庭支出,老人的照护起到关键作用。我们发现老人在收入状况一般的家庭中,不仅仅起到了照护孙辈的作用,还能变相减少家庭经济开支。即孩子带给家庭的养育成本和教育成本,原本需要的外雇保姆费、托育机构培训费,部分由老人来承担。

“他们还是放心给你们带,是吧?”“当然了,他们又省心又省钱,我们两个是省钱的保姆。”

“代价太大了,我不给带的话,一个挣钱看孩子;一个在家带孩子,工资就养不起嘞,而且房子一个月四千多,就在这个大院里,化工一村,四千!水、电、煤、物业费,啥都要,然后她自己不工作,一个人挣钱那就不行!”

“她爷爷奶奶在赚钱,开麻将馆,第一个孩子她爷爷奶奶带的。”

老人的照顾让夫妻双方能够比较安心工作,不用考虑找人照顾孩子的钱支出,是“省钱的保姆”。老人的照顾等于是变相减少了家庭的支出,有些老人有退休金,还可以适当贴补孩子。问卷结果显示,双方老人都能自理的家庭状况在四种状况中,育龄群体的二孩生育意愿最高。而一方或双方老人生活不能自理的家庭二孩生育率都不高。究其原因,多集中在家庭开支压力大,孩子缺乏照护人员。

由此我们得出,无论对于何种经济条件家庭,老人的状况显得格外重要。当老人身体欠佳时,其不仅不能减轻小家庭的育儿负担,更会使家庭的经济状况雪上加霜,难以负担多一个孩子所带来的经济开支。

（二）隔代照护遭遇现实困境

1. 老人再社会化的“蜕变”之难

研究发现，上海家庭一大部分是非沪籍的外来新生家庭。此类家庭往往存在为照护孙辈离乡入沪的随迁老人，而随迁老人的孤独感和漂泊感也是影响家庭二孩生育的关键因素。此外，往往由于随迁老人急于回乡，要求将孙辈带回乡抚养，育龄群体为避免留守儿童现象的出现而选择不生育。

“时间长了也就习惯了，来这里一年多了。但就是没认识多少人，听不懂上海话，我和他们没什么交流，都是照顾小孩，他们说话我也听不懂，当然还是很想家的，过几个月我就回去和他奶奶轮换。”

“你看回去多少老人！现在让老人来，老人都不乐意，说是进城里就像鸟被关进了笼子，不自由，不愿意长期待。”

“反正就是孤独的，还是回家好的，我想回家的。所以嘛，我老伴这回不乐意来了，没办法就我来了，总得有人照顾孩子的。”

随迁老人社会融入困难体现在三个方面：一是难以融入上海本地人群中。生活习惯的差异和语言沟通的障碍，加之上海本地老人已经形成一个固定的朋辈群体，一个外地老人很难进入。二是即使同为随迁的老年人，来自不同的地区，沟通困难。随迁老人之间多在公共的活动场所因照护孙辈相识，交流的问题单一，缺少深层次的交往，难以从陌生人变为熟人进而成为朋友。三是户籍制度阻隔下社区活动参与度低。社区的活动主要针对户籍人口，随迁老人被拒之门外。当随迁遇到问题时，难以在家庭之外得到支持和帮助，一旦问题在家庭内部得不到解决，就会堆积，产生连锁反应。

老人从家乡来到上海，一旦进入子女家庭，他们从主导地位变为从属地位，为家庭的经济贡献变小甚至没有，在家庭决策上丧失了话语权，自己的诉求难以得到满足。他们原有的社会关系基本被剥夺，新的社会关系没有建立，家庭地位下降，话语权减弱，为照顾孙辈被动随迁的老人在上海的生活充满了单调无奈，度日如年，脱离这样的生活成为他们考虑的主要问题。调查发现，老年男性更急于摆脱这样的生活状态。老人的状态又在家庭中引发新的矛盾和问题,去和留成了老人和子女矛盾焦点之一,生育二孩意愿也随着老人的随时返乡而受到较大影响。

2. 老人随迁成本成为“包袱”

在所有访谈中,目前小家庭的结婚双方跨地域性明显,配偶双方原生家庭距离普遍偏远,外来随迁的老年人占了总调查的一半以上,而老年人跟随子女随迁入沪的首要问题便是住宿。高昂的房价无论是购房还是租房都将使子女的家庭增加新的负担。10 组随迁老人中只有 2 组是来自城市,其余 8 组均来自农村,而农村老年人没有稳定的退休金,更多的农村老年人选择变卖家里的房产或耕地来沪。城市老年人的低退休金在高消费高物价的上海也无济于事。一高一低的差距使得老年人的随迁成本不可小觑。

“工厂租掉了,你出外打工,家里地就租给别人了,都是这样的,我们出来带孩子呢,应该说是一代一代必然循环的。”

“你看看,我现在在这里要多少一个月? 六千块,还没有宁波的房子一半大! 户口在这里没有办法,小宝在这里念书。”

第一个例子中老年人来自内蒙古呼伦贝尔,在家种地,为来沪抚养孙辈出租耕地,收入贴补子女家庭的生活费用,第二个例子老年人家在浙江宁波,在上海租房子照看孙子。

由此可见,无论老年人自身财产积累多少,随迁入沪的高生活成本不仅未能为子女分担经济压力,反而增加了家庭的随迁成本。这成为老年人在子女二孩生育上产生了“想生而不敢生”态度的一大影响因素。

3. “有心无力”的无奈

非独生子女父母年龄一般在 60 岁以上,这些老人能否帮助子女照顾孩子取决于两个方面: 一是年龄;二是身体状况。年龄相对小且身体状况良好的老人可以承担部分隔代照护的责任;年龄相对小但力不从心的老人可以一定程度上减轻子女的抚养负担;年龄较大或身体不好,仅能生活自理的老人,甚至有的老人生活无法自理还需要子女照料,就不能在隔代照护上起到帮扶作用。我们将老人精力状况分为以下几种:

我们发现,双方老人都能自理的家庭在上海占大多数,在这些家庭中,老人普遍面临的状况是：自己虽有养育精力，但精力有限，且无法保证未来是否能够顺利照料孙辈。访谈发现，很多老人并不是真的不希望子女生育二孩，其实是希望生，但是不敢让他们生，主要原因还是他们精力有限。现在带孩子不只是让孩子吃饱就行了，还要接送孩子上学，上辅导班、兴趣班，给孩子做饭要讲究营养。经历了帮子女带第一个孩子的辛苦，许多老人表示自己力不从心，不能再帮子女带第二个孩子了。

此外，调查中显示上海老人多需要承担双重的照护责任——照顾父辈和照护孙辈。据上海市卫计委发布的数据，2015 年上海市民的平均期望寿命达到 82.75 岁，女性平均期望寿命首次突破 85 岁，达到 85.09 岁。因此，上海四世同堂的家庭普遍存在。上海籍的调查对象多存在“上有老，下有小”状况，照顾父辈，兼顾子女，照护孙辈，是家庭中的主要劳动力。这些退休年龄段的老人，三面顾及，分散精力，难以再肩负照护一个孙辈的重担。

除了老人自身无法为家庭分担养育压力之外，老人自身也需要他人照看，占据了其他老人的时间，这从另一方面减少了家庭育儿人员。这正是育龄群体选择不生育二孩的关键原因。也有一小部分的家庭，双方家庭老人身体状况均比较差，不仅缺乏照看孙辈的能力，自身还需要他人照料。因此，子女往往为老人雇请了专业医护人员。一方面，这在家庭中是一笔不小的开支，另一方面，二孩的照护人员的缺乏同样也阻碍了生育主体的生育意愿和生育行为的产生。当然，双方老人均无法自理的状况在问卷样本量中占少数。

4. 育儿能力“欠缺”：代际冲突的导火索

另外一部分家庭，即便是没有经济负担，老人也不乏照看孙辈的精力，却选择不生育二孩。究其原因，年轻人认为老人缺乏科学育儿能力。

“现在大医院生孩子的活，医院会给孩子父母做一些育儿的简单培训，但是对老一辈的教育还是挺少的。”

“我觉得他们有些东西还是有差别的，像别人他们老人家说，要吃盐，哎，我们就觉得不用多吃盐，带孩子方面有些东西，还是自己带比较好，虽然会出争执。”

“只是有些时候他们有些行为我们觉得有点不卫生的，我婆婆老是嚼东西给他吃，我有时候也不好说什么，一说她就生气嘛，所以我老是回避让我婆婆在吃饭的时候抱着他。”

非独生子女父母的年龄集中在 60 岁左右或之上，这一代老人成长于 20 世纪五六十年代，甚至更早。那时即便是上海，受教育程度大多是小学、初中，甚至文盲，高中很少，大学毕业的就更少了。农村地区的教育程度更低，文盲更多。调查发现，虽然老人具有养育子女的经历，但积累的照护孙辈的有效知识不足，对孙辈进行素质教育的知识缺乏，造成老年人对孙辈只能“喂饱”，不能“教育”。在教育更加复杂化和多元化的时代，老人原有的知识储备和智慧，远远不能够满足照护和教育孩子的需要。

年轻人不信任老年人的育儿能力，而老人对年轻人的教育方法也不太认同。在教育的过程中，老年人和子女产生冲突，几乎不可调和，引发家庭矛盾，影响二孩生育。

5. 小结：不得已、不满意 VS 很委屈、不生育

在不同经济状况的家庭中，老人带来的具体影响各不相同。对于收入状况良好的家庭，社会的差距信任以及老人的科学育儿能力更受到关注。育龄群体认为老年人存在信任优势，觉得只有他们能保障孩子养育的安全，解除青年人的安全顾虑；而对于收入状况一般或较差的家庭，人们不得不更迫切地关注孩子带给家庭的经济开支，而老人作为“免费的保姆”，能够很大程度上减少家庭的照护成本和教育成本，从而减轻家庭经济负担。此外，对于收入状况较差的家庭，夫妻双方不得不共同工作维持家庭基本开支，老年人在孙辈照护中的作用更加无法替代，因此，年轻人不敢也不愿放弃老人对孙辈的照护。

隔代照护实践中老年人精力有限不能完全支撑照护孙辈的所有任务；老年人育儿知识和能力有限不能或者很少提供“教育”的帮助，甚至即使参与到“教育”的活动中去，其结果往往是帮倒忙，引起家庭摩擦甚至冲突；老人的随迁成本给年轻夫妇家庭无形之中带来家庭开支过大，时有发生的老人就医费用更是增加了家庭的经济负担；“任性”的要回家的老人会打乱年轻夫妇的工作和生活计划，使他们“有苦难言”。在这样的情况下，年轻人对老年人提供的隔代照护多不满意，多数人选择的结果是不生育二孩。

在年轻人不满意的同时，老年人更委屈。他们离开熟悉的环境，来到陌生的上海，忍受孤独和寂寞，起早贪黑，拖着疲惫的身体照护孙辈，担惊受怕，但似乎并没有子女满怀的感恩之心，而是更多的不满意，所以他们倍感委屈。

结果是，不生育。年轻人不愿意因再生一个孩子而重复和老年人的这种关系及摩擦，不生育二孩是解决问题的“捷径”。

四、政策回应：以社区会为核心的儿童照护社会化

问卷调查和深度访谈发现：年轻人生不生，表面上看与老人没有关系，实际上，生与不生，老年人起着关键作用。儿童这个群体的特殊性、差序信任的存在以及年轻人的就业问题等使照护责任在当下主要落到了老年人身上，家里是否有能承担照护责任的老人在很大程度上影响着年轻人是否生育二孩。而老年人因为年龄的原因、受教育程度的不同和地域文化的差异，在照护孙辈方面遭遇这样或那样的问题。在这样的背景下，为了提高二孩生育和确保二孩照护，必须制定相应的二孩照护体系，这个体系保护既包括硬件设施，又包括智力投入，还包括顶层设计。在硬件设施上，重视老年人的力量，围绕家庭，以社区为基点、公司为辅助建立辅助照护场所。在智力投入上，借助于现有的或增加新的力量，打造专业化、科学化的育儿教育队伍，通过系统化的讲座或课程提升老年人的育儿能力，向年轻人输送科学、理性的育儿理念和方法，减轻年轻人的育儿负担。进行顶层设计，全国建立促进二孩生育、解决二孩照护后顾之忧的二孩照护体系，最终达到中国人口的均衡发展。具体如下：

（一）社区为主、公司单位为辅，设立辅助育儿场所

老年人是年轻父母除了自己之外最为信任的照护者，是孙辈照护的主要力量。但是相当一部分老年人能够照顾孙辈，但由于年龄和疾病的原因，照护方面又显得力不从心，需要必要的休息和放松。年轻人要工作，不可能按照老年人的需求来安排自己的工作，这就需要第三方力量的介入。就中国目前住宅区而言，绝大多数都有居委会，有公共的活动场所。居委会可以利用原有的

场所或者在条件许可的情况下增加新的空间，建立0~3岁儿童辅助照护中心，聘任专业照护人员。辅助照护中心在老人需要休息或生病时，提供临时、形式灵活多样的低收费照护。这样的辅助照护场所对有需求家庭来说很方便，离家近，接送方便，安全可靠，能够解决由老人照护孙辈家庭后顾之忧。

在办公区集中的区域和人数比较多的政府部门及企事业单位内部，设立专门的0~3岁儿童照护中心，主要照护短期无人照护的职工子女，比如说老人生病住院、随迁老人回老家及其他原因，导致孩子临时无人照护。男女职工上班时带上孩子，上班期间，孩子放在照护中心由专人照护，下班带回家，既可以工作，又可以兼顾孩子照护，还可以使老人获得一定的休养。公司单位照护中心是社区照护中心的必要补充。

以上这两种照护中心，都是临时性的、辅助照护中心，这决定了照护中心的儿童不会太多，政府不需要过多投入资金、增加空间和设施，易于在实践中操作，也具有可持续性。

（二）社区化注重打造系统化的讲座和培训，提升老年人的育儿能力

“全面两孩政策”针对的是“双非”群体，“双非”群体的父母大多在60~70岁，甚至更大。由于这些老人经历中国特殊的历史时期，受教育较少，文化水平普遍较低，尤其是随迁老人，难以适应新的社会和家庭环境，更难以担负起隔代照护中必要的“育”的责任。在社区通过对老人开展长期的、全方位的培训课程，并鼓励老年人积极参与，推动老人观念上和能力上共同发展，提高老年人的科学育儿的能力，减轻家庭中育儿方面的矛盾。

具体的做法是：随迁老人的再社会化问题和能力提升同时进行。

首先应创造良好的社区环境来推动随迁老人的再社会化进程。社区活动场所和活动向户籍居民和随迁老人同时开放，加强随迁老人的社区融入，减少了他们的孤独感和漂泊感，增强其归属感。

其次，应在社区开设沪语志愿培训课程，定期招募志愿者教授随迁老人一些上海话，加强随迁老人与本地老人的沟通交流，提高随迁老人对生活环境的

适应能力。

最后以街道为单位,举行系统化的育儿知识培训,辅助以定期的育儿知识讲座。这些培训和讲座重基础,浅显易懂,使不同知识水平的老人年都能够听懂,培训和讲座重获取基本的育儿知识,更好地承担其隔代照护的责任。此外,完善老年人自身的养老医疗救助制度体系,保障老人安度晚年,让老人在感受到老有所养、老有所依后积极主动地投身于养育第三代的重任中来,根本上保证老人心态的稳定,解决老人“去”和“留”的问题,让老人安心在子女的城市照护孙辈,从而有效减轻年轻夫妇的生活负担,推动二孩政策的落实。

(三)社区化重视开辟年轻父母育儿知识学习正确渠道,化解家庭矛盾

承担了照护孙辈照护责任的老人,一般和年轻父母居住在一起,双方常常爆发矛盾,矛盾的焦点往往是在育儿方式和方法上。一方面的原因是老年人缺少必要的育儿知识,育儿方式不科学甚至错误;另一方面在于年轻父母过于关注“科学的”“正确的”育儿知识,不认可老年人的照护方式,进而抵牾。而年轻人的育儿方式是什么呢?那就是更看重儿童的教育,特别是素质教育。素质教育是指一种以提高受教育者诸方面素质为目标的教育模式。素质教育可以通过各种途径实现。而现实的情况是,素质教育往往等同于才艺技能,等同于认多少字、看多少书等。不可否认,才艺技能和识字等是素质教育的一部分,但绝不是全部。才艺技能和读书识字谁来教?学前的主要由培训机构来承担,素质教育似乎学前儿童参与培训的多少联系在一起。习得更多的才艺和知识,意味着更高的素质。而这样的才艺技能,这样的素质教育,老年人是承担不了的,甚至起反作用。这样一来,家庭矛盾出现,让一孩的照护成了问题,二孩的生育几乎不可能。

老年人因知识的欠缺而造成的育儿问题,通过老年人参加必要的培训解决。年轻人因为过高的、片面化地看中素质教育的某些方面,或者片面化地强调以升学为目的的教育手段和教育目标,违背了教育的本质。什么是真正的教育,什么是素质教育,这个问题,年轻人更应该懂,更应该在育儿的过程中

学。谁来承担这一重担？不是网络的所谓的专家，而是真正的教育专家来承担。途径可以借由一些专门的 App，由政府和教育部门负责挑选合格的专家，专家以文章或讲座的形式传送科学育儿知识。年轻父母习得了真正的育儿知识，认知到真正的教育和教育的重要性，会减少对片面化、功利化教育的迷信，会增加与家庭中老人的沟通，进而减少摩擦，化解家庭矛盾。

五、结论：构建以社区化为特征的儿童照护社会化体系

家庭永远应该是儿童照护的主体，家长是儿童成长中的第一责任人。但是，在当前上海的条件下，单一的依靠父母和长辈的照护已经不足以满足需求，需要政府和社会力量的介入，弥补家庭照护的不足和缺点。以社区为中心，模仿老年人社区日常照护的模式，结合儿童照护的特点，利用社区的闲置零散场地，采取政府购买服务，集结社区志愿质量，构建具有上海特色的儿童照护社区化体系。体系刚开始可以在某一街道试行，待成熟之后在区层面推广，扩展到全市，最终进一步推广，构建适合城乡社会的儿童照护社会化体系。

儿 童 健 康

上海市闵行区青少年青春期性教育现状及对策研究*

徐晓莉**

一、前 言

（一）研究背景

“十三五”时期是中国全面建成小康社会决胜阶段，随着改革开放和全球一体化的不断加速，人们在社会经济文化、生活水平等各方面，都有了很大提高，对于性以及婚姻的态度也相应发生了改变，被 WHO 定义为青少年的 10～19 岁人群，他们的观念和行为也随之发生着巨大的改变①。截至 2010 年底，我国 10～19 周岁人口数约 3.02 亿人，占全国总人口数的 13.11%②。青少年时期是人类生命历程中需要特别关注的独特时期，是处于探索性行为、建立性关系的重要时期，更是培养正确性知识、态度与行为的关键时期③。《中国家庭发展报告 2015》中提及，中国青少年初次性行为的年龄不足 16 岁，避孕比例不到 50%，青少年避孕卫生知识和能力严重缺乏④。一方面，国内多项研究表明，中国青少年对生殖健康知识的掌握情况不太理想，尤其是对青春期性发育、生

---

* 本文系 2018—2019 年度上海市儿童发展研究课题“上海市闵行区青少年青春期性教育现状及对策研究”的结项成果。

** 徐晓莉，上海市闵行区疾病预防控制中心主管医师。

① 许洁霜，钱序. 我国青少年生殖健康政策回顾和发展趋势分析[J]. 中国卫生政策研究，2013，6(2).

② 国家统计局人口和就业统计司. 中国 2010 年人口普查资料[EB/OL]. [2019-10-2]. http://www.stats.gov.cn/tjsj/pcsj/rkpc/6rp/indexch.htm.

③ 李春燕，唐昆. 青少年性与生殖健康促进措施[J]. 中国计划生育学杂志，2016，24(09).

④ 丁洋. 国家卫生计生委发布《中国家庭发展报告 2015》[J]. 中医药管理杂志，2015，23(11).

殖保健、避孕知识的认识[①][②][③]。另一方面,不安全性行为、未婚少女意外妊娠、艾滋病及性病蔓延等问题又严重威胁着青少年的生殖健康[④]。国外有研究发现,受过系统性教育的青少年大大推迟了初次性行为时间,同时也帮助他们在性行为过程中使用保护措施[⑤]。《国民经济和社会发展第十三个五年规划纲要》已将保障妇女未成年人的基本权益,促进妇女全面发展,关爱未成年人健康成长,作为主要目标之一[⑥]。作为青少年主要受教育场所的学校,不仅要教育青少年如何成人,更要教育他们如何正确和全面的掌握性与生殖健康知识、形成正确的观念、作出知情的行为选择,从而提高从青少年时期开始的人群生殖健康水平。

(二)研究设计

1. 总目标

目前关于闵行区青少年性与生殖健康的相关研究缺乏具有代表性的调查数据。本次研究以闵行区在校青少年作为重点研究人群,通过对闵行区青少年进行抽样调查,以了解闵行区青少年生殖健康的相关知识态度行为、青少年性心理健康状况、青少年对目前学校开设的性教育课程的满意程度,并正确评估青少年生殖健康相关需求,为更好地开展闵行区青少年性教育提供参考,为改进青少年生殖健康干预措施提供依据,为改善中小学生青春期性教育提供相应对策建议。

2. 具体目标

(1)了解闵行区青少年生殖健康的相关知识态度行为、青少年性心理健

---

① 娄洁琼,施榕,徐刚,等.上海市青少年生殖健康相关知识与态度现状研究[J].上海预防医学,2016,28(10).

② 杜莉,秦敏,朱丽萍.上海市青少年性生殖健康知信行现状[J].中国妇幼保健,2012,27(29).

③ 赵瑞,武俊青,李玉艳,等.上海市中学生性与生殖健康相关知识、态度及行为调查[J].中国健康教育,2017,33(11).

④ 郑晓瑛,陈功.中国青少年生殖健康可及性调查基础数据报告[J].人口与发展,2010(3).

⑤ 邬正阳.美国性信息与性教育委员会终身性教育探析[J].世界教育信息,2018(5).

⑥ 中华人民共和国国民经济和社会发展第十三个五年规划纲要[EB/OL].[2016 - 03 - 17].[2019 - 10 - 2].http://www.gov.cn/xinwen/2016-03/17/content_5054992.htm。

康状况。

(2) 了解掌握闵行区青少年对目前学校开设的性教育课程的满意程度,并正确评估青少年生殖健康相关需求。

(3) 为更好地开展闵行区青少年性教育提供参考,为改善青少年生殖健康干预措施提供依据。

(4) 为改进闵行区中小学生青春期性教育提供相应对策建议,从而促进其身心健康。

二、对象与方法

(一) 研究对象

于2018年9~11月,在上海市闵行区范围内按东、西、南、北、中划分5个抽样片区,在每个片区各随机抽取1个街道(镇),在每个街道(镇)各随机抽取小学,初中、高中各1所,在所抽取的15所学校中,每所学校随机抽取3个班级(分别从五年级抽取,初一、初二年级,高一、高二年级中各抽取1个班级),对抽取的班级内所有学生进行整群调查。经过培训的现场调查人员向学生说明调查意义及注意事项后,以班级为单位,发放调查问卷。采用无记名调查方式,当场填写并收回,疑问由调查员进行现场解答。

(二) 研究方法

1. 问卷调查

(1) 闵行区青少年青春期性教育知信行(KAP)问卷。本次调查参考国内多项研究①②,并结合本区青少年实际情况和特点而自行设计的,通过学生自填问卷形式进行。调查内容包括一般人口学特征、性与生殖健康相关知识态度行为情况、性知识获取途径、需求以及满意程度等。本次调查的问卷通过专

① 杜莉,秦敏,朱丽萍.上海市青少年性生殖健康知信行现状[J].中国妇幼保健,2012,27(29).

② 武俊青,赵瑞,周颖,等.上海市青少年对性与生殖健康教育的认知及影响因素研究[J].中国计划生育学杂志,2016,24(08).

家审议,采用专家判断法进行信度效度检验,通过预调查的结果先后 2 次完善问卷内容,最终所有专家一致认为本次调查的问卷具有良好信度和效度,问卷信度系数为 0.78,效度系数为 0.87。

(2) 青春期性心理健康量表①。本次调查采用青春期性心理健康量表,以往研究表明,该量表具有较高信度和效度②③;通过学生自填问卷形式进行。调查内容包括调查对象基本特征(年级、性别、家庭环境、是否独生子女等)、性认知分量表、性价值观分量表、性适应分量表等。

2. 判定与评分标准

闵行区青少年青春期性教育知信行(KAP)问卷:知识及格与否的判定,将全部 12 道题换算成百分制,计算出调查对象的知识得分情况,得分在 60 分及以上(答对 8 题及以上)判定为知识及格,<60 分(答对 7 题及以下)判定为知识不及格。生殖健康的态度问卷分为非常赞成、赞成、中立、反对、非常反对 5 个选项,分析结果中,将赞成和非常赞成 2 项统一判定为赞成,反对和非常反对 2 项统一判定为反对。

青春期性心理健康量表:评分采用 Likert 五点计分方式,分别对应 1 分(完全不符合)、2 分(基本不符合)、3 分(不确定)、4 分(基本符合)、5 分(完全符合),问卷共计 46 题,其中包含测谎题 8 题,正向反向计分各 4 题、测谎题均不计入总分,其余 38 题中,正向计分 25 题、反向计分 13 题,且均计入总分,分别对应性认知分量表(9 题)、性价值观分量表(9 题)、性适应分量表(20 题);问卷总分 190 分,3 个分量表的总分分别为 45 分、45 分和 100 分;各项总分得分越高,表示性心理各项健康水平越高;总量表平均分为该量表总得分除以题目总数。性心理健康状况分为 4 个等级,总量表平均分满分为 5 分,4.0 分以上属于良好,3.0 分~4.0 分属于中上,2.0 分~3.0 分属于中下,低于 2.0

① 骆一. 青春期性心理健康问卷的初步编制[D]. 重庆:西南师范大学,2005.

② 侯婵娟,陈于宁,姚树桥,等. 青春期性心理健康量表在中学生应用中的信度和效度[J]. 中国临床心理学杂志,2012,20(4).

③ 李桂,刘燕群,扈菊英. 农村留守青少年的性心理现状及其影响因素分析[J]. 中国性科学,2017,26(8).

分属于较差①;本次研究中的性心理健康量表内部一致性系数为 0.860,三个分量表的内部一致性系数在 0.556~0.886 范围。

3. 统计分析

应用 Epidata3.1 软件进行数据二次录入,并作一致性检验,保证数据录入准确无误。应用 SPSS17.0 进行统计分析,定性资料用构成比进行描述,百分率的比较采用卡方检验,定量资料用 $\bar{x} \pm s$ 描述,定性资料用构成比进行描述。两组定量资料之间的比较采用两样本 t 检验,多组定量资料比较采用方差分析;检验水准 $\alpha=0.05$。

三、结　　果

(一) 青春期性教育现况

1. 基本特征

本次研究共调查 1 551 名学生,收回有效问卷 1 445 份,问卷有效率达到 93.17%。其中男生 727 名,女生 718 名;小学生占 33.43%,中学生占 66.57%;以汉族为主,占 95.57%;独生子女 970 名;单亲家庭 159 名;父母平时关系融洽居多,占 74.60%;父亲、母亲文化程度均以本科的比例最高,分别为 30.59%、31.70%,其次是高中/中专/职校/技校学历,分别为 23.94%、23.67%;目前的主要的居住方式是与父母同住,占 75.50%。

2. 性与生殖健康知识

青少年生殖健康知识及格率为 48.17%(696/1 445),有一半健康知识问题的正确率在 60%~80%,个别问题的正确率甚至低于 20%;小学组和中学组生殖健康知识及格率女生分别为 11.07%(27/244)、72.36%(343/474),男生分别为 4.18%(10/239)、64.75%(316/488)均为女生高于男生,χ^2 值分别为 8.08、6.45,P 值均<0.05;对于男女进入青春期的顺序、出现遗

① 郑治国,刘建平,郑巧.南昌市四—六年级小学生性心理健康及性教育现状[J].中国学校卫生,2016,37(1).

精或月经的意义、怀孕早期的主要症状、性传播疾病属于哪个系统疾病等知识的正答率均为女生高于男生；在中学组中，男生对于艾滋病病原体、产生精子的器官等知识的正答率均高于女生，差异有统计学意义（P 值均 <0.05）。见表 1。

表 1　青少年生殖健康相关知识正答率性别间比较

生殖健康知识	小学				中学				合计（n=1 445）
	男（n=239）	女（n=244）	χ^2 值	P 值	男（n=488）	女（n=474）	χ^2 值	P 值	
男女生进入青春期的顺序	121（50.63）	176（72.13）	23.577	0.000	372（76.23）	408（86.08）	15.197	0.000	1 077（74.53）
出现遗精或月经的意义	24（10.04）	63（27.87）	20.352	0.000	189（38.73）	272（57.38）	33.527	0.000	548（37.92）
女性从怀孕到分娩需要的时间	144（60.25）	161（65.98）	1.705	0.192	386（79.09）	392（82.70）	2.017	0.156	1 083（74.95）
怀孕早期的主要症状	18（7.53）	49（20.08）	15.918	0.000	225（46.11）	291（61.39）	22.593	0.000	583（40.35）
性传播疾病属于哪个系统疾病	84（35.15）	118（48.36）	8.665	0.003	444（90.98）	452（95.36）	7.203	0.007	1 098（75.99）
艾滋病病原体	154（64.44）	165（67.62）	0.547	0.459	430（88.11）	388（81.86）	7.399	0.007	1 137（78.69）
既有效避孕又预防疾病的方式	57（23.85）	56（22.95）	0.054	0.816	336（68.85）	340（71.73）	0.953	0.329	789（54.60）
产生精子的器官	35（14.64）	33（13.52）	0.125	0.724	410（84.02）	351（74.05）	14.448	0.000	829（57.37）
产生卵子的器官	92（38.49）	97（39.75）	0.081	0.777	401（82.17）	372（78.48）	2.075	0.150	962（66.57）
胎儿正常发育的部位	101（42.26）	116（47.54）	1.361	0.243	384（78.69）	397（83.76）	3.795	0.051	998（69.07）

续表

生殖健康知识	小学				中学				合计
	男 (n=239)	女 (n=244)	χ^2 值	P 值	男 (n=488)	女 (n=474)	χ^2 值	P 值	(n=1 445)
胎儿自然分娩的部位	59 (24.69)	76 (31.15)	2.503	0.114	316 (64.75)	328 (69.19)	2.146	0.143	779 (53.91)
精子卵子相遇结合的部位	12 (5.02)	19 (7.79)	1.538	0.215	118 (24.18)	118 (24.89)	0.066	0.797	267 (18.48)
生殖健康知识及格率	10 (4.18)	27 (11.07)	8.083	0.004	316 (64.75)	343 (72.36)	6.452	0.011	696 (48.17)

注：括号内数字为正答率/%。

3. 性与生殖健康相关态度

学生对于青少年校园恋爱、婚前性行为的态度反对率均低于 50%；大多数青少年都赞成积极学习避孕知识、积极预防性传播疾病、经常开展青少年生殖健康教育，赞成率分别为 58.89%、81.66%、70.73%。不论小学组男生还是中学组男生，对于婚前性行为的态度均较同学段女生更为宽容；在中学组中，女生比男生更为赞成积极学习避孕知识、积极预防性传播疾病，差异有统计学意义（P 值均<0.05）。见表 2。

表 2　青少年生殖健康相关态度分布性别间比较

生殖健康态度		小学				中学				合计
		男 (n=239)	女 (n=244)	χ^2 值	P 值	男 (n=488)	女 (n=474)	χ^2 值	P 值	(n=1 445)
青少年校园恋爱	赞成	20 (8.37)	11 (4.51)	5.798	0.055	100 (20.49)	74 (15.61)	4.870	0.088	205 (14.19)
	中立	66 (27.62)	54 (22.13)			227 (46.52)	248 (52.32)			595 (41.18)
	反对	153 (64.01)	179 (73.36)			161 (32.99)	152 (32.07)			645 (44.63)

续表

生殖健康态度		小学 男 (n=239)	小学 女 (n=244)	小学 χ^2 值	小学 P 值	中学 男 (n=488)	中学 女 (n=474)	中学 χ^2 值	中学 P 值	合计 (n=1 445)
婚前性行为	赞成	23 (9.62)	11 (4.51)	8.523	0.014	83 (17.01)	36 (7.59)	30.817	0.000	153 (10.59)
	中立	100 (41.84)	87 (35.65)			238 (48.77)	207 (43.68)			632 (43.74)
	反对	116 (48.54)	146 (59.84)			167 (34.22)	231 (48.73)			660 (45.67)
积极学习避孕知识	赞成	91 (38.08)	101 (41.39)	0.565	0.754	315 (64.55)	344 (72.57)	9.076	0.011	851 (58.9)
	中立	84 (35.15)	82 (33.61)			140 (28.69)	113 (23.84)			419 (29)
	反对	64 (26.78)	61 (25.00)			33 (6.76)	17 (3.59)			175 (12.1)
积极预防性传播疾病	赞成	184 (76.98)	198 (81.14)	1.834	0.400	387 (79.31)	411 (86.71)	10.141	0.006	1 180 (81.66)
	中立	34 (14.23)	25 (10.25)			90 (18.44)	53 (11.18)			202 (13.98)
	反对	21 (8.79)	21 (8.61)			11 (2.25)	10 (2.11)			63 (4.36)
经常开展青少年生殖健康教育	赞成	154 (64.44)	168 (68.85)	1.061	0.588	342 (70.08)	358 (75.53)	4.543	0.103	1 022 (70.73)
	中立	58 (24.27)	52 (21.31)			125 (25.61)	104 (21.94)			339 (23.46)
	反对	27 (11.29)	24 (9.84)			21 (4.31)	12 (2.53)			84 (5.81)

注：括号内数字为构成比/%。

4．性与生殖健康行为

有 16.89%的调查对象表示谈过恋爱，不论小学组还是中学组，不同性别恋爱情况的差异均无统计学意义(χ^2 值分别为 0.12,1.38, P 值均<0.05);发生性行为的比例为 0.94%,不同性别学生性行为发生情况的差异均无统计学意义(χ^2 值分别为 2.05,3.46, P 值均>0.05)。见表 3。

表 3　不同学段男女青少年生殖健康行为报告率比较

学　段	性　别	人　数	谈过恋爱	性行为
小学	男	239	6(2.51)	2(0.84)
	女	244	5(2.05)	0(0.00)
中学	男	488	126(25.82)	8(1.64)
	女	474	107(22.57)	2(0.42)
合计		1 445	244(16.89)	12(0.94)

注:括号内数字为报告率/%。

5. 生殖健康知识获取途径及需求情况

青少年生殖健康知识获取途径排序前 3 位的小学组男生依次为网络资源(51.46%)、广播电视(48.95%)、医生专家(42.26%),小学组女生依次为广播电视(64.75%)、家庭教育(59.02%)、网络资源(36.07%),中学组男生依次为学校授课(57.38%)、网络资源(56.35%)、同伴教育(42.62%),中学组女生依次为网络资源(60.55%)、学校授课(58.86%)、同伴教育(40.08%)。小学组男生从网络资源以及报纸杂志等途径获取生殖健康知识的报告率均高于女生,从广播电视和家庭教育等途径获取生殖健康知识的比率均低于女生;中学组男生从社区宣传以及医生专家等途径获取生殖健康知识的报告率均高于女生,从家庭教育中获取生殖健康知识的报告率低于女生。闵行区青少年对生殖健康知识的需求主要集中在性传播疾病防治知识、安全性行为相关知识、青春期心理发育等方面。小学组中,男生对“青春期生理发育”知识比女生更有需求、而女生对“性传播疾病防治知识”比男生更有需求;中学组中,女生对“青春期心理发育”“卫生保健相关知识”“安全性行为相关知识”“妊娠与避孕相关知识”等方面的需求都明显高于男生(P 值均<0.05)。见表 4。

表 4　青少年生殖健康知识获取途径及需求报告率性别间比较

生殖健康知识获取途径与需求		小学				中学			
		男 (n=239)	女 (n=244)	χ^2 值	P 值	男 (n=488)	女 (n=474)	χ^2 值	P 值
途径	网络资源	123 (51.46)	88 (36.07)	11.638	0.001	275 (56.35)	287 (60.55)	1.743	0.187
	广播电视	117 (48.95)	158 (64.75)	12.293	0.000	140 (28.69)	131 (27.64)	0.131	0.717
	学校授课	69 (28.87)	67 (27.46)	0.119	0.730	280 (57.38)	279 (58.86)	0.217	0.641
	家庭教育	98 (41.00)	144 (59.02)	15.669	0.000	135 (27.66)	178 (37.55)	10.712	0.001
	同伴教育	64 (26.78)	65 (26.64)	0.001	0.972	208 (42.62)	190 (40.08)	0.639	0.424
	社区宣传	61 (25.52)	52 (21.31)	1.195	0.274	143 (29.30)	107 (22.57)	5.661	0.017
	医生专家	101 (42.26)	85 (34.84)	2.810	0.094	195 (39.96)	159 (33.54)	4.254	0.039
	报纸杂志	80 (33.47)	58 (23.77)	5.569	0.018	150 (30.74)	161 (33.97)	1.146	0.284
需求	青春期生理发育	103 (43.09)	80 (32.79)	5.453	0.020	256 (52.46)	258 (54.43)	0.376	0.540
	青春期心理发育	118 (49.37)	117 (47.95)	0.098	0.755	303 (62.09)	329 (69.41)	5.716	0.017
	如何正确与异性相处	78 (32.64)	97 (39.75)	2.648	0.104	289 (59.22)	294 (62.03)	0.792	0.374
	健康正确的爱情观	81 (33.89)	97 (39.75)	1.783	0.182	295 (60.45)	310 (65.40)	2.524	0.112
	卫生保健相关知识	102 (42.68)	125 (51.23)	3.545	0.060	288 (59.02)	309 (65.19)	3.892	0.049
	安全性行为相关知识	147 (61.51)	163 (66.80)	1.474	0.225	280 (57.38)	307 (64.77)	5.522	0.019

续表

生殖健康知识获取途径与需求		小学				中学			
		男（n=239）	女（n=244）	χ^2 值	P 值	男（n=488）	女（n=474）	χ^2 值	P 值
需求	妊娠与避孕相关知识	63（26.36）	80（32.79）	2.393	0.122	226（46.31）	274（57.81）	12.727	0.000
	性传播疾病防治知识	139（58.16）	170（69.67）	6.944	0.008	327（67.01）	324（68.35）	0.199	0.655

注：括号内数字为报告率/%。

闵行区青少年通过学校授课获取生殖健康知识的满意程度，不论小学组还是中学组，不同性别间满意程度差异均无统计学意义（χ^2 值分别为 0.575、3.492，P 值均>0.05）。其中，66.47%的闵行区青少年对于学校性教育课程较为满意。

（二）性心理健康状况

1. 基本特征

本次研究共调查 1 551 名学生，1 281 名闵行区中小学生性心理健康问卷有效，有效率达到 82.59%。调查对象中的小学生 410 名、占 32.01%，初中生 401 名、占 31.30%，高中生 470 名、占 36.69%；男性 631 名、占 49.26%，女性 650 名、占 50.74%；其中本地生源 971 人，占 75.80%、单亲家庭 138 人，占 10.77%、独生子女 874 人，占 68.23%；结果见表 5。

表 5　调查对象的基本特征（n=1 281）

变量		人数	构成比（%）
年级	小学	410	32.01
	初中	401	31.30
	高中	470	36.69

续表

变　量		人　数	构成比(%)
性别	男	631	49.26
	女	650	50.74
家庭环境	单亲	138	10.77
	双亲	1 143	89.23
独生子女	是	874	68.23
	否	407	31.77

2. 性心理健康总体情况

闵行区中小学生性心理健康量表总得分为135.01分(满分190分),总量表平均分为3.55分(最高平均分5分),性认知、性价值观、性适应三个分量表的平均得分从高到低依次为:性价值观(3.63分)、性适应(3.57分)、性认知(3.43分)。结果见表6。

表6　调查对象性心理健康量表得分情况($\bar{x}\pm s$,分)

变　量　名	总　分	均　分
性认知分量表	30.86±7.349	3.43±0.817
性价值观分量表	32.65±4.682	3.63±0.520
性适应分量表	71.50±8.633	3.57±0.432
性心理健康总量表	135.01±16.552	3.55±0.436

3. 不同特征闵行区中小学生的性心理健康情况

不同年级调查对象的性心理健康分量表的各项均分差异从高到低依次为:高中、初中、小学;女生在性价值观分量表中的得分显著高于男生,差异有统计学意义(t=-3.383, P<0.05);双亲家庭的调查对象在性适应分量表中的得分显著高于单亲家庭的调查对象,差异有统计学意义(t=-2.487, P<0.05);独生子女在性认知、性价值观分量表中的得分均显著高于非独生子女,差异有统计学意义(t=3.680、2.930,均P<0.05)。结果见表7。

表 7　不同特征调查对象性心理健康量表均分比较($\bar{x}\pm s$,分)

变　量		性认知分量表	性价值观分量表	性适应分量表
年级	小学	2.93±0.737	3.39±0.433	3.39±0.409
	初中	3.52±0.807	3.64±0.514	3.58±0.424
	高中	3.78±0.667	3.82±0.512	3.73±0.399
	F	150.355	86.068	70.585
	P	<0.001	<0.001	<0.001
性别	男	3.43±0.889	3.58±0.535	3.59±0.459
	女	3.42±0.740	3.68±0.502	3.55±0.402
	t	0.191	−3.383	1.845
	P	0.848	0.001	0.065
家庭环境	单亲	3.44±0.869	3.64±0.578	3.49±0.452
	双亲	3.43±0.810	3.63±0.512	3.59±0.428
	t	0.116	0.382	−2.487
	P	0.907	0.703	0.013
独生子女	是	3.49±0.828	3.66±0.512	3.59±0.436
	否	3.31±0.777	3.57±0.534	3.55±0.422
	t	3.680	2.930	1.396
	P	<0.001	0.003	0.163

四、结　　论

(一) 知识掌握欠佳,态度积极宽容

本次调查显示,闵行区青少年生殖健康相关知识的掌握情况欠佳,女生的知识及格率明显高于男生,青少年对于性传播疾病和艾滋病的认知程度明显高于性生理方面的基本知识,与何丽芸等①的调查结果相一致,一方面反映出

① 何丽芸,杜莉,徐婷,等. 中学生性与生殖健康知识、态度、行为状况调查[J]. 中国计划生育学杂志,2018,26(1).

各方媒体大力普及性传播疾病和艾滋病知识的宣传效果;另一方面也反映出青少年所接受的生殖健康知识体系还不够健全。另外,由于小学男生往往比同龄女生稍晚进入青春期,对于生殖健康知识的关注度和掌握程度远不如同龄女生①;然而中学男生已基本进入青春期,出于对青春期的好奇与疑惑,可能会主动去了解与自身性发育相关的生殖健康知识,对艾滋病病原体、产生精子的器官等知识的掌握程度均高于同龄女生。

随着现代社会的不断发展,在物质水平日益提高的同时,人们的思想也在逐渐解放,处于青春期的青少年对于校园恋爱、婚前性行为的态度日益宽容与开放,与国内研究结果相一致②③。男生对于婚前性行为的态度均较同学段女生更为宽容;大多数青少年都赞成积极学习避孕知识、积极预防性传播疾病、经常开展青少年生殖健康教育,但中学组男生不如女生赞成积极学习避孕知识、积极预防性传播疾病。

值得注意的是,在表示谈过恋爱的闵行区青少年中,发生过性行为的基本以男生为主;已有研究表明,性相关知识能影响调查对象对于婚前性行为的态度,而青少年性态度又对青少年危险性行为具有显著预测作用④;因此建议在改进青少年生殖健康干预措施时根据性别加以区分,通过多方力量对不同性别青少年进行正面引导与服务,使其产生正确的性态度和行为⑤。

(二)获取途径多元,注重净化网络

本次调查显示,虽然不同年级组性别间生殖健康知识获取途径排序略有

---

① 朱卫南,王欢欢,沈丽琴,等.成都市某小学性教育现状调查[J].现代预防医学,2017,44(20).

② 杜莉,秦敏,朱丽萍.上海市青少年性生殖健康知信行现状[J].中国妇幼保健,2012,27(29).

③ 赵瑞,武俊青,李玉艳,等.上海市青少年对亲密行为的认知及影响因素研究[J].中国妇幼保健,2015,30(36).

④ 郭骁,侯婵娟,姚树桥.青少年性态度对青少年危险性行为的预测作用研究[J].中国临床心理学杂志,2013,21(3).

⑤ França MTA, Frio GS. Factors associated with family, school and behavioral characteristics on sexual initiation: A gender analysis for Brazilian adolescents[J]. PLoS One. 2018, 13(12).

不同，但网络资源这一获取途径都位列前3位，与相关研究结果相一致①，应引起社会各界的关注与重视。互联网的飞速发展确实给青少年提供了便捷高效的获取途径，但其中也不乏低俗、甚至是不科学的内容，导致青少年无法正确甄别而误入歧途。越来越多的证据表明，社交媒体等网络资源的使用与青少年心理健康和行为问题之间存在显著相关②。各部门应认真思考如何有效净化网络资源，向青少年普及正确科学的生殖健康相关知识，提高青少年正确理解和运用的能力。值得注意的是，虽然多数青少年对目前学校开设的性教育课程较为满意，不同年级组性别间生殖健康知识获取途径有所侧重，提示在以学校性教育为主的背景下，应积极开发教材和教学资源，利用各种媒介的优势来开展适时适度、科学全面的性教育③。通过正规网络资源、医生专家等途径进行生殖健康知识普及对男生可能会有更好的效果，而家庭教育对女生的帮助会更大。小学生可更多地通过广播电视等传统媒体进行青春期前期性健康教育，中学生可充分利用学校家庭相结合的方式开展青少年生殖健康教育④。

（三）需求日趋成熟，优化教育体系

随着我国青少年形态发育水平不断提高、青春发育时相有所提前⑤，青少年对生殖健康知识的需求也更偏向于性传播疾病防治知识、安全性行为相关知识、青春期心理发育等方面。本次研究表明，不同年段性别间生殖健康知识需求情况略有不同，小学组女生对性传播疾病防治知识比男生更有需求；中学

---

① 娄洁琼，施榕，徐刚，等．上海市青少年生殖健康相关知识与态度现状研究[J]．上海预防医学，2016，28(10)．

② Shah J, Das P, Muthiah N, et al. New age technology and social media: adolescent psychosocial implications and the need for protective measures[J]. Curr Opin Pediatr. 2018, Nov 30. doi: 10.1097.

③ 夏明娟，窦义蓉，曹型远．重庆市部分中小学青春期性健康教育现状和对策[J]．中国学校卫生，2018，39(9)．

④ Joanna Herat, Marina Plesons, Chris Castle, et al. The revised international technical guidance on sexuality education — a powerful tool at an important crossroads for sexuality education[J]. Reprod Health. 2018, 15: 185.

⑤ 国家体育总局．2010年全国学生体质与健康调研结果[EB/OL]．[2011－9－2]．[2019－10－2]．http://www.sport.gov.cn/n16/n1077/n297454/2052573.html.

组女生对青春期心理发育、安全性行为相关知识等方面的需求都明显高于男生;提示有关部门应根据不同年龄层和性别青少年的需求以及获取途径的特点,建立以学校性教育为主,家庭和社会性教育共同配合的“三位一体”多渠道性教育体系,开展适时适度、全面科学的性教育①。

由于学校具有集中性和权威性的独特优势,一直以来都是开展科学、系统性教育的最佳场所,因此,学校性教育理应成为青少年青春期性教育的主力军②,有效提高青少年自我保护的能力和性相关知识。国际上开展学校性教育的政策与模式给了我们很多启示和思考,性教育应作为一个主要内容融入学校健康教育中,且学校性教育的内容上应更趋向全面,并根据不同青少年特点编写系统权威的教材,同时打造专业师资队伍,切实做好学校健康教育工作③。

家庭是青少年社会化的第一课堂,在子女的性社会化方面发挥着重要作用,经常与子女进行家庭性教育被认为是性行为的保护因素④,然而以往研究表明⑤,家长主动对子女开展家庭性教育的情况并不理想,国内外研究表明,子女性别、亲子关系和沟通方式、父母自身的性知识以及自我效能等众多因素都影响着家庭性教育的顺利进行⑥,因此,建议父母能为子女提供相同的性教育内容,打破性别刻板印象,并积极提升自身性知识以及自我效能,以推动家庭性教育的开展。

身处信息化时代的青少年,如何对其开展有效的社会性教育尤其是网络性教育,已经成为摆在相关部门面前的一个重大课题和挑战⑦。首先,我们要

---

① Boamah-Kaali EA, Kaali S, Manu G, et al. Opinions of Health Professionals on Tailoring Reproductive Health Services to the Needs of Adolescents[J]. Int J Reprod Med. 2018: 1972941.

② 朱秀红,张燕.促进青少年生殖健康干预措施的研究进展[J].中国计划生育学杂志,2010,18(12).

③ 余小鸣,张芯,谭雪庆,等.学校性教育政策的国际间比较[J].中国学校卫生.2018,39(8).

④ Markham CM, Lormand D, Gloppen KM, et al. Connectedness as a predictor of sexual and reproductive health outcomes for youth[J]. J Adolesc Health. 2010, 46(3 Suppl).

⑤ 李玉艳,徐双飞,周颖,等.高年级小学生和中学生家长对青少年子女开展性教育情况调查[J].中国健康教育,2017,33(9).

⑥ 杨梨,王曦影.家庭性教育影响因素的国外研究进展[J].中国学校卫生,2018,39(11).

⑦ 刘思甜.信息时代的中国性教育——对中国性教育网站的分析和发展建议[J].中国性科学,2017,26(9).

充分利用网络优势，有计划地对青少年性知识等性教育方面的普及；其次，要加强对网络资源的监管力度，努力减少不科学的网络信息对青少年的负面影响。最后，更要强化学校性教育和家庭性教育的力度，为广大青少年营造出一个科学、健康的学习生活环境，促进青少年健康发展，提高青少年生殖健康水平①。

（四）性心理健康状况及其对策分析

本次调查结果表明，闵行区青少年性心理健康状况处于中上水平，这与我国越来越重视性心理健康教育，并坚决实行国家标准②密切相关。

研究对象性心理健康 3 个分量表的平均得分有差异，从高到低依次为：性价值观（3.63 分）、性适应（3.57 分）、性认知（3.43 分），与相关研究结果相一致③。虽然性健康教育已逐渐受到教育部门的重视、学校开展青少年性健康教育的形式丰富，但是由于学校的性健康教育基本没有固定课时、缺少专业的性健康教师④，学校性健康教育的开展效果往往不如预期，从而导致了相对较低的性认知水平；本次调查发现，高中阶段性心理健康水平相对最高、小学阶段性心理健康水平相对最低，这充分说明了小学阶段的青少年对性认知的掌握程度不够准确和丰富，对性相关问题的看法和态度不够稳定，不太适应自身性征的变化以及社会道德文化规范；小学高年级学生多数处于青春期前期这一阶段，当身体正在悄悄变化的同时，对于性心理相关问题的专注度也在发生着变化。在此期间，他们又面临着获取性相关知识的匮乏，因而无法解答心中的性相关困惑，从而影响了小学阶段的性心理健康水平⑤。因此，学校和家庭需

---

① Bruce Dick M. B, B. Jane Ferguson M. Sc. Health for the World's Adolescents: A Second Chance in the Second Decade[J]. Journal of Adolescent Health, 2015, 56(1).

② 陶芳标. 以人为本开展系统化、多元化学生心理健康教育——解读《学生心理健康教育指南》[J]. 大众标准化，2013(6).

③ 王玲晓，张丽娅，王小荣，等. 山东省青少年性心理健康状况调查[J]. 中国健康教育，2018，34(1).

④ 申玲竹. 中学生性心理健康发展及干预研究[D]. 重庆师范大学. 2016.

⑤ 李晓敏，周乐山. 河南某地区 550 名农村小学生性知识、性心理现状调查分析[J]. 重庆医学，2015，44(10).

要更加及时地对小学生进行易懂而科学的性教育，共同承担起青少年性心理教育的责任问题[①]。

女生在性价值观分量表中的得分显著高于男生，而性价值观是指对有关性问题的较为稳定的看法和持有的态度评价[②]，以往研究表明[③]，青少年时期正确价值观念的形成，对生命个体终身发展具有关键意义和作用。因此要更加重视男性青少年性观念和性态度的形成，使其终身受益。单亲家庭的青少年性适应分量表得分较低，可能由于家庭类型的特殊性，家长对单亲家庭青少年的性教育方面更为薄弱，从而无法使其产生良好的社会适应、性控制力和自身适应能力[④]。另外，独生子女在性认知、性价值观分量表中的得分均显著高于非独生子女，与国内相关调查结果一致[⑤]。可能与父母无法分配更多时间和精力对非独生子女进行性相关方面的教育有关。因此，学校性教育和家庭性教育中，对于男性青少年、单亲家庭青少年、非独生子女应予以更多关注。

性教育是我国素质教育的新领域，性心理教育更是心理学和性教育的结合体。以往研究[⑥⑦⑧⑨]表明，心理学领域需要一支深入性心理研究的专业稳定高质量团队，以满足青少年期望能够正确接受青春期性教育的需求。因此，社会各界都应积极加入关爱未成年人全面健康成长的队伍中来，共同为广大青少年营造出科学适宜的性健康教育环境[⑩]。

---

① 李玉艳，徐双飞，周颖，等. 高年级小学生和中学生家长对青少年子女开展性教育情况调查[J]. 中国健康教育，2017，33(9).

② 骆一，郑涌. 青春期性心理健康的初步研究[J]. 心理科学，2006(3).

③ 王元，郭黎岩. 青少年性道德发展特点[J]. 中国健康心理学杂志，2015，23(1).

④ 孙文婧，李艳明. 单亲家庭青少年性知识、性态度和性行为的研究现状[J]. 中国药物经济学，2014，9(10).

⑤ 潘瑞，贺方芹，文育锋，等. 宿州地区高中生性心理健康现况[J]. 中国学校卫生，2013，34(7).

⑥ 郭少云，王玲，汪海彬. 改革开放后国内性心理研究的文献计量学分析[J]. 中国健康心理学杂志，2010，18(8).

⑦ 武俊青，李玉艳，周颖，等. 杭州市某区高中生对学校性教育的态度和需求分析[J]. 中国健康教育，2017，33(2).

⑧ 杨兰丽，段德金. 青少年学生性心理及性教育的初步调查研究[J]. 教育教学论坛，2016(33).

⑨ 李俭莉. 内江地区高中生性行为现状及其影响因素研究[J]. 现代预防医学，2015，42(7).

⑩ 罗念慈，林文婕，史俊霞，等. 深圳市坪山新区中学生性生理、性心理健康状况分析及健康教育模式探讨[J]. 中国健康教育，2013，29(1).

上海市奉贤区青少年健康危险行为调查报告*

袁 媛**

本次调查兼顾奉贤区学校类型及城乡分布的特点,随机抽取3所初中、3所高中、1所中专、2所大学进行调查,其中1所初中和1所高中为奉贤区乡镇学校,其余为中心镇学校。

一、基 本 情 况

(一)学校和年级分布

本次参与调查学校9所。初中学校3所,包括2所中心镇初中和1所乡镇初中,中心镇学校2所,合计调查对象612人;高中学校3所,合计调查对象536人;中专学校1所,调查对象467人;大学2所,调查对象591人;最终合计取得有效样本2 206人,问卷合格率99.82%。

本次调查学生年级范围为初中学校4个年级,高中学校3个年级和大学3个年级。中专学校的年级参照高中学校统计。各年级调查对象人数及性别分布情况见图1。

(二)性别和年龄分布

本次参与调查学生总数2 206人,其中男生1 168人(52.95%),女生1 038人(47.05%)。不同学校类型性别分布见表1。

* 本文系2016—2017年度上海市儿童发展研究课题"上海市奉贤区青少年健康危险行为及其影响因素调查研究"的结项成果。

** 袁媛,上海市奉贤区疾病预防控制中心主管医师。

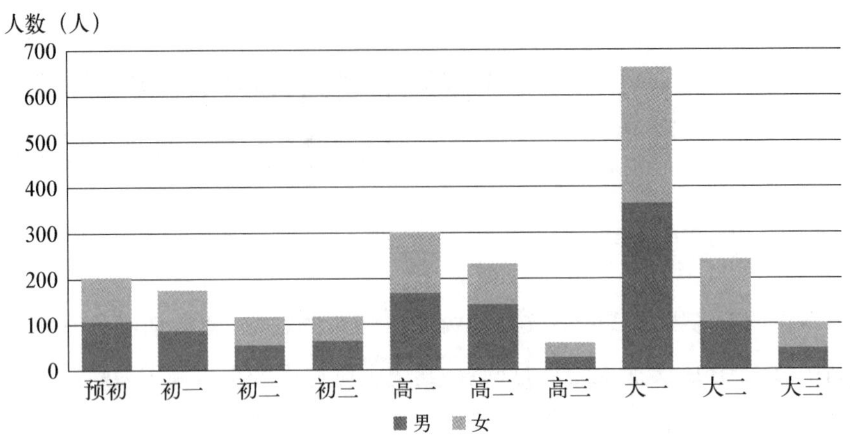

图 1　不同年级调查对象人数性别分段条图

表 1　不同学校类型学生性别分布

学校类型	男　生		女　生		合　计	
	人	%	人	%	人	总体构成比%
初中	313	51.14	299	48.86	612	27.74
高中	240	44.78	296	55.22	536	24.30
中专	275	58.89	192	41.11	467	21.17
大学	340	57.53	251	42.47	591	26.79
合计	1 168	52.95	1 038	47.05	2 206	100.00

本次调查学生中最小年龄 10 岁，最大年龄 24 岁，平均年龄(16.38±2.64)岁。初中生平均年龄(12.71±1.28)岁，高中生平均年龄(16.13±0.88)岁，中专生平均年龄(15.64±0.80)岁，大学生平均年龄(19.22±1.09)岁。

（三）民族分布

本次调查未考虑民族因素，少数民族学生来源于各所学校。本次调查对象中汉族学生 2 167 人，占全部调查对象的 98.23%，少数民族学生 39 人，占 1.77%，各少数民族均未超过 10 人。

（四）父亲和母亲职业分布

本次获得调查对象父亲和母亲职业信息 2 203 例。父亲职业主要为商业服务(25.56%)、生产运输(20.56%)、机关企业人员(13.57%)等;母亲职业中家务占比 7.54%。父亲和母亲职业详细分布见表 2。

表 2　父亲和母亲职业分布

职　业	父　亲		母　亲	
	人	%	人	%
农林渔业	70	3.18	39	1.77
生产运输	453	20.56	247	11.21
商业服务	563	25.56	498	22.61
机关企业负责人	299	13.57	212	9.62
办事人员	104	4.72	197	8.94
专业技术人员	136	6.17	137	6.22
军人	8	0.36	8	0.36
其他劳动者	497	22.56	557	25.28
在校学生	4	0.18	8	0.36
未就业	47	2.13	109	4.95
家务	6	0.27	166	7.54
离退休	16	0.73	25	1.13
合计	2 203	100.00	2 203	100.0

（五）父亲和母亲受教育程度

对调查对象父亲和母亲的受教育程度调查结果显示,父亲和母亲的受教育程度均以初中为主,分别占比 35.59%和 31.99%,其次为高中/中专/技校,分别占比 25.37%和 24.36。具体分布分别见图 2 和图 3。

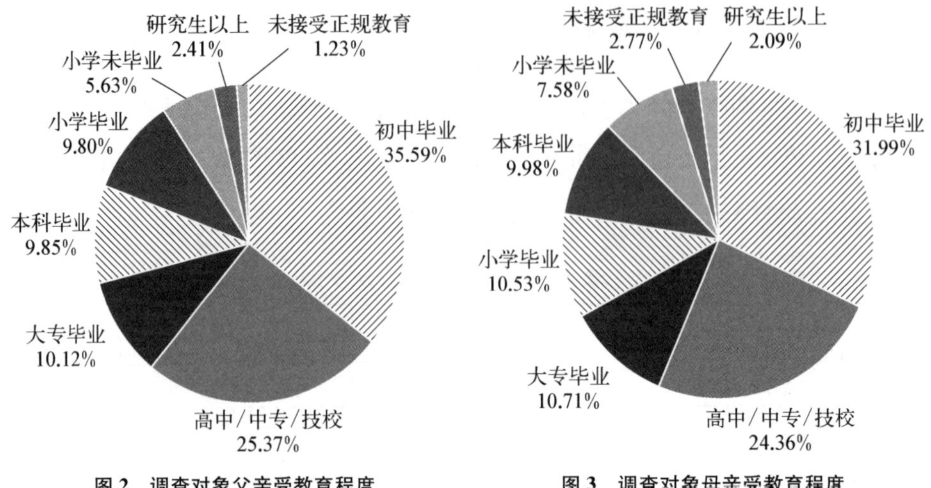

图 2　调查对象父亲受教育程度　　**图 3　调查对象母亲受教育程度**

（六）家庭结构分布

本次调查将学生家庭环境分为 6 类，含义分别如下。

核心家庭：亲生父母俱在，共同生活；学生本人是独生子女或有兄弟姐妹。

大家庭：家庭长期生活者除父母之外，还包括祖父母或外祖父母（1 人或多人）。

单亲家庭：父母仅剩一人共同生活；无祖父母或外祖父母（其他同"核心家庭"）。

重组家庭：共同生活者除亲生父母之一外，还有继父或继母。

隔代家庭：和亲生父母都不共同生活；由祖父母或外祖父母抚养。

其他家庭：和亲生父母都不共同生活；无祖父母或外祖父母；可有仍健在继父母；包括由哥、姐或无血缘者抚养。

本次对初中、高中和中专学生的家庭结构调查结果显示，家庭结构有效信息 1 614 例，学生家庭结构以核心家庭为主，占总家庭结构的 61.09%，其次为大家庭，占 27.76%，单亲家庭占比 5.20%。学生家庭结构分布见图 4。

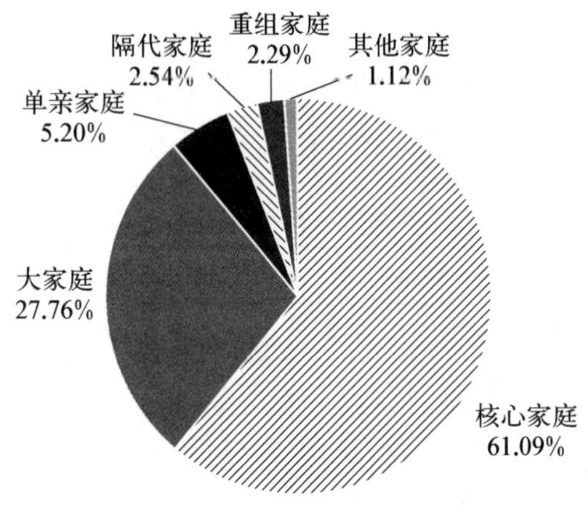

图 4　调查对象家庭结构

（七）住宿情况

对学生的住宿情况调查结果显示，大学生住宿率 97. 97%，中专生住宿率 34. 26%，高中生住宿率 66. 98%，初中学校不提供宿舍，学生均为走读生。不同性别学生之间住宿率无统计学差异（$\chi^2=1.36$，$P>0.05$）。不同学校类型不同性别学生住宿情况分布见表 3。

表 3　不同学校类型不同性别学生住宿情况分布

学　校	男　生		女　生		χ^2	P
	住宿（人/%）	非住宿（人/%）	住宿（人/%）	非住宿（人/%）		
初中	0/0. 00	313/100. 00	0/0. 00	299/100. 00	/	/
高中	168/70. 00	72/30. 00	191/64. 53	105/35. 47	1. 80	0. 18
中专	93/33. 82	182/66. 18	67/34. 90	125/65. 10	0. 06	0. 81
大学	334/98. 24	6/1. 76	245/97. 61	6/2. 39	0. 28	0. 59
合计	595/50. 94	573/49. 06	503/48. 46	535/51. 54	1. 36	0. 24

（八）中学生学习成绩和大学生婚姻状况

本次调查了初中生、高中生和中专生对自己学习成绩的主观评价，主观认为自己学习成绩中等的学生占比最多，为30.92%，主观认为自己学习成绩中等偏上的学生占比22.12%，认为自己成绩优良的学生占比13.07%，认为自己成绩差的学生占比8.36%。不同学校类型学生对自己学习成绩的主观评价结果见表4。

表4　不同学校类型学生对学习成绩的主观评价

学校	差		中等偏下		中　等		中等偏上		优　良		不知道		合计（人）
	人	%	人	%	人	%	人	%	人	%	人	%	
初中	46	7.53	135	22.09	169	27.66	143	23.40	96	15.71	22	3.60	611
高中	56	10.45	99	18.47	186	34.70	117	21.83	55	10.26	23	4.29	536
中专	33	7.07	112	23.98	144	30.84	97	20.77	60	12.85	21	4.50	467
合计	135	8.36	346	21.44	499	30.92	357	22.12	211	13.07	66	4.09	1 614

本次对591名大学生的婚姻调查结果显示，未婚单身的大学生563人，占总人数的95.26%，已婚2人，占比0.34%，未婚同居4人，占比0.68%，其他情况22人。

（九）学生生源构成情况

对学校学生户籍来源的调查结果显示，不同学校类型学生户籍来源构成有所不同。乡镇初中学生以外来户籍学生为主，占乡镇初中人数的93.13%；中心镇初中和高中学校学生以本市户籍为主，分别占中心镇初中和高中总人数的96.88%和95.71%；中专生和大学生生源以外来户籍为主，分别占比60.81%和53.90%；本次调查的2 205名学生中，外籍学生87人，占总人数的3.95%，外籍学生主要分布在中专和大学，分别占比7.28%和8.24%。不同学校类型的学生生源分布情况见表5。

表5　不同学校类型学生生源分布情况

学校类型	本市户籍		外来户籍		外　籍		合　计
	人	%	人	%	人	%	
乡镇小学	20	6.87	271	93.13	0	0.00	291
中心小学	311	96.88	10	3.12	0	0.00	321

续表

学校类型	本市户籍		外来户籍		外籍		合计
	人	%	人	%	人	%	
高中	513	95.71	21	3.92	2	0.37	536
中专	149	31.91	284	60.81	34	7.28	467
大学	221	37.46	318	53.90	51	8.64	590
合计	1 214	55.06	904	41.00	87	3.95	2 205

二、青少年饮食相关行为

（一）健康饮食行为

调查数据显示，过去 7 天里有 52.49%不是每天吃早餐，70.35%的调查对象不是每天都喝牛奶，64.91%的学生不是每天吃新鲜水果，40.62%的学生不是每天都吃新鲜蔬菜，13.42%的学生有 3 天以上吃路边摊，男生不吃新鲜蔬菜、新鲜水果和吃路边摊的报告率高于女生，差别有统计学意义。学生不健康饮食状况见图 5。男生不吃早餐报告率高于女生，差别有统计学意义（χ^2 = 322.69，P<0.001）。学生不吃早餐的原因排前三位的为时间不够（48.88%）、

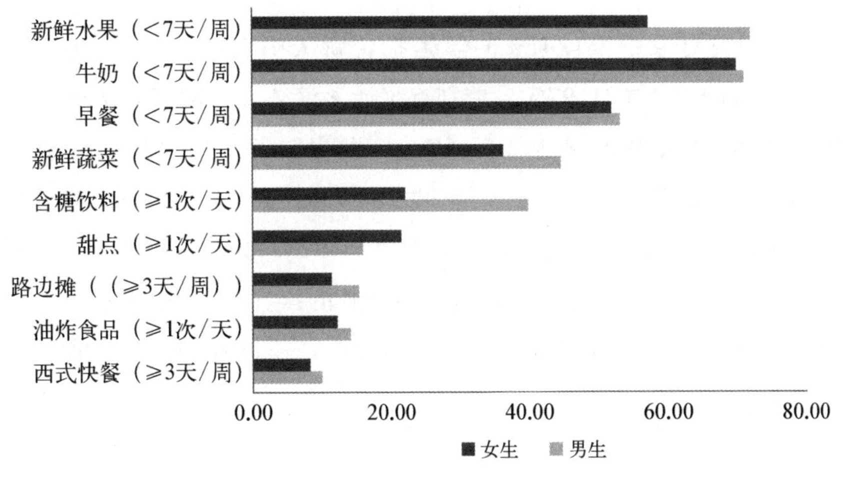

图 5　不同性别学生不健康饮食情况（%）

不饿或不想吃(26.95%)、无人准备早餐或得不到早餐(6.31%)。学生不吃早餐的原因构成见图6。

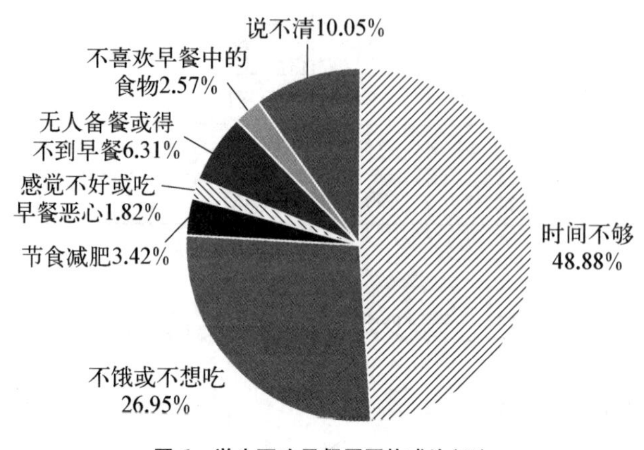

图6 学生不吃早餐原因构成比(%)

(二)体重自我认识及可导致超重/肥胖的饮食行为

调查学生对自身体重认识的主观感受,结果显示,43.22%的学生主观认为自己的体重正合适,28.24%的学生认为自己的体重有点重,15.54%的学生认为自己体重有点轻,认为自己体重很轻和很重的学生分别占比5.51%和7.49%。

所有调查对象中,31.41%的学生报告每天喝含糖饮料,男生报告率(39.81%)高于女生(21.97%),差别有统计学意义($\chi^2=81.24$, $P<0.001$);学生每天吃甜点报告率为18.45%,女生报告率(21.39%)高于男生(15.84%),差别有统计学意义($\chi^2=11.24$, $P<0.001$);学生每天吃油炸食品和一周吃西餐3次以上的报告率分别为13.15%和9.11%,男女之间报告率无统计学差别。在所有可导致超重和肥胖的饮食中,高中生报告率高于初中生、中专生和大学生差别均有统计学意义。不同性别学生饮食情况对比见图5。

表 6　不同学校类型学生超重/肥胖饮食相关行为报告率

超重、肥胖饮食	初中		中专		高中		大学		合计		χ^2	P
	人	%	人	%	人	%	人	%	人	%		
含糖饮料（≥1 次/天）	72	11.76	184	39.40	260	48.51	177	29.95	693	31.41	196.8	<0.01
甜点（≥1 次/天）	109	17.81	62	13.28	183	34.14	53	8.97	407	18.45	131.5	<0.01
油炸食品（≥1 次/天）	33	5.39	45	9.64	127	23.69	85	14.38	290	13.15	90.29	<0.01
西式快餐（≥3 天/周）	41	6.70	42	8.99	65	12.13	53	8.97	201	9.11	10.21	<0.01

（三）不健康减肥行为

调查结果显示，过去 30 天里，依靠锻炼减肥的人占比 59.43%，其次为通过减少食物量和总卡路里摄入量的方式来减肥，占比 27.74%，不吃主食和减少食物量的减肥方式报告率女生高于男生，差别有统计学意义。男生通过催吐和泻药方式减肥的报告率高于女生，差别有统计学意义。不同性别学生减肥行为报告率见图 7。

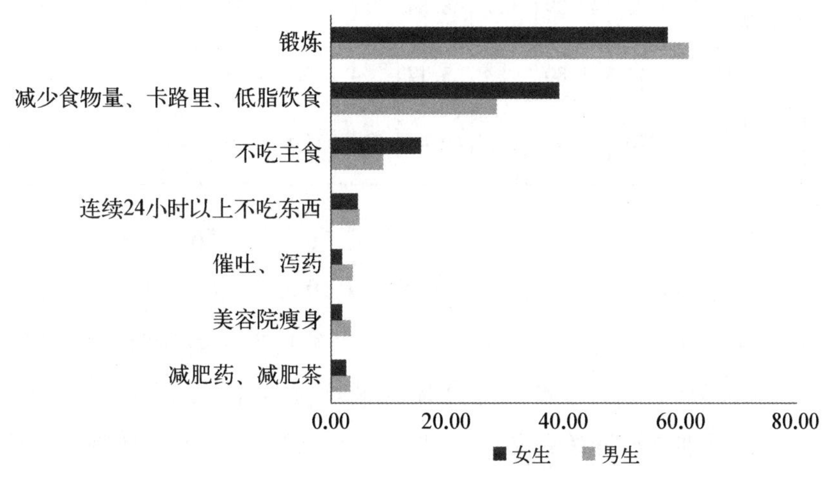

图 7　不同性别学生减肥行为报告率（%）

三、青少年运动相关行为

（一）中学生体力活动行为

过去 7 天里,中学生每天活动 60 分钟小于 4 天/周的报告率为 58.70%,中等强度运动小于 3 天每周的为 51.83%,步行或者汽车 30 分钟小于 4 天/周的报告率为 56.72%;43.90%的学生报告过去一周没参加过课外体育锻炼,1.98%的学生报告过去一周没上过体育课。不同学校类型学生参与各种体育活动的报告率有所不同,差别均有统计学意义。不同学校类型学生各种体力活动报告率见表 7。

表 7　不同学校类型学生体力活动情况(%)

体力活动行为	初中		高中		中专		合计		χ^2	P
	人	%	人	%	人	%	人	%		
每天活动 60 分钟(<4 天/周)	262	42.81	362	67.54	324	69.38	948	58.70	102.97	0.001
中等强度运动 30 分钟(<3 天/周)	216	35.29	312	58.21	309	66.17	837	51.83	114.21	0.001
步行或骑车 30 分钟(<4 天/周)	290	47.39	369	68.84	257	55.03	916	56.72	54.35	0.001
没上过体育课	11	1.80	17	3.17	4	0.86	32	1.98	7.06	0.029
没参加过课外体育锻炼	220	35.95	265	49.44	224	47.97	709	43.90	25.53	0.001

男生每天活动 60 分钟小于 4 周/时报告率(56.04%)低于女生(61.50%),差别有统计学意义($\chi^2=4.96$, $P<0.05$);男生中等强度活动小于 3 天/周报告率(46.86%)低于女生(57.05%),差别有统计学意义($\chi^2=16.80$, $P<0.01$);男生不参加课外体育锻炼报告率(38.16%)低于女生(49.94%),差别有统计学意义($\chi^2=22.7$, $P<0.001$)。不同性别学生体力活动情况见图 8。

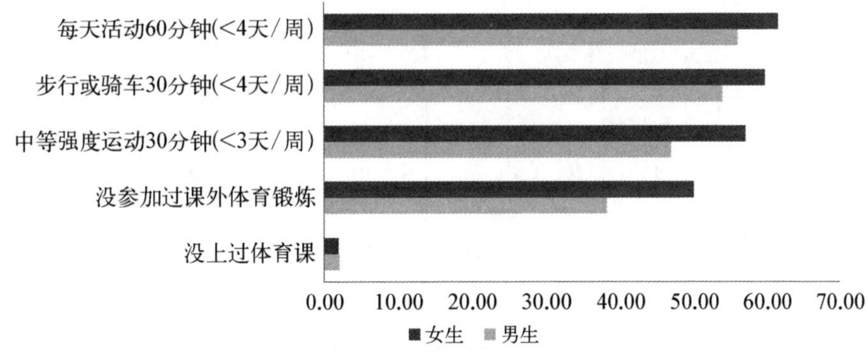

图8 不同性别学生体力活动行为报告率(%)

(二)大学生体力活动行为

过去7天里,大学生每天活动60分钟以上小于4天每周报告率为85.96%,37.56%的学生报告没上过体育课,女生未参加运动团体的报告率高于男生,差别有统计学意义。最近7天参加过剧烈运动、参加适度体育运动、每天步行10分钟等行为中,男生报告率均高于女生,差别有统计学意义。不同性别大学生体力活动行为报告情况见表8。

表8 不同性别大学生体力活动报告情况(%)

体力活动行为	男		女		合计		χ^2	P
	人	%	人	%	人	%		
每天活动60分钟(<4天/周)	287	84.41	221	88.05	508	85.96	1.58	0.21
没上过体育课	135	39.71	87	34.66	222	37.56	1.57	0.21
未参加过运动团体	172	50.59	149	59.36	321	54.31	4.48	<0.05
看电视或玩电脑(>4时/天)	122	35.88	87	34.66	209	35.36	0.09	0.76
最近7天内参加剧烈运动	164	48.24	51	20.32	215	36.38	48.62	<0.01

续表

体力活动行为	男		女		合 计		χ^2	P
	人	%	人	%	人	%		
最近7天参加适度体育运动	159	46.76	63	25.10	222	37.56	28.90	<0.01
最近7天步行10分钟	226	66.47	132	52.59	358	60.58	11.65	<0.01
工作日每日静坐	157	46.18	63	25.10	220	37.23	27.45	<0.01

四、青少年伤害相关行为

（一）非故意伤害

1. 骑自行车违规行为

过去30天里，学生骑自行车报告率为75.97%，中专生骑自行车违规报告率高于高中生和初中生，差别有统计学意义（$\chi^2=19.10$，$P<0.001$）；男生骑自行车违规报告率高于女生，差别有统计学意义（$\chi^2=4.86$，$P<0.05$）。不同学校类型学生骑自行车违规报告率见表9。不同性别学生骑自行车违规报告率见图9。

表9　不同学校类型学生骑自行车违规现象报告率（%）

骑自行车违规行为	初 中		高 中		中 专		合 计		χ^2	P
	人	%	人	%	人	%	人	%		
双手离把	53	11.57	46	12.04	74	19.12	173	14.10	11.81	<0.01
攀附其他车辆	18	3.93	17	4.45	40	10.34	75	6.11	17.7	<0.01
追逐打闹	24	5.24	19	4.97	45	11.63	88	7.17	16.88	<0.01
骑车逆行	25	5.46	26	6.81	63	16.28	114	9.29	33.21	<0.01
骑车带人	62	13.54	41	10.73	119	30.75	222	18.09	62.21	<0.01
闯红灯、乱穿马路	15	3.28	14	3.66	57	14.73	86	7.01	51.74	<0.01

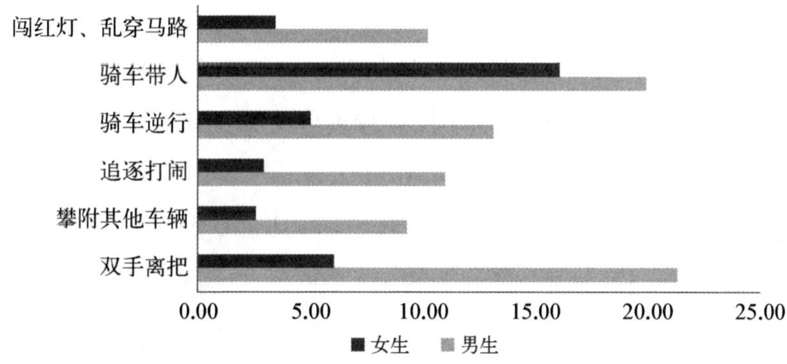

图9　不同性别学生骑自行车违规现象报告率(%)

2. 步行违规行为

过去30天里,有37.94%的报告有过马路不走人行道/过街天桥/地下通道,初中生步行违规报告率为23.03%,高中生报告率为29.66%,中专生报告率为54.82%,大学生报告率为47.55%,中专生步行违规报告率最高;男生步行违规报告率高于女生,差别有统计学意义($\chi^2=17.68$, $P<0.001$)。对不同年级学生步行违规报告率进行分析,结果显示,大一学生步行违规报告率最高(50.83%),其次为高一学生,步行违规报告率为46.75%。不同年级学生步行违规报告率见图10。

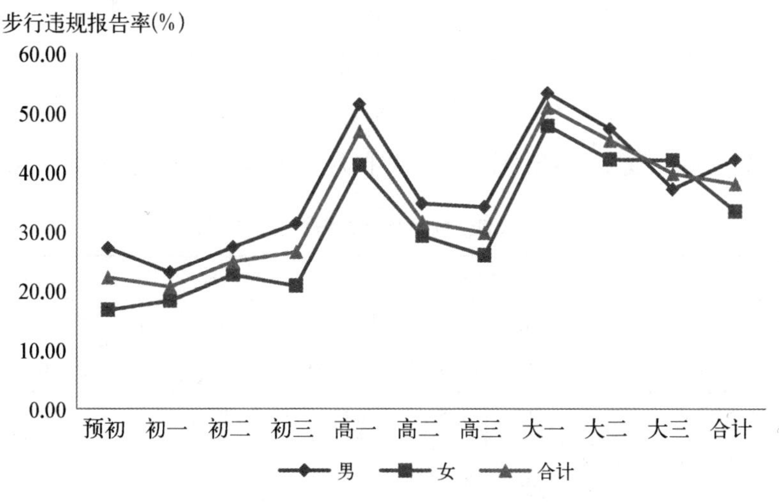

图10　不同年级学生步行违规报告率(%)

3. 交通工具使用行为

学生上学使用交通工具排前三位的分别为步行(32.88%)、坐公交车(28.42%)和私家车(21.30%)。不同学校的学生交通工具使用情况存在差异,初中生步行上学最多,占比62.42%,其次为私家车(18.95%)和父母骑车接送(6.54%),高中生使用私家车最多,占比36.38%,其次为公交车(27.61%)和步行(20.34%),中专生乘公交车最多,占比63.81%,其次为自己骑车(12.21%)和步行(8.57%),学生交通工具使用情况见图11。

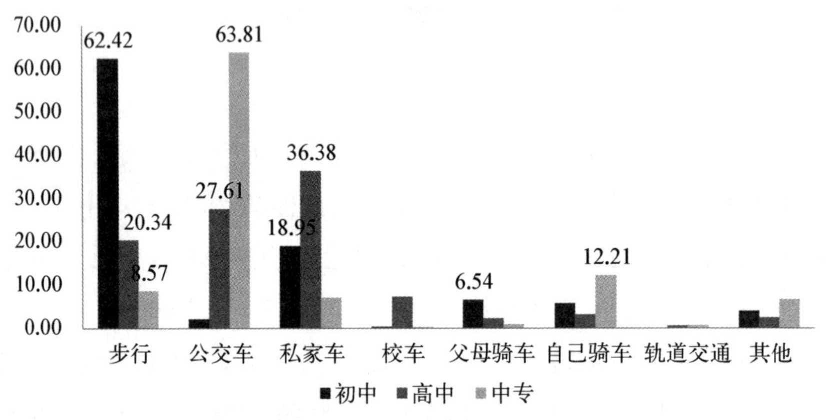

图11 学生上学使用交通工具情况报告(%)

对大学生过去30天内的酒驾行为进行调查,结果显示,酒后驾车报告率2.88%,男生酒驾报告率高于女生,差别有统计学意义;乘坐酒后驾车报告率为2.88%;过去30天驾车过程中使用手机发信息、玩游戏的报告率为7.95%,男生报告率高于女生,差别有统计学意义。不同性别大学生驾车行为报告率见表10。

表10 不同性别学生驾车行为报告率(%)

驾车行为	男		女		合计		χ^2	P
	人	%	人	%	人	%		
过去30天酒后驾车	15	4.41	2	0.80	17	2.88	6.750	<0.01
过去30天乘坐酒后驾车	12	3.53	5	1.99	17	2.88	1.220	>0.05
过去30天驾车过程中使用手机发信息、玩游戏	33	9.71	14	5.58	47	7.95	3.360	<0.01

对中学生闯红灯现象调查结果显示，学生闯红灯报告率为 23. 72%，9. 15%的初中生报告有闯红灯现象，18. 84%的高中生报告有闯红灯现象，中专生闯红灯现象报告率为 48. 39%。男生闯红灯报告率(27. 42%)高于女生(19. 82%)，差别有统计学意义($\chi^2=12.86$，$P<0.01$)。

4. 不安全游泳行为

过去 12 个月，曾去过没有安全措施地方游泳的学生占 8. 16%，男生 10. 45%，女生 5. 59%，男生报告率高于女生，差别有统计学意义($\chi^2=17.31$，$P<0.01$)；去过 4 次以上不安全地方游泳的学生占 2. 77%，其中男生占 3. 77%，女生占 1. 64%。

（二）故意伤害行为

1. 欺侮行为

过去 12 个月里，30. 05%的学生报告又被恶意取笑，7. 25%的学生报告曾被索取财物，11. 15%的学生报告被有意排斥在集体活动之外，6. 17%的学生报告曾被威胁和恐吓，17. 68%的学生报告曾被开色情玩笑或做色情动作，男生对校园欺侮行为的报告率高于女生，差别均有统计学意义。不同性别学生遭受学校欺侮行为报告率见图 12。大学生中有 3. 05%的学生报告过去 12 个月曾遭到性骚扰。

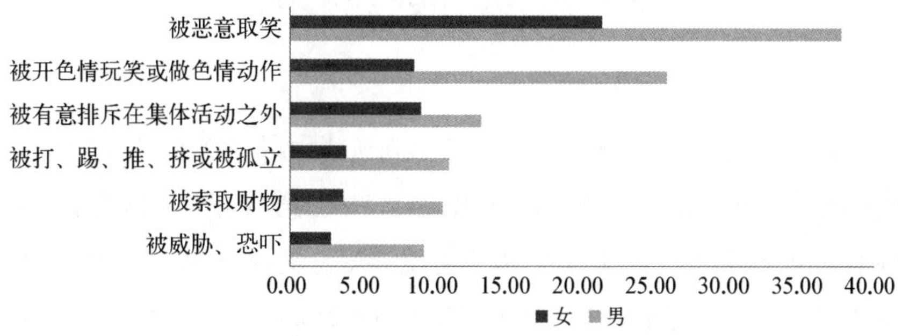

图 12 不同性别学生遭受学校欺侮行为报告率(%)

2. 不安全感和打架行为

过去 12 个月里，11. 27%的学生报告上学时无安全感，男生报告率

(12.32%)高于女生(10.17%)。14.1%的学生报告自己曾经有过打架行为,男生打架行为报告率为21.15%,女生报告率为6.17%,男生打架行为报告率高于女生,差别有统计学意义($\chi^2=101.86$, $P<0.01$);打架10次以上学生占比1.09%,其中男生占比1.88%。对不同年级学生打架行为进行分析,结果显示,预初级学生打架行为报告率最高,为26.11%,从预初到初三打架报告率逐渐下降,到高一年级又开始上升(19.06%),随后逐渐下降至较低水平。不同年级、不同性别学生打架行为报告率见图13。对大学生打架后果进行调查,结果显示,大学生在校内打架1次以上的报告率为4.06%,打架致就医报告率为1.35%。

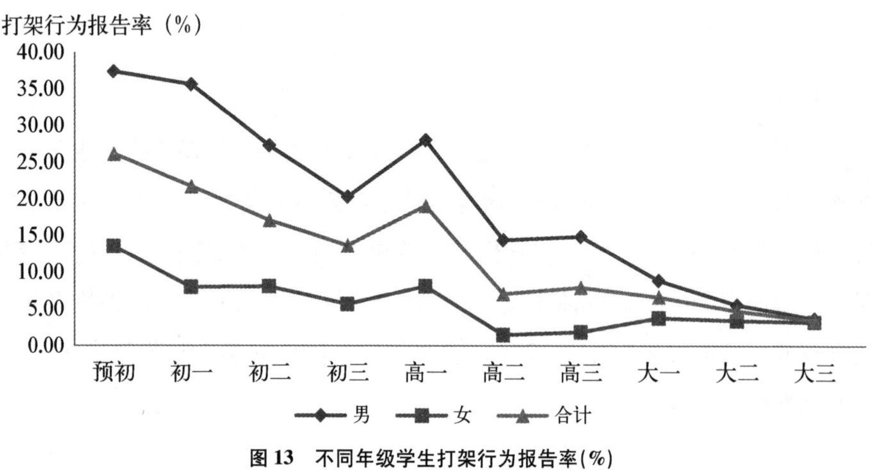

图13 不同年级学生打架行为报告率(%)

3. 心理问题和自杀行为

过去12个月里,31.70%的学生经常感到孤独,中专生孤独感报告率最高,差别有统计学意义($\chi^2=36.37$, $P<0.01$);45.51%的学生报告经常因学习成绩感到不愉快,高中生报告率最高,差别有统计学意义($\chi^2=36.37$, $P<0.01$);24.83%的学生报告经常因担心某事而失眠,17.21%的学生报告有抑郁倾向,中专生抑郁倾向报告率高于初中和高中生,差别有统计学意义($\chi^2=36.37$, $P<0.01$)。

过去12个月里,12.01%的学生报告曾有意伤害过自己,男生报告率

(14.61%)高于女生(9.28%),差别有统计学意义($\chi^2=10.88$, $P<0.01$),12.14%的学生报告曾考虑过自杀,7.06%的学生报告有自杀计划,4.24%的学生报告有自杀行为。不同性别中学生心理问题及自伤自杀行为报告率见图14。

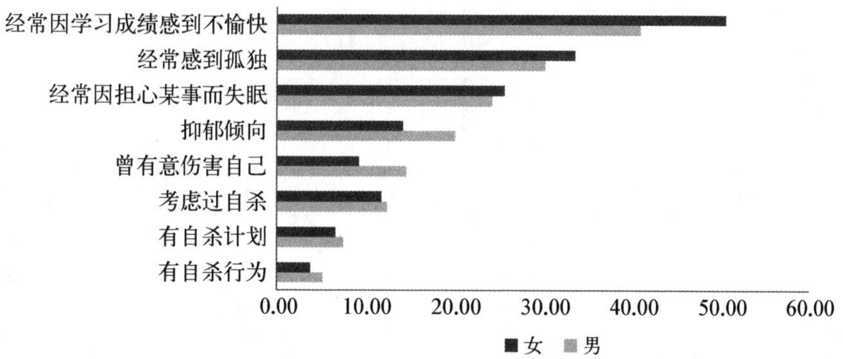

图14 不同性别学生心理问题及自伤自杀行为报告率(%)

对大学生自伤自杀结果调查结果显示,3.38%的大学生报告曾有意伤害过自己,5.08%的学生报告曾考虑过自杀,2.03%的学生报告计划过自杀,2.37%的学生报告曾实施过自杀;自杀2次以上报告率为1.35%,自杀致就医行为报告率0.34%。大学生自杀原因排前三位的分别为学习压力大、觉得活着没意思和家庭原因。

调查学生自杀寻求帮助,结果显示,59.35%的学生没有寻求任何帮助,

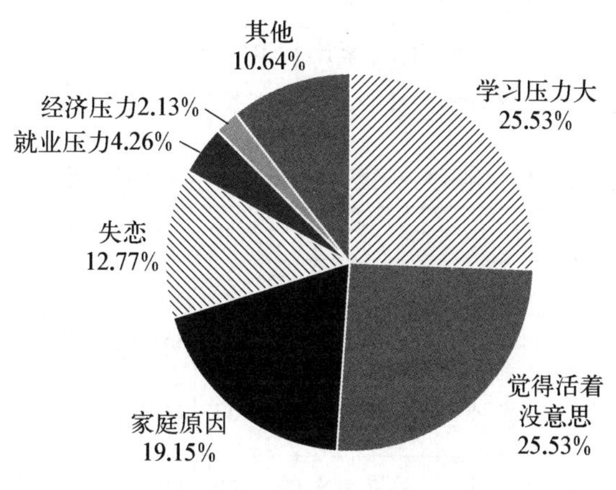

图15 大学生自杀原因构成(%)

16.55%的学生向同学和朋友寻求帮助,6.47%的学生曾向老师寻求帮助。学生自伤自杀寻求帮助的具体方式见表11。

表11　学生自伤自杀寻求帮助的途径(%)

自伤自杀寻求帮助	男		女		合计	
	人	%	人	%	人	%
没有寻求帮助	86	53.75	79	66.95	165	59.35
老师帮助	15	9.38	3	2.54	18	6.47
同学朋友帮助	27	16.88	19	16.10	46	16.55
家人帮助	7	4.38	8	6.78	15	5.40
医生帮助	6	3.75	2	1.69	8	2.88
网友帮助	4	2.50	5	4.24	9	3.24
其他	15	9.38	2	1.69	17	6.12
合计	160	100.00	118	100.00	278	100.00

4. 离家出走行为

过去12个月里,27.74%的学生报告曾经想过离家出走,6.75%学生报告曾经尝试过离家出走,但未成功,6.63%的学生报告曾经离家出走过。离家出走相关行为中,中专生报告率高于初中生和高中生,差别均有统计学意义。不同学校类型学生离家出走相关行为报告率见表12。男生曾经离家出走报告率高于女生,差别有统计学意义($\chi^2=5.91$, $P<0.05$)。对不同年级学生离家出走行为分析结果显示,高一学生离家出走相关行为报告率最高。不同年级学生离家出走相关行为报告率见图16。

表12　不同学校类型学生离家出走相关行为报告

离家出走行为	初中		高中		中专		合计		χ^2	P
	人	%	人	%	人	%	人	%		
曾经想过离家出走	144	23.53	137	25.56	167	35.76	448	27.74	21.67	<0.01
曾经尝试过离家出走,但未成功	29	4.74	28	5.22	52	11.13	109	6.75	17.67	<0.01
曾经离家出走	26	4.25	25	4.66	56	11.99	107	6.63	27.21	<0.01

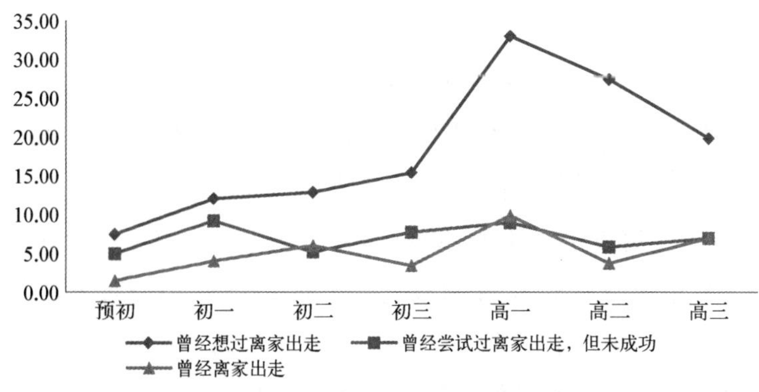

图 16　不同年级学生离家出走行为报告率(%)

（三）严重伤害

1. 可能导致严重伤害的行为

过去 12 个月里，可能导致严重伤害(指由于伤害而需要医生或护士治疗，或不能上学或影响日常活动一天及以上)的原因中，报告率最高的前三位是：在楼梯上追逐打闹，互相推搡，占比 22.60%；在玩滚轴溜冰、滑板车等不带保护装备，占比 13.81%；翻栏杆、墙头、校门等障碍物占比 10.34%。除玩滚轴溜冰、滑板车等不带保护装备外，男生各种危险行为报告率均高于女生，差别有统计学意义。不同性别学生各种可导致严重伤害行为的报告率见图 17。

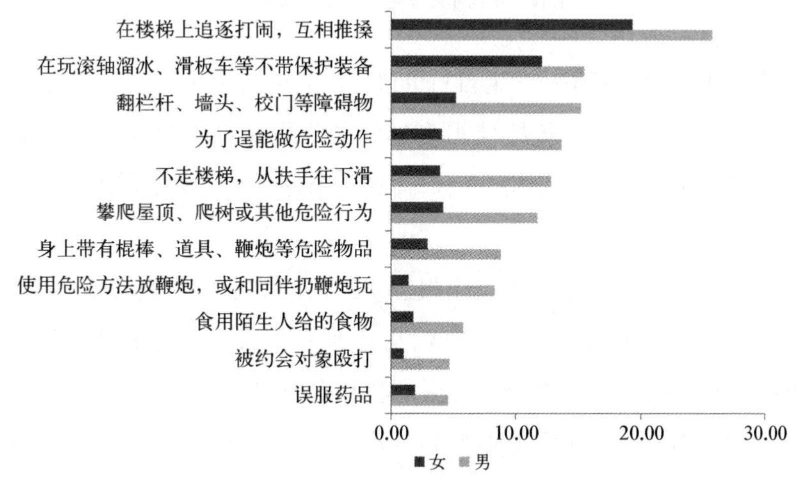

图 17　不同性别学生可能导致严重伤害行为报告率(%)

2. 严重伤害发生情况

过去 12 个月里,学生严重伤害发生率为 13.42%,男生严重伤害发生率为 17.12%,女生为 9.25%,男生伤害发生率高于女生,差别有统计学意义(χ^2 = 23.36, P<0.01)。初中生伤害发生率为 22.71%,高中生伤害发生率为 2.61%,中专生伤害发生率为 21.20%,大学生伤害发生率为 7.45%。不同学校类型伤害发生率有所不同,差别有统计学意义(χ^2 = 141.87, P<0.01)。分析不同年级学生伤害发生率,预初级伤害发生率最高(26.60%),其次为初三年级(23.08%),不同年级学生伤害发生率见图 18。

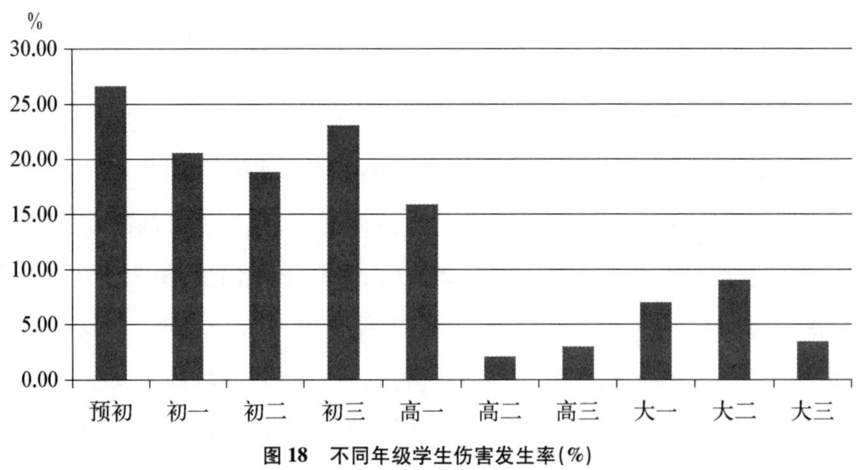

图 18　不同年级学生伤害发生率(%)

伤害发生后,40.87%的学生自行处理,38.10%的学生到医院门诊进行伤害处理,16.27%的学生由家人、老师和同学紧急处置。35.86%的学生没有请假休息,26.69%的学生请假休息 1 天,休息一个月以上的学生占比 3.19%。

3. 伤害发生原因

过去 12 个月里,学生伤害发生报告率最高的前三位分别为扭伤、跌坠伤和烧伤/烫伤,扭伤报告率为 39.73%,男生和女生报告率分别为 39.30%和 40.63%;跌坠伤报告率为 17.85%,男生和女生分别为 18.91%和 15.63%;烧烫伤报告率为 16.84%,男女分别为 17.41%和 15.63%。不同性别学生伤害发生报告率见图 19。

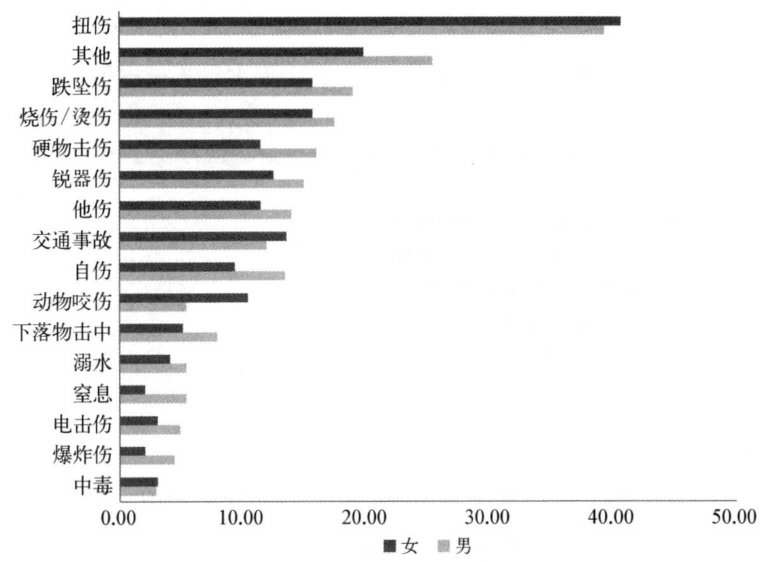

图 19　不同性别学生伤害发生报告率(%)

交通事故伤害报告率为 12. 46%,发生交通事故伤害的车辆中,自行车占 40. 0%,电动自行车占 32. 5%,摩托车和小汽车分别占 12. 5%。发生交通事故时, 42. 5%的学生报告在步行,35%的学生在骑自行车,15%的学生报告在骑电动自行车。

学生伤害发生部位中报告率排前三位分别为髋/下肢/足/踝,占比 34. 0%,肩/上肢/手/腕,占比 28. 5%,头面部占比 15. 7%。学生伤害发生部位报告率见图 20。

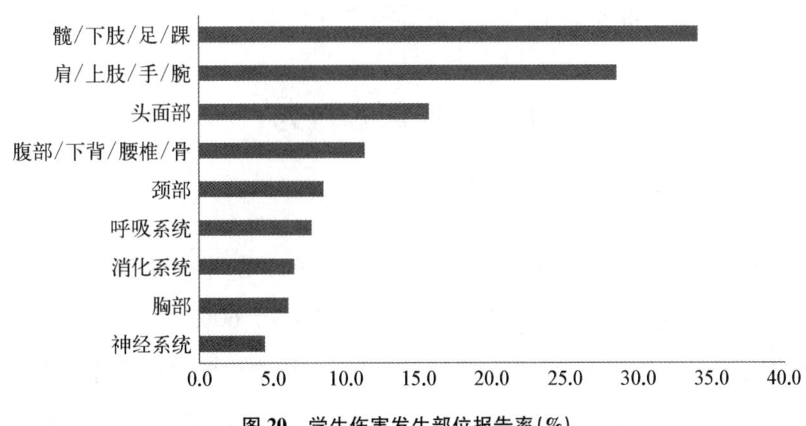

图 20　学生伤害发生部位报告率(%)

学生伤害发生地点报告率最高的三位分别为家中（占 29.86%）、校内体育场所（占 16.32%）和教室（占比 12.50%）。学生伤害发生地点报告率见图 21。

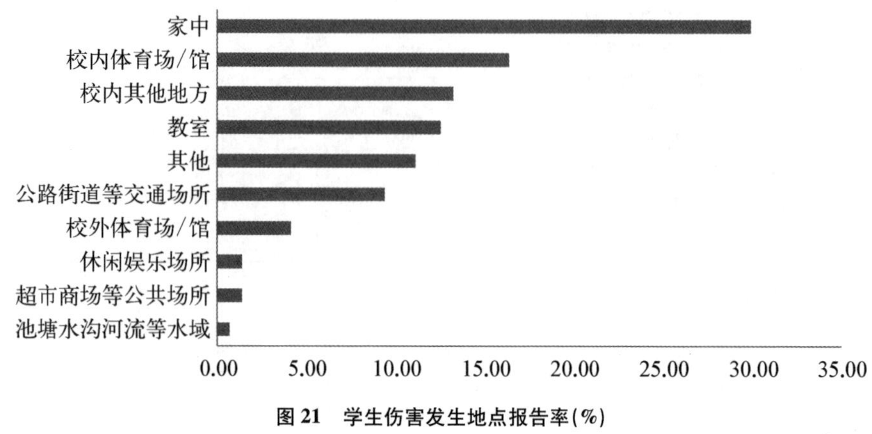

图 21　学生伤害发生地点报告率（%）

4. 伤害发生时段和伤者活动

过去 12 个月里，学生报告伤害发生时段最高的前三位分别为节假日，占比 18.60%，上学前占比 18.18%，上学途中占比 11.57%。严重伤害发生时，伤者的活动中，体育活动占比 29.88%，消遣活动占比 13.69%，日常起居占比 9.13%。

5. 伤害发生程度

过去 12 个月里，学生发生伤害后，79.30%的学生就诊或者休息 1 天以上，17.19%的学生住院 1~9 天，2.46%的学生报告住院 10 天以上，1.05%的学生报告身体部分或全部丧失正常工作生活和学习能力。

五、物质成瘾行为

（一）吸烟行为

对学生的吸烟行为进行调查结果显示，20.90%的学生曾经尝试吸烟，男生曾经尝试吸烟报告率为 30.05%，女生报告率为 10.60%，男生报告率高于女生，差别有统计学意义（$\chi^2=125.83$，$P<0.01$）。初中生尝试吸烟率为 6.54%，高中生尝试吸烟率为 11.57%，中专生尝试吸烟 34.05%，大学生 33.84%，不同

学校类型学生尝试吸烟报告率不同，差别有统计学意义(χ^2 = 213.33，P<0.01)。本市户籍学生尝试吸烟率低于外来户籍和外籍，差别有统计学意义(χ^2 = 62.23，P<0.01)。

28.57%的学生17岁以后尝试吸烟，21.88%的学生15～16岁开始吸烟，8岁以下尝试吸烟的占10.33%。图22所示为上海奉贤区青少年尝试吸烟年龄分布。

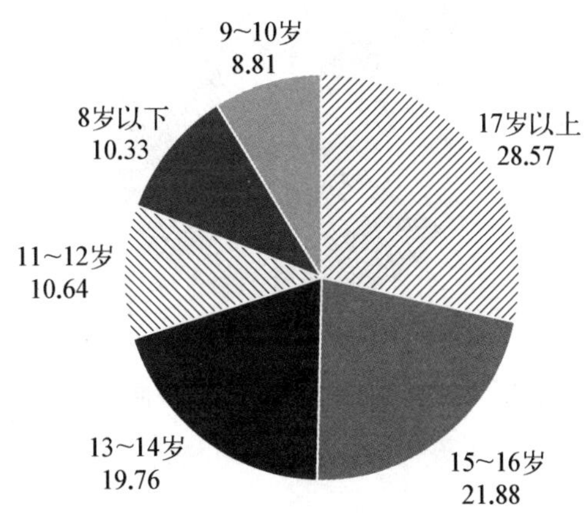

图22　奉贤区青少年尝试吸烟年龄分布(%)

对学生过去30天的吸烟行为进行调查结果显示，过去30天，学生吸烟行为报告率为4.67%，中专生和大学生分别为17.13%和15.23%，不同学校类型学生吸烟率有所不同，差别有统计学意义(χ^2 = 138.07，P<0.01)。男生报告率6.68%，女生2.41%，男生吸烟率高于女生，差别有统计学意义(χ^2 = 22.51，P<0.01)。

在过去30天吸烟者中，频繁吸烟(每个月大于20天)报告率为7.25，大学生频繁吸烟报告率高于其他学校，差别有统计学意义(χ^2 = 28.95，P<0.01)。大量吸烟(每天吸烟大于10支)报告率为7.73%。

对吸烟学生的香烟来源进行调查，48.08%来源于商店，8.65%来源于小贩，16.35%为别人给的。87.14%的学生表示买烟很容易，从来没有人不卖。

(二) 饮酒行为

对学生的饮酒为进行调查结果显示，57.30%的学生曾经尝试饮酒，男生曾经尝试饮酒报告率为61.47%，女生报告率为52.60%，男生报告率高于女生，差别有统计学意义(χ^2 = 17.68，P<0.01)。初中生尝试饮酒率为33.50%，高中生尝试饮酒率为55.97%，中专生尝试饮酒67.24%，大学生为75.30%，不同学校类型学生尝试饮酒报告率不同，差别有统计学意义(χ^2 = 239.2，P<0.01)。

25.63%的学生16岁以后尝试饮酒，22.23%的学生14～15岁开始饮酒，7

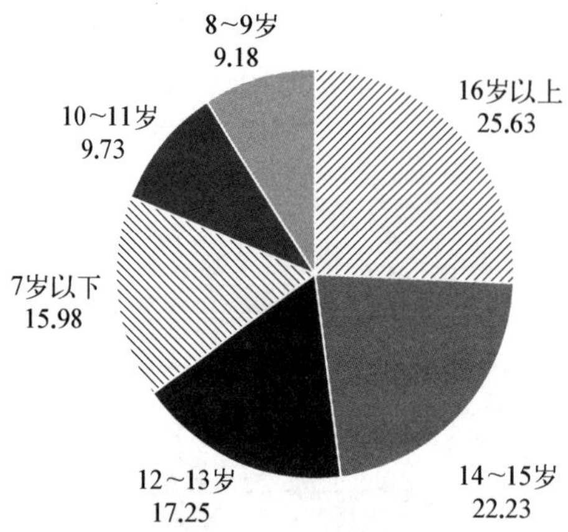

图 23 奉贤区青少年尝试饮酒年龄分布(%)

岁以下尝试饮酒的占 15.98%。学生首次尝试饮酒年龄分布见图 23。

对学生过去 30 天的饮酒行为进行调查结果显示,过去 30 天,学生饮酒行为报告率为 38.7%,中专生和大学生分别为 36.9%和 46.4%,不同学校类型学生饮酒率有所不同,差别有统计学意义($\chi^2=183.8$, $P<0.01$)。男生报告率 34.25%,女生 22.25%,男生饮酒率高于女生,差别有统计学意义($\chi^2=38.7$, $P<0.01$)。

在过去 30 天饮酒者中,频繁饮酒(每个月大于 20 天)报告率为 9.67%,大量饮酒报告率为 23.61%。醉酒行为报告率为 47.39%。

喝酒原因调查结果显示,58.25%的学生报告为陪家人或者朋友喝,11.46%表示好奇而喝酒,8.9%表示因为高兴而喝。

六、精神成瘾行为

(一)网络成瘾行为

本次对中学生的网络成瘾情况调查结果显示,学生网络成瘾报告率为 4.46%,男生报告率为 5.92%,女生报告率为 2.92%,男生网络成瘾报告率高于女生,差别有统计学意义($\chi^2=8.5$, $P<0.01$)。初中生报告率为 2.29%,高中生报告率为 4.85%,大学生网络成瘾报告率最高(6.85%),差别有统计学意义($\chi^2=13.25\%$, $P<0.01$)。

(二)学生上网目的

学生上网的主要目的为即时通信占比 38.51%,文件上传下载占比 33.81%,浏览新闻占比 30.84%,动漫/FLASH/电子贺卡占比 22.97%,查阅学习资料占比 19.75%。学生上网目的报告率见图 24。

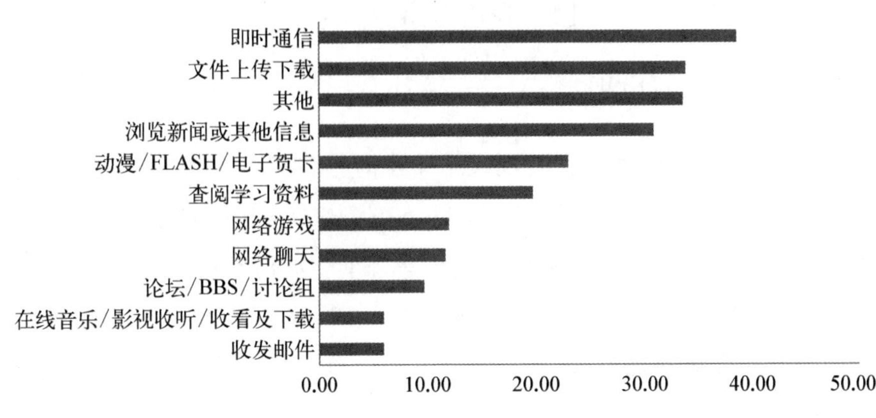

图 24　学生上网目的报告率(%)

（三）娱乐性赌博

学生参与娱乐性赌博报告率为 7.0%,男生报告率 10.0%,女生报告率 3.8%,男生报告率高于女生,差别有统计学意义($\chi^2=24.94$, $P<0.01$);初中生参与娱乐性赌博报告率为 3.6%,高中生为 7.5%,中专生为 10.9%,不同学校类型学生参与娱乐性赌博报告率不同,差别有统计学意义($\chi^2=24.38$, $P<0.01$)。

对不同年级学生参与娱乐性赌博进行分析,结果显示,高三年级报告率最高,为 11.88%,其次为高一,报告率 9.53%,预初报告率最低,为 1.49%。不同年级学生参与娱乐性赌博报告率见图 25。

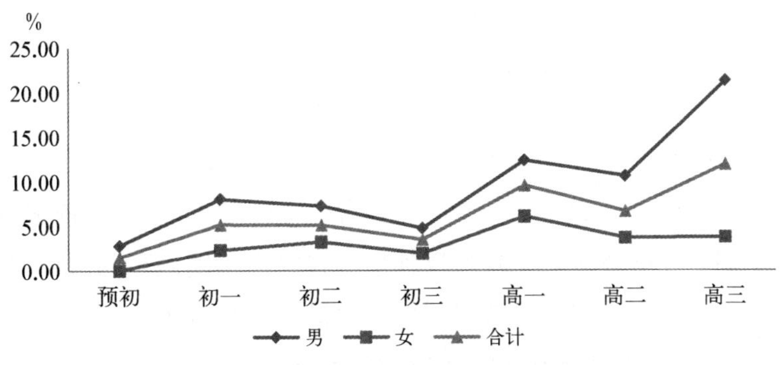

图 25　不同年级学生参与娱乐性赌博报告率(%)

七、静态生活行为

（一）长时间看电视

过去 7 天里,学生每天看电视大于 4 小时报告率为 11. 98%,初中学校报告率为 8. 33%,高中学校报告率为 11. 57%,中专学校报告率为 14. 56%,不同学校类型学生长时间看电视报告率不同,差别有统计学意义(χ^2 = 10. 43, P<0. 01)。男生长时间看电视报告率 12. 44%,女生 9. 91%,不同性别之间长时间看电视报告率无统计学差别。学生各种静态活动报告率见图 26。

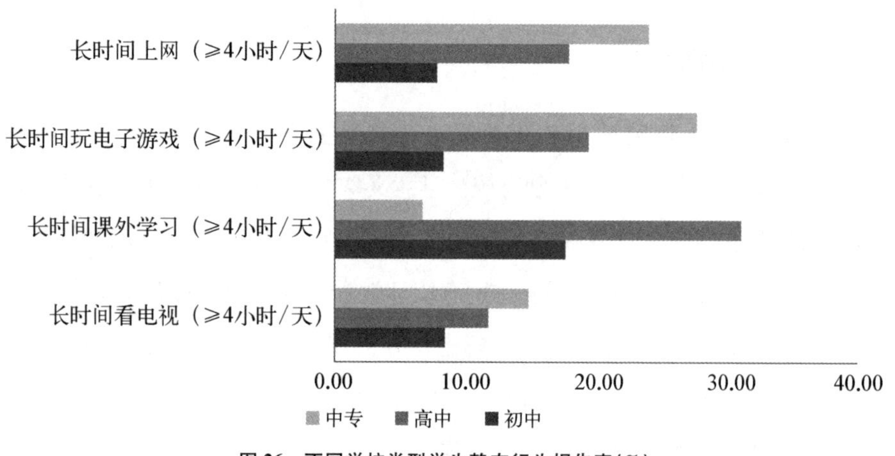

图 26　不同学校类型学生静态行为报告率(%)

（二）长时间课外学习

过去 7 天里,学生每天长时间课外学习大于 4 小时报告率为 19. 76%,初中学校报告率为 17. 32%,高中学校报告率为 30. 60%,中专学校报告率为 6. 64%,不同学校类型学生长时间课外学习报告率不同,差别有统计学意义(χ^2 =95. 6, P<0. 01)。男生长课外学习电视报告率 18. 12%,女生 19. 19%,不同性别之间长时间课外学习报告率无统计学差别。

（三）长时间玩电子游戏

过去 7 天里，学生每天长时间玩电子游戏大于 4 小时报告率为 18. 50%，初中学校报告率为 8. 17%，高中学校报告率为 19. 13%，中专学校报告率为 27. 19%，不同学校类型学生长时间玩电子游戏报告率不同，差别有统计学意义（$\chi^2=68.81$，$P<0.01$）。男生长时间玩电子游戏报告率 19. 81%，女生 14. 61%，男生报告率高于女生，差别有统计学意义（$\chi^2=7.62$，$P<0.01$）。对学生玩电子游戏情况按照年级进行分析，结果显示，高一学生长时间玩电子游戏报告率最高，为 25. 57%。不同年级学生长时间玩电子游戏报告率见图 27。

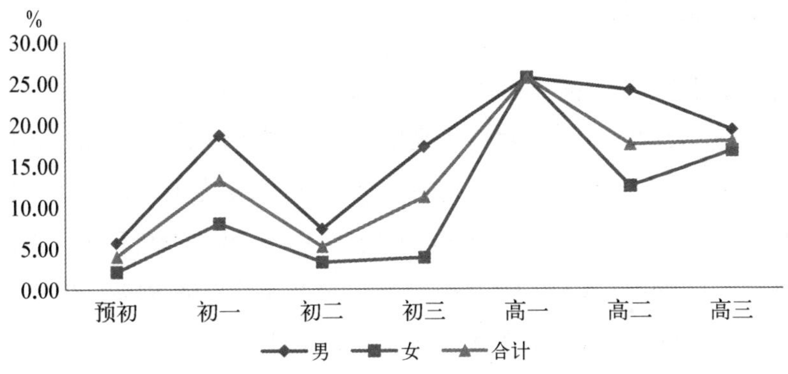

图 27　不同年级学生长时间玩电子游戏报告率(%)

（四）长时间上网

过去 7 天里，学生每天长时间上网大于 4 小时报告率为 16. 60%，初中学校报告率为 7. 68%，高中学校报告率为 17. 54%，中专学校报告率为 23. 55%，不同学校类型学生长时间上网报告率不同，差别有统计学意义（$\chi^2=53.29$，$P<0.01$）。男生长时间上网报告率 19. 81%，女生 14. 61%，不同性别之间长时间上网报告率无统计学差别。对学生长时间上网情况按照年级进行分析，结果显示，高一学生长时间玩电子游戏报告率最高，为 22. 09%。不同年级学生长时间上网报告率见图 28。

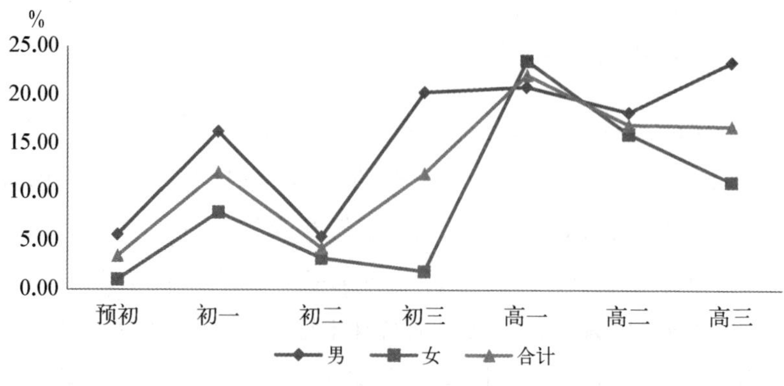

图 28　不同年级学生长时间上网报告率(%)

(五) 睡眠不足

对学生睡眠状况调查结果显示,学生睡眠不足(每天睡眠时间少于 7 小时)报告率为 27.80%。男生睡眠不足报告率为 25.85%,女生为 29.86%。初中生睡眠不足报告率为 12.75%,高中生为 48.51%,中专生为 23.77%,不同学校类型学生说面不足报告率有统计学差别($\chi^2=187.39$, $P<0.01$)。本市户籍学生睡眠不足报告率(33.33%)高于外来户籍学生(18.94%)和外籍学生(19.44%),差别有统计学意义($\chi^2=39.31$, $P<0.01$)。

八、艾滋病知识及性行为

(一) 艾滋病相关知识态度行为

对大学生的艾滋病知识态度行为调查结果显示,95.1%的学生知晓艾滋病,其中男生知晓率为 94.1%,女生为 96.4%。有 46.7%的学生报告如果自己的朋友感染了艾滋病会继续与其来往,13.9%的人报告不会与艾滋病人来往。对于歧视艾滋病患者,65.0%的学生表示反对,2.4%人赞成。

(二) 中学生性行为

对调查对象性相关行为调查结果显示,17.3%的中学生有特殊意义的异性朋友；中学生性行为报告率为4.2%，男生报告率(6.8%)高于女生(1.4%)，差别有统计学意义($\chi^2=17.95$, $P<0.01$)；有2.2%的学生报告曾被迫发生性行为，男生报告率高于女生，差别有统计学意义($\chi^2=14.09$, $P<0.01$)。

（三）大学生性行为

对大学生性行为进行调查结果显示，45.2%的学生有特殊意义的异性朋友。大学生性行为报告率为16.1%，男生报告率(23.5%)高于女生(6.0%)，差别有统计学意义($\chi^2=2.9817.95$, $P<0.01$)；1.9%的学生报告曾被迫发生性行为。

72.64%的学生报告发生性行为在17岁以上，16岁报告发生性行为占比14.15%。58.95%的学生报告与1个人发生过性行为，曾经与3人以上发生性行为报告率为18.95%。过去3个月内，与1人发生性行为报告率为82.81%。10.61%的学生报告在最近一次性行为之前有饮酒或使用药物。最近一次发生性行为时，66.67%的人报告采取了避孕措施。在避孕措施中，60.20%的人使用安全套避孕，12.24%使用避孕药。避孕措施使用报告率见图29。男生使别人怀孕报告率为1.5%，女生怀孕报告率0.4%。

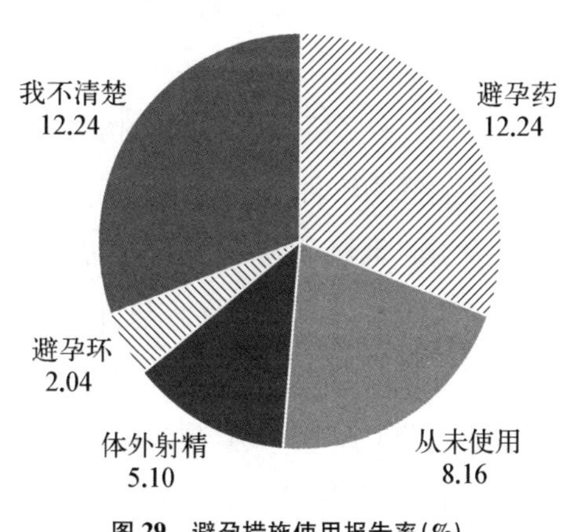

图29　避孕措施使用报告率(%)

九、讨　　论

本次调查结果显示，奉贤区青少年存在多种健康危险行为，个别健康问题较为突出，主要体现在以下几个方面：

第一，奉贤区青少年存在不健康饮食现象，部分学生饮食不规律；青少年中普遍存在容易导致肥胖的饮食习惯，部分学生有不健康减肥行为。相关部门应加强学生健康教育，督促学生养成良好的饮食习惯。不健康减肥行为严重影响青少年身心健康，相关部门应根据不同青少年群体制订有针对性的健康教育和干预措施，加大肥胖危害的科普力度，为学生提供科学、合理的减肥指导。

第二，奉贤区青少年静态行为时间报告率较高，体力活动相对不足。学生体力活动不足是导致青少年超重肥胖的重要因素之一，应引起学校和家长重视。学校应严格执行学生每天体力活动一小时计划，确保学生保持良好的体育锻炼习惯，减少静态行为时间。

第三，奉贤区青少年非故意伤害行为问题普遍存在，中专生和外来户籍学生伤害相关危险行为问题较为突出。中专生和外来户籍学生的伤害相关危险行为报告率总体高于其他学校类型学生和本市户籍学生。因此，中专职技校学生和乡镇学校外来户籍学生的伤害相关问题应引起教育和卫生部门的重点关注。

第四，奉贤区青少年故意伤害行为和心理健康问题值得关注，不少学生遭受校园暴力事件。自杀相关行为是影响青少年身心健康的严重问题，相关部门应引起足够重视，可通过改善校园环境、加强心理辅导、危机干预等措施，降低学生自伤行为发生率。与自杀及抑郁相关的学校及家长应对青少年心理健康问题提高警惕，建立学校-社区-家庭-医疗机构联合机制，落实各项对自杀高危人群的早期识别、预防措施。

第五，奉贤区部分青少年存在物质成瘾行为，学生精神成瘾问题需引起重视，男生成瘾行为报告率统一高于女性。中专生吸烟、饮酒行为报告率较高，相关部门应加大对学生吸烟、饮酒行为的干预力度，积极引导学生认识吸烟、饮酒对身心健康的危害，并通过限制青少年学生对成瘾物质的获取途径、加强学校管理等形式减少青少年物质成瘾行为的发生。随着电子产品和网络的普及，学生接触网络的机会也在不断增加，相关部门应加强对青少年网络成瘾等行为问题的干预，学校应严格控制学生的网络使用时间，及时关注不良网络环境对学生身心健康的危害，并积极为学生创造良好的学习交流环境，积极指导存在心理健康行为的学生，同时，加大对中专生和男生的关注和干预力度。

第六,奉贤区青少年性相关危险行为不容忽视,性病、艾滋病宣传防治力度仍有待提高。奉贤区大学生性行为报告率较高,相关部门在加强学生性安全知识教育的同时,应加强学生对性传播疾病相关知识的认识和普及,提高大学生的自我性保护意识。学校应全面加强健康教育工作,将性病、艾滋病预防知识作为青少年健康教育的核心工作。有条件的学校可设置艾滋病咨询点,为学生提供免费咨询服务。

上海初中生隐匿性自伤行为现状和相关危险因素的调查研究*

程文红**

一、研 究 背 景

自我伤害行为是指个体采取一系列反复、故意、直接伤害自己身体的方式,可以分为自杀性的自伤行为和非自杀性的自伤行为(NSSI)。后者常常不被他人所注意,具有隐匿性。本课题所指的行为即指这种非自杀性的隐匿性的自我伤害行为,以下简称自伤行为。青少年自伤行为研究近十年来越来越得到重视。自伤行为虽然未直接带来生命危险,但造成的影响是不容忽视的。不仅会花费大量的医疗资源,而且会影响青少年的在校表现,造成与他人关系受损或丧失,产生羞耻和尴尬等自我消极情绪①。此外,自伤行为会增加个体实施自杀的风险②③。

对自伤行为的关注在最近十年里开始增加。目前有关自伤行为检出率的研究主要集中在北美和欧洲地区,北美地区的检出率为 14%~24%,欧洲多国检出率范围跨度较大,为 5%~65.9%④。2012 年一项荟萃分析报道,全世界青

* 本文系 2014—2015 年度上海市儿童发展研究课题"上海初中生隐匿性自伤行为现状和相关危险因素的调查研究"的结项成果。

** 程文红,上海市精神卫生中心副主任。

① Laye-Gindhu A, Schonert-Reichl, KA. Nonsuicidal self-harm among community adolescents: Understanding the "whats" and "whys" of self-harm[J]. Journal of Youth and Adolescence. 2005, 34(5).

② Wilkinson, Paul, Kelvin, et al. Clinical and Psychosocial Predictors of Suicide Attempts and Nonsuicidal Self-Injury in the Adolescent Depression Antidepressants and Psychotherapy Trial (ADAPT)[J]. The American journal of psychiatry. 2011, 168(5).

③ Miller AL, Smith HL. Adolescent non-suicidal self-injurious behavior: The latest epidemic to assess and treat[J]. Applied and preventive psychology. 2008, 12(4).

④ Hanania JW, Heath NL, Emery AA, et al. Non-Suicidal Self-Injury Among Adolescents in Amman, Jordan[J]. Arch Suicide Res. 2014.

少年自伤行为平均终生检出率为 18%(标准差为 7.3)①,临床样本检出率更高,为 34%~78.4%②③④。目前国内针对这方面的流行病学研究不多,有研究发现自伤行为检出率在 22%左右。自伤行为检出率与社会经济文化因素有关,如 Plener 等⑤对德国、奥地利、瑞士三个国家采取同样的方法发现不同国家的检出率是不同的。

研究发现自伤行为与心理健康状况有关,最常见的是情绪障碍。加拿大一项研究显示 88%的青少年焦虑障碍患者具有自伤行为,68%心境障碍具有自伤行为⑥。美国一项研究发现 50%的自伤青少年有重性抑郁,并发现超过 25%的自伤青少年有广泛性焦虑症⑦。以上研究皆提示自伤行为是反映学生心理健康状况的重要而又容易被忽视的指标。

有关青少年实施自伤行为的动机研究发现,通过自我伤害来管理、调节情绪是青少年最常见的实施自伤行为的动机。如 Shingleton 等对 30 名青少年调查发现,63.2%~65.1%是想去除焦虑或不好的想法。说明自伤行为与情绪调节和管理有一定的相关性。其他调查发现实施自伤行为的动机还有想通过自

① Muehlenkamp JJ, Claes L, Havertape L, et al. International prevalence of adolescent non-suicidal self-injury and deliberate self-harm[J]. Child and adolescent psychiatry and mental health. 2012, 6(10).

② Esposito-Smythers C, Goldstein T, Birmaher B, et al. Clinical and psychosocial correlates of non-suicidal self-injury within a sample of children and adolescents with bipolar disorder[J]. Journal of affective disorders. 2010, 125(1).

③ Muehlenkamp JJ, Claes L, Smits D, et al. Non-suicidal self-injury in eating disordered patients: A test of a conceptual model[J]. Psychiatry research. 2011, 188(1).

④ Adrian M, Zeman J, Erdley C, et al. Emotional dysregulation and interpersonal difficulties as risk factors for nonsuicidal self-injury in adolescent girls[J]. Journal of abnormal child psychology. 2011, 39(3).

⑤ Plener PL, Fischer CJ, In-Albon T, et al. Adolescent non-suicidal self-injury (NSSI) in German-speaking countries: comparing prevalence rates from three community samples[J]. Social psychiatry and psychiatric epidemiolog. 2013.

⑥ Chartrand H, Sareen J, Toews M, et al. Suicide attempts versus nonsuicidal self-injury among individuals with anxiety disorders in a nationally representative sample[J]. Depression and anxiety. 2012, 29(3).

⑦ Shingleton RM, Eddy KT, Keshaviah A, et al. Binge/purge thoughts in nonsuicidal self-injurious adolescents: An ecological momentary analysis[J]. International Journal of Eating Disorders. 2013.

我伤害的行为来引起他人注意、关心或者甚至是控制他人等一些涉及人际关系的动机。如 Zetterqvist 在调查中发现有 58.9%的自伤青少年实施自伤是为了吸引注意,控制他人或情境;47.9%的青少年则是为了得到他人的反应;44.2%的青少年是想得到帮助①。国内关于自伤行为动机的研究比较缺乏,根据现有的研究发现,自伤行为动机与社会文化及不同样本人群有关。如 You 等②调查发现香港学生"为了更好地被某一团体接受"的人际影响动机选择最多,这与西方以往研究恰好相反。另外,Nock 等③发现门诊病人可能因为其遭受更严重的心理痛苦,所以实施自伤更多是为了个体内在原因,如调节情绪;而社区青少年更可能是由于他们有更多的社会交往,所以实施自伤更多是出于外在社会性动机,如吸引他人的注意。但身处国际化大都市的上海市区学生会呈现出什么样的动机特征,目前尚少有相关研究报道。

有关自伤行为的危险因素方面,目前国内研究相对比较缺乏,国外研究发现主要危险因素包括个体自身的冲动控制能力、自尊水平,早期的创伤经历,社会支持系统等。如 Anderson 等④调查发现反复自伤的大学生冲动控制也更困难,Claes 等⑤发现低自尊的青少年更容易实施自伤,Glassman 等⑥对 94 名(其中女性 73 名)12~19 岁的青少年调查发现躯体忽视、情感虐待和性虐待与自伤显著相关。有较多的研究发现各种创伤与不良情绪具有较高的相关

① Zetterqvist M, Lundh L-G, Dahlström Ö, et al. Prevalence and function of non-suicidal self-injury (NSSI) in a community sample of adolescents, using suggested DSM-5 criteria for a potential NSSI disorder[J]. Journal of abnormal child psychology. 2013.

② You J, Lin M-P, Leung F. Functions of nonsuicidal self-injury among Chinese community adolescents[J]. Journal of adolescence. 2013, 36(4).

③ Nock MK, Prinstein MJ. A functional approach to the assessment of self-mutilative behavior[J]. Journal of consulting and clinical psychology. 2004, 72(5).

④ Anderson NL, Crowther JH. Using the experiential avoidance model of non-suicidal self-injury: understanding who stops and who continues[J]. Archives of Suicide Research. 2012, 16(2).

⑤ Claes L, Houben A, Vandereycken W, et al. Brief report: The association between non-suicidal self-injury, self-concept and acquaintance with self-injurious peers in a sample of adolescents[J]. Journal of adolescence. 2010, 33(5).

⑥ Glassman LH, Weierich MR, Hooley JM, et al. Child maltreatment, non-suicidal self-injury, and the mediating role of self-criticism[J]. Behaviour research and therapy. 2007, 45(10).

性[①],而如前所述情绪管理是自伤行为最常见的动机,那不同的创伤类型的影响是否相同。

鉴于此,对上海地区学生进行自我伤害的状况、实施自伤行为的动机和相关危险因素的调查研究是必要的。本研究拟调查上海市区初中生 NSSI 行为检出率,调查 NSSI 行为特征与疾病诊断,探索影响 NSSI 行为的相关危险因素,探索不同创伤类型与焦虑抑郁情绪关系。这有利于我们了解上海学生自我伤害和心理健康状况,同时可以探索上海初中生实施自伤行为的动机和影响因素,从而可以针对性地为制定相关政策和制度提供参考意见,预防或减少青少年自伤行为的发生,促进青少年心理健康发展。

二、研 究 方 法

本研究采用横断面调查研究,使用问卷调查和面谈诊断相结合的二阶段调查法。

(一) 研究对象

1. 样本量计算

根据文献报告国内青少年自伤行为检出率约为 20%,本研究按检出率 20%测算,指定 $\alpha=0.05$,允许误差为患病率的 10%,按简单随机抽样时率的样本量公式算得样本量 1 536 例,因本研究采用的是整群抽样,估计设计效力为 1.2,样本量则为简单随机抽样所计算的样本量乘以设计效力($1\ 536\times1.2=1\ 843$),再加上 20%的失访率,理论样本量为 2 212。但由于本研究内容涉及问题过于敏感,可能拒绝调查人数会过多。因此额外增加一定样本量,由此确定所需样本量约为 2 400 人。样本量计算公式:

① Hovens J, Giltay E, Wiersma J, et al. Impact of childhood life events and trauma on the course of depressive and anxiety disorders. Acta Psychiatrica Scandinavica. 2012, 126(3).

$$n = \left[\frac{Z_{\alpha/2}}{\delta}\right]^2 \pi(1-\pi) = 1\ 536$$

（n：所求样本大小；π：总体估计阳性率，即以青少年自伤发生率为 20%来估计；$1-\pi=1-0.2=0.8$；δ：容许误差；$Z_{\alpha/2}=1.96$，即样本阳性率的可信限在 95%（$\alpha=0.05$）时的值。）

2. 抽样方法

本研究是在前期《上海市 4 岁—18 岁儿童青少年心理健康需求评估研究》基础上进行，当时该研究采用区县—学校—班级三阶段整群抽样方法共抽取了能够代表上海市不同地域的静安、闸北、长宁、浦东、金山、嘉定、崇明七区，本研究选取了代表市中心区的静安区当时所有入组的 3 所初中学校，其样本能较好代表上海市中心区初中生群体。然后整群抽样抽取预初至初二全体学生。结果共抽取 68 个班级，2 402 名学生，其中包括在校预初年级学生 783 名、800 名初一年级学生和 819 名在校初二学生。

3. 入组标准：为目前在校初中生。家长与本人同意参加调查。

4. 排除标准：严重脑躯体疾病及精神障碍等导致不能理解或完成问卷者。

（二）研究工具

1. 一般家庭社会人口特征调查表

为自制调查表，包括个人一般信息、家庭关系、亲子关系、幼年主要照顾者等信息。

2. 儿童焦虑性情绪障碍筛查表（SCARED）

由 Birmaher① 于 1997 制定，苏林雁等②翻译的汉化版具有较好的测量效能，用于 9～18 岁儿童青少年焦虑症状自评。量表包括 5 个因子，分别为躯体

① Birmaher B, Khetarpal S, Brent D, et al. The screen for child anxiety related emotional disorders (SCARED): Scale construction and psychometric characteristics [J]. Journal of the American Academy of Child & Adolescent Psychiatry. 1997, 36(4).

② Su L, Wang K, Fan F, et al. Reliability and validity of the screen for child anxiety related emotional disorders (SCARED) in Chinese children[J]. Journal of anxiety disorders. 2008, 22(4).

化/惊恐、广泛性焦虑、分离性焦虑、社交恐怖、学校恐怖。共41个条目。按0~2三级计分：没有此问题(0)、有时有(1)、经常有(2)。总分≥23分即有焦虑症状的可能。SCARED中文版信效度研究提示，Cronbach's α系数为0.43~0.89，可用于中国儿童青少年焦虑症状的评估。

3. 儿童抑郁障碍自评量表(DSRSC)

由Birleson[①]于1981年制订，共18个条目，按照没有(0)，有时(1)，经常有(2)三级计分。总分≥15分表示可能存在抑郁症状。苏林雁[②]于2003年对其进行了中国常模研究，发现该量表测量性能良好，间隔半、3个月的重测信度分别为0.65和0.53，内部信度Cronbach's α系数0.73、项目与总分的一致性在0.2~0.60，且量表的效度也较好。

4. 早年创伤问卷简表中文版(ETI－SF)

用于调查被试18岁前的创伤性经历问卷，国外学者已在创伤后应激障碍、抑郁障碍、物质滥用等人群中广泛应用[③]。中文版由王振等[④]于2008年翻译修订，显示在评估普通创伤、躯体创伤、情感虐待及性创伤方面该量表均有较好的信度和效度，全量表Cronbach's α系数为0.83；重测相关系数在0.65~0.81之间。

5. 自尊量表(SES)

最初由Rosenberg编制，后经季益富、于欣翻译并修订的中文版自尊量表(SES)。该量表由10个条目组成，各条目得分之和即为总分，总分值范围为10~40分。其中1、2、4、6、7、8题为正向计分，即"很不符合"记1分，"不符合"记2分，"符合"记3分，"很符合"记4分；3、5、9、10题为反向计分，即"很不符合"记4分，"不符合"记3分，"符合"记2分，"很符合"记1分；分值越高，自尊程度越高。以往研究证明该量表具有较好信效度[⑤]。

---

① Birleson P. The validity of depressive disorder in childhood and the development of a self-rating scale: a research report[J]. Child Psychol Psychiat. 1981, 22(1).

② 苏林雁，王凯，朱焱，等. 儿童抑郁障碍自评量表的中国城市常模[J]. 中国心理卫生杂志，2003，17(8).

③ Bremner JD, Bolus R, Mayer EA. Psychometric properties of the Early Trauma Inventory-Self Report [J]. Journal of Nervous and Mental Disease. 2007, 195(3).

④ 王振，杜江，陈珏，等. 早年创伤问卷简表中文版的信度和效度[J]. 中国行为医学科学，2008(17).

⑤ 汪向东，王希林，马弘. 心理卫生评定量表手册(增订版)[M]. 北京：中国心理卫生杂志社，1999.

6. 社会支持评定量表(SSRS)

采用肖水源[①]1993年编制的《社会支持评定量表》,但考虑到学生的实际情况,将采用凌霄等[②]所作修订版本,修订版本具有较好的信效度。

7. 渥太华自伤调查表(OSI)

渥太华自伤调查表(OSI),由Nixon和Paula Cloutier[③]编制,它用于评定最近1、6和12个月自伤行为和自杀行为的发生频次,首发年龄以及寻求治疗情况,自伤意念来源及其隐匿性,自伤冲动的感受,首次和当前自伤的部位、方式和动机,自伤对释放消极情感的作用和自伤意念与实施行动间的时间间隔,自伤与压力事件的相关性,潜在的成瘾特征和抵抗策略以及寻求治疗等内容。采用李克特二级(是否)和五级(0,1,2,3,4)评定方式。完成评定约需20分钟。为了更好适合中国学生,我们对该量表进行了汉化,修改汉化版的信效度结果显示总体重测信度较佳;功能分量表的内部一致性Cronbach's α系数为0.952,其四个因子的内部一致性Cronbach's α系数范围为0.637~0.896[④]。

8. 简明儿童青少年精神疾病诊断性访谈表(MINI-KIDS)

由Sheehan和Lecrubier等编制[⑤],用于对儿童青少年按照DSM-IV和ICD-10中16种轴I精神疾病的简短的结构式访谈诊断。研究显示,MINI具有较好的信效度以及较高的研究者之间一致性,耗时短。刘豫鑫等[⑥]将其翻译

① 肖水源.社会支持评定量表[J].中国心理卫生杂志,1993,增刊.

② 凌霄,陈欢欢.190名师范大学新生入学前后社会支持的交化[J].中国行为医学科学,2006,15(2).

③ Nixon MK, Cloutier PF, Aggarwal S. Affect regulation and addictive aspects of repetitive self-injury in hospitalized adolescents[J]. Journal of the American Academy of Child & Adolescent Psychiatry. 2002, 41(11).

④ 张芳,程文红,肖泽萍,等.渥太华自我伤害调查表中文版信效度研究[J].上海交通大学学报(医学版),2015(3).

⑤ Sheehan DV, Lecrubier Y, Sheehan KH, et al. The Mini-International Neuropsychiatric Interview (MINI): the development and validation of a structured diagnostic psychiatric interview for DSM-IV and ICD-10[J]. Journal of clinical psychiatry. 1998(59).

⑥ 刘豫鑫,刘津,王玉凤.简明儿童少年国际神经精神访谈儿童版的信效度[J].中国心理卫生杂志,2011,25(1).

成中文，并做了其中文版在6～17岁儿童青少年的信效度测定，结果显示MINI－KIDS中文版Kappa值为0.80～0.91，重测信度为0.90。

参加问卷面谈诊断的调查人员包括7名儿童精神科医师，3名在读精神科或心理学硕士以及1名心理学本科教育背景、获得心理咨询师资格的在校心理教师，所有上述调查人员均曾参加过为期4天的MINI－KIDS培训，研究人员信度检验组内相关系数为0.6。

（三）研究步骤

1. 抽取样本并获得知情同意

在前期研究随机抽样抽取上海市7个区（县）、学校的基础上，方便选取能代表上海市区学生样本的静安区入组的3所初中学校，然后以年级为单位整群抽样抽取预初至初二全体学生。在学校老师管理下分别通过开班会与家长会的形式向学生、父母充分介绍此调查项目内容，解释学生及父母的问题和发放知情同意书，获得学生与家长的知情同意并签字。

2. 首次施测

采用学校现场问卷纸笔团体施测方法，问卷包括一般情况调查量表、早期创伤问卷简表、渥太华自伤调查表的评定自伤行为频率的相关条目、自尊量表、儿童焦虑性情绪障碍筛查表、儿童抑郁障碍自评量表、社会支持问卷，所有问卷由研究人员在课堂上发给学生匿名填写，施测前说明所有资料均保密，研究人员使用统一的指导语，在施测过程中只宣读指导语，不对问卷内容做具体的解释，填写完毕后当场收回。

3. 自伤行为特征施测

凡调查显示曾有过自伤行为的学生，则以团体的形式，采用渥太华自伤调查表（OSI）进行有关自伤方式、部位和动机等较详细情况的调查。

4. 面谈诊断

首次调查显示最近1个月有过自伤行为的学生，在4周内接受研究人员采用MINI－KIDS所进行的一对一面谈诊断。

（四）研究质量控制

为了保证较好的研究质量和调查工作的顺利进行，本研究还涉及以下工作：首先召开启动会，与学校领导、老师一起协商具体的调查安排。第二，调查人员由精神科医生、在读研究生担任，对所有的调查人员进行统一培训并实地演练和考核以确保达到要求。第三，在调研过程中，邀请擅长学校调查的研究人员到现场进行指导。最后，要求所有数据均由双人独立录入、核对和清理。

（五）数据处理与统计分析

所有数据采用 Epidata 进行双输入、核对与清理，采用 SPSS17.0 和 AMOS17.0 统计软件包进行统计分析，以 $P<0.05$ 为显著性水平。

对于分类变量采用频数和构成比描述，组间比较采用卡方检验或 FISHER 精确概率检验。

连续变量采用均数±标准差描述，连续变量的组间比较采用 t 检验。

危险因素分析采用二元 logistic 回归分析，强制进入法（enter）进行，以是否有自伤行为（1 是，0 否）作为应变量，自变量包括性别（1 男，0 女）、父母关系（1 和谐，0 一般或不和）、亲子关系（1 和谐，0 一般或不和）、6 岁前是否父母主要照顾（1 是，0 否）、SCARED 总分、DSRSC、普通创伤、躯体虐待、情感虐待和性创伤得分、SES 和 SSRS 得分。

结构方程模型分析采用变量间的协方差矩阵，模型参数估计采用极大似然法（Maximum Likelihood，ML）。

三、结　　果

（一）样本人口学特点

共 2 401 名学生参加了本研究，1 名学生因病请假未能参加。所有问卷均回收，回收率达 100%，其中一般情况调查问卷有效回收率近 100%（2 400 份），儿童焦虑性情绪障碍筛查表（SCARED）、儿童抑郁障碍自评量表（DSRSC）、自尊量表(SES)以及早年创伤问卷简表中文版(ETI－SF)均回收到有效问卷2 398份,有效回收率为99.8%,"社会支持评定量表(SSRS)问卷"回收率为99.0%(2 377份),其余问卷因空白或漏项太多被剔除。

最后共2 400名初中生完成调查,其中1 220名男生(50.8%),1 180名女生(49.1%),男女构成比无统计学显著差异($\chi^2=0.667$, $P=0.414$),平均年龄13.38±0.95(范围12~16岁),78.6%父母关系和谐。详见表1。

表1　被试基本人口学数据

变量	性别		6岁前是否父母主要照顾		父母关系		亲子关系	
	男	女	是	否	和睦	否*	和睦	否*
N (%)	1 220 (50.83)	1 180 (49.17)	1 223 (50.86)	1 162 (49.27)	1 888 (78.76)	509 (21.23)	1 705 (71.37)	684 (28.63)

注：＊指一般或关系不和。

(二)自伤行为检出率以及性别、年龄、行为特征

1. 自伤行为检出率

有2 351人对有无自伤行为进行了回答,其中510人(21.7%)在过去一年内曾实施自伤行为。男生实施自伤行为的年检出率为18.5%,女生年检出率为24.9%,方差分析显示二者存在显著差异($\chi^2=14.034$, $P=0.000$)。Spearman相关分析发现,年龄与自伤行为检出率统计存在显著正相关($r=0.78$, $P=0.000$)。

2. 自伤行为首发年龄

调查结果显示,初中生首次实施自伤行为的平均年龄为9.65±2.65岁,最小的仅为3岁,最大的14岁。男、女生首次自伤的平均年龄分别是9.09±2.85岁和10.07±2.41岁,独立样本t检验结果显示男女在首次实施自伤行为年龄上存在显著差异($t=3.472$, $P=0.01$)。

3. 自伤行为特征

(1) 自我伤害方式。调查显示,初中生实施自伤行为较常采用的方式为

搔抓(42.1%)、啃咬(32.5%)、击打(25.5%)、妨碍伤口愈合(23.7%)、拔头发(23.6%)、严重啃咬指甲或指甲伤害(22.6%)和切割(19.0%)等。

首次自伤行为方式的调查发现,36.6%的学生只采用一种自伤方式,38.8%的学生采用2~3种自伤方式,尝试过4种以上自伤方式的学生占21%,其中采用自伤方式数量最多高达9种。采用方差分析显示,对首次所有自伤方式数量进行比较发现,“对表层皮肤的切割($\chi^2=7.05$, $P<0.01$)”“妨碍已有伤口的愈合($\chi^2=14.40$, $P<0.01$)”“啃咬($\chi^2=8.50$, $P<0.01$)”“严重的啃咬指甲或指甲伤害($\chi^2=4.99$, $P<0.05$)”和“用尖利物体刺穿皮肤($\chi^2=7.65$, $P<0.01$)”均为女生多于男生,而“击打($\chi^2=4.80$, $P<0.05$)”则为男生采用人数多于女生。详见表2。

表2 自伤方式的男女比较

自伤方式	男(n=171)		女(n=225)		χ^2	P值
	人数(n)	比例(%)	人数(n)	比例(%)		
切割	21	12.8	52	23.53	7.05	0.009**
搔抓	65	39.63	97	43.89	0.7	0.465
妨碍伤口愈合	23	14.02	68	30.77	14.4	0.000**
烫烧	4	2.44	3	1.36	Fisher	0.465
啃咬	40	24.39	85	38.46	8.5	0.004**
酒精过量摄入	12	7.32	10	4.52	1.362	0.272
击打	51	31.1	47	21.27	4.8	0.033*
拔头发	35	21.34	56	25.34	0.834	0.397
严重的啃咬指甲或指甲伤害	28	17.07	59	26.7	4.99	0.027*
用尖利物体刺穿皮肤	18	10.98	48	21.72	7.65	0.006**
刺穿身体部位	7	4.27	15	6.79	1.109	0.376
非法药物使用过量	1	0.61	1	0.45	Fisher	1
撞击头部	27	16.46	32	14.48	0.286	0.668
服用过量的药物	1	0.61	1	0.45	Fisher	1

续表

自伤方式	男(n=171)		女(n=225)		χ^2	P值
	人数(n)	比例(%)	人数(n)	比例(%)		
服用小剂量药物	1	0.61	3	1.36	Fisher	0.639
吞下/喝下非食物物质	3	1.83	4	1.81	Fisher	1
试图打断骨头	4	2.44	10	4.52	1.193	0.41

注：** $P<0.01$；* $P<0.05$。

（2）自伤部位。初中生首次自伤部位调查显示，初中生自伤部位以手部最常见(29.3%)，其次为头皮(10.56%)。对首次所有自伤部位进行男女差异比较显示，对嘴唇($\chi^2=7.81$, $P<0.01$)、口内($\chi^2=4.24$, $P<0.05$)和手指($\chi^2=5.28$, $P<0.05$)的伤害，均为女生多于男生，而对臀部($\chi^2=7.84$, $P<0.01$)，则为男生多于女生。详见表3。

表3 自伤部位性别差异比较

自伤部位	男(n=171)		女(n=225)		χ^2	P值
	人数(n)	比例(%)	人数(n)	比例(%)		
头皮	51	30.36	53	23.98	1.98	0.167
眼镜	6	3.57	10	4.52	0.22	0.798
耳朵	6	3.57	11	4.98	0.451	0.62
脸部	25	14.88	30	13.57	0.134	0.77
鼻子	11	6.55	12	5.43	0.214	0.669
嘴唇	19	11.31	49	22.17	7.807	0.007**
口内	9	5.36	25	11.31	4.243	0.046*
脖子/咽喉	7	4.17	18	8.14	2.512	0.144
胸部	1	0.6	1	0.45	Fisher	1
乳房	1	0.6	0	0	Fisher	0.432
后背	5	2.98	16	7.24	3.397	0.73
肩膀	9	5.36	15	6.79	0.337	0.672
腹部	6	3.57	7	3.17	0.048	1

续表

自伤部位	男（n=171）		女（n=225）		χ^2	P 值
	人数（n）	比例（%）	人数（n）	比例（%）		
臀部	8	4.76	1	0.45	7.843	0.006**
生殖器	2	1.19	1	0.45	Fisher	0.58
肛门	1	0.6	0	0	Fisher	0.432
上臂/臂肘	21	12.5	25	11.31	0.129	0.753
下臂/腕部	21	12.5	42	19	2.975	0.96
手指	115	68.45	174	78.73	5.282	0.026*
大腿/膝盖	24	14.29	221	100	0.294	0.671
小腿/踝部	11	6.55	23	10.41	1.783	0.208
脚/脚趾	11	6.55	13	5.88	0.73	0.833

注：** $P<0.01$；* $P<0.05$。

（3）自伤行为的延迟时间。对自伤想法与自伤行动的间隔时间进行调查发现，大部分学生表示想法出现至行动的间隔时间较短，66.9%的学生表示想法到行动的间隔时间少于5分钟（其中有33.6%学生甚至少于1分钟），12.4%的学生则表示间隔时间在6分钟到30分钟，少部分学生报告间隔时间较长，5.1%的学生选择半小时至1小时，6.6%的学生选择间隔几个小时，6.1%的学生选择间隔几天。

（4）自我伤害的意念来源及隐匿性。调查表明，385人中有301人（78.2%）的首次实施自伤意念来自“自己的内心”。有35人（9.07%）的自伤想法来源于电视或电影，20人（5.18%）表示在现实生活中看到他人（如同学、朋友）实施自伤行为而萌发自伤意念。

在“是否会告诉他人”的调查中发现，52.5%的自伤者不会告诉他人自己有自我伤害行为，43.4%的自伤学生会告诉个别亲近的人，只有3.5%的学生称大部分人知道他们的自伤行为。在告诉对象中，朋友占半数以上（58.7%），其次是家庭成员，也有人表示并不是主动告诉他人，而是被他人发现。

（5）自伤行为的成瘾、抵制及求助。拥有3个或以上成瘾特征的有82人

(21.1%),5 个或以上成瘾特征的人数只有 29 名(7.5%)。

关于学生对自伤行为的抵制调查发现,9.3%的学生表示完全没有动力,22.7%的学生则表示动力非常大。是否使用何种方法来帮助其抵制或戒除自伤行为的调查显示,有 35 名学生(8.8%)表示从未尝试抵制自伤。学生尝试抵制自伤行为方法包括读书、听音乐、跳舞(255 人,69.3%),看电视、玩电子游戏(252 人,68.7%),做放松运动(197 人,53.5%),与别人交谈(181 人,49.2%),锻炼身体或运动(159 人,43.2%),做事让双手忙碌起来(125 人,34.1%),还有很少一部分学生会采用喝酒或服用非法药物来避免实施自伤行为(25 人,6.8%)。

是否会寻求专业帮助方面调查显示,326 名(82.3%)学生没有寻求过任何专业帮助,91(23.0%)名学生曾借助于书籍、网络进行自我帮助,只有 49 名(13.1%)学生曾寻求过专业帮助。接受专业帮助学生中 27 名(7.2%)接受了家庭治疗,20 名(5.3%)接受了个体治疗,5 名(1.3%)接受了学校心理咨询以及 3 名(0.8%)接受过团体治疗。

(三)自伤行为动机

对渥太华功能量表分析发现初中生首次实施自伤行为最常见的原因是为了"管理不良情绪"(92.7%),其他原因,按人数比例排列依次为"控制他人或影响人际"(60.6%),"惩罚自己"(57.3%),"寻求感觉"(30.8%)和"抵抗自杀"(16.9%)。

持续实施自伤行为的各类动机所占人数比例与首次实施自伤行为动机所占比例类似。仍是"管理不良情绪"(74.5%)所占人数比例最高,之后依次分别为"控制他人或影响人际"(49.2%),"惩罚自己"(32.1%),"寻求感觉"(17.40%)和"抵抗自杀"(16.9%)。另外,持续实施自伤行为原因调查中特有的"沉迷于自伤行为"原因调查显示,9.7%的初中生对自伤行为产生"成瘾性"。

(四)实施自伤行为学生的精神疾病诊断

对所有最近一个月有自伤行为(311 名)学生进行 MINI 诊断,其中 14 人因拒绝访谈、生病等原因未接受访谈，最后共298名学生完成。其中男生126名（42.3%），女生172名（57.7%），男女构成比具有统计学差异（$\chi^2=7.101$, $P<0.01$），平均年龄为13.54±0.97岁（范围为12~15岁）。

结果显示自伤行为与很多精神疾病共存，共有135名（45.3%）学生至少符合一种精神疾病的诊断，其中最常见的有焦虑障碍，有85名（28.5%）学生至少符合一种焦虑障碍的诊断，焦虑障碍占所有疾病诊断数的46.5%。其次为注意缺陷多动和行为问题，占所有疾病诊断的15.3%，最低为神经性厌食和广泛性发育障碍，均为0.3%。详见表4。

表4　各种精神疾病人数及比例情况

疾病诊断	人数（n）	百分比（%）	疾病诊断	人数（n）	百分比（%）
广场恐怖	42	14.89	广泛性焦虑	9	3.19
轻躁狂	40	14.18	离别性焦虑	8	2.84
特定恐怖症	33	11.70	恶劣心境	7	2.48
ADHD	26	9.22	情感性精神病性障碍	5	1.77
惊恐障碍	20	7.09	品行障碍	5	1.77
社交焦虑	19	6.74	适应障碍	4	1.42
精神病性障碍	18	6.38	抽动障碍	4	1.42
重性抑郁发作	13	4.61	神经性厌食	2	0.71
强迫症	13	4.61	神经性贪食	1	0.35
对立违抗性障碍	12	4.26	广泛性发育障碍	1	0.35

（五）单纯NSSI与伴发自杀行为性别、NSSI行为方式与功能比较

1. 性别比较

396名NSSI行为实施中有94名曾做过自杀尝试，其中男生33名（占35.1%），女生61名（占64.9%），通过方差分析显示发现有无伴发自杀行为并不存在性别差异（$\chi^2=3.276$, $P=0.75$）。

2. NSSI 行为频率比较

有无伴发自杀行为间 NSSI 行为频率的比较发现，曾尝试过自杀行为的自伤者其既往 NSSI 行为频率显著均高于无伴发自杀行为者，详见表 5。

表 5　单纯 NSSI 行为者与伴发自杀行为者的自伤频率比较（$\overline{X}$±*SD*）

	伴发自杀（n=94）	单纯 NSSI（n=302）	t	P
过去 1 个月	0.71±0.79	0.73±0.75	−0.138	0.890
过去 6 个月	1.13±1.12	0.95±0.92	1.432	0.154
过去 1 年中	1.37±1.03	1.13±0.88	2.026	0.045*
1 年前	1.37±0.98	1.10±0.904	2.366	0.019*

注：* P<0.05。

3. 自伤方式比较

将单纯 NSSI 行为与伴发自杀行为者进行自伤方式的比较发现，伴发自杀行为者更可能采取服用药物（Fisher，P<0.05）、打断骨头（Fisher，P<0.01）、刺穿身体部位（Fisher，P<0.01）的自伤方式。详见表 6。伴自杀行为者其自伤方式数量显著多于无自杀行为者（Z=−2.97，P<0.01）。

表 6　单纯 NSSI 行为与伴发自杀行为间 NSSI 方式比较（$\overline{X}$±*SD*）

	单纯 NSSI（n=94）		伴发自杀（n=302）		χ^2	P
自伤方式	人数（n）	比例（%）	人数（n）	比例（%）		
刺穿身体部位	2	0.81	4	5.06	Fisher	0.033*
试图打断骨头	1	0.41	3	3.80	Fisher	0.046*
服用小剂量的药物	1	0.34	3	3.26	Fisher	0.044*

注：* P<0.05。

4. 自伤功能比较

是否伴有自杀行为的首次实施自伤原因比较发现，伴有自杀行为的自伤者实施 NSSI 行为更可能是为了释放不良情绪、寻求感觉刺激、人际影响和自我惩罚。详见表 7。

表 7　有无伴发自杀行为间的自伤功能比较情况($\bar{X}$±SD)

	不伴自杀行为（n=302）	伴发自杀行为（n=94）	t	P
管理情绪	8.81±7.86	14.06±9.50	−4.855	0.000**
寻求感觉	0.75±1.73	1.18±2.06	−1.830	0.046*
人际影响	2.96±4.74	5.51±6.69	−3.432	0.001**
抵抗自伤	0.72±1.80	1.12±2.22	−1.589	0.115
惩罚自己	0.99±1.18	1.30±1.33	1.982	0.049*

注：** P<0.01；* P<0.05。

（六）自伤的相关影响因素

1. 自伤行为与影响因素的相关分析

将是否有自伤行为与性别、父母关系、亲子关系、6 岁前是否父母主要照顾、SCARED 总分和 DSRSC 总分、普通创伤、躯体虐待、情感虐待和性创伤、SES 和社会支持进行 spearman 相关分析得出，自伤行为与性别、自尊水平、6 岁前非父母主要照顾、父母关系和社会支持水平呈负相关（$-0.045 \leqslant r \leqslant -0.185$，$P$<0.05 或 P<0.01），而与 SCARED 总分、DSRSC 总分、普通创伤、躯体虐待、情感虐待和性创伤经历呈正相关（$0.069 \leqslant r \leqslant 0.298$，均 P<0.01）。详见表 8。

2. 自伤行为相关因素二元 logistic 回归分析

二元 logistic 回归分析发现，女性、不良的亲子关系、早年非父母主要照顾、创伤经历以及目前的焦虑情绪状态对自伤行为的实施具有正向预测作用。而一定的社会支持水平却能减少学生实施自伤行为。详见表 9。

3. 自伤行为影响因素的模型探索

根据以往文献研究结果，以创伤、父母关系、6 岁前是否为父母照顾和性别为外因变量，以亲子关系、焦虑症状、社会支持和自伤行为频次为内因变量，绘制结构方程模型图。图 1 为整个假设模型，其中创伤是各种创伤类型的总分，亲子关系为分别与父母关系的总和，焦虑症状为 SCARED 量表总分，社会支持为 SSRS 量表总分，自伤是各个时间段自伤行为频次总和。该模型假设是创伤

表 8　自伤行为与影响因素的相关性分析结果

	性别	SCARED	DSRSC	SES	普通创伤	躯体虐待	情感虐待	性创伤	父母照顾	父母关系	SSRS
性别											
SCARED	-0. 195**										
DSRSC	-0. 107**	0. 132**									
SES	0. 006	-0. 092**	-0. 207**								
普通创伤	-0. 004	0. 267**	0. 060**	-0. 03							
躯体虐待	0. 070**	0. 349**	0. 053**	-0. 042*	0. 447**						
情感虐待	0. 001	0. 448**	0. 03	-0. 069**	0. 338**	0. 444**					
性创伤	0. 070**	0. 173**	0. 062**	-0. 02	0. 189**	0. 233**	0. 245**				
父母照顾	-0. 018	-0. 063**	0. 04	0. 02	-0. 051*	-0. 027	-0. 083**	0. 008			
父母关系	-0. 003	-0. 159**	0. 02	-0. 01	-0. 295**	-0. 168**	-0. 226**	-0. 099**	0. 046*		
SSRS	-0. 014	-0. 306**	0. 192**	-0. 01	-0. 145**	-0. 193**	-0. 365**	-0. 102**	0. 076**	0. 196**	
自伤	-0. 078**	0. 298**	0. 069**	-0. 045*	0. 264**	0. 279**	0. 295**	0. 158**	-0. 090**	-0. 094**	-0. 135**

注：** $P<0.01$；* $P<0.05$。

表 9　自伤行为影响因素的二元 logistic 回归分析

相关因子	B	S. E	Wals	*P*	OR	下限	上限
女性	-0. 417	0. 119	12. 202	0. 000**	0. 659	0. 522	0. 833
SCARED 总分	0. 031	0. 005	35. 267	0. 000**	1. 031	1. 021	1. 041
DSRSC 总分	0. 02	0. 015	1. 735	0. 188	1. 02	0. 99	1. 052
SES	-0. 019	0. 023	0. 698	0. 403	0. 981	0. 938	1. 026
普通创伤	0. 215	0. 046	21. 601	0. 000**	1. 24	1. 133	1. 358
躯体创伤	0. 218	0. 042	27. 311	0. 000**	1. 244	1. 146	1. 349
情感创伤	0. 173	0. 053	10. 798	0. 001**	1. 189	1. 072	1. 318
性相关创伤	0. 278	0. 134	4. 329	0. 037*	1. 321	1. 016	1. 717
6 岁前非父母主要照顾	-0. 379	0. 115	10. 919	0. 001**	0. 684	0. 546	0. 857
亲子关系	-0. 463	0. 133	12. 174	0. 000**	0. 629	0. 485	0. 816
社会支持	-0. 023	0. 009	6. 411	0. 011*	0. 977	0. 959	0. 995
父母关系	0. 28	0. 147	3. 625	0. 057	1. 323	0. 992	1. 764
常量	-1. 379	0. 711	3. 766	0. 052	0. 252		

注：** $P<0.01$；* $P<0.05$。

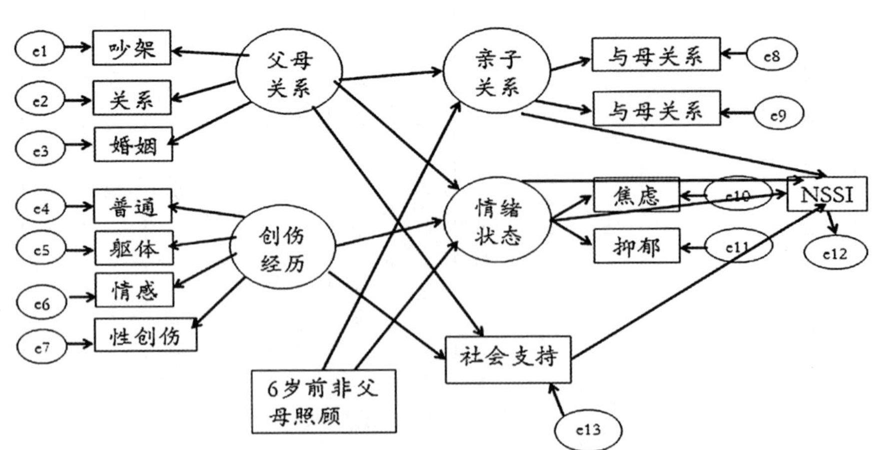

图 1　自伤行为影响因素理论模型

经历和不良的父母关系不仅能直接影响自伤行为，而且还能通过造成不良的亲子关系、焦虑情绪、社会支持减少，从而间接影响自伤行为。6 岁前非父母主要照顾也能直接影响自伤行为，其中性别也能对自伤行为起到预测作用。

建立假设模型后，使用 AMOS17. O 构建创伤经历、家庭关系、社会支持等与自伤行为的关系模型。分析采用变量间的协方差矩阵，模型参数估计采用极大似然法(Maximum Likelihood)。样本量 n=2 302，经过模拟拟合和修正，得到如下各项指标：χ^2=127. 369(P=0. 000)，GFI=0. 986，RMSEA=0. 065，AGFI=0. 959，表明构建的模型对观测数据的拟合度较好。标准化路径系数图如图 2 所示。

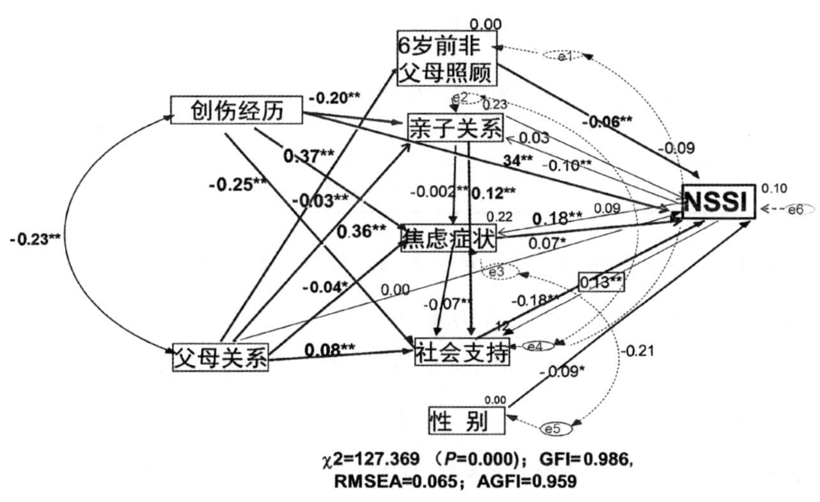

图 2　自伤行为影响因素结构方程模型

注：∗∗ P<0. 01；∗ P<0. 05。

结果可见创伤经历能直接影响自伤行为，同时也能通过焦虑情绪和社会支持间接影响自伤行为。另外，不良的父母关系和亲子关系能间接影响自伤行为。而且本研究结果还发现 6 岁前非父母照顾能直接影响自伤行为的发生。

（七）不同创伤类型与抑郁、焦虑情绪的关系

以 ETR 量表的普通创伤、躯体虐待、情感虐待和性虐待因子得分为自变量，SCARED 量表总分为因变量、采用 $\alpha_{入} \leqslant 0.05$、$\alpha_{出} \geqslant 0.10$ 的标准，用 Stepwise 方

法筛选变量，建立多重线性回归模型，最终拟合焦虑影响因素方程：焦虑得分=11.094+3.459(情感虐待)+1.081(躯体虐待)+0.67(普通创伤)。模型复相关系数为0.466，调整复相关系数为0.216，经模型统计学检验，$F=158.982$，$P<0.05$，此多元线性回归模型具有显著性。见表10。

表10　焦虑影响因素的多重线性回归分析

因变量	预测变量	非标准化系数		标准化偏回归数	T	P
		β	标准误	Beta 值		
SCARD 总分	常量	11.094	0.362		30.643	0
	情感虐待	3.459	0.216	0.341	16.021	0
	躯体虐待	1.081	0.171	0.14	6.338	0
	普通创伤	0.67	0.2	0.07	3.347	0.001
	性创伤	1.069	0.635	0.033	1.684	0.092

以ETR量表的普通创伤、躯体虐待、情感虐待和性虐待因子得分为自变量，DSRSC量表总分为因变量、采用$\alpha_{入}\leqslant 0.05$、$\alpha_{出}\geqslant 0.10$的标准，用Stepwise方法筛选变量，建立多重线性回归模型，最终拟合抑郁影响因素方程：抑郁得分=5.694+2.01(情感虐待)+0.412(躯体虐待)+0.332(普通创伤)。模型复相关系数为0.552，调整复相关系数为0.304，经模型统计学检验，$F=259.486$，$P<0.05$，此多元线性回归模型具有显著性，见表11。

表11　抑郁影响因素的多重线性回归分析

因变量	预测变量	非标准化系数		标准化偏回归数	T	P
		β	标准误	Beta 值		
DSRSC 总分	常量	5.694	0.15		37.924	0
	情感虐待	2.01	0.089	0.443	22.504	0
	躯体虐待	0.412	0.071	0.119	5.846	0
	普通创伤	0.332	0.083	0.078	4.024	0
	性创伤	0.432	0.257	0.03	1.682	0.093

四、讨 论

（一）自伤行为检出率及行为特征

1. 自伤行为检出率及性别年龄特征

本研究结果显示,上海初中生自伤行为的年检出率为21.7%,6个月检出率为18.04%,月检出率为13.0%。这与国内外大多数研究结果相类似①②,但国外也有研究发现自伤行为发生率高于或低于本研究③④。不同地区、国家之间自伤行为检出率相差较大,可能是由于使用工具不同、自伤行为定义范围不一造成的,但可能也存在地域、文化引起的差异。这需要今后跨文化、跨地区研究来进行进一步探索。

本文研究结果可以发现女生倾向于比男生更容易实施自伤行为,与其他研究结果相同⑤⑥。追踪研究发现自伤行为检出率是否存在差异可能跟年龄有关。如Hasking等⑦对12~18岁的青少年调查发现自伤行为检出率没有性别差异,而在11.7个月后再次调查时发现女性比男性报告更多的自伤行为。

---

① Giletta M, Scholte RH, Engels RC, et al. Adolescent non-suicidal self-injury: A cross-national study of community samples from Italy, the Netherlands and the United States[J]. Psychiatry research. 2012, 197(1).

② 闫敬,朱翠珍,司徒明镜,等.四川省1312名中学生非自杀性自伤行为检出率及其危险因素研究[J].中华流行病学杂志,2012,33(1).

③ Zetterqvist M, Lundh L-G, Dahlström Ö, et al. Prevalence and function of non-suicidal self-injury (NSSI) in a community sample of adolescents, using suggested DSM-5 criteria for a potential NSSI disorder[J]. Journal of abnormal child psychology. 2013.

④ Csorba J, EF Szélesné, Steiner P, et al. Symptom specificity of adolescents with self-injurious actions[J]. Psychiatr Hung, 2005, 20(6).

⑤ Cloutier P, Martin J, Kennedy A, et al. Characteristics and co-occurrence of adolescent non-suicidal self-injury and suicidal behaviours in pediatric emergency crisis services[J]. Journal of Youth and Adolescence. 2010, 39(3).

⑥ Martin G, Swannell SV, Hazell PL, et al. Self-injury in Australia: a community survey[J]. Medical journal of Australia. 2010, 193(9).

⑦ Hasking P, Andrews T, Martin G. The role of exposure to self-injury among peers in predicting later self-injury[J]. Journal of Youth and Adolescence. 2013.

同样,Tatnell[①]对2 637名高中生进行为期一年的追踪研究发现基线期检出率无性别差异,而一年后女生则倾向于报告更多的自伤行为。总体看来,青少年自伤行为检出率是存在差异的。因为自伤行为与焦虑、抑郁等负性情绪存在着高相关性,而国内外有研究发现,在青春期期间,焦虑、抑郁等情绪障碍女生的发病率要高于男生[②③],因此对青少年自伤行为情况需多关注女生,尤其是当其处于负性情绪状态时。

本研究还发现,自伤行为频率与年龄存在正相关,即随着年龄的增长,自伤行为的频率也随之增长。这可能是由于随着年级的增长,学业压力也开始增加有关。另外,可能跟青少年的情绪体验有关,如有研究对六至九年级学生调查发现,随着年级的升高,积极情绪体验降低,消极体验情绪增加,但学业压力、亲子冲突、同伴冲突增加是青少年早期积极情绪体验减少的主要原因[④]。

2. 首发年龄

本研究调查结果显示自伤行为平均首发年龄为9岁多,其他调查结果表明平均首发年龄为11~15岁[⑤⑥⑦⑧⑨],可见自伤行为具有发生年龄较低特点,

① Tatnell R, Kelada L, Hasking P, et al. Longitudinal Analysis of Adolescent NSSI: The Role of Intrapersonal and Interpersonal Factors[J]. Journal of abnormal child psychology. 2014, 42(6).

② Angold A, Costello EJ, Worthman CM. Puberty and depression: the roles of age, pubertal status and pubertal timing[J]. Psychol Med. 1998, 28(1).

③ 苏林雁. 儿童青少年焦虑障碍[J]. 新医学,2007(4).

④ 梁艳,王振宏. 青少年早期情绪体验的发展特点及影响因素[R]. 第十三届全国心理学学术大会,2010.

⑤ Glenn CR, Klonsky ED. A multimethod analysis of impulsivity in nonsuicidal self-injury[J]. Personality Disorders: Theory, Research, and Treatment. 2010, 1(1).

⑥ Hankin BL, Abela JRZ. Nonsuicidal self-injury in adolescence: Prospective rates and risk factors in a 2 ½ year longitudinal study[J]. Psychiatry research. 2010, 186(1).

⑦ Jacobson CM, Gould M. The epidemiology and phenomenology of non-suicidal self-injurious behavior among adolescents: A critical review of the literature[J]. Archives of Suicide Research. 2007, 11(2).

⑧ Muehlenkamp JJ, Gutierrez PM. Risk for Suicide Attempts Among Adolescents Who Engage in Non-Suicidal Self-Injury[J]. Archives of Suicide Research. 2007, 11(1).

⑨ Baetens I, Claes L, Willem L, et al. The relationship between non-suicidal self-injury and temperament in male and female adolescents based on child and parent-report[J]. Personality and Individual Differences. 2010, 50(4).

因此现普遍认为自伤行为常常首发于青少年的早期阶段。本研究还发现男生首次实施自伤行为的年龄早于女生,这可能与男生比女生心理发育落后,早期就容易出现适应性心理问题有关。但也有研究发现男生要晚于女生①。Saldias 等②发现不良的认知风格和其低水平的父母照顾与更早的自伤首发年龄显著相关。另外,有研究发现社会支持、幼年早期的创伤经历等也对自伤行为的发生年龄早晚产生影响,社会支持的缺乏和幼年早期的创伤经历与较早发病年龄相关③④。

3. 自伤行为方式

本研究的整个样本人群中,初中生实施自伤行为最常用的方式是搔抓。但也有调查发现"切割"是最普遍的自伤方式⑤。也有些调查则发现"啃咬"是最常见的方式⑥。因此,对于最常用的自伤方式,不同的研究所得结果是不一致的,但总体看来,"搔抓""切割"和"啃咬"为最常采用的结果居多。最常采用方式结果的不一致性可能是由于男女青少年在采用自伤方式上有差异,从而通过调查样本男女比例不同而引起。当然也可能存在文化差异的影响,如 Plener 等⑦发现美国青少年采用"切割"明显比德国更普遍。通过本研究结果也可发现某些自伤方式确实存在着不同国家间的差异,如我们的研究发现"使

① Nock MK, Prinstein MJ. A functional approach to the assessment of self-mutilative behavior[J]. Journal of consulting and clinical psychology. 2004, 72(5).

② Saldias A, Power K, Gillanders DT, et al. The Mediatory Role of Maladaptive Schema Modes Between Parental Care and Non-Suicidal Self-Injury[J]. Cognitive behaviour therapy. 2013(ahead-of-print).

③ Hankin BL, Abela JRZ. Nonsuicidal self-injury in adolescence: Prospective rates and risk factors in a 2 ½ year longitudinal study[J]. Psychiatry research. 2010, 186(1).

④ Andrews T, Martin G, Hasking P, et al. Predictors of onset for non-suicidal self-injury within a school-based sample of adolescents[J]. Prevention Science. 2013.

⑤ Muehlenkamp JJ, Brausch AM. Body image as a mediator of non-suicidal self-injury in adolescents[J]. Journal of adolescence. 2011, 35(1).

⑥ Zetterqvist M, Lundh L-G, Dahlström Ö, et al. Prevalence and function of non-suicidal self-injury (NSSI) in a community sample of adolescents, using suggested DSM-5 criteria for a potential NSSI disorder[J]. Journal of abnormal child psychology. 2013.

⑦ Plener PL, Libal G, Keller F, et al. An international comparison of adolescent non-suicidal self-injury (NSSI) and suicide attempts: Germany and the USA[J]. Psychological Medicine. 2009, 39(9).

用非法药物”的方式明显少于国外研究结果,这可能由于我国对毒品的监管制度较严,且样本年龄尚小,接触毒品机会少有关;也可能是因为整个社会对毒品的排斥心理也要比国外普遍且程度深,存在不敢报告真实情况的可能性,怕学校、老师和家长惩罚,甚至受到法律制裁;另外,也有可能是样本原因引起,本研究抽取的样本学校均为初中学校,出现严重违纪违法行为问题较少。

目前普遍认为有些自伤行为方式存在性别差异。如 Andover 等①在大学生样本中发现,女性比男性更倾向于采用割和刮,男性则比女性更多报告烫烧方式。另外,Sornberger 等②发现女生比男生更可能采用切割和搔抓,而男生比女生更可能采用烫烧、撞头和刺穿身体等方式,且差异具有显著性。同样,本研究也发现类似的研究结果,女生更倾向于采用“切割、啃咬和对指甲的啃咬或严重伤害”的自伤方式,而男生则更多采用“击打”。可以看出男生采取的自伤方式往往比较激烈,损伤可能也更严重,男生实施自杀的概率也要高于女生③。所以这提示我们在临床工作中,对于具有自伤行为的男生要尤其关注。

男女自伤方式的不同可能与男女生心理问题的表现形式不同有关。男孩一般外向性行为问题突出,即把内心的不良情绪等通过行为发泄出来,所以品行问题常见于男生;而女生则内向性行为问题为主,容易把一些外在现状内化为自身的问题,因此男生则表现出更多的愤怒和不满,采用“击打”这种带有攻击的自伤方式。女生则有更多的焦虑抑郁等情绪,所以易采用“切割”等方式来发泄内心情绪。

4. 自伤行为伤害部位

与自伤行为方式相比,目前国内外对自伤部位的调查相对较少,本研究样本显示手部是青少年最容易伤害的部位,且其他部位远远少于此部位。关于自伤

---

① Andover MS, Primack JM, Gibb BE, et al. An examination of non-suicidal self-injury in men: do men differ from women in basic NSSI characteristics? [J]. Archives of Suicide Research. 2010, 14(1).

② Sornberger MJ, Heath NL, Toste JR, et al. Nonsuicidal Self-Injury and Gender: Patterns of Prevalence, Methods, and Locations among Adolescents[J]. Suicide and Life-Threatening Behavior. 2012, 42(3).

③ Foster T, Gillespie K, R M. Mental disorders and suicide in Northern Ireland[J]. The British journal of psychiatry: the journal of mental science. 1997(170).

部位有无性别差异，我们仅找到一篇文献，其结果显示，女生更多报告称自伤发生在手臂和大腿，男生则在下巴、脸和生殖器[①]。除了使用工具不同造成结果不一致外，也可能是由于文化差异而造成的，这需要今后更多的研究探讨。但是，我们从伤害部位也可以推测，男生自伤所产生的危险程度要高于女生。

5. 自伤行为成瘾性特征

自伤行为具有一定的成瘾性特点。Nixon 等[②]引用了美国心理协会（APA）规定的成瘾标准对自伤行为成瘾性进行了调查，结果发现自伤行为确实具有一些成瘾特征。本研究结果也发现有近 1/4 的学生具有不同程度的自伤行为成瘾性。虽然自伤行为具有像物质滥用一样的成瘾性，但较令人欣慰的是很多学生都有不同程度的动力去停止自伤行为，并且也尝试了很多方法。但很少有学生会寻求专业方面的帮助，这可能是学生认为有自伤行为就有心理疾病，还有该行为所带来的羞耻感，所以很少有学生敢于寻求专业帮助。另外，也可能与青少年寻求解决问题的社会经验不足，且习惯封闭、依赖自己解决问题有关。

（二）自伤行为功能

1. 情绪管理

从本研究可看出管理、调节情绪是最常见的自伤行为动机，有此动机人数高达 92.7%。此结果与国内外大量文献报告类似[③]。把自伤行为作为调节情绪的方式，与自伤行为者不稳定的情绪状态和管理情绪失调有很高的相关性。如 Ross 等[④]对 440 名 12～17 岁青少年调查发现实施自伤行为的个体在识别、

---

① Hanania JW, Heath NL, Emery AA, et al. Non-Suicidal Self-Injury Among Adolescents in Amman, Jordan[J]. Arch Suicide Res. 2014.

② Nixon MK, Cloutier PF, Aggarwal S. Affect regulation and addictive aspects of repetitive self-injury in hospitalized adolescents[J]. Journal of the American Academy of Child & Adolescent Psychiatry. 2002, 41(11).

③ 王蕾，孙月吉，林媛，等. 大连市 1 463 名初中生非自杀自我伤害行为的流行病学调查[J]. 中华行为医学与脑科学杂志，2012(21).

④ Ross S, Heath NL, Toste JR. Non-Suicidal Self-Injury and Eating Pathology in High School Students[J]. American Journal of Orthopsychiatry. 2009, 79(1).

标签情绪能力方面比较差。Claes[①] 对 150 名高中生进行有无自伤行为的比较也发现，自伤行为组的学生情绪稳定性要低于同龄人；另外，对自伤行为组与无自伤行为的对照组进行执行功能的比较研究发现，自伤行为组存在工作记忆缺陷和抑制控制（inhibitory control）能力缺损，该作者认为实施自伤行为的青少年通过分散注意力来调节消极情绪的能力和抑制负性情绪行为表达能力存在损伤。同时，Plener 等[②]在具有自伤行为的女性中发现，与无自伤行为者相比，当具有自伤行为者观看情绪照片时，与情绪唤醒相关的枕叶皮质区和额叶的次皮质层区域的活动有所下降。这些研究证据均说明自伤行为者确实存在情绪管理受损状况。

2. 人际影响

本研究发现人际影响是青少年实施自伤行为常见的第二大动机。目前研究发现自伤行为者不能通过合理的沟通、社交技巧达到社交目的或与他人建立联接，而采用自伤行为这种极端方式的部分原因可能是自伤行为实施者缺乏适宜的社交技巧。如 Claes 等[③]的研究发现与其他同龄人相比，自伤者报告更多的社交技能缺陷，另外也有研究发现自伤行为者缺乏社会问题解决能力[④]。这往往给他们在人际交往中带来很多不利影响。另外，这些人际交往技巧的缺乏当然也会造成对维持有意义的社交关系带来困难，因而减少个体的社会支持水平。而且自伤者自身对支持的感受和利用度也有所影响，如 Adler[⑤] 发现自伤行

---

① Claes L, Houben A, Vandereycken W, et al. Brief report: The association between non-suicidal self-injury, self-concept and acquaintance with self-injurious peers in a sample of adolescents[J]. Journal of adolescence. 2010, 33(5).

② Plener PL, Bubalo N, Fladung AK, et al. Prone to excitement: Adolescent females with non-suicidal self-injury (NSSI) show altered cortical pattern to emotional and NSS-related material[J]. Psychiatry Research: Neuroimaging. 2012, 203(2-3).

③ Claes L, Muehlenkamp J, Vandereycken W, et al. Comparison of non-suicidal self-injurious behavior and suicide attempts in patients admitted to a psychiatric crisis unit[J]. Personality and Individual Differences. 2010, 48(1).

④ Nock MK, Prinstein MJ. A functional approach to the assessment of self-mutilative behavior[J]. Journal of consulting and clinical psychology. 2004, 72(5).

⑤ Adler PA, Adler P. Self-Injurers as Loners: The Social Organization of Solitary Deviance[J]. Deviant Behavior. 2005, 26(4).

为者感受到更多的孤独感。Cobb[①] 提到稳定社交关系和良好的社会支持的缺乏可能导致或加强了自伤行为者认为自己是不受关注的、不被爱等一系列消极观念和感受,使得自伤者在寻求关注和被爱方面的愿望更加急切和强烈,因此更容易采用非合理的方式如自伤来达到目的。另外,"自身不被关爱"观念的存在,容易使自伤者对自己未被关注、喜爱的线索过于敏感,他人无意间的言语或举动,都容易使自伤者感受到社交受挫,从而采取自伤行为来惩罚伤害自己。

根据以上所述,初中生实施自伤行为的动机主要为情绪管理和人际影响,因此针对自伤行为的干预可以从这两方面来考虑:第一,提高个体的情绪稳定性,可以采用冥想、深呼吸、肌肉放松等情绪调节策略来降低个体的高情绪唤起,增加其稳定性。第二,提高个体情绪表达能力,使其可以通过语言把自己的不良情绪传递、发泄出来。第三,强调社会支持、人际关系沟通训练和情绪调节策略的心理治疗能更有效减少自伤行为的发生,通过训练沟通技巧等社交技能,帮助其学会用合理的方式完成与他人沟通和联接他人。目前有研究者确实尝试了一些强调上述心理治疗方法的干预,且取得了较好疗效[②③④]。但是目前针对自伤行为的干预研究还不多。

(三)自伤行为者精神疾病诊断

目前已有研究表明,自伤行为并非是某种精神疾病或某一类精神疾病的特有症状,而是广泛存在于各种精神疾病中。本结果显示,焦虑障碍在所有诊

① Cobb S. Presidential Address－1976. Social support as a moderator of life stress[J]. Psychosomatic Medicine. 1976, 38(5).

② Martin S, Martin G, Lequertier B, et al. Voice Movement Therapy: Evaluation of a Group-Based Expressive Arts Therapy for Nonsuicidal Self-Injury in Young Adults[J]. Music and Medicine. 2012, 5(1).

③ Whisenhunt JL, Kress VE. The Use of Visual Arts Activities in Counseling Clients Who Engage in Nonsuicidal Self-Injury[J]. Journal of Creativity in Mental Health. 2013, 8(2).

④ Perepletchikova F, Axelrod SR, Kaufman J, et al. Adapting Dialectical Behaviour Therapy for Children: Towards a New Research Agenda for Paediatric Suicidal and Non-Suicidal Self-Injurious Behaviours[J]. Child and Adolescent Mental Health. 2011, 16(2).

断疾病类型中所占的比例高达 46.5%，这与国外大多数研究结果类似。如 Auerbach① 在波士顿用 MINI – KIDS 对实施自伤行为青少年进行调查的结果显示，焦虑障碍占所有诊断疾病的 42%，其次为重性抑郁，达 18%。Chartrand 等②耗时 3 年在精神卫生国际组织收集了 20 130 名成人进行自伤行为筛查后，采用世界精神卫生综合国际诊断访谈量表（WMH – CIDI）对其访谈诊断发现，在只有自伤行为中诊断为广场恐怖者有 17.3%，惊恐障碍 19.6%，社交恐怖 40.3%，广泛性焦虑 23.9%。Shingleton 等③对过去 2 周有自伤行为的 12～19 岁青少年用 K – SADS 调查发现 50%的人有重性抑郁、超过 25%的人有广泛性焦虑症。Selby 等④则采用 MINI 对 571 名门诊病人进行调查发现自伤行为者高发心境障碍。

（四）单纯 NSSI 行为与伴发自杀行为比较

NSSI 行为常常与自杀行为共存。本研究显示 23.7%的 NSSI 行为实施者曾出现过至少一次自杀行为，Jennifer 等⑤的调查也发现近 64%的自伤青少年有自杀企图。Andover⑥ 对 510 名大学生调查发现有 NSSI 行为史的学生中报告曾有过自杀计划的人数显著多于无 NSSI 行为者。根据 Cooper 等⑦的研究

① Auerbach RP, Kim JC, Chango JM, et al. Adolescent nonsuicidal self-injury: Examining the role of child abuse, comorbidity, and disinhibition[J]. Psychiatry research. 2014, 220(1－2).

② Chartrand H, Sareen J, Toews M, et al. Suicide attempts versus nonsuicidal self-injury among individuals with anxiety disorders in a nationally representative sample[J]. Depression and anxiety. 2012, 29(3).

③ Shingleton RM, Eddy KT, Keshaviah A, et al. Binge/purge thoughts in nonsuicidal self-injurious adolescents: An ecological momentary analysis[J]. International Journal of Eating Disorders. 2013.

④ Selby EA, Bender TW, Gordon KH, et al. Non-suicidal self-injury (NSSI) disorder: A preliminary study[J]. Personality Disorders: Theory, Research, and Treatment. 2012, 3(2): 167.

⑤ Jennifer W, A FE, Christianne E-S, et al. Cognitive and social factors associated with NSSI and suicide attempts in psychiatrically hospitalized adolescents[J]. Journal of abnormal child psychology. 2013, 41(6).

⑥ Andover MS, Primack JM, Gibb BE, et al. An examination of non-suicidal self-injury in men: do men differ from women in basic NSSI characteristics? [J]. Archives of Suicide Research. 2010, 14(1).

⑦ Cooper J, Kapur N, Webb R, et al. Suicide after deliberate self-harm: a 4-year cohort study[J]. The American journal of psychiatry. 2005, 162(2).

发现,与一般人群相比,那些实施 NSSI 行为的青少年将近 30%可能实施自杀死亡。所以如果能有效识别预测高自杀风险的 NSSI 行为者,将能有效地预防和降低青少年的自杀死亡率。本文研究结果发现伴有自杀行为的自伤者其自伤频率、自伤方式数量、自伤动机强度均要显著高于无共发自杀行为的自伤者,且采用的自伤方式也更具危险性。说明伴有自杀行为的 NSSI 行为者危险性较高,心理问题更严重。

(五)自伤行为危险因素

本研究发现包括躯体虐待、普通创伤、情感虐待和性创伤在内的虐待经历,不良的父母关系和亲子关系,6 岁前非父母主要照顾,较低的社会支持以及目前的焦虑症状都是自伤行为发生、持续以及伤害严重度的预测因素。

1. 创伤经历

正如其他研究所揭示的,包括性虐待、躯体虐待以及情感虐待在内的童年期创伤经历是自伤行为最主要的危险因素①②。而且本研究结果还显示包含见证或经历意外事故、经历兄弟姐妹或好友的死亡或重伤等创伤事件也会对自伤行为的实施产生影响。目前还尚未发现有关非虐待创伤事件对自伤行为的研究,因此这方面内容需要以后进一步探讨。

在现有的自伤行为理论模型中,发展心理病理模型③能较好地解释儿童期的虐待创伤经历在产生自伤行为中的作用。童年期的创伤会对个体的神经结构功能、认知、自我发展以及依恋模式等不同发展领域产生负性影响,尤其是虐待会对包括自我意识的出现(区分自我和他人等)、情绪调节和冲动控制(如攻击自我和/或他人)以及人际关系(如不信任感、对拒绝过分敏感以及自我隔离)等方面的发展产生影响。发展模型就是根据这些发现,然后从动机水

---

① Glassman LH, Weierich MR, Hooley JM, et al. Child maltreatment, non-suicidal self-injury, and the mediating role of self-criticism[J]. Behaviour research and therapy. 2007, 45(10).

② 肖亚男,陶芳标,许韶君,等. 童年期虐待与青少年自我伤害行为关系[J]. 中国公共卫生, 2008(9).

③ Yates TM. The developmental psychopathology of self-injurious behavior: Compensatory regulation in posttraumatic adaptation[J]. Clinical psychology review. 2004, 24(1).

平、态度水平、语言水平、情绪水平、关系水平5个方面来解释儿童虐待经历对自伤行为的影响。

有关创伤对自伤行为影响的其他重要理论假设还有依恋理论，在近20年中，依恋理论已经成为理解情绪调节过程最重要的理论框架之一。普遍认为婴儿通过与主要照料者的依恋关系来形成自我和他人的内在工作模式，从而为今后的人际关系和行为奠定基础①。有些自伤行为实施者既存在情绪调节障碍，又具有社交技能缺陷，据此可以推测其依恋模式为非安全型。依恋理论认为父母经常表达情感温暖，适当满足孩子的需求，给予孩子鼓励和肯定，可以帮助孩子形成安全的依恋关系。如果父母拒绝、否定孩子，不能适当地满足孩子的需求，就容易使得孩子内心缺乏足够的安全感来信赖他人，会导致对人际关系过于敏感，也难以肯定自己，需要不断地从外界得到赞扬来证明自己。在社会交往中，安全型依恋建立的是相信他人会对其提供支持的，自身也是值得支持帮助的模式，而不安全型依恋今后可能表现出较差的社会功能，更易采用不适宜的应对技巧，自伤行为就是其中一种。

此外还有疼痛耐受性模型来解释经历创伤的个体为什么更容易实施自伤行为。由于虐待/创伤引起个体对疼痛耐受力不断增加，使得个体更容易接受自伤行为来缓解情绪或解决困难②。因此在面对内部压力时更可能伤害自己身体。遭受性创伤的个体，其对自己身体有较强烈的厌恶感，这点在厌食症患者身上体现得最为强烈。另外，一个人的态度、认知和情感可以显著影响对躯体疼痛的感知和忍受能力③。受虐儿童常常认为是自身问题引起不受照料者喜爱，而且实施情感、心理虐待和忽视的照顾者直接、明确地提供一些有关孩子自身的不良信息（如“你是愚蠢的”“你不受欢迎”），这些信息更容易导致形

① Bowlby J. Attachment and loss: Volume II: Separation, anxiety and anger[J]. London: The Hogarth Press and the Institute of Psycho-Analysis. 1973.

② Germain SSA, Hooley JM. Direct and indirect forms of non-suicidal self-injury: Evidence for a distinction[J]. Psychiatry research. 2012, 197(1-2).

③ Kemperman I, Russ MJ, Clark WC, et al. Pain assessment in self-injurious patients with borderline personality disorder using signal detection theory[J]. Psychiatry research. 1997, 70(3).

成自我否定、自我批评的不良图式①②,因此,经历躯体或情感虐待、忽视的青少年更可能对自己持有消极态度,对疼痛的耐受性也更高。

2. 社会支持

一些研究发现,具有自伤行为的青少年社会支持和自尊水平要低于无自伤行为者③④。本研究结果发现较高的社会支持水平是自伤行为发生的保护因素。另外,Hankin 和 Abela 对 103 名 11~14 岁青少年进行自伤行为危险因素调查结果也发现缺少社会支持是实施自伤行为的一个重要预测因素⑤;家庭支持在自伤行为的开始、维持和结束中是最突出的因素⑥;来自家庭的社会支持的缺乏是实施自伤行为的危险因素⑦;感受到较高的家庭支持水平可以预测自伤行为的终止⑧。

3. 不良家庭关系、早期养育方式

家庭环境、成员关系对青少年的心理健康发展至关重要。本文试图探讨父母关系、亲子关系以及早期养育等家庭因素对自伤行为的影响,结果发现,不良的父母关系、亲子关系(尤其是母亲与孩子的关系)以及早年非父母养育都为青少年实施自伤行为的危险因素。

---

① Hankin BL. Childhood maltreatment and psychopathology: prospective tests of attachment, cognitive vulnerability, and stress as mediating processes[J]. Cogn Ther Res. 2005(29).

② Spasojevi J, Alloy LB. Who becomes a depressive ruminator? Developmental antecedents of ruminative response style[J]. Journal of Cognitive Psychotherapy. 2002, 16(4).

③ Claes L, Houben A, Vandereycken W, et al. Brief report: The association between non-suicidal self-injury, self-concept and acquaintance with self-injurious peers in a sample of adolescents[J]. Journal of adolescence. 2010, 33(5).

④ Claes L, Muehlenkamp J, Vandereycken W, et al. Comparison of non-suicidal self-injurious behavior and suicide attempts in patients admitted to a psychiatric crisis unit[J]. Personality and Individual Differences. 2010, 48(1).

⑤ Hankin BL, Abela JRZ. Nonsuicidal self-injury in adolescence: Prospective rates and risk factors in a 2 ½ year longitudinal study[J]. Psychiatry research. 2010, 186(1).

⑥ Csorba J, EF Szélesné, Steiner P, et al. Symptom specificity of adolescents with self-injurious actions[J]. Psychiatr Hung. 2006, 20(6).

⑦ Andrews T, Martin G, Hasking P, et al. Predictors of continuation and cessation of nonsuicidal self-injury[J]. Journal of Adolescent Health. 2013, 53(1).

⑧ Tatnell R, Kelada L, Hasking P, et al. Longitudinal Analysis of Adolescent NSSI: The Role of Intrapersonal and Interpersonal Factors[J]. Journal of abnormal child psychology. 2014, 42(6).

这些危险因素可能彼此相互影响,而且通过一些共同通路或机制促发或维持青少年实施自伤行为。本研究发现父母关系不良会影响到亲子关系,两者又会通过影响社会支持和焦虑症状而间接影响到自伤行为的发生。根据溢出假设(spillover hypothesis)①的观点,处于紧张、冲突关系中的父母会把更多的注意力集中在双方的争吵和情绪化行为上,很少去关注儿童的需要,使得儿童对父母产生疏离和不信任,引起亲子关系的紧张,从而使孩子对家庭支持的知觉、感受下降,继而使得自伤行为风险增加。用学习理论的观点来看,父母关系不良,家中可能会出现较多的争执和冲突,而孩子可能学习到通过伤害和攻击去发泄情绪或控制影响他人,但是受到自身能力的限制,所以其不得不将这种伤害和攻击转向自己。此外,父母关系不良的家庭里,可能父母本身对情绪的管理能力较差,未能给孩子树立调节、管理情绪的榜样,致使孩子自身存在情绪调节管理困难,需要通过自伤行为方式来调节情绪。而情绪调节能力的不足和自伤行为等不良方式的出现,又会恶化家庭关系,致使陷入恶性循环。所以不良的父母关系、亲子关系会使孩子的负性情绪增加,实施自伤行为的风险显著提高②。

4. 负性情绪

目前把焦虑、抑郁症状作为自伤行为可能的危险因素进行回归分析或结构方程模型分析的研究较少,本研究发现焦虑情绪是实施自伤行为的危险因素。Mangnall 和 Yurkovich③ 通过文献综述发现很多自伤与不断增加的压力、焦虑、愤怒、悲痛和烦躁有关,自伤行为的一个主要动机就是释放内心的不良情绪。可见,不良的情绪状态对自伤行为的影响是重要的。Tatnell④ 的追踪研

---

① Spasojevi J, Alloy LB. Who becomes a depressive ruminator? Developmental antecedents of ruminative response style[J]. Journal of Cognitive Psychotherapy. 2002, 16(4).

② You J, Leung F. The role of depressive symptoms, family invalidation and behavioral impulsivity in the occurrence and repetition of non-suicidal self-injury in Chinese adolescents: A 2-year follow-up study[J]. Journal of adolescence. 2012, 35(2).

③ Mangnall J, Yurkovich E. A Literature Review of Deliberate Self-Harm[J]. Perspectives in Psychiatric Care. 2008, 44(3).

④ Tatnell R, Kelada L, Hasking P, et al. Longitudinal Analysis of Adolescent NSSI: The Role of Intrapersonal and Interpersonal Factors[J]. Journal of abnormal child psychology. 2014, 42(6).

究也显示焦虑性依恋是实施自伤行为的预测因素，同时该研究发现当个体共病焦虑抑郁时，更容易实施自杀，而当焦虑单独出现时，则更可能是自伤行为。

本研究回归分析和结构方程分析均未发现抑郁情绪是实施自伤行为的显著危险因素，而且 MINI 诊断访谈中也发现诊断为抑郁的人数远低于焦虑症类型。这可能预示着抑郁情绪与自伤的相关性不如焦虑情绪。精神分析理论也可以解释焦虑情绪与非自杀性自伤行为的相关性更高。以 Beck 为代表的认知理论学者认为，抑郁病人对自身、周围世界及未来三方面具有消极评价，认为自己有缺陷、没有能力、不能胜任，因此总是感到不愉快、无价值感，甚至认为自己缺乏获得愉快和满意感的能力，在现实生活的道路上有不可克服的障碍，未来的生活中也充满着困难、挫折，因此具有较多的自我否定和绝望。Higgins① 的自我差异理论认为实际自我、理想自我和应该自我之间的不一致导致自我差异的产生，这些自我差异分别与不同的负性情绪体验相关联，而在本人立场的实际自我与他人立场的应该自我差异中，个体认为自己未能履行职责将受到责备、惩罚这种否定性结果的出现，常常导致焦虑类型的情绪。另外，有关自杀的心理动力学理论认为，自杀是对他人（尤其是客体）的愤怒、敌意和攻击转变为对自己的愤怒和敌意，从而抑郁，继而采用自杀来惩罚自己。由此可见抑郁更多的是呈现自我否定，继而更可能实施自杀。殷华西②对自杀与抑郁的关系探讨中也提到导致自杀的直接因素是抑郁，所有抑郁症病人都有自杀的危险，自杀企图和行为是抑郁症病人最严重最危险的症状。

但本研究结果并不是意味着抑郁与自伤完全没有联系，可能抑郁与自伤的相关性被焦虑等其他效应所掩盖了。但是具有抑郁情绪的青少年有自伤行为时，可能往往是具有自杀意念的，更需要引起重视。

除了一些外在环境、不良经历对自伤行为影响外，个体本身的性格特征也会对此产生影响，青少年时期好冲动的心理特点就是一个强有力的影响因素。从本研究也可发现，很多学生出现自伤想法后会很快付诸行动。后有研究者

① Higgins ET. Self-discrepancy: a theory relating self and affect[J]. Psychological Review. 1987, 94(3).

② 殷华西. 自杀理论研究及其与抑郁的关系探讨[J]. 长春理工大学学报,2012(3).

对实施自伤行为者进行冲动控制相关研究，发现自伤行为者确实存在冲动管理困难。如 Glenn 和 Klonsky① 研究发现有自伤行为大学生自我报告的冲动性水平明显高于正常组，Ross 等②对青少年调查发现，有自伤行为的人报告更多的冲动控制困难，且自伤行为的终身频率与内心自我感受意识、冲动控制存在着正向相关。

自伤行为会受到多种因素的影响，整合模型（Integrated theoretical model）③就较能全面解释各种因素对自伤行为的影响，它包含了生物、心理、家庭和社会环境等多种因素。Nock 提出的整合模型认为个体首先受到高情绪/认知反应的基因倾向、童年虐待和家庭敌对/批评性环境等危险因素的影响。这些影响可能使个体造成高负性情绪反应、较多的负性认知特点和低痛苦承受能力的个性弱点、沟通技巧缺乏以及社会问题解决能力低下的人际交往弱点，内在弱点和人际交往弱点相互影响，共同影响个体的应激反应，导致压力事件激起其过高或过低的唤醒，或者感觉压力事件下难以完成社会要求。这时如果再合并一些自伤行为的特定不良因素，如从他人处习得自伤行为、自尊水平低下、通过自伤行为获得即刻人际要求的满足、对疼痛的耐受性提高和潜意识认同自己是自伤行为者等，个体就很可能会引发或维持自伤行为。

（六）创伤与焦虑抑郁的关系

本研究发现情感虐待、躯体虐待和负性生活事件等普通创伤均是焦虑抑郁的危险因素，而性创伤未进入焦虑和抑郁的多重线性回归方程。目前有关不同创伤类型对抑郁、焦虑易感性方面的研究结果并不一致，如 Kuo 等④对具有社交焦虑的成人样本进行研究，发现儿童期的情感虐待和忽视与社交焦虑、

---

① Glenn CR, Klonsky ED. A multimethod analysis of impulsivity in nonsuicidal self-injury［J］. Personality Disorders：Theory, Research, and Treatment. 2010, 1(1).

② Ross S, Heath NL, Toste JR. Non-Suicidal Self-Injury and Eating Pathology in High School Students［J］. American Journal of Orthopsychiatry. 2009, 79(1).

③ Nock MK. Why do people hurt themselves? New insights into the nature and functions of self-injury［J］. Current directions in psychological science. 2009, 18(2).

④ Kuo JR, Goldin PR, Werner K, et al. Childhood trauma and current psychological functioning in adults with social anxiety disorder. Journal of anxiety disorders. 2011, 25(4).

焦虑特质、抑郁和自尊存在相关性，而性虐待、躯体虐待或忽视则无此相关。Hovens 等[①]对 1 209 名患有抑郁、焦虑成人调查也发现情感忽视、心身虐待与后期的焦虑、抑郁存在相关，而性虐待则也无此关联。但一项荟萃分析研究发现各种创伤类型包括性虐待与焦虑、抑郁等情绪障碍存在显著相关[②]。因此根据现有的研究结果，还不足以否认任一创伤类型对焦虑、抑郁的影响。但可能不同创伤类型对焦虑抑郁的影响是不同的，所以情感虐待等与焦虑抑郁的高相关性掩盖了性相关创伤的影响。

如本结果所显示，情感虐待与焦虑、抑郁的相关性要高于其他创伤类型，而性虐待则是最低，这与其他研究具有相似的结果[③④]。另外，工具也是一个不可忽视的影响因素，不同工具对创伤类型的定义，涉及创伤行为范围不同，各种创伤类型的检出率就会不同，其与焦虑抑郁的相关性就会受到影响。不同创伤对焦虑抑郁的作用受到很多因素影响，包括早期父母对其负性情感的接纳和处理、当前自身情绪的表达和管理能力，以及回复力(resilience)等因素的调节[⑤⑥]，但是童年创伤，尤其是情感上的虐待和忽视，躯体虐待以及普通创伤对认知和人格发展的不良影响不容置疑。因此改善父母教养方式，保护孩子避免遭受情感和躯体上的虐待和忽视等不良对待，以及减少丧失对于青少年焦虑抑郁情绪的发展具有重要临床预防作用。

本研究通过对在校初中生自伤行为的调查研究，帮助我们更好地了解自

---

① Hovens J, Giltay E, Wiersma J, et al. Impact of childhood life events and trauma on the course of depressive and anxiety disorders. Acta Psychiatrica Scandinavica. 2012, 126(3).

② Chen LP, Murad MH, Paras ML, et al: Sexual abuse and lifetime diagnosis of psychiatric disorders: systematic review and meta-analysis. In Mayo Clinic Proceedings: 2010. Elsevier. 2010.

③ Norman RE, Byambaa M, De R, et al. The long-term health consequences of child physical abuse, emotional abuse, and neglect: a systematic review and meta-analysis. PLoS medicine, 2012, 9(11): e1001349. doi: 10.1371/journal.pmed.1001349.

④ Mandelli L, Petrelli C, Serretti A. The role of specific early trauma in adult depression: A meta-analysis of published literature. Childhood trauma and adult depression. European psychiatry: the journal of the Association of European Psychiatrists. 2015, 665 - 680.

⑤ Wingo AP, Wrenn G, Pelletier T, et al. Moderating effects of resilience on depression in individuals with a history of childhood abuse or trauma exposure. Journal of affective disorders. 2010, 126(3).

⑥ Thomas R, DiLillo D, Walsh K, et al. Pathways from child sexual abuse to adult depression: The role of parental socialization of emotions and alexithymia. Psychology of violence. 2011, 1(2).

伤行为,丰富了我国自伤行为的研究数据。另外,自伤行为危害性和普遍性显示出对其进行心理干预和预防的重要性。本文通过对自伤行为背后心理动机的调查,不仅帮助我们理解该行为背后的原因,也提示我们可以帮助学生发展适宜的技术策略来达到相同的目的,从而减少自伤行为的发生。当然,最理想的是能预防自伤行为的发生,而本文发现的一些危险因素,就能帮助我们在建立预防实施自伤行为,甚至是预防学生心理问题、促进心理健康等相关政策以及临床工作方面起到一定作用。

五、研 究 结 论

本研究结果表明:

第一,上海初中生自伤行为年检出率为 21.7%,且女生高于男生。

第二,青少年较常采用的方式有搔抓、啃咬和击打,最常伤害的部位为手。实施自伤行为的主要动机是为了管理调节情绪和影响、控制人际关系处境。

第三,最近一个月有自伤行为的学生中有 14.1%被诊断为广场恐怖,13.4%被诊断为轻躁狂,11.1%则被诊断为特定恐怖症;有 23.7%自伤行为实施者与自杀行为共存。

第四,经历普通创伤、躯体虐待、情感虐待、性创伤经验,不良的夫妻关系及亲子关系,早期非父母主要养育以及目前的焦虑情绪是青少年实施自伤行为的危险因素。创伤经历不仅能直接影响自伤的发生,还能间接地通过焦虑症状、社会支持影响自伤行为的发生,父母关系和亲子关系分别通过社会支持水平和焦虑症状间接影响自伤行为的实施。

同时本研究结果也说明自伤行为在初中生中较普遍,需要引起重视。自伤行为与很多精神疾病共存,尤其是焦虑。临床医生需要关注来诊青少年(尤其是焦虑青少年)是否有自伤行为,以便能提早预防和干预。了解初中生自伤行为的动机和相关影响因素,不仅可以起到预防作用,而且临床医生可以从影响因素出发进行干预。但是本研究样本来自上海市中心地区的初中学校,可能会有年龄、地区偏倚。在结论推广方面会受到限制。

基于 ESDM 技术的孤独症谱系障碍儿童早期干预模式初探*

王 洁 等**

一、引 言

孤独症谱系障碍(autism spectrum disorder, ASD)简称孤独症,与自闭症同义,是一组以社交沟通障碍、兴趣或活动范围狭窄以及重复刻板行为为主要特征的神经发育性障碍①。曾被认为是罕见病,之后随着人们对 ASD 认识的不断深入,其发病率呈逐年上升的趋势。ASD 是世界上人数增长最快的严重性病症,是目前导致儿童残障最常见的原因之一。迄今为止,ASD 尚无有效的药物干预手段,其治疗主要依靠早期高强度的教育训练,需要耗费大量的人力物力。神经生物学研究证实,年幼的大脑具有经验期待和经验依赖的突触形成,即可塑性,后天恰当和丰富的环境因素可使有先天发育障碍的 ASD 患儿大脑重回正常发育轨道。近年来,随机对照干预研究表明低龄患儿尤其是 24 月龄以内的儿童,行为问题尚不突出,强化行为治疗和教育能够不同程度改善 ASD 患儿的社交、认知、语言以及适应能力②③。孤独

* 本文系 2020—2021 年度上海儿童发展研究课题“基于 ESDM 技术的孤独症谱系障碍儿童早期干预模式初探”的结项成果。

** 王洁,上海市长宁区妇幼保健院儿童保健中心副主任医师;徐秀,上海市长宁区妇幼保健院儿童保健中心主任医师;龚建梅,上海市长宁区妇幼保健院儿童保健中心主治医师;吴琳清,上海市长宁区妇幼保健院儿童保健中心主管护师;樊珏,上海市长宁区妇幼保健院儿童保健中心主治医师;肖妍玲,上海市长宁区妇幼保健院儿童保健中心护师;王燕雯,上海市长宁区妇幼保健院儿童保健中心护师。

① American Psychiatric Association. Diagnostic and Statistical Manual of Mental Disorders[M]. 5th ed. Virginia: American PsychiatricPublishing, 2013: 55-59.

② Schreibman L, Dawson G, Stahmer A C, et al. Naturalistic Developmental Behavioral Interventions: Empirically Validated Treatments for Autism Spectrum Disorder[J]. Journal of Autism & Developmental Disorders, 2015, 45(8): 2411-2428.

③ Dawson G, Rogers S, Munson J, et al. Randomized, controlled trial of an intervention for toddlers with autism: the Early Start Denver Model[J]. Pediatrics, 2010, 125(1): e17.

症早期介入丹佛模式[①](Early Start Denver Model, ESDM)是一套适用于12~48月龄ASD幼儿的综合性强化干预方案,旨在促进ASD幼儿所有发育领域发展的独特教育课程体系。ESDM方法的一个主要目标是在家庭和其他日常场景中建立这种互动环境,所以,对父母干预技术的培训和评估也是ESDM技术的一个关键点。ESDM技术在美国应用多年,积累了大量的循证学依据来证实其实用性及有效性。2013年由复旦大学附属儿科医院徐秀教授将ESDM引入我国,复旦儿科医院儿保科研发了适合我国国情的家长培训课程体系,并通过研究证实ESDM能很好地应用于中国文化背景下的ASD幼儿,能够更好地促进其发育水平、改善其核心症状,且能更好地缓解ASD患儿家长的育儿压力[②]。

2018年长宁区政府实事项目——孤独症儿童早期识别项目开展以来,长宁区妇幼保健院联合辖区内十家社区卫生服务中心对区域内18及24月龄儿童进行孤独症早期筛查。临床上发现,每年大约有40~50例的孤独症或可疑孤独症儿童在早期被识别及诊断。但是,与之相对应的干预训练资源却相对匮乏。社会康复机构水平参差不齐,费用昂贵,让很多家长望而却步。很多孩子虽然在早期被识别,却在半年或一年后才得到正规干预的机会。由于孤独症的训练需要高强度(每周15~20小时)、长期进行,耗费大量的人力物力,仅仅依靠医院、社会机构的训练显然是不够的。2021年中国循证儿科杂志刊出的《孤独症谱系障碍婴幼儿家庭实施早期干预专家共识》[③]提出:从干预环境选择角度,无论从儿童成长本身,还是疾病特点,都需要让ASD儿童回归到儿童成长的日常生活和游戏活动中。通过自然场景下创造的大量学习机会来获得社交和沟通技能及其他相关的认知和能力,使其回归到正常社会活动圈中,才有望发展出相应的社交和沟通技能及其相关技能。

---

① Sally J. Sally, Dawson Geraldine. 孤独症婴幼儿早期介入丹佛模式[M]. 上海科学技术出版社, 2014.

② Zhou B, Xu Q, Li H, et al. Effects of Parent-Implemented Early Start Denver Model Intervention on Chinese Toddlers with Autism Spectrum Disorder: A Non-Randomized Controlled Trial[J]. Autism Research Official Journal of the International Society for Autism Research, 2018.

③ 徐秀,邹小兵,柯晓燕,童连,张崇凡. 孤独症谱系障碍婴幼儿家庭实施早期干预专家共识[J]. 中国循证儿科杂志,2021,16(5):327-332.

本研究希望通过采用孤独症早期介入丹佛模式(ESDM)的干预方法,对孤独症及高度怀疑孤独症幼儿家长进行技能培训,通过一系列的课程让家长掌握干预训练的方法,以便在日常生活中进行针对性的高强度训练,以期能够最大程度减轻孤独症儿童的致残率,减轻家庭及社会的负担,并且通过对孤独症幼儿的长期随访,定期进行神经心理发育评估,进一步验证通过家长干预技能培训进行孤独症幼儿的早期干预应用的可行性及有效性。

二、对象与方法

(一)研究对象

1. 目标人群

2020 年 10 月 1 日—2021 年 3 月 30 日在长宁区妇幼保健院或者长宁区的社区卫生服务中心体检,社交沟通能力筛查阳性,转诊至三级专科医院后确诊 ASD 或者高度怀疑 ASD 幼儿及其家庭,干预及对照组各 15 例。

2. 入选标准

(1) 幼儿年龄 12~30 月龄之间;

(2) 经上级医院确诊或者高度怀疑 ASD,需要干预者;

(3) 家长知情同意,干预组父母中至少有一人可全程参与课程,并完成家庭训练。

3. 排除标准

(1) 幼儿年龄小于 12 月或者大于 30 月龄;

(2) 合并其他严重缺陷,如脑瘫、严重先天性心脏病、视听残缺、肢体残缺等;

(3) 家长拒绝参与研究。

(二)研究工具

1. 格里菲斯(Griffiths)发育评估量表中文版(GDS-C)

1953 年,在英国和澳大利亚工作的儿童心理学家露丝·格里菲斯(Ruth

Griffiths)研发,为儿童发育指标制订了创新性标准。目前,GDS－C已有中国常模,是一种标准化的发育评估工具,可用于从出生到8岁的儿童。2岁以下幼儿有五个领域(A－E：运动、个人-社会、语言、手眼协调和表现),2~8岁以下儿童还有一个领域(F：实际推理)。

领域A：运动　该领域测试孩子的运动技能,包括平衡性和协调控制动作的能力进行评估。测试项目包括与孩子年龄相对应的运动如：上下楼梯、踢球、骑自行车、小跑和跳跃等。

领域B：个人-社会　该领域评估孩子日常生活的熟练性,独立程度和与其他孩子的交往能力。测试项目包括与孩子年龄相对应的活动如：穿脱衣服、使用餐具、运用知识信息的能力,例如是否知道生日或住址等。

领域C：语言　该领域测试孩子接受和表达语言的能力。测试的项目包括与孩子年龄相对应的活动如：说出物体的颜色和名称,重复话语以及描述一幅图画并回答一系列关于内容的相同点/不同点的问题等。

领域D：手眼协调　该领域评估孩子精细运动的技巧,手部灵巧性和视觉追踪能力。使用的项目包括与孩子年龄相对应的活动如：串珠子、用剪刀剪、复制图形、写字母和数字等。

领域E：表现　该领域测试孩子视觉空间能力,包括工作的速度及准确性。测试的项目包括与孩子年龄相对应的活动如：搭建桥或楼梯,完成拼图和模型制作等。

领域F：实际推理　该领域评估孩子实际解决问题的能力,对数学基本概念的理解及有关道德和顺序问题的理解。测试的项目包括与孩子年龄相对应的活动如：数数,比较大小,形状,高矮。这个领域也测试孩子对日期的理解,视觉排序能力及对错与对的认识与理解。

发育年龄(DA)参照规范,发育商(DQs)由DA/CA(实际年龄)＊100来计算。

2. 孤独症早期介入丹佛模式(ESDM)

ESDM[4]是一套适用于12~48月ASD幼儿的综合性强化干预方案,属于发育行为自然干预模式的一种,旨在促进ASD幼儿所有发育领域发展的独特课程教育体系。其核心内容包括：

（1）一套 ESDM 课程评估表：以儿童发育顺序为依据的课程评估表，并以此制定全面详细的教学目标和活动计划；

（2）一套综合性教学课程设计：涵盖儿童早期发展所有技能，包括语言、游戏、社会交往、注意力、模仿、运动技能、自理和行为能力；尤其是互动中儿童主动模仿的能力；

（3）一套课程实施策略：以儿童为中心，以日常活动、游戏活动来实施教学目标。课程教学重点：提升社交主动性和模仿技能、人际交流和情感分享、在所有互动中加入社交沟通；语言发展教学策略：将沟通教学融入社会互动、遵循语言发育基本规律、积极采用语言“加 1”原则；

（4）一套教学准确度评估体系：作为治疗师/家长实施 ESDM 教学准确度评估；

（5）一套资料收集体系：用于动态跟踪教学成效，调整教学流程，实现最佳效果；

（6）一套决策树体系：干预方案的评估系统，确保整个教学过程中实施具有实证支持的教学实践活动。

（三）研究方法

1. 功能评估

社交技能运用 ESDM 评估、Griffiths 发育量表；认知技能用 Griffiths 发育量表。

2. 干预方法

采用复旦大学附属儿科医院徐秀教授团队依据 ESDM 技术开发的家长课程，内容包括：建立信任和建立常规、抓住孩子的社交注意力、问题行为的处理和生活自理能力培养、从感觉社交常规中获得快乐、非语言沟通及共同注意、模仿、游戏活动、语言沟通等八个部分。干预期进行家长技能教学，每周 1 次，共 8 次，每次包括理论课、视频点评及示教训练等 3 部分内容，为期 2 个月；之后随访半年左右，采用每周提交干预记录表及干预视频由医务人员进行点评等形式进行督导。

（四）完成情况

最终纳入经三级专科医院确诊或者高度怀疑 ASD 儿童家庭共 30 组，家长知情同意，按照家长意愿分为干预组及对照组，每组各 15 个家庭。对两组儿童均进行每 3 个月一次的随访，常规评估并且进行教养指导。干预组在此基础上进行为期两个月的家长技能培训，每周 1 次，共 8 次课，15 组家长均完成全部课程。两组全部儿童在入组时进行 Griffiths 量表（GDS－C）基线评估，共完成 30 例基线评估。在入组 9 月后进行 Griffiths 量表（GDS－C）终末评估，共完成 29 例终末评估，1 例对照组儿童失访。干预组失访率为 0%，对照组失访率为 6.7%。

（五）质量控制

Griffiths 量表评估由经过培训并取得评估资质的专业人员完成；进行家长培训的人员均在复旦大学儿科医院儿保科进修学习，掌握早期介入丹佛干预模式相关知识并且积累一定的实践经验。对干预组家长建立督导机制，用填写训练记录表、拍摄视频进行点评等方法进行督导，以保证家庭干预的时长及质量。

（六）数据统计分析

由课题研究人员进行数据采集录入，反复校对，逻辑纠错，以保证数据录入的准确性。使用 spss24.0 软件对数据进行统计分析，包括 t 检验、卡方检验等方法，$P<0.05$ 为差异存在统计学意义。

三、结　　果

（一）干预组与对照组基线调查比较

依据知情同意及自愿的原则，按纳入排除标准共入组 30 组 ASD 或高度怀疑 ASD 儿童及家庭作为研究对象,其中干预组 15 组家庭,对照组 15 组家庭。两组间基线资料(儿童年龄、性别、父亲年龄、母亲年龄、父亲文化水平、母亲文化水平等)比较无明显统计学差异($P>0.05$),详见表 1。

表 1　干预组与对照组基线调查比较

	干预组		对照组		t/c2	P 值
	N	%	N	%		
性别						
男	11	73.3	10	71.4	0.000*	0.833
女	4	26.7	4	28.6		
父亲学历						
高中及以下	2	13.3	4	28.6	0.000*	1
大学及以上	13	86.7	10	71.4		
母亲学历						
高中及以下	3	20	5	35.7	0.000*	1
大学及以上	12	80	9	64.3		
幼儿龄(月,$\bar{x}\pm s$)	23.07±3.43		25.27±4.47		-1.455	0.157
父龄(岁,$\bar{x}\pm s$)	35.33±5.02		35.73±4.96		-0.2119	0.828
母龄(岁,$\bar{x}\pm s$)	32.67±3.1		32.53±3.52		0.11	0.913

* 为χ2 值

(二)干预组与对照组幼儿 GDS-C 基线评估(T1)五个领域 DQs 值比较

入组基线评估时,在运动(A)、个人—社会(B)、语言(C)、手眼协调(D)、表现(E)等五个领域,干预组与对照组 DQs 值差异均无统计学意义($P>0.05$),详见表 2。

表 2　两组幼儿 GDS－C 基线评估(T1)和终末评估(T2)五个领域 DQs 值比较

GDS－C	干预组				对照组				*P* 值（干预 T1*vs* 对照 T1）	*P* 值（干预 Δ*vs* 对照 Δ）
	N	T1 ($\bar{x}$ ±s)	T2 ($\bar{x}$ ±s)	Δ	N	T1 ($\bar{x}$ ±s)	T2 ($\bar{x}$ ±s)	Δ		
A	15	76.6±12.88	76.2±14.21	-0.4	14	77.64±13.09	76.2±14.2	-1.4	0.83	0.709
B	15	57.73±9.38	62.4±10.65	4.7	14	61.29±10.34	59.50±10.83	-1.79	0.341	0.076
C	15	59.87±9.02	68.8±13.13	7	14	59.64±7.98	61.64±8.97	2	0.944	0.017*
D	15	77.07±14.8	79.8±10.67	2.8	14	79.36±10.2	78.5±7.84	-0.86	0.634	0.209
E	15	76.87±14.61	82.93±13.64	6	14	76.14±10.5	76.29±11.12	0.15	0.88	0.035*

* $P<0.05$

（三）干预组与对照组幼儿 GDS－C 基线评估（T1）和终末评估（T2）五个领域 DQs 差值（Δ=T2−T1）比较

设 Δ 为 GDS－C 终末评估与基线评估各领域 DQs 差值，即 Δ=T2−T1。将干预组与对照组在运动（A）、个人—社会（B）、语言（C）、手眼协调（D）、表现（E）等五个领域 Δ 值比较发现，在语言领域，干预组与对照组差异存在统计学意义（$P=0.017$）；在表现领域，干预组与对照组差异存在统计学意义（$P=0.035$）。其余三个领域差异无统计学意义（$P>0.05$），详见表 2。从两组幼儿 GDS－C 评估的动作、个人—社会、语言、手眼协调、表现等五个领域 DQs 值折线图可以看出，干预组幼儿终末评估（T2）较基线评估（T1）除大动作领域外，其余四个领域均有不同程度的提升，而对照组幼儿除语言和表现两个领域略有上升外，在动作、个人-社会、手眼协调等领域则略有下降，见图 1、图 2。

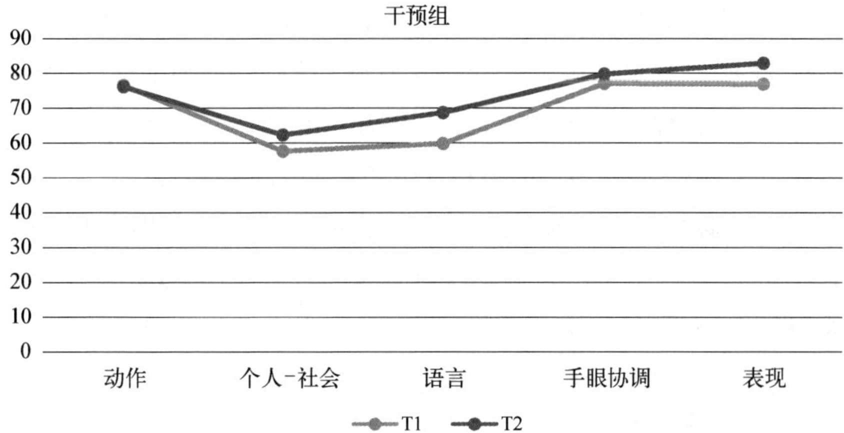

图 1　干预组幼儿 GDS－C 基线评估(T1)和终末评估(T2)五个领域 DQs 值折线图

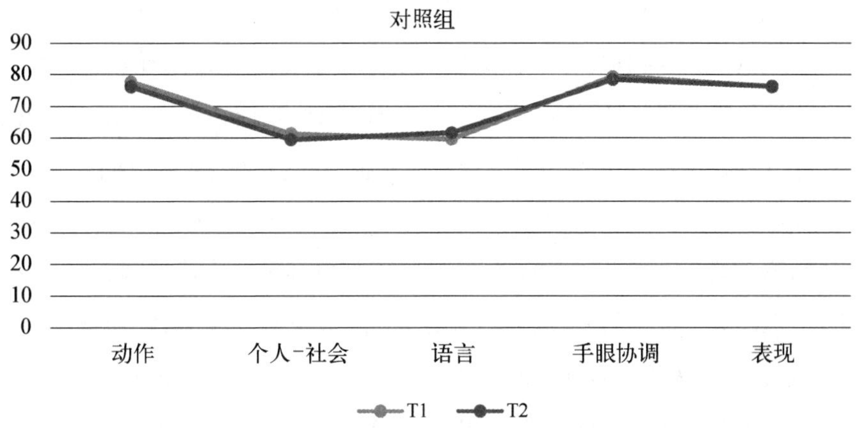

图 2　对照组幼儿 GDS－C 基线评估(T1)和终末评估(T2)五个领域 DQs 值折线图

四、讨　　论

我们将 30 组在三级专科医院确诊 ASD 或者高度怀疑 ASD 的幼儿及其家庭纳入研究，由于干预课程需要家长的全力配合参与，无法做到随机化分组，只能依照家长意愿来进行分组。从两组的基线资料(幼儿年龄、性别、父亲年龄、母亲年龄、父亲文化水平、母亲文化水平等)比较，两组之间差异无明显统计学意义。干预组与对照组幼儿 GDS - C 基线评估五个领域的 DQs 值差异无明显统计学意义,提示两组幼儿入组时基线水平基本一致,匹配较好。分析两组幼儿 GDS - C 评估的动作、个人-社会、语言、手眼协调、表现等五个领域 DQs 值,干预组幼儿终末评估(T2)较基线评估(T1)除大动作领域外,其余四个领域均有不同程度的提升,而对照组幼儿除语言和表现两个领域略有上升外,在动作、个人-社会、手眼协调等领域则略有下降。从折线图可以看出,干预组幼儿各领域的 DQs 值较对照组幼儿得到了更大的提升。将干预组与对照组幼儿 GDS - C 终末评估与基线评估五个领域的 DQs 差值(Δ=T2-T1)进行比较发现,在语言及表现两个领域,两组之间差异存在统计学意义。干预组幼儿在语言和表现两个领域较对照组幼儿进步更为明显,这与既往国外对于 ESDM 的研究结果基本一致。① 在个人-社会领域,虽然差异没有达到统计意义,但是干预组相较于对照组的 DQs 差值仍然显示出较大幅度的提升(ΔDQs 值=4.7)。分析原因,依照 ESDM 核心理念,进行干预训练时,我们在每个活动都会设定一系列的目标,包括理解性沟通、表达性沟通、社交技能、认知、模仿、精细动作、粗大运动、行为管理、生活能力等多个方面。孤独症幼儿在社交沟通、语言、认知等方面会表现出较多的落后,这些部分更容易成为治疗师和家长关注的重点,也即成为训练的目标,所以在语言、认知领域表现出更大的进步。复旦大学附属儿科医院徐秀教授团队 2018 年的研究[5]表明,通过专业人员的指导,父母实施的早期开始丹佛模型(P - ESDM)改善了中国自闭症幼儿的发展结果,特别是在语言领域和社会交流行为,与本研究结果基本一致。从短期效果来看,ESDM 的方法对幼儿语言及认知领域的发展提升效果更加明显,也需要更长时间的随访去追踪更完整的发育结局。

综上所述,采用孤独症早期介入丹佛模式(ESDM)的干预技术,对孤独症及高度怀疑孤独症幼儿家长进行干预技能培训,并且由专业治疗师对家庭干预进行督导,这种医院与家庭相结合的早期干预模式对孤独症患儿的发育结

① Geraldine, Dawson, Sally, et al. Randomized, controlled trial of an intervention for toddlers with autism: the Early Start Denver Model. [J]. Pediatrics, 2010, 125(1): e17 - 23.

局有积极影响。在孤独症早期干预方面的专业人员严重短缺的当下,在做好专业人员培训的前提下,在自然的家庭环境中进行早期干预是值得推广的合适途径,这种干预模式具备可行性。我们也进行了社区儿童保健专业人员的培训,适时将这一技术推广至社区,让孤独症幼儿及家庭在家门口享受到便捷、专业的服务。

2022 年由中华医学会儿科学分会发育行为学组和中国医师协会儿科分会发育保健学组推出的《中国低龄孤独症谱系障碍患儿家庭干预专家共识》指出:基于 ASD 干预的长期性、个性化要求,结合我国专业训练资源有限的国情,开展经专业人员培训指导的家庭干预训练是解决 ASD 患儿康复的有效途径。家庭干预是在医生、教师、治疗师等专业人员指导下家长介入的干预模式,以自然环境为基础的,通过日常互动的积极干预,改善 ASD 患儿的核心社交障碍以及语言、情绪、认知、行为等问题,也是专业康复干预的重要组成部分。同时鼓励参与 ASD 干预的专业人员在干预训练的过程中,进一步总结出适合我国 ASD 患儿基于循证依据的医教家融为一体的干预训练模式,并进行推广,造福 ASD 患儿。①

在实践中我们发现,当前推广孤独症早期家庭干预还面临几个难点:第一,家长对孤独症认识不足,很多在 18 月龄即被早期识别出孤独症或疑似孤独症的孩子,由于家长的侥幸或者逃避心理或者病耻感而耽误了宝贵的早期介入干预的时间。所以仍需加强对大众的科普宣传,让更多的家长认识到孤独症的异质性和个体差异,认识到早期干预的必要性和重要性。第二,基层医疗资源不足,推广家庭干预训练指导的最佳途径是下沉至社区。但是目前我国的公立医疗机构尤其是基层医疗机构较少开展孤独症康复训练,孤独症的干预训练专业性强,难度高,对基层医生来说面临着较大的挑战。加强对基层儿童保健工作者的教育培训,调动他们的积极性也是今后工作的重点之一。

由于干预方法较为复杂,对家长要求相对高,以及伦理要求,分组时没有

---

① 中华医学会儿科学分会发育行为学组,中国医师协会儿科分会儿童保健学组. 中国低龄孤独症谱系障碍患儿家庭干预专家共识[J]. 中华儿科杂志,2022,60(5):395-400.

按照随机化原则，所以这是一项非随机化的干预研究，被分到干预组的家长可能更加关注幼儿的发展，可能使研究结果产生偏倚。且时间所限，入组的研究对象样本较少，随访时间较短，只能得出近期影响的结果，我们将在今后的研究和工作中，继续跟踪随访，并且纳入更多的研究对象，更加深入地研究干预的远期影响、提升家长干预技能的关键要素等更多值得探讨的问题。

PRT技术对提高学前自闭症儿童社会沟通与交往的实证研究*

沙英姿**

一、关键概念界定

（一）关键反应训练(PRT)

PRT是一套基于ABA原理、适合ASD儿童的自然干预模式。经过30多年的实证研究,目前得到了美国自闭症专业发展中心和美国国家自闭症研究中心“国家项目标准”的认可,是经过科学实证研究证明最有效的方法之一,近年在世界各地受到推崇。PRT以动机、对多重线索的反应性、自我管理和社交行为主动发起、同理心等儿童发展中的关键领域为干预目标。PRT强调在真实、自然的情境中训练,并重视对家长的培训。

（二）自闭症

本课题所指的“自闭症”是指“自闭症谱系障碍”(ASD),包括典型自闭症、非典型自闭症、自闭症疑似、自闭症边缘、自闭症倾向、自闭症高危等。它是一组以缺乏社会交流和社会交往、重复刻板的行为模式以及兴趣狭窄“三联症”为基本特点的神经发育障碍。2013年,美国精神医学协会发布了第五版精神障碍诊断与统计手册(DSM-5),已将儿童自闭症、阿斯伯格综合征、儿童瓦解性精神障碍、未分类的广泛性发育障碍统称为ASD。这些亚型在严重程度上像光谱一样分布,但在“三联症”上具有共性。

---

* 本文系2018—2019年度上海市儿童发展研究课题“PRT技术对提高学前自闭症儿童社会沟通与交往的实证研究”的结项成果。

** 沙英姿,上海市普陀区早期教育指导中心副主任。

（三）社会沟通与交往

社会沟通是人类日常生活中重要的活动。通过信息的接收及传导，个体与环境得以交流并可以与周围的人、事、物建立起密切的互动关系。沟通过程中，语言是一种最主要的手段。除此之外，还可以用手势、动作、姿势、面部表情等非语言来传情达意。社会交往是指在一定的历史条件下，个体之间相互往来，进行物质、精神交流的社会活动。从不同的角度，把社会交往划分为：个体交往与群体交往、直接交往与间接交往，包括竞争、合作、冲突、调适等。

（四）共同注意

共同注意是幼儿最早的交流形式之一，它是儿童早期社会认知发展中的一种协调性注意能力，是指个体借助于手指指向、眼神等与他人共同关注两者之外的某一物体或某一事件。共同注意一般分为两种类型：响应性共同注意和主动性共同注意。

（五）语言表达

语言表达能力在本课题中是指在口头语言的过程中运用字、词、句、段的能力。表现形式有回应、提示下语言、主动发起。语言表达的主动发起按功能分为获得需求、寻求信息、评论信息、维持对话、专注兴趣。ASD 儿童口头语言的出现是对其童年和成人阶段更好发展结果的最重要的预测变量之一。

二、研究背景及意义

（一）研究背景

Ivar Lovaas 博士在 20 世纪七八十年代对自闭症儿童进行的干预，奠定了行为干预在自闭症干预中运用的基础（1987，1989）。传统行为干预最常见的模式是高结构化与反复实践。虽然,传统行为干预在自闭症干预领域贡献突出,但训练出来的儿童往往很机械,缺乏主动性,技能的保持和泛化较差,对辅助的依赖性较强等。研究者们在继续强调以实证为基础的行为原理的同时,采用自然教学等策略来解决传统行为干预技术的某些局限。

关键反应训练(PRT)作为自然教学(干预)策略的一种,以科学为基础,以循证实践为标准,已被美国国家自闭症中心分别于 2009 年、2011 年认定。它是建立在对近年来自闭症治疗全面回顾基础上的、是经过证实的有效的自闭症干预方法之一。PRT 是以应用行为分析法(ABA)与发展取向为基础而构建的一种治疗模型。PRT 瞄准自闭症儿童的核心障碍领域并将其作为干预目标,将自闭症儿童引到普通儿童的发展轨道,消除自闭症给儿童发展造成的恶劣影响。从而产生最大、最快的干预效果,并帮助自闭症儿童在自然、融合的情景中有意义地生活。

(二)研究现状

一方面,据不完全统计,我国 0~14 岁自闭症儿童人数可能超过 200 万人,不仅数量惊人,且还在持续急剧飙升中。这个问题十分严峻。这一点从近年来上海市普陀区 0~6 岁自闭症儿童人数以及在特殊儿童群体中所占比例的趋向上可以得到验证。随之而来的巨大挑战是自闭症教育的干预和训练——难度堪称特殊教育之最。随着自闭症儿童特点与发展的不断复杂化、多元化、不确定性等因素的叠加,难度系数呈几何级数提升。另一方面,本土专门针对自闭症儿童的、被科学证实有效的专业训练技术与方法又存在根本性缺失。

众所周知,0~6 岁儿童正处在发展关键期,早期干预的重要性不言而喻。因而,这些矛盾与缺失使得学前自闭症儿童在一定程度上丧失了在发展关键期习得“关键行为”的契机,从而影响其终身发展。鉴于学前自闭症儿童早期干预面临的巨大的并急切需要解决的挑战,科学有效地借鉴运用和本土化国际上已产生和正在不断发展的并被证实的专业干预技术,不失为一种“捷径”。

但相关文献显示：专业机构和教师对国际上发展起来的林林总总的理论与技术方法缺少辨别、甄选和运用的能力。同时，如何将PRT技术有效运用到我国0~6岁学前自闭症儿童的早期干预中并具有科学实证的研究资料和成果几乎空白。

（三）研究意义

1. 发展价值

自闭症儿童的核心障碍之一就是社会沟通与交往。因而，运用科学的早期干预来突破其核心障碍可以产生最大、最快的干预效果。有利于自闭症儿童缺陷的最大程度补偿、有利于潜能的最大程度发挥、有利于身心的最大限度发展，对个体的成长、家庭的幸福、社会的进步、经济的发展均具有积极意义。

2. 理论价值

进一步补充和丰富国内相关方法应用于我国学前自闭症儿童社会沟通与交往能力训练的文献。探讨PRT在我国学龄前自闭症儿童早期干预中应用情况、社会效益以及发现存在的问题。

3. 实践价值

一方面，本课题研究立足当下国内外针对自闭症儿童有效训练技术的最新发展，为推动国内自闭症儿童早期干预实践的科学化、专业化、多元化发展以及为相关前沿性的实践研究提供真实的、有价值、多维度的实证研究成果。

另一方面，本课题以实证研究主要方法。让教师学习和掌握一门专业训练技术的同时，能够深入了解和熟练掌握一项教育实验研究方法，从而快速地提升专业能力和研究水平。

（四）拟解决的问题

本课题研究首次在我国0~6岁自闭症儿童的早期干预中引入PRT的理念。力争通过一系列的实证研究探索如何在教育干预和训练中充分体现PRT

的核心理念，以及有效运用这一技术缓解和改善 0~6 岁自闭症儿童的核心障碍，为 PRT 技术本土化和校本化的研究投石问路，为那些专注于学龄前自闭症儿童干预和教育的机构与教师提供有较高信效度以及借鉴价值的训练策略与建议。

三、研究的理论依据

（一）教育实验研究

教育实验研究通过对某些影响实验结果的无关因素（无关变量）加以控制，有系统地操纵某些教育因素（自变量），然后观测与这些实验条件相伴随现象（因变量）的变化，在统计分析的基础上确定条件与现象间内在联系以验证理论假设的一种研究。

（二）教育实证研究

实证性研究是一种研究范式，强调知识必须建立在观察和实验的经验事实上，通过经验观察的数据和实验研究的手段来揭示一般结论，并且要求这种结论在同一条件下具有可证性。因而，实证性研究是通过对研究对象大量的观察、实验和调查获取客观材料，从个别到一般归纳出事物的本质属性和发展规律的一种研究。

四、研究方法与步骤

（一）研究时间

2018 年 1 月—2019 年 11 月。

（二）研究对象

0~6 岁学前自闭症儿童。

（三）研究目标

本课题研究试图在运用以 ABA 为理论基础的 PRT 技术对 0~6 岁学前自闭症儿童进行早期干预的实践研究中，形成具有可借鉴性的、经过实证的研究成果，提高学前自闭症儿童社会沟通与交往。

（四）研究内容

针对学前自闭症儿童的身心特点、发展需要以及活动所需，我们聚焦社会沟通与交往关键领域中的两个核心能力作为本课题研究内容。这两个方面的研究内容既是社会沟通与交往中的基础与核心，同时两者之间也呈现了很强的关联性、相辅性以及进阶性。

PRT 对提高 0~6 岁学前自闭症儿童共同注意的实证研究——共同注意是社会沟通与交往的基石，而自闭症儿童往往严重缺乏此能力。研究表明，共同注意有助于筛查自闭症儿童，其鉴别能力相当于甚至超过其他测量方法。

PRT 对提高 0~6 岁学前自闭症儿童语言表达能力的实证研究——语言表达是社会沟通与交往的媒介与途径，而自闭症儿童通常在语言运用方面存在困难并且经常无法理解他人的语言。

（五）研究方法

本课题以“单一被试实验设计”为重要和主要研究方法。同时，根据不同研究阶段的目标与任务整合运用行动研究法、文献法、案例法、观察法、调查法、经验总结法等多种研究方法。

1. 单一被试研究法

单一被试实验设计是以一个或几个被试为研究对象，基于 0~6 岁自闭症儿童群体的样本容量和异质性、判断干预措施对个体的有效性、直观性和灵活性等问题。本课题采用单基线单元（基线期 A）-实验单元（介入期 B）-撤离单元（追踪期 A），也就是 A－B－A 实验设计。通过对被试基线单元与实验单元、撤离单元的指标数据进行数理统计、视觉表达与分析，进而判断实验处理是否有效。揭示 PRT 在本土化运用的过程中具有可证性的一般结论。

2. 文献法

综合搜集、鉴别、整理具有一定历史、理论和资料价值的文献。从儿童发展心理学、特殊教育学、社会学等不同学科角度来探讨 0~6 岁自闭症儿童社会沟通与交往能力发展的特点、过程和机制，以及 PRT 在国内外的研究现状和发展运用。

3. 行动研究法

针对研究主旨、内容和任务以及实践中的问题，不断地探索实践、改进过程并解决教育实际问题。

4. 观察法

在自然条件下有目的、有计划、客观地观察和准确记录、收集与分析研究对象在社会沟通与交往方面的发展特点、水平和轨迹。

5. 调查法

在自然条件下同观察法配合使用。通过访问、问卷、测验等方式广泛考察，搜集与掌握研究对象社会沟通与交往现象的第一手材料并进行综合分析和写出调查报告。

（六）研究步骤

表 1　研究内容记录

研究阶段	日期安排	目 标 内 容	研究方法	研究形式	参加人员	主责人员	预计成果
第一阶段	2018 年 1 月—2018 年 4 月	广泛搜集、鉴别和分析有关 ABA 及 PRT 的理论及案例资料，为课题研究寻找理论和实践依据，形成课题申请报告	文献研究法 行动研究法	信息搜集 方案制订	全体课题组成员	沙英姿	课题文献综述 课题申请报告
	2018 年 5 月—2018 年 7 月	形成具有操作性的课题研究实施方案	行动研究法	方案制订	全体课题组成员	沙英姿	课题立项报告
	2018 年 8 月	选择与研发教育评核、医学测评及观察记录工具	观察法 问卷法 测评法	工具研发	课题指导专家 课题组核心团队	沙英姿 贺荟中	目标行为观察记录表
第二阶段	2018 年 9 月	选择单一被试研究对象。同时，对研究对象在社会沟通与交往方面的发展现状通过评核、诊断与观察进行统计分析（前测）	观察法 问卷法 测评法	教育评核 观察记录 医学测评	全体课题组成员	骆小燕 刘　蔚	前期评估报告
	2018 年 10 月—2019 年 1 月	制订中长期 IEP 计划并根据计划，运用 PRT 技术针对研究对象的社会沟通与交往能力开展训练并积累相关的文本、影像资料	行动研究法 案例研究法	方案制订 个案跟踪 信息搜集	全体课题组成员	沙英姿 骆小燕	案例集
	2018 年 12 月	对单一被试研究对象在社会沟通与交往方面的发展现状进行观察与分析（中测）	观察法 问卷法 测评法	教育评核 观察记录 医学测评	全体课题组成员	骆小燕 刘　蔚	中期评估报告
	2019 年 1 月—2019 年 2 月	总结课题研究前、中期成果	经验总结法	总结成果	全体课题组成员	沙英姿	课题中期报告

续表

研究阶段	日期安排	目标内容	研究方法	研究形式	参加人员	主责人员	预计成果
第二阶段	2019 年 3 月—2019 年 9 月	调整或修订中长期 IEP 计划并根据计划,运用 PRT 技术针对干预对象的社会沟通与交往能力开展训练并积累相关的文本、影像资料	行动研究法 案例研究法	方案制订 个案跟踪 信息搜集	全体课题组成员	沙英姿 骆小燕	案例集
	2019 年 6 月	对单一被试研究对象在社会沟通与交往方面的发展现状进行观察与分析(后测)	观察法 问卷法 测评法	教育评核 观察记录 医学测评	全体课题组成员	骆小燕 刘　蔚	中期评估报告
第三阶段	2019 年 10 月—2019 年 12 月	总结课题研究终结性成果	经验总结法	总结成果	全体课题组成员	沙英姿	课题终期报告
		梳理课题研究各项研究成果				沙英姿 骆小燕	课题案例

五、研 究 过 程

（一）对单一被试实验设计中的实验要素做出操作性定义

所谓操作性定义：具有关键物理特征的实际可测的事件，同时必须能用物理方法记录下来。

1. 对因变量及其测量作出操作性定义

（1）操作性定义因变量——自闭症儿童的共同注意能力、语言表达能力。根据儿童这三个方面能力的发展规律精准释义和界定能力的目标行为。

列举1：以"共同注意目标行为"为例。

首先，将"共同注意"分成两个"分水岭"式的目标行为表现阶段：回应性（他人发起）共同注意和自发性（儿童主动发起）共同注意。其次，对此两个阶段的目标行为分别作出下位分解——包括应答性或自发性眼睛注视、注视跟随、协调共同参与、手指指示、发表评论、原始宣告指示。再次，对每一个下位分解的目标行为做出可观察、可测量、可检验的精准释义和界定。比如"应答性共同注意眼睛注视行为"：由实验者动作或语言发起，儿童眼睛看向某个物体。例如，老师说看这个苹果，儿童看向这个苹果。

列举2：以"语言表达能力目标行为"为例。

首先，将"语言表达能力"分成三个"分水岭"式的目标行为阶段：仿说、回应性语言、主动发起性语言。其次，对此三个阶段的目标行为分别作出下位分解——比如回应性或主动发起性的眼神、动作、无完整或是不恰当的语言、恰当的单字、恰当的词组、恰当的句子。再次，对每一个下位分解的目标行为做出可观察、可测量、可检验的精准释义和界定。如"恰当的词组回应"：正确回应，是以关键词语为主，如给你、不要去。

（2）操作性定义因变量的测量：

第一，定义测量的方法。根据共同注意能力、语言表达能力、游戏能力目标行为的不同特点，采用频率记录、持续时间记录等多种测量方法。频率记录是指记录在单位时间内（例如：1天、1节课，在本课题中设定为半小时的个别化干预训练活动)目标行为的出现次数,即以数目描述目标行为。持续时间记录是指在一段特定的观察时间内(例如: 1 天、1 节课,在本课题中设定为半小时的个别化干预训练活动),记录发生目标行为的总时间,即以时间来描述行为的特质。

列举 1: 以“共同注意目标行为测量”为例: 使用频率记录法记录目标行为的观察日期、观察时间以及目标行为发生的次数(包括行为经过)。

列举 2: 以“语言表达能力目标行为测量”为例: 使用频率记录法记录目标行为的观察日期、观察时间以及目标行为发生的次数、辅助提示的次数及频率等(包括行为经过)。

第二,定义测量的信效度。信度主要是指测量结果的可靠性或一致性。根据国内外教育实验研究的相关标准,本课题规定必须有两位测量者对目标行为进行测量并且测量结果的一致性达到 80%及以上方能被采信。效度是测量的有效性程度,即测量工具确能测出其所要测量特质的程度。本课题所使用的测量工具——共同注意、语言表达能力目标行为观察记录表是建立在查阅大量国内外研究文献基础上,以及在专家团队的指导下自主研发的。经过大量的预测性运用,验证观察记录表能够明确反映测量的目的与范围以及两者之间的高度相符性,能够明确反映所要测量的目标行为的特质程度。

2. 对自变量及其测量做出操作性定义

(1) 操作性定义自变量:

本实验设计中的自变量为 PRT 干预技术与方法。根据 PRT 的基本理论和八大技术要素对教师的干预行为进行了明确的释义与界定。它包含获得儿童的注意力、动机、分享控制、多线索提示、新旧任务交替、强化尝试、直接性强化、关联性强化等。

(2) 操作性定义自变量的测量:

第一,定义测量的方法。引进美国原版“PRT 执行忠实度测量表”对自变量进行测量并制订了达标标准: 设置执行忠实度从 1 至 5 的五档分值并明确界定每档分值的得分标准。同时,四大维度共 16 项 PRT 技术运用的得分必须为 4 或 5 分。

第二,定义测量的信效度。方法必须有两位测量者对教师 PRT 技术的运用和执行进行测量且测量结果的一致性达到80%及以上方能被采信,以此确保自变量的信度。

3. 对自变量对因变量的实验控制设计做出操作性定义

在单一被试研究中,所有的设计都要归到如何安排基线单元(基线期A)和实验单元(介入期B)的逻辑中,最基本的形式是A-B设计。为了控制对内部效度的影响,本课题研究采用单基线A-B-A设计,即在操纵完A-B条件之后,移除自变量返回基线条件,观察最初基线条件下的行为模型是否再次建立,以更有说服力地建立自变量与因变量之间的功能关系。

4. 对自变量和因变量的记录系统做出操作性定义

首先,设计观察编码——根据PRT的母理论应用行为分析法(ABA)分别对A-前置刺激(自变量)、B-目标行为(因变量)进行编码。

其次,确定测量方法:频率测量和持续时间测量。

再次,确定记录媒体。使用录像记录,反复观察录像设备捕捉观察信息并输入计算机系统,迅速归纳整理数据和进行统计分析。

(二)实施单一被试实验设计中基线单元和实验单元的实验控制

1. 甄选实验被试及分组

首先,通过医学测评、教育评估、日常观察等手段甄别出0~6岁自闭症儿童作为实验被试。运用共同注意、语言能力目标行为观察记录表以及结合日常生活对实验被试的发展状况与水平做出观察与分析。然后,根据实验被试当下亟待和优先需要突破的目标行为进行分组。在此需要特别说明的是:分组的目的在于确保课题研究内容之间的均衡性和完成度,以及指引教师在对实验被试运用PRT进行干预时明确和深度聚焦优先与亟待突破的重点目标行为。如前所述,共同注意、语言能力相对独立,但两者之间又具有很强的关联性、相辅性以及进阶性。因而,我们在优先突破实验被试某一目标行为的同时又是推进其整体发展的。

2. 实施基线单元的实验控制

我们根据本课题对单一被试实验设计做出的操作性定义进入基线单元的实

验控制。基线是指实验被试的因变量不受到自变量和其他额外变量作用的水平。我们运用录像的方式记录实验对象在共同注意、语言能力等领域 3 个以上不同时间段(半小时/每段)的目标行为。然后,由 2 位观察者运用频率测量和持续时间测量法反复观察录像捕捉观察信息并做量化的记录。当 2 位观察者的测量结果达到 80%以上一致性时,根据观察编码将记录信息输入计算机系统,迅速归纳整理数据和进行统计分析,然后将统计结果图形视觉化呈现进而做出判断。

3. 实施单元转换的实验控制

当被试的目标行为(因变量)在基线期的变化缺乏趋向同时值的变化较小,就算达到了稳定性。接着,我们就施加自变量——PRT 技术来完成单元转换。

4. 实施实验单元的实验控制

我们根据本课题对单一被试实验设计做出的操作性定义进入实验单元的实验控制。我们加入自变量——PRT,用此技术对实验对象在社会沟通与交往方面的目标行为进行干预。运用录像的方式记录实验对象在实验单元共同注意、语言能力等领域 3 个以上不同干预时间段(半小时/每段)的目标行为。然后,由 2 位观察者运用频率测量和持续时间测量法反复观察录像捕捉观察信息并做量化的记录。当 2 位观察者的测量结果达到 80%以上一致性时,根据观察编码将记录信息输入计算机系统,迅速归纳整理数据和进行统计分析,然后将统计结果图形视觉化呈现进而做出判断。

六、研 究 效 果

(一) 初步验证了 PRT 对提高我国学前自闭症儿童社会沟通与交往的显著成效

1. 初步验证了 PRT 对提高我国学前自闭症儿童共同注意的显著成效

(1) 实验对象 1。

姓名:熙熙。

性别:男。

出生年月:2014 年 2 月 11 日。

被试起始年龄：4 岁 6 个月 19 天。

障碍程度：重度。

干预目标：提高应答性共同注意眼神注视目标行为。

实验成效分析：

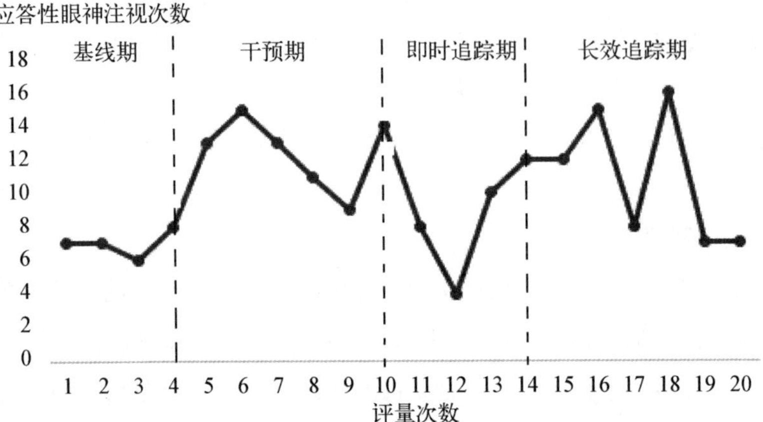

图 1　PRT 对被试熙熙应答性共同注意眼神注视行为成效曲线图

表 2　PRT 对被试熙熙应答性共同注意眼神注视行为成效分析

阶段内分析				
阶段顺序	A(基线期)	B(干预期)	C(即时追踪期)	D(长效追踪期)
阶段长度	4	6	4	6
趋向路径估计	/	/	/	\
水平范围	6~8	9~15	4~13	7~16
平均水平	7	12.5	8.5	10.83
C 值	0.25	0.13	0.2	0.23
Z 值	0.69	0.38	0.55	0.67

阶段间分析			
	A/B	B/C	C/D
C 值	0.64	0.313	0.01
Z 值	2.25**	1.10	0.04

结论：A/B 的 Z 值 = 2.25，P<0.01，干预期与基线期变化极其显著，表明干预期的立即效应显著，即时追踪期与干预期变化不显著，长效追踪期与即时追踪期变化不显著，表明应答性眼神注视行为在追踪期有维持效应，都表现较好的干预效果。

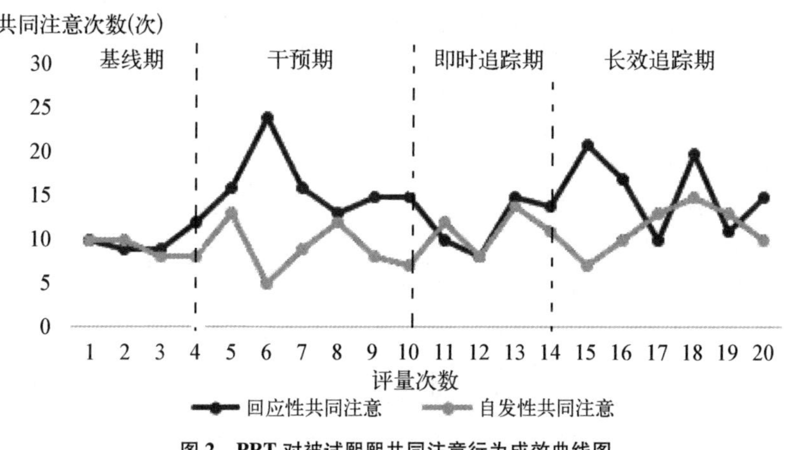

图 2 PRT 对被试熙熙共同注意行为成效曲线图

表 3 PRT 对被试熙熙应答性共同注意行为成效分析

阶段内分析				
阶段顺序	A(基线期)	B(干预期)	C(即时追踪期)	D(长效追踪期)
阶段长度	4	6	4	6
趋向路径估计	/	\	/	\
水平范围	9~12	13~24	8~15	10~21
平均水平	10	16.5	11.75	15.67
C 值	0.167	0.041	0.176	0.27
Z 值	0.456	0.121	0.481	0.79

阶段间分析			
	A/B	B/C	C/D
C 值	0.54	0.314	0.37
Z 值	1.90*	1.11	1.29

结论：A/B 的 Z 值=1.90，$P<0.05$，干预期与基线期变化显著，表明干预期的立即效应显著，即时追踪期与干预期变化不显著，长效追踪期与即时追踪期变化不显著，表明应答性共同注意行为在追踪期有维持效应，都表现较好的干预效果。

表 4　PRT 对被试熙熙自发性共同注意行为成效分析表

阶段内分析				
阶段顺序	A（基线期）	B（干预期）	C（即时追踪期）	D（长效追踪期）
阶段长度	4	6	4	6
趋向路径估计	\	\	\	/
水平范围	8~10	5~13	8~14	7~15
平均水平	9	9	11.25	11.33
C 值	0.5	0.15	0.63	0.58
Z 值	1.37	0.45	1.72*	1.71*

阶段间分析			
	A/B	B/C	C/D
C 值	0.48	0.25	0.07
Z 值	1.69*	0.87	0.24

结论：A/B 的 Z 值=1.69，$P<0.05$，干预期与基线期变化显著，表明干预期的立即效应显著，即时追踪期与干预期变化不显著，长效追踪期与即时追踪期变化不显著，表明自发性共同注意行为在追踪期有维持效应，都表现较好的干预效果。

（2）实验对象 2。

姓名：彤彤。

性别：女。

出生年月：2012 年 5 月 23 日。

被试起始年龄：6 岁 3 个月 8 天。

障碍程度：重度。

干预目标：提高应答性和自发性共同注意的水平。

实验成效分析：

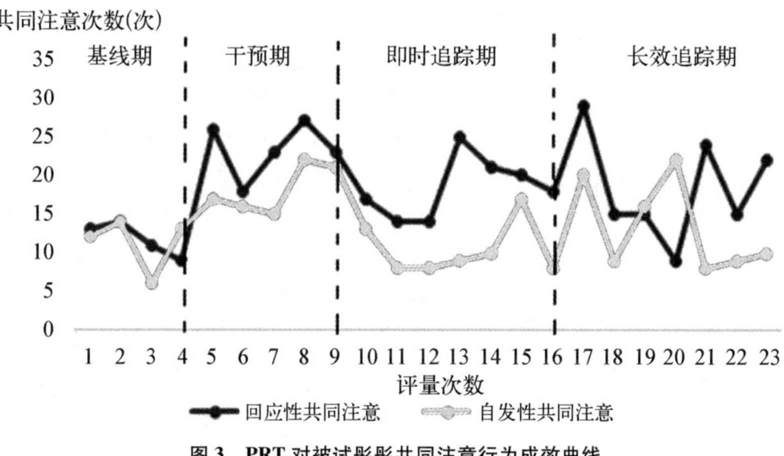

图 3　PRT 对被试彤彤共同注意行为成效曲线

表 5　PRT 对被试彤彤回应性共同注意行为成效分析

阶段内分析				
阶段顺序	A(基线期)	B(干预期)	C(即时追踪期)	D(长效追踪期)
阶段长度	4	5	7	7
趋向路径估计	\	\	/	\
水平范围	9~14	18~27	14~25	9~29
平均水平	11.75	23.4	18.43	18.43
C 值	0.53	0.23	0.19	0.05
Z 值	1.65	0.65	0.6	0.15

阶段间分析			
	A/B	B/C	C/D
C 值	0.48	0.22	0.26
Z 值	1.65	1.0	1.05

表 6　PRT 对被试彤彤自发性共同注意行为成效分析

阶段内分析				
阶段顺序	A(基线期)	B(干预期)	C(即时追踪期)	D(长效追踪期)
阶段长度	4	5	7	7
趋向路径估计	/	/	\	\
水平范围	6~13	15~21	8~17	8~22
平均水平	11.25	18.2	10.43	13.43
C 值	0.51	0.33	0.13	0.01
Z 值	1.4	0.93	0.39	0.03

阶段间分析			
	A/B	B/C	C/D
C 值	0.5	0.52	0.16
Z 值	1.69*	1.97*	0.6

结论：A/B 的 *Z* 值=1.69，$P<0.05$，干预期与基线期变化显著，表明干预期的立即效应显著，即时追踪期与干预期变化显著，长效追踪期与即时追踪期变化不显著，表明自发性共同注意行为在即时追踪期的维持效应不好，长效追踪期较好。

2. 初步验证了 PRT 对提高我国学前自闭症儿童语言表达能力的显著成效

(1) 实验对象 3。

姓名：腾腾。

性别：男。

出生年月：2012 年 10 月 20 日。

被试起始年龄：5 岁 10 个月 10 天。

障碍程度：中度。

干预目标：① 提高应答性共同注意协调共同参与目标行为。

② 提高应答性语言表达肢体动作回应目标行为。

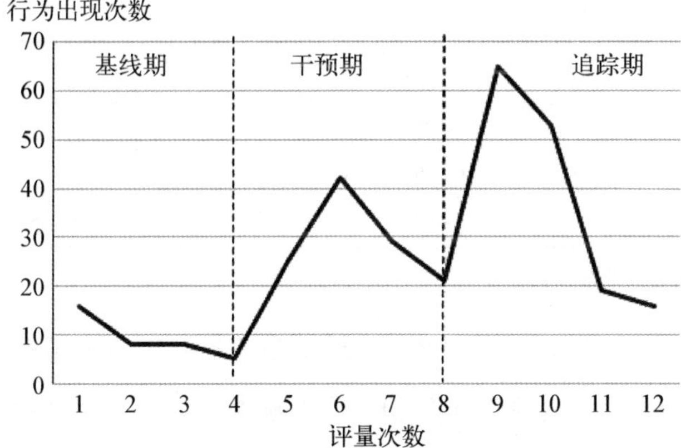

图 4　PRT 对被试腾腾回应性语言行为成效曲线

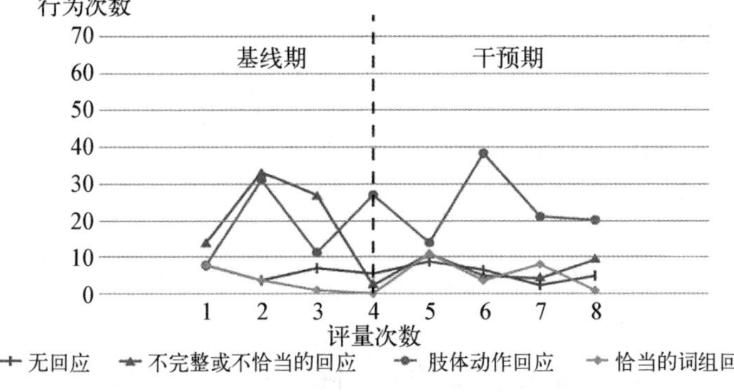

图 5　PRT 对被试腾腾不同回应性语言行为成效曲线

表 7　PRT 对被试腾腾回应性语言行为成效分析

阶段内分析			
阶段顺序	A(基线期)	B(干预期)	C(维持期)
阶段长度	4	4	4
趋向路径预估	\ (-)	/ (+)	\ (-)
水平范围	5~16	21~42	16~64
平均水平	9.25	29.25	38
C 值	0.45	-0.05	0.64
Z 值	1.23	-0.13	1.76*

续表

阶段间分析		
	A/B	B/C
C 值	0.55	0.17
Z 值	1.78*	0.56

注：* 为显著，** 为极其显著。

结论：A/B 的 Z 值=1.78，$P<0.05$，干预期与基线期变化显著，表明干预期的立即效应显著，追踪期与干预期变化不显著，表明语言回应行为在追踪期有维持效应，都表现较好的干预效果。

（2）实验对象 4。

姓名：楷楷。

性别：男。

出生年月：2014 年 4 月 1 日。

被试起始年龄：4 岁 5 个月。

障碍类型：自闭症。

障碍程度：中度。

干预目标：提高主动发起性语言表达恰当的词组发起目标行为。

实验成效分析：

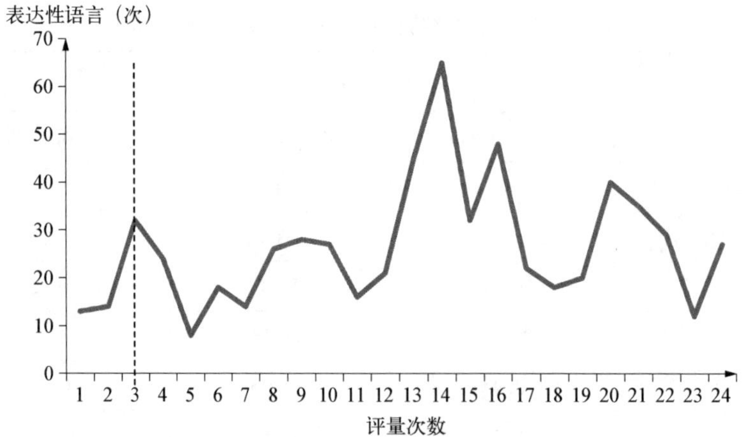

图 6　PRT 对被试楷楷表达性语言行为成效曲线

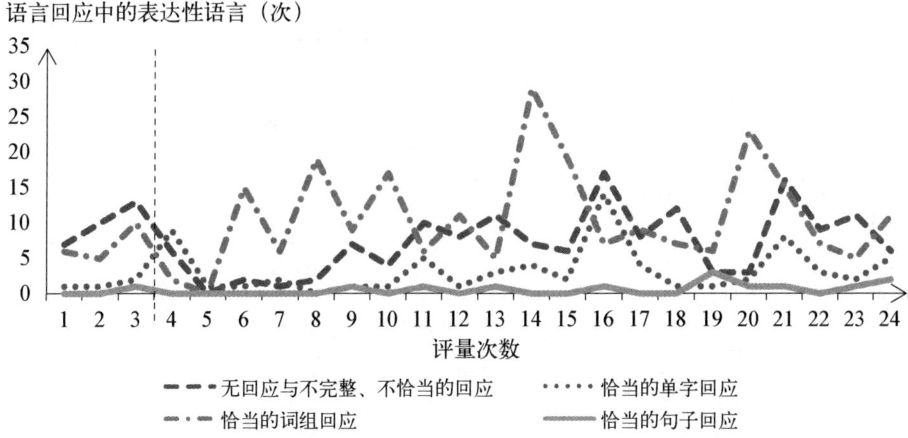

图 7　PRT 对被试楷楷语言回应中的表达性语言行为成效曲线

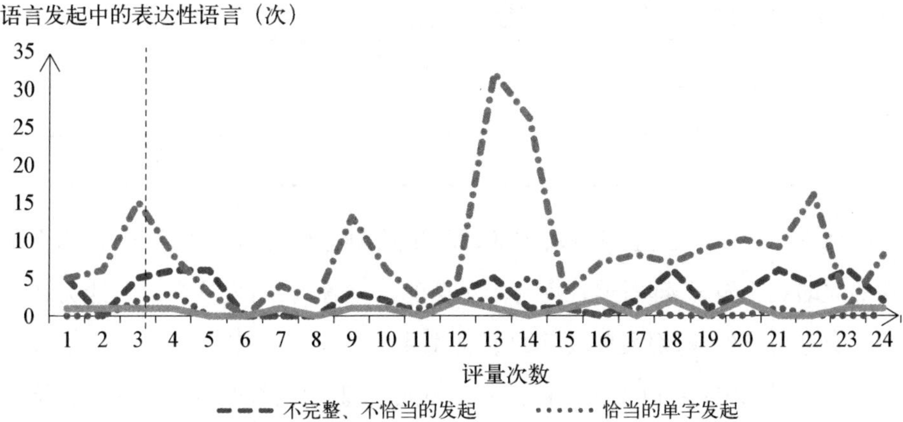

图 8　PRT 对被试楷楷语言发起中的语言表达行为成效曲线

表 8　PRT 对被试楷楷表达性语言行为成效分析

阶段内分析				
	A（基线期）	B（干预期）	C_1（即时维持期）	C_2（长效维持期）
1. 阶段长度	4	6	6	8
2. 趋向路径预估	/	/	/	\
3. 趋向稳定性	稳定	稳定	稳定	稳定
4. 水准变化	13–24（+11）	8–27（+19）	16–48（+32）	22–27（+5）

续表

阶段内分析				
5. 水准范围(回应)	13~32	8~28	16~65	18~35
6. 平均值	18.25	20.17	37.83	25.38
C 值	0.20	0.51	0.30	0.17
Z 值	0.54	1.51	0.90	0.53

阶段间分析		
	A/B	B/C_1
1. 改变的变量个数	1	1
2. 趋向方向与变化效果	/ / 正向	/ / 正向
3. 趋向稳定性变化	不稳定到稳定	稳定到稳定
4. 水准变化	13-27(+14)	27-21(-6)
C 值	0.49	0.54
Z 值	1.72*	2.04*

结论：A/B 的 Z 值 = 1.72，$P<0.05$，干预期与基线期变化显著，表明干预期的立即效应显著，即时追踪期与干预期变化显著，表明表达性语言能力在追踪期有进一步提升，都表现较好的干预效果。

总之，从 PRT 对以上 4 名被试基线单元、实验单元社会沟通与交往目标行为成效分析的结论可以看出：PRT 显著提高了学前自闭症儿童的共同注意及语言表达能力。另外，从腾腾的数据可以看出，PRT 对自闭症儿童关键行为的提高，可以显著带动儿童其他方面的发展。

（二）初步验证了 PRT 在我国学前自闭症儿童早期干预中运用及推广的可行性

20 世纪以来，欧美以 ABA 为母理论发展出数十种自闭症儿童干预理念与技术，PRT 是其中经过权威机构认证的并被广泛使用和正在不断发展的训练方法与技术。在当前我国本土自闭症儿童早期干预理念与方法几乎空白的情况下,借鉴和学习、运用欧美的干预理念与技术,不失为一种选择。但这一选择是否可行以及是否有符合期待的成效需要通过实证。所谓的可行,包含了在我国当前社会与教育文化背景下多向度的契合性以及可落实、可推广。本课题的中期研究至少在以下几个方面初步验证了 PRT 在我国学前自闭症儿童早期干预中的可行性——

与我国当代社会文化高度相融性。当代中国社会文化是一种整合文化,多元化是首要特征——古为今用、洋为中用、推陈出新。因而,PRT 就有了洋为中用的阳光、空气和水。另一方面,基于经典 ABA 原理的 PRT 理念与技术不仅在欧美,同时在中国港、澳、台地区被广泛使用。说明 PRT 理念与技术自身具有已被证实的在不同文化中的高度融入度。本课题的中期研究可以为其在中国大陆文化背景下的相融性提供佐证。

与我国特殊教育发展需要的契合性。近年来,随着自闭症儿童数量的飙升以及 ASD 干预国际性的并亟待解决的难题已经引起我国各级各类政府以及社会各界的高度重视和广泛关注,进而成为特殊教育发展中的热点与难点。2019 年 3 月在北京两会召开之时,事关自闭症群体的教育等话题备受关注。因而,PRT 作为一种专门针对自闭症儿童的干预理念与技术与当今我国特殊教育攻坚克难的焦点高度契合。同时,我国当代特殊教育强调"以特殊孩子为本"的价值回归。而 PRT 核心技术——跟随孩子的引导、动机、分享控制、强化尝试等无不充分体现了"以特殊孩子为中心"的价值观。

对我国学前自闭症儿童干预的普适性。就如"研究成果"第一条所展示和总结的,课题中期研究在科学规范的教育实验中取得的各项证据均具有相当信效度地实证了 PRT 对不同年龄、不同性别、不同家庭文化背景、不同障碍程度及个体特质的学前自闭症儿童,甚至不同障碍类型的特殊儿童均具有很高的干预成效。

(三)为国外自闭症儿童早期干预理论与技术的本土化成熟运用和创新发展奠基

本课题研究首次在我国 0~6 岁 ASD 儿童的早期干预中引入 PRT 的理念

与技术。课题研究中期取得的实证初步证实,PRT 在我国学前自闭症儿童早期干预中具有很高的有效性。由此,课题中期研究成果为课题后期推进与深入奠定了良好的基础。比如,可通过对学习和运用过程的回顾与反思,探讨如何在自闭症儿童早期干预的本土化运用中充分体现 PRT 的核心理念以及有效运用这一技术的策略和在应用中存在的问题,为那些专注于学龄前自闭症儿童早期干预的机构与教师提供有较高信效度以及借鉴价值的实践参考,同时,可进一步为国内特殊教育界提供 PRT 应用于我国学前自闭症儿童早期干预创立性的、经过实证的文献。为国外自闭症儿童干预技术本土化的成熟运用和创新发展做垫石。

（四）实现了学校与特教教师教育科研素养与教育研究方法迭代式跨越发展

当代教育已经从实践研究跨入实证研究的新时代。实证研究运用以观察和数学为中心的科学研究方法,通过数据认识教育然后做出以数据为导向的教育决策。本课题以教育科学实验为研究范式的探索过程,带领学校与教师从实践研究迭代式跨越到充满未知和挑战的实证研究的新阶段。有力锻造和跨越式提升了教师职业道德、研究动机、洞察问题、学术规范、知识与能力、理性思维、组织管理、文字表达、团队合作、坚强的意志力等教育科研素养与能力。使得教师向研究型、创新型、专家型教师转变。因而,本课题研究对于学校发展和教师专业成长均具有里程碑式的意义。

七、后 续 研 究

（一）探索 PRT 提高学前自闭症儿童关键领域发展在不同自然情境中泛化的功能性关系

开展新一轮单一被试实验设计,通过对基线单元(基线期 A)、实验单元(介入期 B)和撤离单元(追踪期 A)的实验控制,探索自变量(PRT)与因变量(自闭症儿童社会沟通与交往领域关键行为)在家庭、特教班和融合环境等不同自然情境中即时性及短期性、长期性泛化的功能性关系。为探索 PRT 从个别化教育训练的情境中走出来，到在家庭、特教班以及融合环境中的迁移运用、推广辐射乃至合力干预做先期预测性的可行性研究。

（二）反思 PRT 在我国特殊教育文化背景下有效运用的策略以及存在的问题

PRT 作为一种在国外产生并发展起来的自闭症儿童早期干预理论与技术在我国当前社会文化背景下“洋为中用”的过程中，如何更好地理解 PRT 产生与发展的文化渊源与教育思想内核？如何将 PRT 的运用和推广与当前我国特殊教育发展思潮和目标互为融合？PRT 在我国学前自闭症儿童早期干预中机构和教师如何打破理念和技术的隔阂？PRT 在运用中容易出现的误区有哪些以及如何规避？……对这些问题的一一反思和总结将是 PRT 乃至更多科学的干预理念与技术为更多机构、教师、家长乃至社会有效借鉴与运用的关键。

（三）验证 PRT 提高学前自闭症儿童关键领域发展的社会性积极影响与效应

运用调查法以被试自闭症儿童家长为对象，运用纸质调查问卷的形式开展了调查。调查从两个维度进行：第一，自闭症儿童家长对自身主观体验的评价；第二，自闭症儿童家长对自闭症儿童核心障碍行为的评价，以期通过对前期和后期 2 次调查结果的统计与分析，验证 PRT 显著提高学前自闭症儿童关键领域发展的成效，不仅对自闭症儿童本身而言，同时还是否能够对其家庭产生积极影响，为 PRT 在我国社会文化背景下运用推广、实践研究的社会性效益与价值，提供有力的佐证。

未成年人司法保护

未成年人司法保护社会支持体系的完善*

——以上海未成年人检察社会服务体系为视角

吴 燕**

未成年人司法保护事关国家和民族的未来,党和国家历来重视未成年人司法保护工作。特别是近年来,随着我国社会经济的发展以及社会主义法治国家建设的不断深化推进,我国未成年人司法制度的也在不断完善。但是,较之未成年人司法制度的快速发展,未成年人司法制度的重要支撑——社会支持体系的建设明显滞后,直接影响了未成年人司法保护工作的成效。原最高人民检察院检察长曹建明专门撰文指出:“未成年人司法保护是全社会的系统工程,必须融法律约束、道德引导、亲情感化为一体,需要共同构建社会化综合保护体系。……要进一步加强与政府有关部门、共青团、妇联等联系协作,推动建立跨部门合作机制,建立未成年人社会观护体系,构建未成年人司法社会支持体系,共同承担起未成年人司法保护的神圣使命。”①这一论述,充分阐述了未成年人司法保护工作与社会支持体系的关系,并提出了检察机关应当积极推动构建未成年人司法社会支持体系的工作要求。本文将以上海未成年人检察社会服务体系实践为视角,从理念及实务入手,探索完善我国未成年人司法保护社会支持体系的有效路径。

---

* 本文系2016—2017年度上海市儿童发展研究课题“刑事诉讼程序中未成年人司法保护转介机制的构建”的结项成果。

** 吴燕,上海市人民检察院检察委员会委员、上海市人民检察院第九检察部主任。

① 曹建明.发挥检察职能 凝聚社会力量 加强理论研究 推动完善中国特色社会主义未成年人司法制度[J].人民检察,2016(20).

一、未成年人司法保护社会支持体系的理论与实践基础

未成年人司法保护是指公安机关、人民检察院、人民法院以及监狱、少年犯管教所等机关，依法履行职责，对未成年人实施的专门保护活动。根据《未成年人保护法》等法律规定以及未成年人的权益保护的实际需要，未成年人的司法保护具体包括以下内容：

一是司法机关在办理未成年人犯罪案件过程中对涉罪未成年人合法权益的保护，如在诉讼过程中落实对涉罪未成年人的强制辩护、社会调查、法定代理人或合适成年人到场等特别诉讼制度，维护未成年人的诉讼权利。二是司法机关对涉罪未成年人采取合法、有效的教育矫治工作。我国《未成年人保护法》《刑事诉讼法》规定，对违法犯罪的未成年人实行教育、感化、挽救的方针，坚持教育为主、惩罚为辅的原则。据此，司法机关应当根据未成年人的个体情况及犯罪情况，采用不同的教育矫治的方式。三是司法机关在办理犯罪案件过程中，对未成年被害人、证人以及其他直接或间接因为犯罪行为而处于困境的未成年人合法权益的保护。比如对未成年被害人的心理疏导、身体康复、经济救助的司法保护工作。四是对民事、行政诉讼活动中未成年当事人合法权益的保护。以检察机关为例，未检工作实行捕诉监防一体化职能，未检部门的法律监督职能不仅包括对侦查监督、审判监督等刑事诉讼活动的监督，还包括对涉及未成年人合法权益的民事、行政诉讼活动的监督，如通过支持起诉，帮助遭受监护侵害的未成年人重新获得有效监护等。从上述工作内容不难看出，未成年人的司法保护工作不仅需要司法机关的主动作为，更需要社会力量的支持和保障。

社会支持，源于人与人之间相互联系所产生的相互作用力。社会学意义上的社会支持，是一定社会网络运用一定的物质和精神手段对社会弱者进行无偿帮助的一种选择性社会行为①。“针对青少年作为社会支持的对象来说，是指家

---

① 陈成文，潘泽泉. 论社会支持的社会学意义［J］. 湖南师范大学社会科学学报，2000(6).

庭、邻里、学校老师、友伴同学及其他重要他人等初级群体提供给青少年的各种帮助和支持，包括情感支持、评价支持、信息支持、物化支持等内容。”[①]当这些帮助和支持发生在司法程序中，则体现为对涉案未成年人的教育矫治和保护救助。由此可见，社会支持与未成年人司法保护在目的上是一致的，在方法上是相互支撑的。但是，由于司法程序具有封闭性，社会资源难以自主介入，导致长期以来在少年司法的“司法一条龙”体系与“社会一条龙”体系，一直处于相对隔离的状态，沟通互动不足，相互辅助不够。因此，需要建立专门的工作机制，对可以利用作为少年司法制度支撑的社会资源进行统筹管理和科学配置，将社会支持与司法保护需求相对接，实现少年司法与社会支持的良性互动。用以实现社会力量对未成年人司法保护工作支持的各种工作制度和机制的总和，就叫做未成年人司法保护社会支持体系。未成年人司法保护社会支持体系至少包括以下要素：

一是支持源，提供社会支持的主体，包括未成年人所处的家庭、社区、学校及专业社会组织、未成年人保护政府职能部门等。二是被支持者，处于司法程序中的未成年人及由犯罪行为引发而处于困境中的未成年人，包括涉罪未成年人，即实施犯罪行为时已满 14 周岁未满 18 周岁的未成年人；虞犯未成年人，即未达刑事责任年龄未成年人或存在严重不良行为未成年人；未成年被害人、证人；直接或间接因犯罪行为而处于困境的未成年人；民事、行政案件中的未成年当事人。三是支持的行为，即面向司法程序中未成年人的保护工作，包括对涉罪未成年人、虞犯未成年人的教育矫治，也包括对未成年被害人、证人、困境未成年人的保护救助工作。四是支持的评估，对支持行为效果的评价机制。五是发现和衔接，即发现支持源并将支持源与被支持者予以对接的机制，这也是未成年人司法保护社会支持体系中最为关键的环节。

（一）未成年人司法保护社会支持体系的理论基础

基本原则是少年司法制度的核心和精髓，是少年司法制度的指导思想和

---

① 杨奎臣．青少年犯罪预防的理念与方式创新——社会支持的预防功能及对策构建[J]．长沙：中南大学硕士论文，2003.

基础理论的具体体现[①]。虽然,在学界对于我国未成年人司法制度的基本原则并未达成一致,不同的学者有不同的理解和分类。但是,通过对我国现行未成年人保护相关立法及我国加入或者承认的国际公约的梳理,儿童权益最大化原则,教育为主、惩罚为辅原则,共同参与、综合治理原则,专门化原则等得到了学界的普遍认可,这些原则也是我们建设未成年人司法保护社会支持体系的理论基础。

1. 儿童权益最大化原则

《联合国儿童权利公约》第 3 条规定:“关于儿童的一切行为,不论是由公私社会福利机构、法院、行政当局或立法机构执行,均应以儿童的最大利益为一种首要考虑。”这是儿童权利公约的四项基本原则之一——儿童最大利益原则,即要求涉及儿童的一切行为,必须以儿童权利为重。我国作为《联合国儿童权利公约》的缔约国,在立法、司法、执法层面都应当遵循这一原则。如,我国《未成年人保护法》第 3 条规定:“未成年人享有生存权、发展权、受保护权、参与权等权利,国家根据未成年人身心发展特点给予特殊、优先保护,保障未成年人合法权益不受侵犯。”根据这一原则,我国《刑事诉讼法》设置了未成年人强制辩护、法定代理人到场、合适成年人参与诉讼、社会调查等一系列特殊诉讼制度,实现对涉罪未成年人诉讼权利的维护。同时,两高两部出台的《关于依法惩治性侵害未成年人犯罪的意见》《关于依法处理监护人侵害未成年人权益行为若干问题的意见》及高检院制发的《关于进一步加强未成年人刑事检察工作的通知》《检察机关加强未成年人司法保护八项措施》等文件,均要求将成年人侵害未成年人人身权利的案件由未成年人案件专门机构办理,以加强对未成年被害人的专业化保护和救助。这些涉案未成年人的权利保护需求的实现,都需要依托社会力量的支持。因此,建立未成年人司法保护社会支持体系,在侦查、羁押、审讯、刑罚执行等司法过程中向涉案未成年人提供权利保障支持,同时对涉案的未成年人提供心理、身体、经济等多方面的帮扶,是在未成年人司法程序中体现儿童权益最大化原则的必然要求。

---

① 姚建龙. 少年司法制度基本原则论[J]. 青少年探索,2003(1).

2. 教育为主、惩罚为辅原则

教育为主、惩罚为辅是针对未成年人的身心特点和犯罪特点而确立的一项未成年人司法基本原则,是少年司法制度与成年人司法制度的重要区别之一。现代刑罚观强调对社会秩序维护的同时,倡导运用刑罚及其他非刑事处置手段实现对罪犯的教育和挽救。由于未成年人犯罪的特殊性,这种强调教育、挽救的新的刑罚观,逐步在少年司法领域法发展成为教育为主、惩罚为辅的原则。我国《未成年人保护法》第38条规定:"对于违法犯罪的未成年人,实行教育、感化、挽救的方针,坚持教育为主、惩罚为辅的原则。"所谓"教育为主",就是要求司法机关在办理未成年人刑事案件时,要充分考虑到未成年人特有的年龄特征及生理、心理特征,在办案过程中对未成年人进行有针对性的教育,以达到"感化教育"的目的。所谓"惩罚为辅",并不是排除惩罚,对于少年犯罪,如果依法应当处罚的,应实事求是地依法给予惩罚。当然这种惩罚手段同样应该以教育、感化、挽救为目的,而不能单纯以报应为目的,为惩罚而惩罚①。

3. 专门化原则

专门化原则是指处理少年案件要有一套专门的司法体系,其相关的实体法、程序法要和成年人区别开来;建立由专业人员所组成的专门机构,以不同于成人的方式处理少年违法犯罪案件②。时至今日,世界大多数国家均已经建立了不同于成人的少年司法制度,以专门挽救那些触犯法律的未成年人,保护那些遭受非法侵害的未成年人。未成年人司法专门化原则,已经成为各国共识。未成年人司法的专门化既包括原则理念、组织机构、诉讼程序、司法人员的专业化,同时也包括社会支持体系的专门化。针对这一问题,很多专家和学者提出了未成年人司法制度一体化的构想。少年司法制度一体化可以理解为"社会-司法一体化",未成年人犯罪具有深刻的社会原因,因此未成年人犯罪的治理,首先应当被看作是社会参与干预的一种行为,应使社会的相关机构和

① 姚建龙. 少年司法制度基本原则论[J]. 青少年探索,2003(1).

② 殷雅辉,樊明达. 少年司法制度的基本原则[J]. 河北职业技术学院学报,2008(1).

组织有可能进入这一领域里，发挥各自的力量①。由此可见，完备的社会支持体系对于少年司法制度专门化发展和完善意义重大。

4. 共同参与、综合治理原则

由于单凭少年司法制度的力量难以达到治理青少年犯罪和保护青少年健康成长的效果，因此，在少年司法的全过程都应当注意发动和运用各种可能的资源，如家庭、学校、社会等，共同参与青少年犯罪的治理和青少年的保护。这一理念源于西方犯罪学对于未成年人犯罪原因和预防策略的研究。1942 年，芝加哥大学教授克利福德・肖（Clifford Shaw）和亨利・麦凯（Henry D. Mckay）提出，少年犯罪高发是严重社会疾病象征，是社会环境的产物，并由此发起了芝加哥区域计划，试图确定社区中的建设性变化和减少和预防其中的少年犯罪。这对美国乃至整个西方国家的犯罪预防活动都产生了重大影响②。基于这样的研究成果，利用多种专业方法，通过社会资源的整合为未成年人提供和创造脱离刑事程序进行教育矫治的机会，成为现代未成年人犯罪预防策略的基本主张。共同参与，综合治理原则是我国在少年司法制度创立初期就确立的基本原则。1991 年通过的《未成年人保护法》第 5 条规定："保护未成年人，是国家机关、武装力量、政党、社会团体、企业事业组织、城乡基层群众性自治组织、未成年人的监护人和其他成年公民的共同责任。"对于未成年人犯罪进行综合治理，已经成为我国应对未成年人犯罪问题和保护未成年人的基本策略。因此，必须建立未成年人司法保护的社会支持体系，才能充分汇集和调动各类社会力量，实现对未成年人犯罪综合施治的目标。

（二）未成年人司法保护社会支持体系的上海实践

自 1986 年上海市长宁区人民检察院率先在全国设立"少年起诉组"以来，上海检察机关未成年人检察工作已经走过了 30 个年头。在上海未检工作 30 年的发展历程中，各级未检部门充分利用上海优越的经济社会环境，注重与政

---

① 皮艺军. 中国少年司法制度的一体化[J]. 法学杂志，2005(3).

② 席小华. 从隔离到契合：社会工作在少年司法场域的嵌入性发展——基于 B 市的一项实证研究[D]. 上海：华东理工大学博士学位论文.

府相关职能部门及社会组织的配合协作，推动构建了具有上海特色的未成年人司法保护社会支持体系。如20世纪90年代初期，上海市检察院未检部门与上海市青少年心理行为门诊部签订工作协议，建立了委托专业机构开展涉罪未成年人心理测评的工作机制。2004年，上海市检察院制发了《关于办理未成年人刑事案件开展社会调查工作的若干规定》，建立了检察机关委托专业社工开展涉罪未成年人社会调查工作的机制。同年，上海检察机关依托政府向社会购买服务的机制，建立了涉罪未成年人社会观护体系，由社工为检察机关作出不批准逮捕、不起诉决定的涉罪未成年人提供专业化的社会帮教支持。与此同时，上海检察机关还与专业社工组织加强合作，逐步建立了合适成年人到场、合适保证人等特殊检察机制，并组建了400余人的合适成年人队伍，而这些合适成年人主要由专业社工担任。在上述司法实践的基础上，上海市预防青少年违法犯罪专项组先后牵头制定了《上海市进一步推进重点青少年群体服务管理和预防犯罪工作实施意见》和《上海市进一步推进重点青少年群体服务管理和预防犯罪工作实施意见》等，逐渐形成了具有上海特色的司法保护社会支持体系，实现了司法机关与社会组织的协作。2013年，上海市人民检察院与上海市社区青少年事务办公室联合制定了《涉罪未成年人帮教与维权工作合作备忘录》，依托专业社工组织力量对社会调查、合适成年人到场、观护帮教、附条件不起诉监督考察等相关工作机制进行整合，构建了以委托为主要模式的未成年人司法保护社会支持体系。

（三）现行未成年人司法保护社会支持体系存在的问题

借助于上海优越的社会经济环境，未成年人司法保护社会支持体系工作取得一定成绩，但随着工作的不断深入，现有的社会支持体系的运作也面临着发展障碍。

1. 未成年人司法保护社会支持体系缺乏制度支撑

随着未成年人司法制度的不断完善，社会支持体系对于未成年人司法保护工作的支持保障作用也受到广泛认可，相关的法律、政策性文件也都提出了建设少年司法社会支持体系的要求。但是从各地的司法实践看，未成年人司法保护社会支持体系的建设主要还是依据各项未成年人司法制度，体现出以保障刑事诉讼顺利进行的发展导向。如很多地方社会力量介入司法程序开展的工作仅仅局限于合适成年人到场、社会调查等基本的诉讼保障工作。未成年人司法保护的社会支持体系没有形成一定的体系，也难以在现有条件下扩充服务的内涵，无法满足法律规定以外的其他保护需求。

2. 提供司法社会服务人员专业性不够

修改后的刑事诉讼法及相关司法解释对涉罪未成年人社会调查、合适成年人到场、心理测评、附条件不起诉监督考察等制度提出了明确的要求。开展这些工作需要专业的方法和技巧，涉及犯罪学、社会学、心理学、社会工作和法律等多种专业知识。这对参与少年司法工作的社会工作者的综合素质提出了极高的要求，不具备专业资质的人员从事参与对涉罪未成年人的教育矫治，不但无法取得预期效果，甚至可能伤害工作对象。如香港特区法律规定：感化主任须由持有大学学位的专业社会工作者方可担任，上岗前还必须经过严格的有关法律知识方面的专门培训。虽然，目前转介机制的主要依托力量——上海市阳光社区青少年事务中心的社工均具有社工师资质，但是部分社工对于未成年人身心发育特殊性认识不足，开展相关司法保护工作的专业能力不够，在一定程度上影响了对涉案未成年人教育保护的效果。

3. 司法服务的多样化需求难以满足

近年来随着国家对未成年人权益保护的日益重视，高检院出台相关工作意见，将成年人侵害未成年人人身权利的犯罪案件及未成年人刑事执行检察、民事行政检察工作逐步纳入未检职能范围。随着未检职能的深化发展，办案过程中对涉案未成年人的心理疏导、身体康复、经济救助、临时监护、就学就业帮扶、家庭亲子关系修复等司法服务需求不断涌现，对服务专业化的需求也不断提升。而当前的保护转介机制中，社会组织主要围绕刑事诉讼中的涉罪未成年人提供司法服务，对未成年被害人等的特殊保护需求难以实现。

4. 社会支持体系的发现与衔接机制效率不高

未成年人司法社会服务工作作为一种专业化的社会福利服务，专业化、独立运行的机构不可或缺。但由于缺乏此类专门机构的支持,上海现有的司法保护社会支持体系的发现与衔接机制,主要是依赖检察机关作为支持源与被支持者之间的中介,即检察机关通过个案委托的形式将未成年人的司法需求委托给相关社会组织和相关部门,实现社会资源与司法需求的对接。在这种委托模式下,检察机关即是服务需求的提出者、接受者,又是服务的组织者,背离了司法专业化的属性。同时,在我国现行体制下,检察机关属于司法机关,不具备社会管理职能,其与其他政府职能部门处于平行关系,难以直接向政府职能部门提出保护涉案未成年人权益的直接工作要求,职能借助于协调方式请求相关部门的配合。因而,大量的社会性事务侵占了办案人员的精力,既影响办案时效,也难以有效保障涉案未成年人的合法权益。

5. 司法保护社会服务效果无法有效评估

在司法社工的管理考核方面,上海制定了以"台账建立率、案主见面率、重点案主谈话率、各案设计率"为主要内容的目标管理考核制度①,对司法社工的工作进行考评和督促,相关的社工组织也自行制定了类似的考核制度。但在这种考核机制中,社工组织独立制定考核标准并实施考核,其全面性和公正性都存在局限,也影响了司法服务的专业化水平。接受服务的办案机关在考核评估工作中的缺位,导致司法服务要求无法细化,委托方与受托方权利义务不够明确。检察机关无权评价社会服务质量,更不要说将服务质量与费用支付挂钩的机制,有可能影响到参与人员的工作积极性和实际效果。

二、未成年人司法保护社会支持体系构建的制度借鉴

建立政府主导的未成年人司法保护社会支持体系以实现社会力量对未成年人司法的辅助作用,已经成为国际惯例。少年司法福利模式的代表,如芬兰,少年司法混合模式的代表,如英国、意大利,与中国大陆地区在文化、社会

① 郑卫东. 政府购买公共服务与司法社工职业化[J]. 招标与投标,2015(1).

生活、法律传统等方面比较接近的中国台湾地区、香港地区少年司法社会支持体系的构建经验等，对于我国少年司法的实践都具较强的借鉴意义。

（一）芬兰“社会福利委员会”

从芬兰的社会文化传统看，少年儿童保护的历史深入人心，加之经济水平发达，能够为少年司法提供有力支持，因此福利模式主导少年保护和早期干预的政策，成为其必然选择。

虽然芬兰没有独立的少年刑事司法系统，没有少年非行的对应概念、少年法、独立的少年警察组织和少年法院，但这并不影响儿童保护福利政策的执行，也不影响刑事司法系统和社会福利系统实现无缝衔接。在触法少年的管辖问题上，刑事法院只对15周岁以上（包括15周岁）的少年犯罪案件进行管辖，儿童福利机构对15周岁以下的少年触法案件，15～17周岁的少年触法者既可在司法系统，也可在福利系统处理，18～20岁的少年触法者只能在刑事法院处理。

社会福利委员会是芬兰最主要的少年儿童福利保护机构，它在性质上虽然是行政机构，但是面向全社会向所有处在困境和需要帮助的儿童及其家庭提供保护。社会福利委员会能够获此地位，原因主要包括如下方面：一是统筹负责少年保护的具体工作的执行；二是社会福利委员可以直接授权社会工作者代表委员会行使裁决权。于是，社会工作者享有除采取的强制性措施之外的自由裁量权，其可以自由决定对少年保护措施的干预时间、方式①。

（二）英国“少年犯罪工作组”

英国在青少年立法和司法实践逐渐发展成一种独特的协作模式，即通过政府和社会专业机构的共同协作，实现对违法青少年进行干预，达到预防和矫正青少年犯罪的目标。英国少年司法协作模式的典型形式，就是少年犯罪工作组，简称YOT。少年犯罪工作组，是一种由地方政府牵头，将警察、社会福利

---

① 侯东亮.芬兰少年司法福利模式及其启示［J］.预防青少年犯罪研究，2012(1).

机构、卫生部门、教育部门、房屋管理部门、志愿机构等方面人士联合组织起来,有规范的工作章程、固定的办公地点、稳定的经费来源的预防和干预青少年犯罪的专门机构[①]。它有两个特点:一是政府主导,由地方政府牵头建立的专门机构;二是多机构参与,通过青少年保护部门之间的配合协作、资源共享,实现了专业社会服务与青少年犯罪处理的链接。

根据有关数据显示,英格兰威尔士各地已有150多个YOT,他们主要的工作有:通过处理危险因素对青少年犯罪进行及时的、集中的、可信的早期干预,当儿童收到警告令处理时评估其矫正状况,为儿童和青少年法庭保释程序提供支持服务,为儿童和青少年在还押候审中找到一个合适的住所,帮助因犯罪必须进入司法程序的青少年准备详细的法庭答辩报告,为其提供咨询与指导,监督受到犯罪处罚的青少年执行法庭判决并采取多种手段帮助其矫治等[②]。

(三)意大利“少年社会工作办公室”

意大利的少年司法是独具特色的福利混合模式,这一体系中,既有代表刑事司法的少年法官、少年检察官,又有代表社会福利的司法社会工作者。各种角色达成共识,尽量采用最小干预原则,给少年通过成长而自动修复过错的机会,帮助少年康复[③]。

意大利司法社会工作者参与少年司法活动,最具有特色的机构就是——少年社会工作办公室,简称USSM。从1934年,意大利明确规定了司法社会工作者对少年司法工作的介入至今,少年社会工作办公室在少年司法体系中的地位日益突出。少年社会工作办公室与少年司法体系中的职权部门沟通、协调,对少年进行保护,开展如下活动:在刑事诉讼的各个阶段向少年犯提供心理援助,在司法警察讯问前对少年采取保护措施,接受初审法院和上诉法院的通知参加庭审,在刑罚执行中采取保护措施以及在缓刑中

---

① 刘桃荣.英国青少年犯罪预防的经验[J].青少年犯罪问题,2006(5).

② 刘桃荣.英国青少年犯罪预防的经验[J].青少年犯罪问题,2006(5).

③ 杨旭.意大利少年司法社会化研究[M].北京:中国社会科学出版社,2015.

辅导少年，对于14岁以下未达刑事责任的少年开展保安措施①。事实证明，这一模式既符合意大利本国的经济和社会发展水平，又在实践中起到有效控制少年犯罪的作用。意大利的少年犯罪率远低于欧洲其他国家，如法国、德国和英国②。

（四）中国台湾地区的少年观护制度

中国台湾地区少年司法实行少年保护事件与刑事事件处理双轨模式，以“保护处分为主、刑事处分为辅”。在这个体系中，少年观护制度起到非常重要的作用，从早期的保护管束制度发展为一项涵盖少年事件处理前、中、后的庞大工作体系。该制度既是刑事司法体系的一环，又兼具教育、辅导、行政、社会工作的特质，具备惩戒与教导、犯罪控制与社会防卫、复归与矫治三大价值功能③。

台湾地区的少年观护制度以法院调查保护室为观护机构，隶属于法院，对虞犯、触法少年和轻微犯罪少年开展观护。观护按照少年事件处理阶段来划分，主要分为审前、审中、审后观护，主要由少年调查官、保护官和荣誉观护人负责。观护官分为调查官和保护官两类，既是司法人员，也是公职人员。少年调查官主要承担审前调查、出庭陈述、急速辅导、转介辅导等职能；少年保护官主要承担保护处分的观护职责，主要有假日生活辅导、保护管束、劳动服务、亲职教育辅导等。目前已经形成了以少年法官为决定主体、以两类少年观护人及相关的心理辅导员、书记员等为执行主体，社会福利教养机构、慈善组织以及荣誉观护人等为辅助主体的观护制度。

（五）中国香港地区的少年司法社会服务

中国香港地区的少年司法社会工作发展起步较早，由20世纪七八十年代

---

① 杨旭. 司法社工在少年司法领域中的应用——以意大利为例[J]. 华东理工大学学报（社会科学版），2015(2).

② 杨旭. 社会化理念下的少年司法宽免制度——以意大利为借鉴[J]. 青年研究，2015(1).

③ 温雅璐. 台湾地区少年观护制度简析与借鉴[D]. 上海：华东政法大学硕士毕业论文，2015.

发展至今,已经形成了一个系统化的工作机制。从犯罪预防阶段到犯罪后阶段,环环相扣,为减少青少年犯罪率提供了有效保障。它提倡“社区为本”的理念,采用社区改造的方法轻缓对待涉轻罪的青少年,避免其直接进入司法系统。政府较好地协调与司法社工机构的合作关系,政府投入资金购买社团服务并负责监管社工机构。目前,香港青少年司法社会工作主要以“政府统筹、社团管理、公民参与、法律监督”的多方位模式展开①。香港司法社会工作提供发展性服务、预防支援性服务以及补救性服务。其中发展性服务主要包括综合青少年服务中心、儿童及青少年中心,关注处于不利环境的儿童人群,为他们争取应有的权利和福利。预防支援性服务主要包括驻校社工、外展社工等,为学校、社交以及情绪发展上有困难的学生、活动于公共场所的边缘青少年提供帮助和服务。补救性服务包括“警司警戒计划”“社区支援服务计划”“社会服务令”和“感化令”等,主要引导犯罪青少年认识到自身所犯错误、通过提供辅导和治疗,回归社会。

纵观上述国家及地区的少年司法社会支持体系运作,无论是否设立独立的少年法、少年法院,社会支持体系在少年司法的运作、推动儿童权益保护中都起到不可替代作用。从实施效果来看,社会支持体系从被动适应少年司法要求,逐渐发展到与少年司法相互配合、相得益彰的地位和作用。在这些域外的经验来看,理念上,重视少年司法的社会化建设;机构上,在行政机关或法院内部,设立专门的儿童保护行政机构或部门;人员上,需经过专门的学科考试和业务培训,实行分类管理;业务范围上,涉猎广泛,涉及经济救助、社会调查、心理疏导、临时安置、亲职教育等方面,为儿童提供不同方面的保护。从社会支持体系在少年司法运行中的设置和作用来看,主要起到非法行为预防、早期干预、从刑事司法中分流的同时矫正、修复社会关系、增权赋能重新融入社会等。

① 应冰洁.香港与内地青少年司法社会工作服务模式对比与启示[J].重庆城市管理职业学院学报,2015(12).

三、未成年人司法保护社会支持体系构建的完善路径——未成年人检察社会服务体系

通过对上述域外少年司法先进经验的分析,我们不难发现:缺乏有效未成年司法保护社会资源整合和对接机制,是阻碍我国少年司法社会支持体系发展的完善的关键。针对这一问题,我们认为可以充分利用我国未成年人犯罪预防工作综合治理的模式,借鉴社会工作领域的“转介”机制,建立由政府主导的司法保护转介机制——未成年人检察社会服务体系,将社会资源与司法保护需求进行有效对接,实现“司法的归司法,社会的归社会”这一少年司法专业化发展目标。

(一)未成年人检察社会服务体系的提出

“转介”是指将本机构不能提供服务的个案,经过的专业服务机构,转送到其他服务机构,使案主能够获得适宜的专业服务的一种工作过程。转介的实质,就是由第三方机构实现服务与需求对接。将转介这种工作模式与未成年人司法保护工作相结合,就形成了未成年人司法保护转介机制,即通过建立第三方的专业机构,将司法机关难以依靠自身力量实现的未成年人司法保护需求,转送到其他具有保护能力和资源的组织或者部门,由其向涉案未成年人提供专业化的服务和保护的一种工作机制。这一机制,为社会力量介入未成年人司法程序搭建了桥梁和媒介。未成年人司法保护转介机制所要求建立的第三方专业机构,并不需要具备满足所有未成年人司法保护需求的能力,其职能在于对未成年人司法保护社会资源的整合和集约化管理,通过转介实现未成年人保护社会资源利用的最大化。具体而言,司法保护转介机制应当具备以下要素:

1. 由政府主导的专门机构

国家亲权理论是英美法系国家少年司法制度的理论基础。“国家亲权”理论有以下三个基本内涵:首先,认为国家居于未成年人最终监护人的地位,富

有保护未成年人的职责，并应当积极行使这一职责；其次，强调国家亲权高于父母的亲权，即便未成年人的父母健在，但是如果其缺乏保护子女的能力以及不履行或者不适当履行监护其子女职责的时候，国家可以超越父母的亲权而对未成年人进行强制性干预和保护；再次，主张国家在充任未成年人“父母”时，应当为了孩子的利益行事，即应以孩子的福利为本位①。基于这一理论，为实现国家在教育保护未成年人的主体责任，应当建立由政府主导，社会各部门共同参与的未成年人司法保护社会支持的专门机构。从本文第二部分介绍的域外经验看，由政府主导设立未成年人司法保护机构主要有三种模式：一是独立政府部门模式，在政府行政机构中设置独立的少年儿童福利保护机构，如芬兰的“社会福利委员会”；二是非政府组织模式，由政府设立非政府公共团体，如英国的“少年犯罪工作组”和意大利的“少年社会工作办公室”等。三是内设机构模式，在某一政府部门中内设未成年人司法保护机构。在我国现行制度框架下，单独设置未成年人保护机构有一定的困难。而设立非政府公共团体一方面在机构设立上存在一定制度障碍；另一方面，在现有体制下，仅仅依靠非官方组织很难全面解决未成年人的司法保护需求都有一定的困难，需要建立有官方背景的组织或机构，才能更好地实现资源整合和社会支持的作用。因此，在某一现有未成年人保护职能部门内下设未成年人司法保护机构或者组织更为可行。

2. 职业化的未成年人司法社工队伍

未成年人开展未成年人司法保护工作所需要的社会支持，除了其家庭、伙伴等一般层面上的社会支持力量外，更重要的是来自专业组织和专业人员的支持。这些社会支持人员的能力和素质，将直接影响到司法保护工作的水平和成效。因而，很多国家和地区都建立了专业化的未成年人司法社工队伍。中国香港地区建立了系统化的司法社工工作机制，政府投入资金向购买社团的专项服务并负责监督社工工作。社会组织也建立了规范的社工入职、培训、

① 姚建龙.国家亲权理论与少年司法——以美国少年司法为中心的研究[J].法学杂志，2008(3).

考核机制，形成了未成年人司法社会工作者这一职业群体。司法社会工作只有向职业化和专业化方向发展，方能使司法社会服务更有效，更符合实际，也才能使未成年人司法社会服务形成完备的工作体系，并为社会公众所接受。因此，应当建立未成年人司法社会工作人员的选拔培养机制，对未成年人司法社会工作从业者的专业背景、职业培训、执业证书、从业经验、专业技能等方面进行严格的要求，从而引导未成年人司法社工向这些目标努力，提高专业化水平和综合素质，从而培育职业化的未成年人司法社工队伍。

3. 专门的评估和考核体系

对未成年人司法保护工作进行评估和考核，是未成年人司法保护工作质量的保障。建立完善的工作评估和考核体系，既可以给未成年人司法社工及相关工作人员提供工作依据，也是对司法保护工作效果进行评价的客观要求。因此，应当由接受服务的司法机关与司法保护转介机构联合制定司法服务的评估标准，并由司法保护转介机构依据评估标准以及办案机关的反馈意见，对司法服务个案及服务项目进行评估和考核，对不能完成工作指标的人或单位给予相应的制裁措施，从而激励社会服务工作质量不断提升。

结合上述要素，我们认为建立由政府部门主导的，开展未成年人司法保护转介工作的专门机构，是在我国现行预防未成年人犯罪综合治理体制下，完善未成年人司法保护社会支持体系最为适当的路径。

（二）未成年人检察社会服务体系的构建思路

未成年人检察工作实行捕诉监防一体化职能，其在未成年人保护工作中涉及环节最广，任务也最重，对社会服务的需求也更为迫切。因此，可以从检察机关与政府职能部门的合作入手，探索建立市区两级的未成年人检察社会服务专门机构，形成“未成年人检察社会服务体系”，为检察机关的司法保护需求提供社会支持。

1. 未成年人检察社会服务中心的牵头主体

我国《预防未成年人犯罪法》规定，预防未成年人犯罪的责任主体是各级人民政府，并确立了综合治理的工作原则。中央综治委预防青少年违法犯罪工作领导小组、最高人民法院、最高人民检察院、公安部、司法部、共青团中央《关于进一步建立和完善办理未成年人刑事案件配套工作体系的若干意见》规定,各级预防青少年违法犯罪工作领导小组(现已更名为预防青少年违法犯罪专项组)是办理未成年人刑事案件配套工作的综合协调机构。2011 年 9 月,为进一步加强预防青少年违法犯罪工作,中央社会管理综合治理委员会成立预防青少年违法犯罪专项组。中央预青专项组共有中央综治办、教育部、中宣部、最高法、最高检、公安部、司法部等 22 个成员单位,团中央是组长单位,其工作职能主要包括:加强青少年法制教育,加强青少年思想道德教育,推动未成年人有关法律法规完善和实施,深入开展“扫黄打非”工作,建设绿色互联网,建设并用好专门学校,加强对有不良行为青少年的教育、帮扶、矫治、管理,加强对闲散青少年的排查联系和服务帮助,建立流浪未成年人救助机制,完善服刑在教人员未成年子女关爱服务体系,完善农村留守儿童关爱服务体系,完善对未成年犯罪人员的司法保护制度等。由此可见,预防青少年违法犯罪专项组既是我国少年司法配套体系的衔接机构,又是预防未成年人违法犯罪的专门政府机构,由其作为牵头部门,主导建立未成年人检察社会服务体系最具有现实意义。

以上海市预防青少年违法犯罪专项组为例,专项组下设 27 个成员单位,涉及教育、文化、卫生、司法等众多涉及未成年人权益保护的职能部门,同时上海市预青专项组办公室与上海市社区青少年事务办公室合署办公,既有对相关政府职能部门的统筹协调能力,又有对社工组织的管理职能,以其为依托建立未成年人司法保护转介机制可谓最为便捷、高效的选择。这一构建思路,得到了上海市预青专项组的大力支持。

2. 机构设置

未成年人检察社会服务体系由市级未成年人检察社会服务指导中心和区级未成年人检察社会服务中心组成。各级“未成年人检察社会服务(指导)中心”由同级预防青少年违法犯罪专项组牵头成立,专项组的成员单位均成为“未成年人检察服务(指导)中心”的成员单位。“未成年人检察社会服务(指导)中心”设有专门的办公室和工作人员,负责受理检察机关委托的涉案未成年人司法保护需求，并根据司法保护工作实际需要，将其转介给成员单位或专业社会组织开展工作。“未成年人检察社会服务（指导）中心”的所有成员单位，均有义务接受转介的工作任务并落实。

3. 工作内容

（1）转介服务。“未成年人检察社会服务中心”向检察机关提供的转介服务包括：社会调查、合适成年人到场、附条件不起诉监督考察、观护帮教、亲职教育、身体康复、心理疏导、经济救助、就学就业帮扶、国家监护等各项需要由社会力量承担的未成年人司法保护工作。

（2）项目运作。针对重点青少年群体和引发未成年人犯罪的源头性、普遍性问题，以各级社会服务中心为主体，采用政府购买服务的形式，设立专业化运作的社会服务项目，引导和培育社会力量共同参与构建预防青少年违法犯罪长效机制。

4. 工作流程

（1）需求提交。各级检察机关未检部门对办案过程中发现的涉及未成年人的服务需求，应通过工作联系函的形式向同级未成年人检察社会服务中心提出委托申请。

（2）分配转介。各级社会服务中心接受委托后，应根据不同的服务需求，及时转介至有关组织、机构或职能部门提供专业化服务。涉罪未成年人社会调查、合适成年人到场、附条件不起诉监督考察及观护帮教等司法服务，应委托社工组织，由专业社工开展具体工作。涉罪未成年人、未达刑事责任年龄未成年人、严重不良行为未成年人、未成年被害人及民事行政案件未成年当事人的身体康复、心理疏导、经济救助、就学就业帮扶、家庭关系、亲子关系修复、国家监护等服务需求，应及时转介至共青团、教育委员会、民政局、妇联等成员单位，由相关成员单位开展具体工作。

（3）督导评估。各级未成年人检察社会服务中心应当对相关部门和组织开展未成年人司法保护工作的全程进行跟踪督导和评估，确保转介服务及时落实，体现成效。各级检察机关未检部门及受委托的组织、机构、职能部门应当及时向同级社会服务中心反馈工作开展情况。上海市预请专项组、市检察院共同制定未成年人检察社会服务的评价标准。各级未成年人检察社会服务中心和检察机关应当根据评价标准结合个案、项目开展情况及反馈意见,对检察社会服务的质量进行评价和考核,并将考核意见反馈提供服务的单位和组织。

(三)未成年人司法社会服务的评估

在未成年人得到少年司法社会服务体系帮助并取得成效的同时,司法实践中发现,由于国内未成年人司法社会服务的评估标准存在空白,造成未成年人司法社会服务得不到及时、科学的评估,不仅可能造成司法社会服务提供的效率低下、质量不高,还可能社会资源造成浪费。对于评估工作的研究,可以起到监督工作开展进度、确定社会工作是否实现社会功能、巩固改变成果、明确社会资源的使用情况和效益的作用。它不仅可以促进未成年人自我完善与发展、改善未成年人司法社会服务,还能促进社会服务参与未成年人司法社会服务标准的生成、规范社会力量参与少年司法工作,对未成年人司法社会服务体系的构建具有重要意义。

1. 评估的目的

未成年人司法社会服务的目标具有多重性,需要兼顾多种价值,应在儿童利益最大化原则指导下,同时兼顾未检工作"教育、感化、挽救"和社会工作"助人自助"的价值目标,帮助未成年人实现达到微观自我成长、周边环境改善、最终社会融入的目标。与此相对应,未成年人司法社会服务评估的目标有三:

(1)基础目标:提升效率,考察服务提供者的工作表现和进度。未成年人司法社会服务的提供是个有计划、有方向的助人活动,评估通过不断收集未成年人司法社会服务的实务效果、社会服务介入的速率和进度资料,一方面对服务开展的进度进行评查;另一方面,对司法社会服务者的工作表现、效率、效果进行考察。

(2)中间目标:"以评促建",通过评估提出改善建议、提高服务质量。通过评估,发现工作方向和方法等问题可以通过改善建议等方法向服务提供机构或工作人员提出,同时,可以通过评估赋予社会服务提供者权能,对其工作予以指导和宣传,以便社会服务提供者及其人员的综合提升。

(3) 最终目标:助人自助,协助服务对象融入社会。不仅应对服务对象的行为、态度和认知等方面是否发生了预期变化进行评估,还应对未成年人周边环境改善、最终社会融入的目标进行考察,最终帮助未成年人巩固改变的决定、增大改变的动力、增强社会功能和提升解决问题的能力。

2. 评估的主体

评估的主体就是由谁对未成年人司法社会服务进行评价。根据评估者与社会服务的关系,评估主体可以分为委托者、执行者和独立第三方三种类型,对应于未成年人司法社会服务体系,即委托者——检察社会服务中心或检察机关、提供者(执行者)——各社会服务提供单位或机构,独立第三方——与委托方和执行方无直接利益关联的其他机构。本文认为,委托方中的检察社会服务中心是评估工作的最适合承担者。

从对未成年人司法社会服务领域的业务、事务的了解程度分析,从对社会工作领域工作方法的熟悉程度分析,从具有良好的专业操守和研究伦理分析,从工作效率和效果分析,检察社会服务中心都是最适合的承担者。首先,未成年人司法社会服务需求出现后,会由司法机关集中汇总至检察社会服务中心,中心分析后再分别转介至不同成员单位。相较于服务的提供者和独立第三方,服务提供中心无论对未成年人个案的需求,还是对项目运作,以及当地未成年人司法保护整体情况等均十分了解、熟悉。其次,相较于检察机关,预青专项组负责人和青少年社工,尤其是社工,是具有资质的社会工作人员,是从事少年司法社会服务的专业人士,专业水准、业务能力都值得的信赖。因此,由检察社会服务中心开展评估,有利于“专业的归专业、社会的归社会”构想的实现。然后,检察社会服务中心的干事,一般由各区域青少年社工中优秀人员担任,不仅要求具有热爱未成年人司法社会服务、实践经验丰富,还要求有极高的专业操守以及职业伦理。最后,未成年人司法社会服务的评估与各提供者的工作成效相连,成为各单位、机构考评的一部分。评估由检察社会服务中心承担,可以实现委托—反馈—评估一体化运作模式,有利于提高运转效率、提高质量。

3. 评估的类型与方法

要对涉罪未成年人或未成年被害人提供未成年人司法社会服务，一般需要经过申请与接案、预估与问题诊断、制订计划、开展服务、评估与结案几大阶段。本文将根据未成年人司法社会服务的提供过程为阶段划分，选取几大评估关键点，从需求评估、方案评估、过程评估和结果评估四个维度，提出评估标准。

评估的方法主要有问卷调查、访谈、观察等质性研究和分析资料等非接触研究等，可根据不同目标进行不同评估方法的组合。

（1）需求评估。需求评估是少年司法服务提供者对服务对象的需求，包括问题、困难、处境等进行调查了解，在综合分析的基础上，明确其需求有无满足情况及其成因的工作。需求得不到满足在很多情况下表现为问题，如未成年人的生存需求得不到满足，其可能实施生存型犯罪（偷、骗、抢等），这些问题实际可能成为涉罪未成年人或被害人回归社会的潜在障碍。对于涉罪未成年人或未成年被害人而言，对这些如经济需求、心理需求、安全需求、环境需求不足问题进行准确的分析、判断，是开展司法社会服务的第一步。

实践中呈现的各种需求比较错综复杂，各种需求处于不同层次，因此需求分析中有无根据其轻重缓急程度，进行富有逻辑性的梳理判断是检察社会服务中心开展评估的重点。社会工作的需求评估目标在于：对案主的问题有清晰陈述，明确谁有什么问题及为什么存在这些问题；对案主所处系统有清楚界定，弄清案主存在的问题及为什么存在这些问题；清楚地阐述案主与周围的系统如何互动；整合所有信息，为形成计划做好准备①。

（2）方案评估。对需求进行分析后，接下来未成年人司法社会服务进入方案制定阶段，即根据需求，拟定服务对象重新回归社会的方案。方案评估是指评估者对于对服务对象的服务活动计划进行评估的工作。制定方案的主要内容在于确定目标和行动计划，行动计划主要是在目标的基础上，构建有效行

---

① 顾东辉．社会工作者［M］．北京：中国劳动社会保障出版社，2006.

动并明确各方责任(服务对象、服务提供者、监督者)的过程,目标要切实可行、行动计划要具体高效。实践中,检察社会服务中心可以通过调阅方案、讨论等形式,对方案制定的科学性、合理性进行评估。

(3) 过程评估。过程是检察社会服务中心对未成年人司法社会服务的提供进行流程监控、以评促建的重要组成部分。对服务提供过程开展的评估,称为过程评估,它是形成性评估的一种,具体可分为两类:对服务对象改变的评估和对服务计划执行的过程评估。

(4) 结果评估。结果评估,是检察社会服务中心对未成年人司法社会服务成效进行的评估,是通过考察服务对象对目标达成程度、服务内容、工作手段等方面的评价,以判断司法社会服务是否达到了预期的目标,是成效评估的一种。由于未成年人身心特点发育的不成熟性、易受环境影响性,故对于服务的评估,不仅要关注未成年人人身危险性的降低、自身的改变与提升,也要注重周边环境的改变以及融入社会的程度。

受害儿童社会救助制度研究*

王春丽　等**

引　言

一、研 究 目 的

儿童是家庭的中心，也是国家的希望，但儿童受到伤害的情况也时有发生，特别是随着网络的普及化，此类事件的曝光，往往会牵动社会大众的关注，如辽宁抚顺虐童案到哈尔滨性侵4岁女童致重伤案等案件。同时，从近五年"女童保护"每年发布的全国媒体公开曝光的儿童被性侵案统计报告显示，我国儿童性侵害案件居高不下，对儿童造成极大危害。2013—2016年间，全国法院审结猥亵儿童犯罪案件10 782件，平均每天7.4起。当前受害儿童的社会救助依然存在总体关注度不够、救济途径单一、措施缺乏针对性、救助条件难以把握、救助效果难以保障等诸多难题。可见，受害儿童救助的立法完善、制度构建及实践运作，亟需得到相关理论的支撑。

二、概 念 界 定

（一）受害儿童的概念界定

受害儿童这一概念在犯罪学及刑法学意义上存在显著差别。为了研究的

* 本文系2020—2021年度上海儿童发展研究课题"受害儿童社会救助制度研究"的结项成果。

** 王春丽，上海市嘉定区人民检察院检委会委员主任；邓翡斐，上海市嘉定区人民检察院检察官助理；王顺，上海市嘉定区人民检察院检察官助理；王婵，上海市嘉定区人民检察院检察官；陈硕，上海市嘉定区人民检察院检察官助理；嵇赟，上海嘉园社区青少年事务中心青少年社工。

需要,本课题对受害儿童的界定,不仅包括因犯罪行为遭受侵害的刑事被害人,同时将因违法行为,如家暴、虐待、欺凌等,而受到伤害的儿童纳入研究范围。

(二)社会救助制度的内涵和外延之界定

社会救助制度不限于儿童受害后的救助。“预防是最后的保护”,本课题研究的社会救助制度涵盖:儿童受害线索的发现机制,包括对强制报告制度的落实措施;预防儿童受害的干预机制,以及发现儿童遭受侵害后的干预机制,如人身保护令、涉性侵人员从业限制等制度;儿童受害案件的调查取证,如一站式取证保护制度;刑事受害儿童的法律援助、司法救助等措施;对于受害儿童及其家庭的心理救助、经济帮扶等。即形成针对受害儿童的发现、救助、预防等立体化的综合救助体系。

三、体 系 架 构

本课题以问题为出发点,拟以上海市为样本,梳理当前儿童遭受人身伤害案件的类型及数量,深入分析受害儿童及其家庭的现状,揭示当前在受害儿童社会救助实践运作中存在的难点与不足,并探讨导致这些困境的主客观原因。同时借鉴国内外有益经验,提出构建受害儿童社会救助制度的具体建议。

第一部分　受害儿童救助制度的实证考察——以上海市为样本

儿童作为弱势群体的代表,向来是政府救助和民间慈善事业关注的焦点。中国自古就倡导以“仁爱”之心去救助儿童等弱势群体,早在宋代就设立了救助儿童的慈幼局,清代政府更是大力倡导。但目前,流浪儿童、贫困儿童、留守儿童等困境儿童的救助依旧是个大问题,其中受害儿童的现实困境及社会救助更为突出。2021 年 6 月 1 日正式施行的《未成年人保护法》在第三条就明确规定："国家保障未成年人的生存权、发展权、受保护权、参与权等权利。"

近年来，随着以未成年人为犯罪对象的侵害案件越来越多，伴随网络的普及，受害儿童的数量及低龄化让人触目惊心，性侵、虐待、家庭暴力等行为正在不断伤害着儿童的生理及心理，也间接考验着社会公众对儿童保护的安全感和满意度。课题组以 2016—2018 年上海市检察机关办理性侵未成年人案件及上海市嘉定区 2014 年至 2019 年办理的性侵案件情况，妇联民政受害儿童救助情况为样本，通过数据化考量，梳理儿童受害的情况类型及特点。以及以性侵案件受害儿童为视角，分析当前社会救助的方式特点。

一、受害儿童统计口径

上海检察机关自 2010 年起，开始在部分基层检察院探索将成年人侵害未成年人犯罪案件归口未检部门办理，以便在有效打击犯罪的同时，对被害儿童落实各项社会救助措施。2016 年 1 月，根据最高人民法院、最高人民检察院、公安部、司法部《关于依法惩治性侵害未成年人犯罪的意见》（以下简称《性侵意见》），最高人民法院、最高人民检察院、公安部、民政部《关于依法处理监护人侵害未成年人权益行为若干问题的意见》（以下简称《监护侵害意见》）等政策性文件，上海市人民检察院正式发文将成年人侵害未成年人人身权利的犯罪案件纳入未检部门受案范围，并全面开展被害儿童保护救助工作。[①]

除了检察机关管辖的涉及刑事案件当中的被害儿童以外，民政部门、妇联等机关对涉嫌有虐待、家庭暴力等行为的受害儿童也有相应的标准统计，其中一部分案件相关部门也会邀请检察机关提前介入，促进信息的共享和沟通，但一大部分主要还是内部数据，有数据不对称之嫌。[②] 故本文目前主要通过对检

① 参考吴燕，等. 受害儿童社会救助制度研究——以上海检察机关未检部门受害儿童保护工作的实践为视角[C]//上海妇女儿童发展研究课题。

② 考虑到目前民政部门及妇联对于受害儿童的统计没有一个明确的标准，且课题组目前主要以检察机关的统计口径为数据样本。

察机关刑事案件范畴内的侵害未成年人案件进行分析，对其他相关部门的受害儿童进行补充分析。

二、侵害未成年人案件实证调研与数据分析①

未成年人健康成长，关系到民族的未来，关系到亿万家庭的幸福。未成年人检察工作既是重要的检察业务，也是服务大局、保障民生的重要内容。近年来，性侵、拐卖、虐待、伤害未成年人犯罪持续多发，未成年被害人因案致伤（包括生理伤害及心理损害），家庭因案致贫、因案返贫的情况屡见不鲜。通过对这类案件的类型和受害儿童具体情况的分析，能够促使有针对性地提出救助方式，做到“对症下药”“靶向治疗”的作用。

根据最高人民检察院发布的《未成年人检察工作白皮书（2014—2019）》，2017 年，检察机关对侵害未成年人犯罪提起公诉人数居前六位的罪名、人数分别是强奸罪 7 550 人、盗窃罪 6 445 人、故意伤害罪 5 010 人、抢劫罪 4 918 人、寻衅滋事罪 4 265 人、交通肇事罪 4 014 人，六类犯罪占提起公诉总人数的 67. 84%。2019 年，盗窃、交通肇事犯罪人数明显下降，同期猥亵儿童、聚众斗殴犯罪人数大幅上升，居前六位分别是强奸、寻衅滋事、猥亵儿童、抢劫、聚众斗殴、故意伤害，六类犯罪占提起公诉总人数的 62. 22%，全部为暴力性质犯罪。

根据 2019 年、2020 年、2021 年《最高人民检察院工作报告》的数据显示：2018 年，全国检察机关起诉性侵、拐卖、虐待、伤害未成年人犯罪 50 705 人，同比上升 6. 8%；2019 年，全国检察机关起诉性侵、拐卖、虐待等侵害未成年人犯罪 62 948 人，同比上升 24. 1%；2020 年，全国检察机关追诉性侵、虐待未成年人和拐卖儿童等犯罪 5. 7 万人。

据调研，2016—2018 年间，上海市各区检察院共受理性侵害未成年人案件 989 件 1 063 人，其中审查逮捕案件 522 件 563 人，起诉案件 467 件 500 人。三年间，上海市检察机关办理的性侵害未成年人案件整体呈上升趋势，随着对犯

① 由于部分办案数据涉及个人隐私，在拟公开发表的课题稿中，对数据进行了删减。

罪打击力度和对未成年人保护力度的增强，案件增长幅度有所减缓。①

据课题组调研，2014 年 1 月至 2019 年 12 月间，上海嘉定区检察机关审查逮捕性侵未成年人案件 92 件 100 人。其中，未成年被害人年龄 14 岁及以上的共计 45 人，占 42.9%，14 岁以下的共计 60 人，占 57.1%。从相关调研情况分析，2014 年至 2019 年，上海嘉定检察机关受理的性侵未成年人案件数量与全市一样总体也是上升趋势。从案由看，主要为强奸和猥亵儿童犯罪。从案发地看，从来沪人员聚集地区到多样化，最初案发在农村及农村出租屋内，但后两年性侵害未成年人案件的案发地呈现多样化的趋势，有不少案件发生在宾馆、学校、培训机构及被害人家中等地。从加害人与被害人的关系看，熟人犯罪占据一定比例，例如，嘉定区检察机关办理的案件中，系熟人犯罪的占总数的 51.1%，超过一半。

三、当前受害儿童社会救助的实证考察

儿童社会救助是指国家和社会对于那些身处困境，难以维持基本生活或学习的儿童给予物质或精神上的帮助和服务，其目的是满足儿童的基本生存和发展需要。对于儿童而言，由于其身心发育都不成熟，所以不论其所经受的是短期还是长期的困境，所造成的伤害都倾向于长期影响，出现身体、心理和行为的不健康状态：身体上的不健康状态，如身体伤残、营养不良、免疫力低下、疾病、甚至成年前死亡等。心理上的不健康状态，儿童会长期处于紧张、焦虑、烦躁、恐惧、失望等情绪中，形成不健康的性格如懦弱、孤僻、偏执、极端，甚至产生严重的心理创伤②。基于此，儿童社会救助的重要性是毋庸置疑的。

（一）当前受害儿童社会救助实践运作模式

一般而言，社会救助并不仅仅指社会力量的救助，该含义应当是广义的，

① 该数据来源自上海市人民检察院《上海检察大数据分析》2019 年第 5 期。

② 路瑶. 儿童救助制度现状与展望[J]. 人民论坛，2014，14.

是以整体救助途径作为全景视角的，因此本文当中的社会救助除了传统意义上的经济救助、生活救助外，还包括心理救助、司法救助等。

课题组通过至有关部门调研，了解到对于受害儿童的社会救助从不同救助主体来看，主要有政府部门、司法机关、社会团体等，不同主体所实施的社会救助内容有差别也有融合，因此以社会救助内容来划分更为直观和清晰。

一是项目救助。项目救助又可以称为短期救助，临时救助，也就是针对一个受害儿童对其有针对性开展的暂时救助。这类救助一般来说多为一次救助。根据上海市检察机关未成年被害人的救助方式而言，这类救助类型多样。比如上海市嘉定区 2016 年建立的未成年被害人救助体系，其中包括法律援助、心理疏导、司法救助、综合救助、医疗救助等，这些多为一次的项目化救助措施。委托的医院开展的医疗救助主要是公安机关等对被害人伤情进行固定、体验提取等措施，可以通过医院的绿色通道由专门医生开展医疗救助；而检察机关提供的司法救助范围就更小，要求对因案件遭受到伤害的未成年人及其家属可以向检察机关申请司法救助，申请到的救助金也尚且只是解决被害人家庭的燃眉之急。又如心理疏导，主要是通过妇联专业的心理咨询师团队开展，除非检察机关根据项目签订协议，一般针对被害人的心理救助也是一次及暂时的。但是这类救助的优势是及时且流程简洁，不需要受害儿童及其家庭提供太多的证明材料，在短时间内就可以帮助受害儿童暂时解决经济问题、医疗问题等。

二是监护救助。《未成年人保护法》第四十三条规定："居民委员会、村民委员会应当协助政府有关部门监督未成年人委托照护情况，发现被委托人缺乏照护能力、怠于履行照护职责等情况，应当及时向政府有关部门报告，并告知未成年人的父母或者其他监护人，帮助、督促被委托人履行照护职责。"目前实践中，由民政部门对因监护人侵害被监护人而造成的伤害的受害儿童给与监护救助，这类发挥国家监护的救助方式更多的是长期救助。现在民政部门在各个区县都设有救助站和相应的福利机构，但目前进入门槛较高，难以覆盖大多数受害儿童。

三是信息救助。这里的信息救助主要是指强制报告、从业禁止等在内的一些制度救助,也可以被认为是事前救助。新修订的《未保法》第六十二条规定了从业限制,即"密切接触未成年人的单位招聘工作人员时,应当向公安机关、人民检察院查询应聘者是否具有性侵害、虐待、拐卖、暴力伤害等违法犯罪记录;发现其具有前述行为记录的,不得录用"。第十一条规定了强制报告制度,即"任何组织或者个人发现不利于未成年人身心健康或者侵犯未成年人合法权益的情形,都有权劝阻、制止或者向公安、民政、教育等有关部门提出检举、控告"。以上海为例,目前各个区基本都建立了相应的强制报告制度和从业禁止规定的实施意见或实施细则。如青浦区检察院办理了全国首例强制报告制度的案件,对没有按照规定进行报告的学校领导方进行了处罚。实践中,利用强制报告制度能够保证受害儿童及时得到帮助,减少进一步的伤害,如民政部门在今年得到的救助线索,就是通过其儿童主任等基层群众提供信息,在了解到儿童可能受到伤害后,再及时上报给公安机关、检察机关。

(二)受害儿童社会救助的个案考察

受害儿童是一个特殊群体,对于受归纳受害儿童的救助情况,包括心理救助、司法救助、经济救助、法律援助等,以及未进入刑事诉讼程序中受到伤害的儿童是否有监护权保障和信息报告等内容。下面以课题组成员办理及调研跟踪的个案为视角,对当前受害儿童的社会救助实践进行分析。

案例一:赵某遗弃亲生女儿案

2000年左右,赵某与他人同居并生下女儿小琴(化名),后赵某将小琴交与邻居张某代为照顾,并约定每月支付一定费用。2006年,赵某离家后去向不明。之后十余年间,赵某既未曾探视小琴,也从未向邻居支付抚养费。

2018年,区检察院从区民政部门了解到,辖区内未成年人小琴的生身父母不为小琴申报户口,导致小琴就学、中考存在困难。检察官适时介入,发现本案可能涉嫌遗弃犯罪。检察机关及时向公安机关移送案件线索,建议公安机关对本案进行立案侦查,并将赵某抓获归案。后公安机关以赵某涉嫌遗弃罪向区检察院移送审查起诉。后区检察院决定支持起诉,支持小琴向法院提起撤销赵某监护人资格之诉,并建议法院按照有利于被监护人的原则,为小琴指定监护人。

在这个案件中,赵某遗弃亲生女儿,没有履行监护人职责的行为,不仅触犯了刑法,同时也深深伤害了未成年人小琴,不利于小琴的健康成长。为了维护未成年人合法权益,并努力为小琴创造一个良好的成长环境,检察、公安、法院与妇联、民政、教育等部门联合,从不同角度为受害儿童开展社会救助与帮助。具体包括:深入社会调查,确定适格监护人;开展调查评估,加强法律援助;到庭支持起诉,成功变更监护权;落实司法救助,及时予以抚慰救急;开展心理疏导,帮助被害人恢复身心健康;多方协作,加大对监护困境儿童的特殊保护。这些措施收到了良好的法律效果和社会效果。

案例二:小云被性侵案

小云(化名,女,14岁)是一个单亲家庭的孩子,父亲是服刑人员,长期监护缺位,她与母亲共同生活,但两人关系又很紧张,要么不理不睬,要么争吵辱骂。小云觉得,母亲不关心、不理解自己,因此,向外寻求关爱,在社会上搭识了不少不良人士,经常去酒吧、高消费、夜不归宿,还学会了吸毒。12岁时,小云被他人介绍卖淫,成为一起强奸案件的被害人。14岁时,因随意殴打他人,小云又成为了一起寻衅滋事案的侵害人。在派出所,小云母亲表示,自己无力管教,要求将女儿送到看守所,请司法机关代为教育。

在办案中我们发现,像小云这样的未成年被害人或罪错未成年人,往往也是原生家庭或不良环境的受害者。在涉案未成年人中,85%以上均存在一定的家庭问题,诸如父母离异、陪伴缺失、不当教育等,这正是未成年人成为犯罪嫌疑人或被害人的深层次原因,若不加以重视,不利于涉罪未成年人回归社会,也不利于未成年被害人走出被侵害的困境。那么,类似这样的受害儿童,该如何为他们开展救助与帮助呢?

一是深入社会调查,实施精准帮教。为了深入了解儿童成为被害人以及从被害人变为实施违法的嫌疑人,其背后存在的深层次原因,检察机关委托社工开展社会调查,根据个案的不同情况,采取有针对性的防治对策。在小云案中,结合社会调查情况,检察机关联合公安决定对小云进行保护处分。同时,检察机关委托团委安排青少年社工对小云开展观护帮教,检察官和社工设计了专门的帮教方案，共同对小云落实教育矫治。

二是强化亲职教育，开展家庭教育指导。针对小云及其家庭的特殊情况，检察机关联合妇联、团委，对小云母亲落实亲职教育，并委托社工为小云及其母亲开展为期6个月的家庭教育指导，帮助其母亲用更合适的方式来关心、教育孩子，进而改善两人的亲子关系。6个月后，小云的不良行为得到有效控制，从减少去酒吧的次数到后来不想去酒吧，与社会不良人员的接触也逐渐减少。同时，小云和母亲的关系明显改善，不仅能正常交流、谈心，分享一些开心的事情，并主动向母亲表示想继续上学。

案例三：小田被虐待案①

2016年9月以来，因父母离婚，父亲丁某常年在外地工作，被害人小田（女，11岁）一直与继母于某共同生活。于某以小田学习及生活习惯有问题为由，长期、多次对其实施殴打。2017年11月21日，于某又因小田咬手指甲等问题，用衣服撑、挠痒工具等对其实施殴打，致小田离家出走。小田被爷爷找回后，经鉴定，其头部、四肢等多处软组织挫伤，身体损伤程度达到轻微伤等级。

后检察机关以于某犯虐待罪对其提起公诉，指控被告人于某虐待家庭成员，情节恶劣，应当以虐待罪追究其刑事责任，并建议在有期徒刑六个月至八个月之间量刑。考虑到被告人可能被宣告缓刑，公诉人向法庭提出应适用禁止令，禁止被告人于某再次对被害人实施家庭暴力。法院经审理后当庭作出一审判决，认定被告人于某犯虐待罪，判处有期徒刑六个月，缓刑一年；禁止被告人于某再次对被害人实施家庭暴力。一审宣判后，被告人未上诉。在这个案件，检察机关没有就案办案，而是从有利于受害儿童健康成长的角度，为受害儿童需要特殊保护和关爱帮助，其中还包括贯彻国家亲权理念，依法对受害儿童的抚养权进行干预等。

一是儿童被虐待但没有能力告诉，由检察机关提起公诉。《刑法》规定，虐待家庭成员，情节恶劣的，告诉的才处理，但被害人没有能力告诉，或者因受到

① 案例来源：最高人民检察院发布的第十一批指导性案例之“于某虐待案”。

强制、威吓无法告诉的除外。虐待未成年人犯罪案件中，未成年人往往没有能力告诉，应按照公诉案件处理，由检察机关提起公诉，维护未成年被害人的合法权利。

二是对宣告缓刑的被告人可提出适用禁止令的建议。对未成年人遭受家庭成员虐待的案件，结合犯罪情节，检察机关可以在提出量刑建议的同时，有针对性地向人民法院提出适用禁止令的建议，禁止被告人再次对被害人实施家庭暴力，依法保障未成年人合法权益，督促被告人在缓刑考验期内认真改造。

三是贯彻国家监护理念，及时干预监护。检察机关可以支持未成年人或者其他监护人向法院提起变更抚养权诉讼夫妻离婚后，与未成年子女共同生活的一方不尽抚养义务，对未成年人实施虐待或者其他严重侵害合法权益的行为，不适宜继续担任抚养人的，根据《民事诉讼法》第十五条的规定，检察机关可以支持未成年人或者其他监护人向人民法院提起变更抚养权诉讼，切实维护未成年人合法权益。

（三）受害儿童社会救助的比例与效果

虽然目前在社会救助方面依然存在措施单一、覆盖面不够等问题，但是由于受害儿童的特殊性，如何在保证及时救助到位的同时让这些受害儿童重新开始生活，真正实现实质性救助就至关重要。

根据上海市嘉定区自2016年建立起的未成年被害人救助体系来看，目前对于成年人侵害未成年人的案件，受害儿童的救助已经达到基本全覆盖的程度，其中性侵害案件的被害人不管是提前介入阶段还是刑事诉讼阶段，心理救助、法律援助、医疗救助及综合救助已经基本实现“一案一救”，一名受害儿童能够同时得到多方面的救助，帮助受害儿童及其家庭尽快走出阴影，开始新生活。

除了检察机关牵头开展的救助以外，对于那些未进入司法程序的受害儿童，民政、妇联、教育等部门也会开展有针对性的救助，或者作为司法机关救助措施的补充。但总体而言，这些部门对受害儿童救助没有一个专门的制度指引，且救助要求高低不一，救助手段相对单一。据调研，某区民政部门对受害儿童的救助数量仅为个位数，对于监护救助的开展更是屈指可数。

第二部分　受害儿童社会救助存在的实践困境及原因分析

自20世纪90年代签署加入《儿童权利公约》以来，我国儿童保护制度已从萌芽阶段逐步过渡至专业化建设时期，儿童保护制度尤其是针对弱势儿童的保护与救助制度已初见雏形。[①] 尽管如此，由于我国儿童保护制度起步较晚，发展时间较境外发达国家和地区也相对较短，目前与受害儿童相关的社会救助制度也存在诸多困境，严重影响和制约了受害儿童的救助效果。

一、当前受害儿童社会救助的实践难点分析

通过对上海检察机关办理的受害儿童救助案件及民政、妇联等受理开展的救助对象进行研究，发现受害儿童社会救助工作在现阶段有以下特点：

（一）救助及时但线索不畅

课题组通过调研发现，目前进入到政府部门、司法机关视野的案件中，受害儿童都能得到及时的救助。在《社会救助暂行办法》《未成年人保护法》等法律法规推行下，延后救助、不作为救助已经很少出现。但无论受害儿童案件是否进入司法程序，对于儿童受到伤害的事实是给与救助的前提与基础，因此发现需要救助的线索，成为受害儿童社会救助工作的起点。问题在于，现在的救助线索发现渠道依然不畅，导致许多受到伤害的儿童未能进入社会救助的视野。

① 参见杜雅琼，杜宝贵. 中国儿童保护制度的历史演进[J]. 当代青年研究，2019，3。

通过对本市检察机关介入救助的受害儿童案件梳理发现,多数受害儿童被发现,具有偶然性及随机性,相关儿童保护单位、儿童活动场所,如医院、学校、酒店宾馆等,尚未建立主动巡查儿童情况的制度。虽然目前已有强制报告制度,但是首先接触受害儿童的单位和个人多未能及时发现儿童受害情况,同时也缺乏发现后及时报告的意识,详见图9。分析嘉定区性侵害未成年人案件可见,其中有很大一部分案件发生在酒店宾馆。如杨某某强奸案,未成年被害人不仅可以成功入住宾馆,同时犯罪嫌疑人可以随意出入未成年被害人的房间,宾馆方没有发现任何的异样。目前绝大多数受害儿童还是由公安机关发现,其他渠道发现则较少。

(二)措施全面但效果不够

从目前已有的救助措施可以看出,我们当前的救助方式还是较为全面具体的,是可以覆盖受害儿童各个方面的需求的。但是由于这些措施存在"治标不治本"的情况,因此总体效果依然有待提升。例如,嘉定区检察机关办理的案件当中,部分被害人在接受经济救助及一定的心理救助后,依然还是有明显的心理创伤,原因主要在于被害人的心理创伤往往需要长期的、专业的心理干预,但司法机关、政府部门的心理救助,基于经费、人员等限制,往往是临时性的,难于有效帮助被害人走出受到伤害的阴影。

改革开放以来,我国先后制定了《未成年人保护法》《预防未成年人犯罪法》《母婴保健法》《收养法》等一系列有关儿童权益保障的法律法规,形成了相对比较完善的儿童权益保护法律体系。但是,我国当前儿童社会救助的对象还比较狭窄,一些弱势儿童群体的权益还得不到切实有效的保护,弃婴、拐骗儿童、和逼迫儿童乞讨等现象难以得到有效根治。同时,儿童在成年前是难以获得独立生存能力的,不论何种暂时性救助都不可能一劳永逸地解决其生存问题。例如,当前我国民政部门救助很多都是主动性救助,为包括受害儿童在内的困境儿童提供食宿、经济帮助等。但是,这些应急性的临时救助,其着眼点主要是解决受害儿童当时面临的具体困境,而较少关注产生这些困境的深层次的家庭和社会原因即使关注到这些问题,也难以有效解决。这种临时性应急救助,常常不能持续发挥作用,有的家庭已经丧失了孩子健康成长的环境,孩子无法在原来的家庭环境中正常生活,这时传统的救助就很难再发挥作用。

(三)力量多元但专业不强

现在的社会救助力量包括公安机关、检察机关、民政、妇联、教育、团委等,已经逐步形成体系化、全局化的救助主体架构。但与此同时,当前我国儿童社会救助工作的专业水平相对较低,也没有把教育救助作为重点。以我国当前比较重要的儿童社会救助机构儿童福利院为例,它们在行政和财政上都过度依赖政府,主要靠政府的拨款维持运营。这直接造成了许多福利院硬件设施落后、专业人士配备较少、活力不足等现象。我国儿童福利院工作人员的专业水平普遍较低,大多数工作人员年龄偏大、文化程度较低,没有接受过专业的技能培训,难以很好地对孤残等困境儿童进行科学的照料和教育。贴合受害儿童需要的救助措施,不仅运用程度不够,而且缺乏制度依据,能否运用主要还是依靠办案机关、行政机关等部门的协调沟通与主动作为。

二、受害儿童社会救助实践难点之原因分析

(一)受害儿童救助相关立法存在缺位

儿童的幸福和权利是联合国及诸多域外国家关注的主要问题之一,为此出台一系列法律法规加以保护。如 1989 年联合国通过《儿童权利公约》,首次确认“儿童利益最大化”原则,该《公约》指出,儿童由于身心尚未成熟,需要特殊的保护和照料,尤其是作为家庭所有成员,应为儿童的成长和幸福创造和谐环境,充分负起儿童在社会上的责任。之后,2005 年联合国通过《为罪行的被害人儿童和证人取得公理的准则》,其中第 22 至 24 条规定,儿童被害人应当获得专业人员为其提供的,包括资金、心理辅导以及身体恢复等在内的各种援助。[①]

我国是联合国《儿童权利公约》签约国,但迄今为止,我国并未针对受害儿

① 参见罗卓.未成年被害人援助制度研究[D].重庆:重庆工商大学,2015。

童社会救助制定专门的法律法规，现有关儿童保护的相关规定散见于各种法律法规中。其中，既有法律类：如《未成年人保护法》《预防未成年人犯罪法》《收养法》等，又有行政法规类：如《社会救助暂行办法》《农村五保供养工作条例》《法律援助条例》《城市生活无着的流浪乞讨人员救助管理办法》等，也有政策性文件：如民政部、财政部《关于加快推进社会救助领域社会工作发展的意见》《关于制定福利机构儿童最低养育标准的指导意见》、民政部《"儿童福利机构建设蓝天计划"实施方案》、民政部、全国妇联《关于做好家庭暴力受害人庇护救助工作的指导意见》等。上述规定的惠及对象不仅有成年人，也有残疾儿童、流浪儿童、孤儿等特殊儿童，并非完全针对受害儿童所构建起的社会救助体系。

这种立法体系，不仅给救助工作的适用造成了检索困难，同时由于受害儿童与其他对象在特征、需求方面存在不同，也影响了救助的针对性及有效性，以及在法律适用上的障碍。例如，《收养法》为给查找不到父母的儿童提供家庭成长环境，规定了民政部门在办理收养登记前应当公告，而对因监护人实施监护侵害被剥夺监护权的儿童，公告似乎多此一举。同时，上述规定也存在流于表面，宣誓性规定较多，细化可执行的条文较少的立法问题。如《反家庭暴力法》第 17 条规定：居民委员会、村民委员会、公安派出所应当对收到告诫书的加害人、受害人进行查访，监督加害人不再实施家庭暴力。而对如何查访、查访间隔、未查访的责任则缺少规定。受害儿童尤其是未成年被害人作为社会弱势群体中的受害群体，其利益应当受到优先保护。这一点应当同《未成年人保护法》的要求保持高度一致，即在处理涉及未成年人事项时，应当给予未成年人特殊、优先的保护。① 但是，现阶段专门法规的缺位，使得受害儿童的权益无法受到完善的保护，更无法保障其权益的优先性。

（二）线索发现流转机制不健全

发现机制是受害儿童社会救助工作的起点，没有规范稳定的发现渠道和

---

① 参见吴鹏飞. 中国儿童福利立法：时机、模式与难点[J]. 政治与法律，2018，12。

机制，受害儿童及时、有效的社会救助就无从谈起。近年来我国为切实解决儿童遭受侵害线索发现难的问题进行了一系列有益探索。早在2013年，《性侵意见》第一次对强制报告制度作出规定；2015年，《中华人民共和国反家庭暴力法》首次在法律层面规定强制报告的相关内容；2016年，国务院《关于加强农村留守儿童关爱保护工作的意见》将强制报告作为四项重要的儿童保护机制之一提出。2020年是强制报告制度完善和发展的关键一年，最高人民检察院与国家监察委、教育部、公安部等九部门联合下发《关于建立侵害未成年人案件强制报告制度的意见（试行）》（以下简称《强制报告意见》），多部门共同建立侵害未成年人强制报告制度，旨在有效减少未成年人遭受侵害时损害扩大，并更好地维护被侵害未成年人的合法权益。而在最新修订并于今年6月1日正式实施的《未成年人保护法》中，我国首次将强制报告纳入未成年人保护法律体系，并新增七处涉及强制报告的内容。[①] 强制报告制度上升到法律层面，标志着我国受害儿童社会救助体系迈出了关键一步，诸多未成年被害人遭受侵害案件，因强制报告制度的落地实施得以被发现和立案审查。据不完全统计，到目前为止，各地检察机关通过强制报告制度立案并审查起诉案件500余起，大量发生在家庭内部及隐蔽场所的监护侵害案件，因医务人员按规定报告得以及时发现，一些农村留守、智障儿童遭受侵害案件，也因学校教师报告而发案，使部分受害儿童得到及时且有效的保护。[②] 可见，强制报告制度确实在一定程度上起到了发现儿童受害线索、帮助受害儿童维护合法权益的实际效果。但令人遗憾的是，强制报告制度在施行过程中同样面临着痛点和难点，如社会大众对强制报告制度知晓程度不高、报告意愿不强及线索发现渠道不

① 《未成年人保护法》第十一条任何组织或者个人发现不利于未成年人身心健康或者侵犯未成年人合法权益的情形，都有权劝阻、制止或者向公安、民政、教育等有关部门提出检举、控告。国家机关、居民委员会、村民委员会、密切接触未成年人的单位及其工作人员，在工作中发现未成年人身心健康受到侵害、疑似受到侵害或者面临其他危险情形的，应当立即向公安、民政、教育等有关部门报告。有关部门接到涉及未成年人的检举、控告或者报告，应当依法及时受理、处置，并以适当方式将处理结果告知相关单位和人员。

② 参见郭洪平．全面落实强制报告制度的难点在哪里？这篇说清楚了[EB/OL]．[2021-9-21]．https：//www.360kuai.com/pc/99bbec4a50c869c67?cota=3&kuai_so=1&tj_url=so_vip&sign=360_57c3bbd1&refer_scene=so_1。

畅等问题，可见，现阶段强制报告制度并未从根本上解决儿童受害线索发现难的问题，不仅需要加大贯彻落实的力度，同时还需要相关配套措施的进一步跟进。

首先，以知晓程度为例，强制报告制度作为国际社会保障儿童权利的有力手段，域外各国和地区在实践中均引入和完善该制度。据统计，美洲国家中强制报告制度覆盖率达90%，欧洲达86%，非洲达77%，亚洲则为72%左右。而我国的强制报告制度起步较晚，普通社会民众对强制报告制度的知晓程度并不高。今年四月，国际救助儿童会（英国）北京代表处和北京师范大学中国公益研究院联合发布研究报告《中国侵害未成年人案件强制报告制度现状调查研究》（以下简称《报告》）。这是全国首个全面探究强制报告制度现状的研究报告。该《报告》发现我国强制报告制度的普及程度有待提升。[①] 根据其针对儿童主任和社工实地调研收集的360份问卷，约有45%的社工和30%的儿童主任没有听说过强制报告制度，仅有18%的社工和26%的儿童主任了解或非常了解强制报告制度。接受过强制报告相关培训的社工为27%，儿童主任则为70%。[②] 应当说，上述《报告》中调研与访谈的主要对象是长期身处儿童保护与救助工作的第一线，但对强制报告制度的知晓程度依然不高。可见，有必要进一步加大强制报告制度的普及力度，拓宽其覆盖率，扩大受害儿童线索来源。

其次，从报告意愿上来看，现阶段社会公众的报告意愿并不强。[③] 其主要原因有几点：一是本身对强制报告制度不了解，知晓程度不高导致没有报告。二是部分应当报告的人员存在顾虑，或出于社会压力、名誉考虑等选择不报告，比如因碍于邻里关系抹不开情面导致不报告。三是少部分人认为，强制报

---

① 参见中国公益研究院儿童福利中心. 报告|聚焦强制报告制度现状：中国侵害未成年人案件强制报告制度现状调查研究[EB/OL]. [2021-09-21]. http://www.chinadevelopmentbrief.org.cn/news-25453.html。

② 《报告》数据主要来源于调查问卷、一对一访谈、焦点小组访谈和现场观察等，调查地区涵盖云南、湖南、广东和安徽等省份的部分地区。调研时间为2020年8月至12月，共收集360份问卷，采访51位访谈对象，分析18个案例。问卷调查对象为儿童主任和社工，访谈对象包括社区工作者、社工、教师，以及民政部门、公安机关、检察机关和妇联等部门工作人员等。

③ 参见谈子敏，等. 儿童社会工作者的儿童保护报告倾向[J]. 青年研究，2014，4。

告制度并未对未履行强制报告义务的法律责任作相对明晰的规定,或是强制报告义务对其无强制力,所以选择不报告。纵观强制报告制度落实的各个关键节点,如果责任人员在履行报告义务这个关键节点落实不到位,那强制报告制度的效果也将大打折扣。

最后,就线索发现的渠道而言,目前受害儿童线索来源的渠道非常有限,实践中强制报告制度规定的几类人员报告的线索依然有限,部分人员还因法治意识不强,或因不知、不敢、不愿报告等情况。儿童受到伤害,如未能及时发现并被报告,可能导致案件因为发现不及时而造成证据灭失,给侦查取证和打击犯罪带来诸多困难。上述存在的实践问题,客观上制约了强制报告制度施行的实际效果,对及时发现儿童遭受侵害的线索,进而对受害儿童开展有效的社会救助工作造成了阻碍。

(三)统一规范的社会救助体系尚未形成

广义上的社会救助,其救助对象包括因遭受自然灾害、失去劳动能力或者其他低收入公民所给予的物质或精神帮助,并非当然针对本课题所探讨的受害儿童群体本身。从这个层面上来说,针对受害儿童群体尚未形成统一规范的社会救助体系也处在意料之中。救助制度存在自身缺位且无法整合形成规范化的社会救助体系,导致受害儿童遭受违法侵害后,无法获得及时有效的帮助,不利于受害儿童恢复身心健康。

1. 监护救助制度尚未展开

据调研,儿童受到违法伤害,侵害人主要以熟人为多,因此,关注监护人伤害,并如何在第一时间进行监护干预并开展救助工作,便成为受害儿童社会救助的重中之重。我国《民法典》及新修订的《未成年人保护法》创设了监护救助相关制度,包括临时监护和长期监护,旨在帮助受害儿童在遭受违法侵害后尽早脱离所面临的现实危险,避免受到二次伤害。《民法典》总则中对监护设立专节进行了规定。6 月 1 日实施的《未成年人保护法》也对相关问题进行了明确与细化。

所谓长期监护,是由民政部门担任最终监护人,对此,《未成年人保护法》

规定了五种情形,并可以概括为两大类。一类是大家熟知的孤儿,另一类是在监护人丧失了监护能力或者是被撤销了监护资格,并且没有其他人可以担任监护人的情况下,指定由民政部门担任监护人的情形,这类情形中的未成年人也由国家负责长期照料。关于临时监护,《未成年人保护法》规定了七种情形,可以概括为两大类。一类是父母或者其他监护人因为主观或者客观原因导致出现了监护缺失,此时,由民政部门负责进行临时监护。另一类是未成年人自身因遭受性侵、欺凌等严重伤害,或者面临人身安全威胁的情况下,需要进行紧急安置、临时监护。

从当前的实际情况来看,长期监护一般由各地的儿童福利机构担任。临时监护一般由未成年人救助保护机构负责。这也是当前民政部门儿童福利领域的两类机构。两种监护制度相比,临时监护制度需要解决的问题更加复杂。虽然实务中履行临时监护职责的机构已经明确,但由于缺少临时监护平台建设、儿童进出、日常管理的配套规定,临时监护在实践中往往存在无法执行、监护条件差异较大、监护时间不适应办案进展等问题。此外,临时监护由谁启动、何种情况下终止、由何机构进行调查评估、临时监护人与监护人之间的关系如何界定等,特别是在中国乡土文化人情社会大环境下,有时候要启动临时监护往往还会面临着法、情、理之间的多难选择。[①] 这些问题在实践中相当棘手,如不妥善解决,势必影响临时监护措施的处置效果,导致相关法律规定被束之高阁,如同一纸空文。

2. 监护权撤销制度运行困境

撤销监护权制度作为受害儿童监护救助中的重要一环,在我国立法上经历了由不完善到相对完善的过程。自 1987 年《民法通则》规定该制度后,该制度在司法实务中的运用极其不充分。直到 2014 年 11 月,《监护侵害意见》的出台使得撤销监护权制度逐步被唤醒。之后,《反家庭暴力法》《未成年人保护法》以及《民法典》都对该制度不断细化。但与立法如火如荼形成鲜明反差

---

① 参见中国网. 民政部:研究制定临时监护和长期监护未成年人的工作细则[EB/OL]. [2021-10-18]. https://www.sohu.com/a/471066434_260616。

的是，撤销监护权制度在司法实务中运用并不广泛。

在中国裁判文书网上，笔者通过输入关键词“申请撤销监护人资格”“基层法院”，检索得到1 301份裁判文书。值得注意的是，这是自2009年以来到现在的统计数据。近五年，全国以撤销监护权为案由的一审民事案件基本维持在200件左右。究其原因，一是制度触发机制不顺畅。现行关于有权申请撤销监护人资格的主体众多，包括其他监护人、居民委员会、村民委员会、学校、医疗机构、妇联、民政部门等，申请主体过多却未对各主体之间的申请顺序具体规定，容易出现多主体有权申请但又均不申请的相互推诿局面。二是撤销方式不灵活。我国现行立法对于监护权撤销情形的规定，多侧重于严重侵害未成年人人身权益的行为，这一系列严重的侵害行为注定了监护权撤销方式为全部撤销。司法实践中不少案件因证据不足以证明侵害行为的严重性，撤销申请被法院驳回。从对受害儿童保护与救助的角度来说，这种高证据标准、缺乏监护中止式的撤销方式并不一定有利于救助受害儿童。① 三是配套保障措施不充分。在处理撤销监护权案件时，无论是申请人及司法人员，考量最多、顾虑最深的环节，莫过于未成年人后续成长中，谁来履行监护的责任，并保障未成年人健康成长。监护人如被剥夺监护资格，那么继续监护、抚养未成年人的重担便落在了民政部门身上，但现阶段监护救助尚未展开、寄养收养等衔接制度缺位的情况下，一旦监护人的监护权被撤销后，受害儿童的健康成长也难得到充分保障。

3. 人身安全保护令制度瓶颈凸显

人身安全保护令制度是针对家庭暴力案件受害者的重要保护举措，自颁布起，该制度在反家暴领域占据重要地位。根据最高人民法院的工作报告，2020年，法院审结婚姻家庭案件164.9万件，签发人身安全保护令2 169份。②作为国外民事保护令本土化的救济制度，人身安全保护令对庇护家庭暴力中

---

① 参见李睿龙.反思与重构：我国监护权撤销制度研究——以242件司法案例为样本[J].应用法学研究，2020，01。

② 参见新华社.2021最高人民法院工作报告（摘要）[EB/OL].[2021－10－15].http：//www.china-cer.com.cn/guwen/2021030911684.html。

的受害人,尤其是受害妇女起到了一定的保护作用,但从进一步发挥其保护受害儿童价值属性的角度仍存在较大的提升空间。[①]

笔者以“人身安全保护令”“未成年人”为关键词在中国裁判文书网进行检索,仅发现此类案件共 11 起。由此可以看出,人身安全保护令制度对因遭受家庭暴力的受害儿童而言,实践运用并不充分,进而也影响到对受害儿童的保护和救助效果,这其中原因也是多方面的。

一方面,对于无民事行为能力人、限制民事行为能力人无法申请人身安全保护令的情形,代为申请作用有限。《反家庭暴力法》第 23 条第二款规定了代为申请制度。即遭受家庭暴力的当事人的近亲属、公安机关、妇联、居委会、村委会以及救助管理机构在两种特定情况下,可以代为申请人身安全保护令。从这一规定可以看出,代为申请制度需要符合两个条件: 一是当事人属于无或限制民事行为能力人;二是在受到强制、威吓等原因的情况下,当事人无法自行申请。据调研,目前代为申请制度在实践落实中作用有限,主要表现在以下方面: 一是由于人身安全保护令是新生事物,对人身安全保护令如何适用,适用后效果如何等问题,相关部门及人员均存在顾虑与担忧,在干预家庭暴力时,往往会优先使用灵活快捷、便于疏导化解矛盾的调解等措施,对人身安全保护令则尽可能地慎用甚至不用;二是在遭受家庭暴力向外界寻求帮助时,受害儿童处于弱势地位,同时,儿童遭受家庭暴力的案件,大部分发生于家庭这一私密空间,外界难以及时发现处置,即使后续相关部门跟进,相关线索与证据也可能早已灭失。

另一方面,对受害儿童适用人身安全保护令的案件举证难、认定难。[②] 对儿童实施家庭暴力等行为,具有一定突发性和隐蔽性等特点,这也导致了取证难度较大,加上遭受家暴的受害儿童本身即是弱势群体,其基本生活来源完全依赖于监护人。同时未成年人自身对事物的认识能力和控制能力也较成人有

① 参见徐婉云. 论人身安全保护令制度的再完善——基于 2016 年至 2020 年安徽省 103 起案例的样本分析[J]. 巢湖学院学报,2021,1。

② 张海,陈爱武. 她们的人身安全保护令缘何被法院裁定驳回——基于裁定书的扎根理论研究[J]. 河北法学,2021,4。

很大差距,因此也缺乏证据意识及维权意识。诸多原因,对人身安全保护令在实践中的运用带来难度。

4. 综合救助措施僵化不足

评价社会救助制度发达与否,对综合救助措施进行评价是其中的重要因素。所谓综合救助措施,其包括但不限于经济救助、心理康复、医疗救助、转介安置、家庭干预、转学复学、法律援助、技能培训以及其他有效方式等。上述各项救助措施按救助内容分类,可以分为物质救助、精神帮助以及服务救助。其中,物质帮助是以经济救助为主,兼顾赠与衣物、图书等日常生活学习用品等内容的救助方式。精神帮助泛指为避免受害儿童产生心理问题所采取的心理干预措施。而服务救助内容更为宽泛,旨在帮助受害儿童更好走出受害事件的阴霾所采取的各种服务性举措,兼具长期性的特征。

从对受害儿童的物质救助措施来看,现阶段主要存在两方面问题:一方面,物质救助无法有效落实和运用于受害儿童本人。以刑事未成年被害人为例,据调研,在司法实践中,对于未成年人受到侵害并符合救助条件的案件,被救助的对象是未成年被害人,但由于被害人是未成年人,司法机关给予的经济救助一般是给到未成年被害人的法定代理人或近亲属,这些救助最终是否完全用于帮助未成年被害人,则难以确定。而对于遭受一般违法的受害儿童而言,由于不符合司法救助的条件,基本很少或根本没有机会接受过包括司法救助在内的各种救助措施。另一方面,救助资金不充裕。目前,对未成年被害人救助资金的来源呈现多元化的特征,主要来源还是公检法等部门,其次是社会、民间的募捐,以及一些公益基金。救助资金来源的多元化,在一定程度上缓解了未成年被害人救助资金不充裕的问题,同时也带来了一些新的问题,例如资金总额不稳定、救助条件不统一、重复救助等。由于缺乏对受害儿童的专项救助资金,资金问题的解决仍然是受害儿童社会救助的软肋之一。

从对受害儿童的精神救助来看,目前我国没有专门针对受害儿童的医疗救助机构或者救助组织,各大医院是受害儿童获取医疗救治的地点。受害儿童缺乏专门的救助机构,容易导致以下几方面的问题:首先,受害儿童在普通医院就医无法得到优先、特殊的治疗，诸如经受严重暴力侵害、性侵害的受害儿童，需要更为紧急的医疗救助，在普通医院往往无法实现。其次，无法保证受害儿童在普通医院实现人身伤害与心理创伤的“一站式”诊疗，导致受害儿童为了救治而奔波，进而也会给受害儿童带来重复伤害，同时有可能拖延有效的治疗时间。最后，医院作为一个公开场所，很难保证受害儿童隐私暴露的风险，受害儿童需要全方位及私密性强的治疗场所。许多受到侵害的儿童，会因为违法犯罪行为而产生严重的心理创伤，这与身体伤害一样需要专业的治疗与帮助，但受害儿童的心理伤害并未受到应有的关注。实践中，由于观念上对心理伤害的不重视，加上专业心理工作人员的缺乏，导致很多受害儿童无法得到及时有效的心理救助。

从受害儿童的服务救助来看，同样存在实践困境。以法律援助为例，近些年，对刑事案件中的未成年被害人，提供法律援助在逐步普及，但针对遭受一般违法侵害的受害儿童而言，往往不符合法律援助的条件，无法获得法律援助律师的帮助。又如，在家庭干预措施方面，现行家庭教育制度缺乏强制力，对受害儿童的家庭教育干预效果有限，①也在一定程度上导致部分遭受虐待等违法侵害的受害儿童无法获得及时救助。另外，其他服务救助措施，如转介安置、转学复学以及技能培训等，基于各种主客观原因，现阶段在实践中总体运用不多。对于受害儿童而言，未来的路很长，如何走出事件阴影，尽早尽快的恢复正常生活非常重要，对受害儿童的服务救助，依然需要重视与加强。

（四）救助主体之间尚未形成联动机制

受害儿童社会救助从来不是单独一个部门或者社会组织履职尽责就能实现的问题，它依赖于法律法规的完善，更依赖于各职能部门、团体、组织和社会力量的共同介入。② 纵观我国受害儿童社会救助现有体系，对于包括刑事未

---

① 参见冉源懋，等.家庭教育立法：困境儿童权益保护路径探析[J].教育学术月刊，2021，3。

② 参见周叶凝.多元主体介入儿童保护工作实践及反思——以“N地儿童保护个案”为例[J].长沙民政职业技术学院学报，2018，4。

成年被害人在内的受害儿童，有救助职能的主体众多且繁杂。依职能属性划分，既有行政机关如民政部门，司法机关如检察院，群团组织如妇联，以及民间社会组织如社会服务机构。上述救助主体在各部门所属领域内均采取了积极的举措与方法，也取得了一定成效，但在运行过程中也存在一定的弊端及难点。

1. 民政部门对受害儿童救助的关注度有限

以政府部门救助为例，民政部门作为儿童救助和福利的主要职能部门，其在儿童保护和救助方面起到了中流砥柱的作用，但因其所服务的对象涵盖范围太广，且儿童保护和救助更聚焦其中的流浪儿童、留守儿童等困境儿童群体，对因遭受不法侵害的受害儿童关注度有限。这导致儿童保护救助的资源需要分散到各类困境儿童，对于受害儿童的救助，则显得不够重视与充分。近年来，我国部分地区结合当地优势与特色，不断创新与探索未成年人保护救助新模式，如浙江省安吉县“1+1+1+N”工作机制；深圳宝安区“333”模式，等等，均体现了一定的特色，但由于试点和探索范围有限，现阶段依然尚未形成可推广、可复制的全国模式，导致各地在受害儿童社会救助方面，做法不同，成效不一。

2. 司法救助难以涵盖受害儿童群体

司法保护作为受害儿童尤其是未成年被害人保护救助的重要组成部分，承担着未成年人保护的最后一道防线。随着对未成年人综合司法保护理念的确立与推广，司法机关针对未成年被害人保护的相关机制相继建立。例如，一些地区逐渐建立起特殊询问制度、“一站式”取证制度等，[①]对于涉及未成年被害人的专门办案机制也在不断发展。这些保护救助机制的建立，是对于未成年被害人诉讼权利、受保护权的确认和回应，也是司法机关为受害儿童提供相对精准、有效的救助。与此同时，近年来，在司法救助中，针对未成年被害人的物质帮助、精神救助层面的内容，也经历了从无到有、从优到精的过程，使得司

① 参见席小华，李涵. 社会工作参与未成年被害人救助服务模式研究［J］. 青少年犯罪问题，2020，4。

法救助日益成为受害儿童社会救助体系中不可或缺的部分。尽管如此，司法救助与生俱来的被动性，可能导致对未成年被害人的救助略显滞后，且成本往往较政府救助更大，救助效果也因人而异。此外司法保护所救助的主体针对性较强，一般仅涉遭受刑事侵害的未成年被害人，司法救助难以涵盖整个受害儿童群体。

3. 社会力量参与受害儿童救助的渠道不通畅

近年来，包括社会组织在内的社会力量在儿童保护领域重要性日益受到关注。但实践中政府政策对非政府组织的态度与非政府组织的真实处境仍难免名不符实①。

从实践调研情况看：首先，社会组织参与受害儿童救助的渠道不畅通。当前发现儿童受到违法伤害线索的单位主要为公安机关，公安机关会根据违法伤害行为的严重程度，分别作为刑事犯罪、行政违法或一般教育等予以处理。在处理过程中，如果发现家庭教育、就学逃学、经济困难等难题，办案机关一般会联合妇联、教育、民政等部门，共同开展综合救助。办案部门很少会主动联合社会组织等社会力量来开展受害儿童救助工作，导致社会组织难以获取与受害儿童相关的信息，同时也缺乏救助资金和项目扶持。

其次，社会组织在实际参与救助过程中，还可能受到政府部门的阻挠与反对。当前参与受害儿童社会救助的政府部门及工作人员，对社会组织参与救助，总体上还不是很接受。不仅在工作理念与工作方法上存在冲突，同时还会考虑到未成年人办案信息保密要求及廉政风险等因素，宁愿在体制内开展救助，而不愿体制外的社会组织的介入与参与。

最后，社会组织在政府救助保障的基础上，以社会资金支持为来源，为受害儿童的社会救助贡献力量。在受害儿童救助领域，社会组织自我筹资及整合资源的能力依然较弱。当前特殊儿童服务类社会组织的发展主要依靠政府项目和资金扶持，一旦失去了持续稳定的资金来源或困境儿童服务项目的持

① 参见：中国青少年研究中心“民间儿童救助组织调查”课题组. 民间儿童救助组织调查报告——现状、问题与对策[J]. 中国青年研究，2006，5。

续支持,社会组织的发展将面临“退场”的风险。[①] 另外,受害儿童福利提供与保护救助的实施效果有赖于社会组织自身的服务质量,而服务质量在很大程度上取决于资金投入和专业人员配备的情况。如果资金有限,项目开展的内容就比较单一,覆盖范围小,社会组织的社会影响力就十分有限。而影响力有限最终会影响到社会救助的效果。

第三部分 受害儿童社会救助的域外实践及比较分析

鉴于我国受害儿童救助起步较晚,法律体系及救助措施尚处于构建与完善中,而域外国家和地区因开展时间较长,且在充分实践的基础上积累了丰富的经验。为加快完善我国受害儿童社会救助体系构建,有必要借鉴域外的实践经验与做法。

一、发现机制:解决儿童受害线索来源难题

如何发现儿童受害线索一直是域内外重点关注的疑难问题之一,域外国家和地区对此问题的解决也并非一蹴而就,而是在意识到受害儿童保护的重要性后,依托专门机构,创设强制报告等制度,在明确保护主体及报告程序的基础上逐步完善的。

(一)设置专门机构

为进一步扩大受害儿童线索来源,同时也为防止职责交叉产生的权责不清及执法空白,域外一般设置有专门的儿童保护机构,以方便统揽儿童保护职

① 参见潘鸿雁,王琦菲.困境儿童救助中的政社合作关系考察——以上海市X区为例[J].中州学刊,2021,9。

责。如20世纪70年代,美国通过制定保护儿童、防止儿童虐待与忽视的法律法规,成立专门的儿童保护管理机构,形成了以国家主导和儿童保护服务机构为主体的双层管理体制,在这一体制下,又搭建起三级联动的儿童保护机构运行模式。[①] 其中联邦层面设置负责儿童防虐待与忽视的儿童局,该局下设儿童保护服务处作为二级组织管理机构,三级组织管理机构为人力资源服务部,该机构在县、市设有儿童保护服务办公室,主要从事五方面工作即紧急情况反应、家庭维护、家庭团聚、永久安置、宣传预防。

而在英国,负责预防儿童虐待的机构为地方当局儿童服务机构或警察局,但为了方便举报,英国又设置了"全国防止虐待儿童协会"作为协助警察的半官方性质机构,其主要职能包括接受儿童虐待的举报,将案件提交给儿童服务机构或警察局。[②]

大陆法系的韩国儿童保护工作从20世纪90年代开始,虽然仅发展短短二十余年,却已形成了以中央及地方政府为核心,民间组织和儿童保护机构为双翼的儿童保护网络。[③] 其中数量庞大的儿童保护机构承担起受理受害儿童的报告、参与处置受害儿童案件,以及为受害儿童提供适当服务等职责。

(二)强制报告制度

强制报告制度产生于美国20世纪60年代,制度设计的初衷即在于解决受害儿童线索发现难的问题,它要求特定的人员在发现儿童虐待等侵害行为时向特定机构报告,未能报告的责任主体将承担相应的民事、行政或刑事责任。经过数十年的发展,这项制度已被域外诸多国家和地区所采纳。

各国关于儿童保护强制报告制度的规定,虽然核心构成要素大致相同,均涵盖责任主体、报告的内容、未能报告的责任、保护报告主体的规定等四个方

---

① 蔡迎旗,程丽. 美国儿童防虐待与忽视运行机制的基本特征及对我国的启示[J]. 湖南社会科学,2015,5。

② 梅文娟. 英国儿童虐待干预机制考察及其启示. 山东警察学院学报,2014,1。

③ 易谨. 韩国儿童保护法律制度的特色与启示[J]. 中国青年社会科学,2018,3。

面的内容。[①] 但在具体制度设计上也会有所差异。如在强制报告的责任主体方面,各国通常有两种立法模式。多数国家和地区将由于职业原因可能接触儿童受害的人员列为责任报告主体,这是最为普遍的立法模式。相关职业主体主要包括医护人员、教育人员、执法人员和社区工作者等。而也存在部分国家和地区将所有人均列为责任报告主体,这种立法模式多出现于强制报告制度已运行多年且逐渐成为国民共识的国家和地区,在防治性侵儿童的立法中尤为常见。

关于强制报告的内容,身体虐待和性虐待几乎是各国立法中必备的内容,法律要求责任报告主体在发现儿童遭受身体虐待、性虐待时必须进行报告。相较于身体虐待和性虐待,精神虐待和忽视造成的心理伤害较难判定,是否作为报告的内容,立法明显不同。例如美国华盛顿地区及澳大利亚维多利亚州均不对精神虐待和忽视进行报告。域外国家对未能履行报告义务的责任机制也进行了相应规定,如美国有 47 个州立法规定,如果强制报告责任主体明知儿童虐待和忽视案件发生而不进行报告,均应追究相应的刑事责任,但具体存在轻重罪的区别。此外,还有部分州规定如故意违反强制报告义务的责任人应当承担相应的民事赔偿责任。而加拿大《儿童和家庭服务法》还规定,未能履行强制报告义务的责任主体或者授权、允许雇员不履行报告义务的法人组织主管人员将被处以不超过 1 000 加元的罚款。

二、保护机制:多层次、立体化、综合性保护措施

域外受害儿童保护机制的有序运行得益于健全的法律体系,诸多国家均重视从立法层面保护和救助受害儿童,并以此为延伸建立起具有多层次、立体化、综合性的受害儿童救助保障体系。

(一)法律保护体系

关于受害儿童救助法律体系的构建,纵观域外各个国家和地区,尤以美国

---

① 杨志超.比较法视角下儿童保护强制报告制度特征探析[J].法律科学(西北政法大学学报),2017,1。

的做法最为典型,它拥有一套完整的儿童保护法律体系,包括前述强制报告制度、受理登记和调查程序、寄养和监护临时措施或长久安置、家庭维护以及将儿童从家庭迁出的司法审理程序。[①] 同为英美法系,英国也早在1889年就通过了第一部防止虐待和保护儿童法,即《儿童宪章》,将虐待儿童作为一种犯罪来处置,从而实现对儿童虐待者进行干预和指导的目的,也正因如此,该法案成为英国儿童保护制度发展史上的重要里程碑。现经过100多年的调整和改革,至今英国已经建立起相对完善的儿童保护制度。

韩国儿童法律保护体系是以《儿童福利法》为基本法,与儿童救助与矫治、儿童免遭虐待暴力、儿童安全和治理有害环境等方面的单行法律形成了一个多层次立体化的儿童保护法律体系。

(二)转介处理程序

受害儿童的转介处理程序一般运转于儿童受害案件发生后,在义务人向儿童保护机构履行其报告义务后,由受害儿童的专门保护机构受理儿童受害案件。在案件处理过程中由专人依程序进行筛查,观察是否符合案件受理标准,如果符合,则开始着手对儿童的受侵害情况进行调查。之后,根据调查情况对事件严重性进行评估,最终在此基础上作出如采取紧急或一般保护措施以及儿童家庭外安置措施等决定。

1. 紧急保护措施

所谓紧急保护措施,是指在调查过程中发现特别紧急的情况,如果不立即对儿童采取保护措施会导致儿童面临严重的生存威胁时,法律也允许儿童福利部门或警察部门未经法院许可采取临时紧急保护措施。从其概念中可以看出,该措施具有紧急性、临时性特点。这种紧急性、临时性的特点体现在启动紧急保护措施的特定事由和行使期限上。一方面,各国法律均强调只有合理理由相信如不对儿童采取紧急保护措施,该儿童将有可能受到严重损害,否则无法将受害儿童从其监护人处带离安置。另一方面,诸多国家和地区对于紧

① 胡巧绒.美国儿童虐待法律保护体系介绍及对我国的启示[J].青少年犯罪问题,2011,5。

急保护措施的期限均施加了相应限制，如英国警察采取紧急保护措施期限不得超过 72 小时，美国康涅狄格州要求将儿童紧急带离家庭的时间不超过 96 个小时。当然，虽然对紧急保护措施有时间限制的要求，但并不意味着仅在该期限内对受害儿童施加保护。紧急保护措施的时间性要求除了对受害儿童施加临时性保护外，还要求相关部门在该期限内应采取更强有力的保护手段。例如，澳大利亚新南威尔士州社区服务部主任或警察对儿童实施紧急保护措施后，社区服务部主任必须尽快，并不得迟于带离儿童或承担照管责任之后儿童法院随后的合议日，向儿童法院申请紧急照管和保护令或评估令等措施。

2. 儿童家庭外安置措施

如果经过紧急保护措施后，儿童面临的伤害或伤害风险仍然没有解除，或者父母拒绝与儿童保护机构合作、拒绝接受各种针对其不当照顾行为的帮助措施，对保障儿童安全而言，只能继续保持儿童与父母的分离，才能防止儿童再次受到严重伤害。此时，儿童保护机构的考虑重点，将从儿童安全的保障转移到如何最大限度的满足儿童利益需要。但为了避免与父母分离给儿童造成的负面影响，各国立法对儿童家庭外安置措施都规定了严格的适用标准。如美国联邦政府要求儿童家庭外安置措施必须同时满足儿童安全保护的需要和穷尽其他一切合理措施。家庭外安置措施的结果，是由国家暂时承担儿童监护责任，国家是儿童的临时监护人。而国家承担儿童监护责任的具体方式，属于一国社会福利制度的内容，因此该部分域外国家差异较大。如美国家庭外安置儿童的方式主要是家庭寄养。一般而言，寄养家庭通常要经过州的批准程序，由各州根据相关规则，综合考察家庭规模、儿童数量、寄养父母年龄等因素做出批准决定。而英国地方政府在家庭外安置儿童的具体种类则相对较多，包括寄养在亲戚朋友家中、安置于政府批准的收养父母家中以及由政府组织的儿童之家中。适用家庭外安置措施的结果存在三种可能性：一是儿童回到父母家中与父母团聚；二是儿童被收养；三是儿童一直由国家监护直至成年。

（三）综合救助措施

儿童保护机制的有效运行，主要有赖于综合救助措施的落实，通过心理疏导、继续教育、医疗康复等手段实施的救助措施，尽可能帮助孩子们恢复身心健康。

在儿童侵害的救助问题上，域外救助的途径多样，救济手段、主体参与模式等方面均有值得借鉴之处。就救助途径多样化而言，美国对未成年被害人的救助包涵两个层次的内容，一部分是为未成年被害人提供特殊保护的司法救济，另一部分则是以政府为主导的综合救济，涵盖经济补偿、心理辅导、康复医疗等多种救济性服务。[①] 而英国的“全国防止虐待儿童协会”，通过建立全国受虐儿童咨询中心以及家庭日间中心，向受害儿童及其家属提供专业救助服务。不仅包括一站式的医疗救助，由专门的医疗救护人员提供医护服务，还有精神和心理治疗设施并由执业心理医生提供心理康复和支持，以及专业社工的帮助。在我国台湾地区，根据《犯罪被害人保护法》第 28 条规定，台湾地区“法务部”和“内政部”成立专门的财团法人性质的被害人保护机构，具体从事被害人生理、心理医疗及安置协助，代为申请被害补偿金、社会救助及民事求偿，调查犯罪人或赔偿责任人财产状况，协助被害人生活重建等工作。[②]

关于综合救助措施的主体参与模式，传统上社会救助问题的解决主要是侧重社会公平的实现并由政府主导进行，但过于强调社会公正的制度目标可能会造成对效率价值的忽视，进而反过来会影响社会救助的长远发展。在此经验和教训基础上，域外国家开始对特定社会救助项目的实施途径展开社会化或民营化的实践。在这种背景下，使得社会救助出现了从国家救济为主、民间慈善义举为辅的传统模式，到政府、社区、社会组织、公众等多元救助主体承

---

① 参见何挺，林家红. 中国性侵害未成年人立法的三维构建—以美国经验为借鉴［J］. 青少年犯罪问题，2017，1。

② 参见王志胜，林志强. 我国台湾地区未成年人保护法律制度述评［J］. 青少年犯罪问题，2005，6。

担各负其责的现代模式的转向。但因各国政治、经济、文化、历史背景和民族传统的不同，所形成的社会救助民营化的具体模式也有所区别，大致可以将其分为三类：①

1. 政府辅助+社会主导的“东亚模式”

这种模式是指在各级政府的积极参与协助下，主要由社会即民间主体组织开展救助活动并提供各种社会救助要素，而政府及其职能部门只处于辅助地位，或只承担最后责任的社会救助模式。目前采取这种救助模式的主要是日本、韩国、中国香港等东亚国家和地区，故而又称之为“东亚模式”。

2. 政府主导+社会辅助的“欧陆模式”

这种模式主要由各级政府提供救助要素，以政府及其职能部门和公共财政资金为主来组织开展社会救助，社会和民间力量作为社会救助的补充形式。因德国、俄罗斯、匈牙利、英国、法国等国家采用这种模式，所以又被称之为“欧陆模式”。

3. 强政府+强社会的“美加模式”

这种模式是指把社会力量的救助作为政府救助的重要辅助力量，本着能让社会做的事情尽量由社会来做的方针，积极发挥社会力量，共同做好社会救助工作。而非政府组织在督促政府解决贫困问题、募集社会救济资金、救济社会贫困人员、监督救济资金使用等方面发挥重要作用。在这种救助模式中，政府和社会组织相互补充，共同发展。这种政府与社会齐头并进或“强政府+强社会”的模式主要以美国和加拿大为典型，又被称为“美加模式”。

三、预防机制：预防是最好的保护与救助

对受害儿童而言，预防同样是最好的保护与救助。域外国家和地区除在受害儿童线索发现与保护救助方面形成相对完善的制度体系外，在避免未成年人遭受侵害及防范受害儿童二次伤害等方面均形成了特色鲜明的制度。

① 参见刘光华，段锋．域外社会救助民营化基本模式对中国的启示［J］．法治论坛，2014，1。

（一）预防未成年人被性侵相关制度

在预防未成年人被性侵方面，未成年被害人尤其是遭受性侵的受害儿童所承受的身心创伤尤其严重，域外国家为预防此类性侵未成年人犯罪，避免受害儿童遭受二次创伤，创设了一系列制度。以美国为例，1994 年，美国通过《雅各伯威特灵法案》设立了性犯罪者信息登记制度，要求各州为性犯罪者建立信息登记册，记录其基本信息。1996 年，通过《梅根法案》设立性犯罪者社区公告制度，公开性犯罪者信息，以便公众及时查询相关内容，随时提高警惕避免受到侵害。2006 年，又颁布《亚当・沃尔什法案》设立了信息更新制度，并对信息登记制度以及社区公告制度作出了更为细致的要求。为纪念梅根案件在美国法制史上的里程碑地位，美国将上述一系列制度统称为"梅根法"。①

"梅根法"的主要内容包括四个部分：首先，性犯罪者信息登记制度。规定信息登记的具体内容，要求性犯罪者向政府提供姓名、住址、工作地、学习地以及驾照等基本信息以便备案。其次，性犯罪者信息更新制度。根据性侵行为的严重程度将性犯罪者分为三级，就不同等级的性犯罪者规定了不同的信息更新期，要求性犯罪者在规定期限内自动更新个人信息，没有自动更新的可能被判处监禁刑。再次，性犯罪者社区公告制度。建立专门的性犯罪者信息公开网站，并且对公开的内容进行了限制，将限制公开的内容分为强制性不予公开的信息和选择性不予公开的信息，强制性不予公开的信息有被害人的身份、性犯罪者的社会保障号码、尚未定罪的案底，选择性不予公开的信息有被界定为 1 级的性犯罪者的信息、性犯罪者雇主姓名以及性犯罪者就读学校的名称。最后，设置专门的性犯罪者量刑、监控、逮捕、登记及追踪办公室，全权负责上述各项制度的具体实施。

（二）民事保护令制度

民事保护令制度最早由美国联邦及州立法所创，因发展较早，在实践中不

① 参见何挺，林家红. 中国性侵害未成年人立法的三维构建——以美国经验为借鉴[J]. 青少年犯罪问题，2017，1。

断完善，目前其保护令内容相对健全合理。我国已于2016年通过《反家庭暴力法》确立了人身安全保护令制度，与域外民事保护令制度一脉相承。《反家庭暴力法》明确了人身安全保护令制度的受理条件、启动与执行程序、受理机构等，在一定范围内进行适用，一定程度上了保障了儿童权益。

从民事保护令种类上看，美国等域外国家均根据紧急程度不同将保护令进行分类，相对应的，不同保护令在审理程序及审查标准方面的要求也略显差异，目的是为了使遭受家庭暴力的受害人可以根据个人需求选择适合的保护令。就保护措施来看，针对受害人普遍构建起完善齐全的救助措施，覆盖受害儿童的人身、财产及精神等各个方面。[①] 同时，对施加家庭暴力的加害者而言，部分国家和地区也采取了相应举措。例如美国法官一般会根据实际情况，增加对家暴者实施矫治的条款；又如我国台湾地区针对加害人建立“处遇计划”，即要求相对人接受认知教育辅导，通过教育、心理治疗等方式，预防家庭暴力的再次发生。

此外，在民事保护令证据制度方面，一般而言，受害者在家庭生活中均处于相对弱势地位，尤其是受害儿童，受限于经济基础及认知水平等因素，不能证明自身存在紧迫的人身危险而无法申请民事保护令。因此，域外国家均纷纷降低保护令的申请门槛，其证据制度普遍呈现出申请举证便利，证明标准低等特点。

第四部分　受害儿童社会救助制度的构建与完善

一、受害儿童社会救助制度之理念与原则

借鉴国内外研究成果，特别是儿童权利保护的“儿童利益最大化原则”、国家监护理论、恢复性司法的理念与要求等，为受害儿童社会救助制度的完善提

① 参见孔超. 我国〈反家庭暴力法〉中人身安全保护令制度研究[D]. 南京：南京大学 2019：20。

供理论支持与适用原则。

（一）儿童利益最大化理念的贯彻落实

坚持儿童利益最大化，为世界各国构建未成年人司法处遇体系提供了重要理论依据。《儿童权利公约》第3条第1款规定，关于儿童的一切行动，均应以儿童的最大利益作为首要考虑，即将儿童最大利益原则确立为保障儿童权利的最重要的理念与原则。同时，该公约第39条还规定：缔约国应采取一切适当措施，促使遭受下述情况之害的儿童身心得以康复并重返社会：任何形式的忽视、剥削或凌辱虐待，酷刑或任何其他形式的残忍、不人道或有辱人格的待遇或处罚，或武装冲突。此种康复和重返社会应在一种能促进儿童的健康、自尊和尊严的环境中进行。

我国作为《儿童权利公约》的成员国，近些年，无论是立法领域，还是司法领域，以及与儿童保护相关的其他领域，儿童利益最大化的理念日益被重视。从这些年的立法及儿童保护相关制度看，均体现了儿童利益最大化的理念。2011年，国务院颁布的《中国儿童发展纲要（2010—2020）》，该《纲要》将儿童最大利益与儿童优先规定为基本原则；2012年《刑事诉讼法》，将未成年人刑事案件诉讼程序专章加以规定；到2021年6月修订后的《未成年人保护法》《预防未成年犯罪法》，儿童利益最大化理念均贯彻其中，且成为这些法律规定及相关制度的主要指导原则。

根据儿童利益最大化的理念，要求涉及儿童的一切行为，必须以儿童权利为重。未成年人心智发育尚未成熟，同时又正处于身心发展的特殊时期，本就需要给予特殊保护。一旦受到不法侵害，对儿童的身心健康往往造成严重影响，需要提供心理、身体、经济等多方面的救助帮扶。因此，在受害儿童社会救助制度的构建与完善中，体现儿童利益最大化原则是必然要求。

（二）国家亲权理论的引入与借鉴

国家亲权理论认为，国家是未成年人的最终监护人，在未成年人无人监护或者监护人缺乏监护能力、怠于履行监护职责或滥用监护权等情况下，应当积极主动地进行代为监护和强制干预,维护未成年人的合法权益。国家亲权理论强调国家对于未成年人保护的责任与权力,而这种保护责任和权力具有高于家长监护权的地位,是一种最后责任、兜底责任,是在家长无法对未成年人进行有效监护时,国家负有为未成年人提供监护关爱的终极义务。

在英美法系国家,国家亲权是少年司法制度的基本理论根基,该理论主要强调国家对未成年人的保护责任。例如,在美国,国家亲权主要表现国家对经济上弱者的保护;在英国,表现为对自然亲权的补充。该理论在域外的实践运用相当广泛,同时在实践运用过程中,国家亲权理论也在不断演变与完善。国家亲权经历父母绝对亲权、国家亲权辅助父母亲权后,已逐渐演进为在儿童最佳利益调节下的国家亲权超越父母亲权阶段。[①] 在儿童保护领域,国家亲权主要运用于法定监护人不能履行或者不当履行监护责任等情形时,国家通过公权力对上述法定监护人的自然亲权进行必要的干预,并承担起儿童监护人职责。

据调研,在儿童受到不法侵害的案件或事件中,通过调查这些受害儿童的家庭状况,可以发现近80%的家庭存在一定问题,主要表现为监护人怠于履行监护职责,或者监护不当,甚至存在监护侵害等情形,这些情形与未成年人受到不法侵害存在较大的关联性。可见,在受害儿童的社会救助中,国家亲权理论的引入与运用显得十分必要,国家通过公权力干预失职监护人,从而保障受害儿童的合法权益。而域外先进的国家亲权理论与实践,对我国受害儿童社会救助制度的完善,同样具有重要的借鉴意义。

当然,在构建与完善我国受害儿童社会救助机制的过程中,对域外国家亲权制度的借鉴与引入,同样需要全面分析与认真研究,严格把握国家亲权制度在我国少年司法领域的本土化运作。而国家亲权理论在受害儿童社会救助领域的本土化运作,需要重点理清两个问题:一是国家与法定监护人之间的关系;二是国家与儿童之间的关系。

---

① 参见姚建龙.国家亲权理论与少年司法——以美国少年司法为中心的研究[J].法学杂志,2008,3:92。

（三）恢复性司法理念的有效运用

任何一项制度的构建，都有其理论基础，构建受害儿童社会救助制度也不例外。目前，域外关于刑事被害人救助的理论基础主要有：国家责任说、社会福利说及社会保险说。恢复性司法理论强调，所有与特定犯罪案件利益相关的各方，从着眼未来的角度出发，聚集到一起共同参与和处理犯罪后果。恢复性司法的核心价值是尊重、修复与预防。当然，构建我国受害儿童社会救助制度，需要考虑我国的国情和现有的实践经验。笔者认为，构建与完善受害儿童社会救助制度，需要恢复性司法理念的有效运用。

恢复性司法理念的引入，契合对受害儿童救助的制度设计，真正将伤害转化为义务，让一切恢复正常成为正义的实现。恢复性司法重视和强化被害人在刑事司法程序中的主体地位，关注被害人的物质精神补偿和对被破坏社会关系的修复。因此，在构建与完善受害儿童社会救助制度中，如果能将恢复性司法理念贯彻其中并作为指导原则，能更加充分有效保障受害儿童的合法权益，有利于帮助受害儿童获得物质补偿及精神救助，同时促进家庭和睦、社会和谐，为受害儿童恢复身心健康提供更加有利的环境。

因此，恢复性司法理念对构建受害儿童社会救助制度至关重要。对受害儿童的社会救助，符合恢复性司法的价值取向，能保障对受害儿童开展全方位、立体化、长期性的救助，帮助受害儿童有效回归家庭和社会，同时，还督促侵害人积极赔偿对受害儿童造成的物质精神损失，承担起恢复家庭关系或者社会关系的责任，共同使破坏的关系得以愈合，并促使侵害人主动改过自新。

二、受害儿童社会救助制度完善路径之思考

（一）促进立法完善，逐步健全受害儿童社会救助法律体系

受害儿童社会救助的有效开展需要立法保障。从域外国家的实践情况看，完善的法律体系是保障受害儿童合法权益的通行做法。结合前文所分析

的当前受害儿童社会救助制度的实践困境,即救助线索不畅,救助效果不够,救助力量专业不强等问题及其原因,特别是当前受害儿童社会救助法律规定存在的不足,即立法庞杂,缺乏针对性和可操作性,规范层级较低,缺乏系统和协调等现状。在梳理域外受害儿童社会救助的立法经验,进而对我国受害儿童社会救助的立法完善提出建议。

1. 在立法理念上,严格落实儿童利益最大化原则

受害儿童社会救助立法的完善,应突出儿童利益最大化原则的价值引导和理论依据。坚持儿童利益最大化,为世界各国儿童保护法律的重要理论依据与理念指导。坚持儿童利益最大化的观点认为,未成年人与成年人具有本质上的不同,应当具有独立的社会地位,受到特别的保护,这是未成年人天赋的权力。① 正如 1989 年的《儿童权利公约》第 19 条的规定: 缔约国应采取一切适当的立法、行政、社会和教育措施,保护儿童在受父母、法定监护人或其他任何负责照管儿童的人的照料时,不致收到任何形式的身心摧残、伤害或凌辱,忽视或照料不周,虐待或剥削。

通过对新修订《未成年人保护法》规定内容的逐条分析,我们发现,在诸多条文中,儿童利益最大化的理念均被贯彻其中。例如,该法明确提出:“保护未成年人,应当坚持最有利于未成年人的原则”,同时对于在处理涉及未成年人事项时,如何贯彻落实这一原则提出以下要求: 给予未成年人特殊、优先保护,尊重未成年人人格尊严,保护未成年人隐私权和个人信息,适应未成年人身心健康发展的规律和特点,听取未成年人的意见。这不仅是立法对儿童利益最大化原则的有效落实,也反映出该原则在我国未成年人保护相关立法中日益被关注。

近些年,不少地区在开展受害儿童救助工作中,积极探索强制报告制度、人身保护令、督促监护令②制度,取得较好的成效。在立法完善过程中,可以将这些经验做法上升为法律规定。在具体制度的立法设计上,可以考察与借鉴

① 吴燕. 未成年人刑事检察实务教程[M]. 法律出版社,2016: 9。

② 督促监护令是指司法机关在办理涉及未成年人案件时,发现监护人存在监管不严、监护缺位等情况,导致未成年人受到侵害或者违法犯罪时,向监护人发出依法履行监护职责的检察工作文书。

域外立法模式及内容设计，在结合本国国情的基础上，作出具有本国特色及可操作性的具体规定。例如，通过考察域外民事保护令制度，推动和完善我国人身安全保护令制度的有效运行，切实为维护受害儿童权益提供制度助力。

2. 在立法设计上，可以从不同层面展开法律保障

关于受害儿童社会救助的立法完善，可以针对受害儿童社会救助相关问题进行专门立法，也可以受害儿童社会救助的视角对现行立法进行完善。在立法设计角度而言，可从不同层面展开：

一是从受害儿童的角度，量身定制预防性立法及救济性立法。具体而言，对受害儿童专门制定预防性及救济性立法，类似美国的《儿童虐待防治与处遇法案》《收养扶助与儿童福利法》《收养与安全家庭法》，日本的2000年颁布的《防治儿童虐待法》等法律。在具体立法内容上，首先对受害儿童的定义作出了具体明晰的规定，在此基础上，对侵害者及侵害情形，以及保护者及如何保护等问题作出明确规定，为全方位保护与救助受害儿童提供了法律基础。

二是从预防和救济维度，对现行立法进行完善。为了加强对受害儿童权利的保护，在专门立法条件尚未成熟时，也可以在《未成年人保护法》《刑法》《民法典》等法律中进行补充完善。首先，明确受害儿童救助的行政部门及其职能内容，同时明确规定职能部门不履职或不当履职应承担的责任。其次，增设切实可行的受害儿童救助线索流转机制，尽早发现并移送侵害儿童行为的线索，并及时为受害儿童提供救济措施，包括为受害儿童及其家庭提供必要的救助措施，例如医疗扶助、心理咨询服务等，帮助他们修复家庭关系。又如，在《反家庭暴力法》中，将强制报告制度的内容予以补充完善，进一步细化强制报告的责任主体。再次，立法规定政府及其职能部门承担防止儿童遭受侵害的预防机制，可以规定政府发挥统领作用，各部门充分履职，同时加强部门的内外协作，形成行之有效的预防儿童遭伤害及受害儿童的保护体系。最后，在条件成熟时，制定统一的儿童保护法典。目前关于受害儿童救助的立法规定过于分散，且多数规定层级较低，不利于发挥立法的指引作用，特别是缺乏相关职能部门不作为的责任规定，不利于实践中对受害儿童救助的成效。因此，先可以从不同角度不同领域对受害儿童开展相关救助工作进行规定，并在梳

理、归纳及完善的基础上，待立法条件成熟时，整合为统一的儿童保护法典。

三是构建适用于受害儿童的国家补偿制度，特别是针对刑事案件中未成年被害人，亟需建立国家补偿制度。从域外情况看，通过立法对被害人进行合法有效的补偿是通行做法。例如，在德国，1976年颁布《暴力犯罪被害人补偿法》，规定被害人及其近亲属在遭受人身伤害时可以申请补偿；1977年成立了“白环”，旨在协助被害人心理康复和生活重建。在法国，1944年，确认了国家补偿制度，规定在加害人不明或者无力赔偿时，被害人可以申请国家补偿；1990年设立了犯罪被害人的国家补偿基金，进一步保障因犯罪侵害而生活困难的被害人；1986年成立了第一个国家被害人援助中心，承担对被害人提供赔偿、心理咨询辅导等职能。对此，在立法上，可以由最高国家权力机关按照立法程序制定一部专门的《受害儿童补偿法》，也可以通过制订《犯罪被害人补偿法》，构建我国统一、权威的刑事被害人补偿法律体系，同时将刑事案件中受害儿童的补偿规定纳入其中或者专章规定。在制定补偿法时，应当从实体上和程序两个方面进行的设计，内容上需要明确补偿的原则、补偿范围和标准、补偿金来源、补偿机构、补偿程序等内容。运用法律规定，保障受害儿童获得充分的补偿，让受害儿童在全社会的关心与帮助下，逐步走出被伤害的阴影，同时帮助改善受害儿童的成长环境。

3. 在立法内容上，构建健全完备的受害儿童救助体系

完备的法律规定是未成年人保护相关职能部门充分履职的基础与保障。建议从救助主体、救助范围、救助条件、救助方式及救助程序设置、救助资金来源等方面，构建健全完善的受害儿童救助体系。

首先，确保救助方式的多样性。对受害儿童的救助方式，采取法律援助、心理疏导、医疗救助、经济帮扶及家庭教育指导等多层次的受害儿童救助举措。由于受害儿童救助的实践复杂多样，决定了救助方式需要灵活多样。例如，父母被剥夺监护权，需要异地安置就学的儿童，对其的救助就包括了安置、入学、户籍登记、经济救助等方面，对该类情况，既可由民政解决安置后，移交教育部门解决入学，之后再由教育部门移交公安派出所解决户籍登记等，也可由民政或者教育部门解决安置、入学等事项后提交妇儿委一并解决

其他事项。

其次，救助资金来源的多元化。根据《社会救助暂行办法》的规定，要完善社会救助资金、物资保障机制，将政府安排的社会救助资金和社会救助工作经费纳入财政预算。同时，社会救助资金实行专项管理，分账核算，专款专用，任何单位或者个人不得挤占挪用。社会救助资金的支付，按照财政国库管理的有关规定执行。在救助资金来源上，建议在当前规定的基础上，可借鉴国外的成功经验，设立专门机构，成立受害儿童救助专项基金，明确救助条件，并在现有救助体系下适当放宽救助标准，真正帮助受害儿童走出困境。

再次，强化救助场所的专门化。短期带离或正式剥夺监护权，仍是对该类儿童救助的前提与相对可行的救助措施，故救助场所建设仍不可或缺，实践中受害儿童被带离监护人后无处安置的问题，也说明了场所建设的重要性。鉴于我国家庭寄养的条件较为苛刻，难以应对受害儿童救助的紧迫需求，故院舍式养护仍是应对这一问题的首选，但需要作出必要的改革，如将大型养护机构分散，将原来的大楼或大院划分成较小的居住单元，并为每个居住指派专门的工作人员，这一方面有利于提高相关人员的责任心，另一方面也适应了各地案件量不均的实际，有利于节约资源。

综上，通过立法，构建全方位、立体化救助立法体制，明确各职能部门应承担的救助责任，以及未履行救助义务应承担的责任，畅通各救助机构间的衔接配合，并构建起行之有效的监督制约机制。

（二）强化政府主导，打造全方位的综合救助格局

儿童作为弱势群体，难以依靠自身力量启动并开展对自身的救助，对此，加强政府主导至关重要。分析我国当前的受害儿童救助体系，由于行政管理权的细分，已逐步将相应救助要求归入各相应行政部门。但目前依然有待提升的方面主要有：行政机关在受害儿童救助上存在权责不清，受害儿童的发现及转处机制不畅，各救助部门之间的衔接机制尚未构建、缺乏统一的监督管理机制等。对此，需要健全政府领导、民政部门牵头、有关部门配合、社会力量参与的受害儿童社会救助工作协调机制。

1. 明确划定相关政府部门职责要求

由于受害儿童的社会救助，是一个系统的工程，需要社会各界的广泛参与和共同努力。一旦儿童受到不法伤害，不仅需要公安、检察、法院等机关及时介入，依法惩治不法侵害行为，同时需要民政、妇联、教育等职能部门及时对受害儿童予以关注和救助，还需要社会各界的广泛参与。

根据《社会救助暂行办法》第三条的规定，国务院民政部门统筹全国社会救助体系建设。国务院民政、应急管理、卫生健康、教育、住房城乡建设、人力资源社会保障、医疗保障等部门，按照各自职责负责相应的社会救助管理工作；县级以上地方人民政府民政、应急管理、卫生健康、教育、住房城乡建设、人力资源社会保障、医疗保障等部门，按照各自职责负责本行政区域内相应的社会救助管理工作。同时，该办法还规定，第三条所列行政部门统称社会救助管理部门。

由于受害儿童救助往往涉及多个领域，需要明确各部门的职能，同时形成协作配合机制。以新修订的《未成年人保护法》为例，从体系架构上看，主要以六大保护来展开，分别是家庭保护、学校保护、社会保护、网络保护、政府保护、司法保护。而修改前的《未成年人保护法》一共只有家庭、学校、社会、司法四大保护。特别在新增的政府保护中，强化政府保护责任，要求政府部门应当做好各项未成年人权益的保护工作，同时政府各个机关、部门在未成年人保护工作中应当通力协作，发挥各自优势，做好未成年人成长的后援团。

综上，通过明确各部门在受害儿童社会救助方面的职责，防止行政机关权责不清、各自为政，进而导致受害儿童的救助及保护，最终互相推脱，无人负责。

2. 有效落实强制报告制度，拓宽受害儿童案件线索发现机制

所谓强制报告制度，是指国家机关、法律法规授权行使公权力的各类组织及法律规定的公职人员，密切接触未成年人行业的各类组织及其从业人员，在工作中发现未成年人遭受或者疑似遭受不法侵害以及面临不法侵害危险的，应当立即向公安机关报案或举报的制度。①《强制报告意见》的发布标志着侵

① 转引自唐兴琴. 我国侵害未成年人案件强制报告制度的文本解读与制度完善——兼评《关于建立侵害未成年人案件强制报告制度的意见(试行)》[M]. 青少年学刊,2020,5：58。

害未成年人案件强制报告制度在我国的初步建立。该《意见》确立了国家层面的强制报告制度,对强制报告的主体、应当报告的情形,以及未履行报告职责的法律后果等问题予以明确。2020 年修订后的《未成年人保护法》将该制度写入第一章总则中,将强制报告的实践探索上升为法律规定,进一步确立了该制度在未成年人保护工作中的重要地位。强制报告制度的确立,在发现侵害未成年人案件线索,督促相关责任主体切实履职,保护未成年人合法权益方面具有重要作用。

一是《强制报告意见》的相关规定。该《意见》规定了报告主体和应当报告的情形,明确了强制报告的程序,同时规定了及时报告的奖励机制,以及违反报告义务的法律后果。具体而言,对于因及时报案使未成年人摆脱困境、犯罪分子受到依法惩治的,应当给予奖励和表彰;对于负有报告义务的单位及其工作人员未履行报告职责,造成严重后果的,需要依法承担相应的法律责任。

二是强制报告制度在实践中贯彻落实成效依然有待提升。从当前强制报告制度的落实情况看,在实践中已发挥了一定的作用,但总体贯彻落实的成效依然不够显著。根据《强制报告意见》的规定,凡是密切接触未成年人的组织都是强制报告部门,在工作中发现未成年人遭受或者疑似遭受不法侵害以及面临不法侵害危险,这些机构及从业人员和行使公权力的各类组织及公职人员都有强制报告的义务。但实践中,上述部门及人员基于不了解强制报告规定及“多一事不如少一事”等主客观原因而未落实报告义务。相较国外规定,我国强制报告制度的规定在相关人员报告义务的强制性并不突出。例如,域外强制报告制度的报告主体应报告而未报告时,将受到罚款、监禁等法律惩罚,如美国、加拿大、瑞典等。

三是有效落实强制报告制度的具体举措。有效落实强制报告的主体责任,需要多措并举。首先,靠制度宣传,提升报告主体的责任意识。制度推行初期,大力宣传引导是非常必要的。一线工作人员并不知道强制报告制度的重要性,有些人员报告意识并不强,需要相关行政主管部门做好传达、强调和引导工作。必要时组织开展相应培训,促进相关部门和个人充分掌握和正确执行制度要求,尤其是针对学校、社区、医院等密切接触未成年人的单位及其工作人员。其次,靠制度保障,为报告主体依法履行职责提供便利条件。例如,要做好报案人员信息保密工作;严惩干扰、阻碍报告行为,对于干扰、阻碍报告的组织或个人,依法追究法律责任;对制度落实好的单位和人员适当表彰奖励。再次,靠监督落实,保证强制报告的制度刚性。对于不按规定落实强制报告要求的单位和个人,必须严厉、及时追责、惩处。例如,湖南省某小学教师强奸、猥亵儿童案,涉事学校负责人员隐瞒不报,检察机关分别对校长、副校长以涉嫌渎职犯罪提起公诉,二人均已受到刑事处罚;浙江省杭州市某中学因隐瞒保安强制猥亵在校学生案被限期整改。让负有强制报告责任的人员和单位发现侵害未成年人情形的,不敢、不能隐瞒不报。①

综上,通过有效推进落实强制报告制度,逐步构建一套主动发现、流转顺畅、安置有效、监督有力的受害儿童发现处置体系。

3. 建立统一的儿童救助保护机构

1874 年的"玛丽案"轰动了美国社会,最终促成令世界上第一个完全服务于儿童保护的组织,"纽约防止虐待儿童协会"于 1875 年在美国纽约建立。随后,一些保护儿童的民间组织相继成立。最初美国的儿童保护机构大部分都是非政府性质的,但后来人们意识到要想在全国范围内覆盖有系统性的儿童保护机构,切实保障每一个儿童的权益,那只有政府参与到儿童保护中来,并发挥起主导作用。1912 年,美国儿童福利局的建立是政府参与儿童保护的标志。儿童局成立至今,为美国儿童的福祉作出了极大的贡献。其工作的重点就是通过各种方法来减少儿童在家庭中遭受暴力、忽视、甚至虐待的情况。当这些行为发生之时,及时有效的进行干预,通过各种行之有效的安置方式,尽最大可能的保护儿童合法权益。② 可见,为了更好的为受害儿童开展社会救助,建立统一的儿童救助保护机构势在必行。

当前,上海正在推动民政部门建立未成年人保护中心。据调研:从 2020

---

① 宋英辉,史卫忠,罗春梅.侵害未成年人强制报告制度的功能及推进[J].人民检察,2021,7:37.

② 周媛媛.儿童遭受家庭暴力的法律救济研究[D].扬州:扬州大学,2017.

年以来，上海市每个区都建立了未成年人救助保护中心，隶属于各区救助站之下，救助站系独立的事业单位。目前多数区的未成年人救助保护中心均已开张营业。从职能设置看，对于困境儿童，3 周岁以下的安置在上海市临时看护中心，3 周岁以上的主要由各区自行负责，安置在各区未成年人救助保护中心。一般而言，临时保护救助的时间以一年为限。主要的适用对象是监护权缺失或监护权侵害，例如，奉贤未保中心主要接受服刑人员的子女，或者强制戒毒人员的子女。对于家庭暴力的妇女儿童主要有区妇联安置在家暴庇护点，同时，救助站主要是随转随送原则，一般不超过 7 天，就将受害人员送往当地或其家庭。未保中心的接受对象是国家监护权的体现，如父母一方出现不能监护的情况，首先考虑是孩子的另一个监护人来承担监护责任，如父母双方均无法承担监护责任，再依照顺序由祖父母或外祖父母承担，尽可能让受害儿童在原生家庭生活照料之下。但未保中心接受的受害儿童不限于本市户口，对于监护权缺失的非本市户籍的受害儿童，如果其祖父母或外祖父母在外地无法履行监护责任，则同样可以收进未保中心。据了解，上海市民政部门将制定未保中心安置困境儿童的规定，从设立的目的、适用对象、适用条件、安置期限等方面，作出具体的规定。

（三）落实司法保障，不断提升受害儿童司法救助工作成效

保护未成年人，既是全社会的共同责任，也是司法办案机关的重要职责。实践中，一些未成年人及其家庭因案返贫致困，部分受害儿童存在生活无着、学业难继等困境。在受害儿童救助保护方面，司法办案人员应增强救助工作的责任感和自觉性，积极促进受害儿童救助工作的精细化及救助效果最优化，不断提升受害儿童司法救助工作的成效，体现人民司法的温度、温情和温暖，帮助未成年人走出生活困境，迈上健康快乐成长的人生道路。

1. 建立“一站式”取证制度，避免儿童重复伤害

“一站式”取证的提法源于国外，从国外的主要做法及对“一站式”取证的通常理解，“一站式”取证应指多种取证方式一次性完成。也就是说，在“一站式”取证场所将询问、身体检查、体液提取、伤情固定等工作一次性完成，同时

还需要对被害人进行一定的心理干预及心理救助。“一站式”取证制度充分考虑到受害儿童身心发育尚未成熟、易受伤害等特点，避免对受害儿童的重复伤害，强调对受害儿童的权益保护。对“一站式”取证制度的立法设计，可包含以下内容：

一是关于设立专门化办案场所的规定。建立侵害未成年人“一站式”取证的专门化办案场所，并将此类案件统一在该专门场所办理。该场所当模拟家居环境，并配有隐蔽的录音录像设备，让受害儿童心理上感到安全，能够相对轻松地陈述被侵害的过程，让受害儿童在平和的环境中完成陈述。如果条件许可，还可以对被害人进行一定的心理干预及心理救助。

二是以全面询问、一次询问为原则。对与侵害未成年人犯罪有关的事实应当进行全面询问，以一次询问为原则，尽可能避免反复询问，从而造成二次伤害。一站式取证该场所应具备同步录音录像的条件，侦查人员在询问未成年被害人时应当全程同步录音录像。检察、法院在办理侵害儿童案件时，尽量以书面审查为主，必要时可以调取公安询问时的同步录音录像材料，无特殊情况，一般不再询问受害儿童。

三是争取多种取证方式一次性完成。在询问时，对需要进行人身检查、伤情固定等情况，能够在“一站式”取证场所进行的，应及时完成。对于需要提取体液、毛发等生物样本等情况，及时将受害儿童带至指定医院，一次性完成证据提取工作。同时，对需要医疗救助的受害儿童，及时通知区卫计委指定的医院，启动绿色医疗通道，开展诊疗及救助服务。

2. 强化检警协作，确保取证的规范性和有效性

在儿童受到伤害的案件中，由于受害人系儿童，无论证据意识及举证能力等方面均弱于成年被害人，加上此类案件证据往往较为单薄，证据的时效性要求也高，导致此类案件调查取证难度大、专业性强。在当前的公安机关的侦查模式，往往先由派出所民警对于办案或线索进行侦查，而不少派出所民警不熟悉侵害案件的构成要件及证据要求，同时缺乏对未成年被害人的取证经验。在此类案件中，有必要发挥公检配套机制效应，在案发第一时间内通过对接平台及时互通信息，通知检察机关提前介入，引导公安侦查人员取证。

检察机关可以起诉标准引导询问，监督并引导侦查取证，实现检警一站式协作配合。

以嘉定区为例，嘉定区检察院通过加强检警协作，建立联络沟通机制，引导公安机关侦查取证工作，发挥对侦查活动的监督。例如，公安机关在发现性侵害案件时，第一时间与检察机关沟通，检察机关也在第一时间提前介入案件，至一站式取证场所参与公安机关对未成年被害人开展询问，确保取证过程的规范性和全面有效性。与此同时，检察机关在提前介入的同时，通知区妇联安排心理咨询师到"一站式"取证场所，并根据案件具体情况适时开展心理救助。例如，对于被害人及其家属情绪不稳定的情况，先开展心理疏导在进行询问，确保询问工作能顺利进行；如被害人及其家属情绪较为稳定，先开展询问工作再进行心理疏导。另外，根据案件提前介入所了解的情况，为被害人开展司法救助及就学、就业、经济帮扶等综合性救助工作

3. 确保司法办案专业化，注重对受害儿童司法保护

当前，伤害儿童类案件，特别是性侵儿童犯罪已经突破了我们传统的认知，犯罪分子从现实到网络，从直接侵害到间接侵害，手段变得更加隐蔽，使得未成年人难以准确辨识。而性侵害事件一旦发生，往往对孩子们的身心健康造成严重伤害，为此，需要公安、检察、法院加强合作，形成打击合力，并开展综合救助与保护。例如，指派办案经验丰富，熟悉儿童身心特点的检察人员承办此类案件，建议公安机关尽量选派女性侦查人员专门承办或者参与办理侵害儿童犯罪案件，参与侦查取证过程，做好受害儿童安抚引导工作。特别是对于儿童证言的取得，不仅需要确保其法定代理人或合适成年人到场，因合适的陪护能够有助于帮助涉案儿童快速熟悉环境、放松心情、安抚情绪，降低司法程序对儿童的伤害。

同时，为提升侦办案件能力，侦查人员当提升关于儿童认知与心理方面的专业知识，提升取证的技巧，并尽可能地避免反复取证或不合适的取证对受害儿童造成伤害。在条件允许的情况下，应当在公安机关、检察院、法院内部成立性侵害未成年人案件专办机构或是指定专人办理此类案件。

鉴于侵害儿童类案件有其特殊性和复杂性，在庭审时，一般情况下受害儿

童不出庭,如确实必须出庭,应设置专门场所,并采取保护性措施。这一做法也为修改后的《未成年人保护法》所吸收,该法明确规定,人民法院开庭审理涉及未成年人案件,未成年被害人、证人一般不出庭作证,必须出庭的,应当采取保护其隐私的技术手段和心理干预等保护措施。

4. 重视对受害儿童的司法救助

根据2018年最高人民检察院发布的《最高人民检察院关于全面加强未成年人国家司法救助工作的意见》,该《意见》指出,未成年人身心未臻成熟,个体应变能力和心理承受能力较弱,容易受到不法侵害且往往造成严重后果。检察机关办理案件时,对特定案件中符合条件的未成年人,应当依职权及时开展国家司法救助工作,根据未成年人身心特点和未来发展需要,给予特殊、优先和全面保护。

对受害儿童司法救助措施的运用,应凸显救助效果。首先,救助的申请应简便高效。当前受害儿童在申请司法救助方面即面临手续繁多、等待时间较长等问题,受害儿童或其监护人因自身能力限制,往往无力收集申请救助所需的相关证明,同时因救助不同于补偿,其紧迫性也决定了繁琐审批程序的不合时宜。故针对办案机关发现的救助对象,因其在办案中已经掌握了较多的受害儿童的基本情况,故借助少年司法工作一体化的办案模式,由办案部门直接代为申请并执行似乎较为可行,如上海检察机关未检部门实行的预先申请专项救助经费,在办案中根据情况对被害人予以救助的模式;其次,救助措施应注重针对性与长期性。正如《最高人民检察院关于全面加强未成年人国家司法救助工作的意见》所要求的:既立足于帮助未成年人尽快摆脱当前生活困境,也应着力改善未成年人的身心状况、家庭教养和社会环境,促进未成年人健康成长;既立足于帮助未成年人恢复正常生活学习,也应尊重未成年人的人格尊严、名誉权和隐私权等合法权利,避免造成“二次伤害”;既立足于发挥检察机关自身职能作用,也应充分连通其他相关部门和组织,调动社会各方面积极性,形成未成年人社会保护工作合力。在开展未成年人国家司法救助工作中,司法机关要增强对未成年人的特殊、优先保护意识,因人施策,精准帮扶,切实突出长远救助效果。

结　语

习近平总书记多次强调:“孩子们成长得更好,是我们最大的心愿”。未成年人保护工作功在当代,利在千秋。受害儿童是一个特殊群体,他们在本该无忧无虑成长的年龄,因受到伤害而导致身体、心理、学习、生活等方面陷入困境,其中严重者的人生之路会发生断崖式坠落。构建全方位、多维度、长效化的受害儿童社会救助体系,不仅符合保护儿童最大利益的价值内涵,是实现“特殊、优先、全面”保护的必然要求,而且对完善我国刑事被害人救助制度也具有引领和促进作用。为切实有效地保护救助受害儿童,需要深入研究实践运作中存在的难点及其原因,进而提出行之有效的对策与建议。本课题的重点主要在于如何构建与完善全方位、多维度、长效化的受害儿童救助体系,其中包括构建受害儿童案件发现机制、干预机制及预防机制,刑事受害儿童的“一站式”保护机制,受害儿童的心理救助、生活补助等综合性救助措施。本课题的难点主要在于制度构建的针对性和可操作性,由于儿童受害案件的特殊性,如何以受害儿童为视角,从发现、救助及预防程序中找到统一,提出构建受害儿童救助制度具有可操作性和实效性的对策,进而实现有效保护。

“只有从制度、法律、组织和文化多个方面进行系统性的变革,才能真正实现保护儿童的目的。”①近五年,课题组一直在研究性侵害案件未成年被害人的权益保护机制及困境儿童救助体系的构建,并在实践中进行了卓有成效的探索,前期研究和探索成果已为本课题的深入探讨奠定了良好基础。本课题的创新内容主要在以下三个方面:一是在课题研究的基础上,总结前期的实践探索,与民政、妇联、慈善基金会、中福会及公安等单位会签有关受害儿童社会救助的合作制度,促进司法、行政、社会联动,形成资源整合和工作合力,并先在区级范围内先行先试并积累经验。二是在对受害儿童社会救助的制度建构

① 杨志超.儿童保护强制报告制度研究[D].山东:山东大学,2012.

上，不仅提出救助体系应全方位、多维度、长效化，更强调"预防是做好的保护"，建议注重事前预防、线索发现等机制完善。三是在界定受害儿童及社会救助的基础上，侧重于从实证视角，运用大量实证数据及个案资料来探讨受害儿童社会救助的现状及存在的困境，确保课题提出的对策与建议在实践中能被有效运用。

论困境儿童监护的法律保障及其完善*

夏燕华**

近年来，困境儿童家庭监护不力、合法权益遭受侵害的事件屡见报端，诸如河南兰考孤儿院火灾7名儿童死亡、贵州毕节5名流浪儿童在垃圾箱内取暖中毒身亡、南京2名幼童被母亲饿死在家中等。这些冲击社会道德底线的极端事件的发生，严重侵害了儿童权益，也引起了全社会的广泛关注与深入反思。

2013年10月，最高人民法院、最高人民检察院、公安部、司法部联合发布《关于依法惩治性侵害未成年人犯罪的意见》；2014年12月，最高人民法院、最高人民检察院、公安部、民政部联合发布《关于依法处理监护人侵害未成年人权益行为若干问题的意见》；2015年3月，最高人民法院、最高人民检察院、公安部、司法部又发布了《关于依法办理家庭暴力犯罪案件的意见》。2016年3月1日，《反家庭暴力法》正式实施，标志着对包括未成年人在内的家庭成员保护达到了一个新的高度。2017年3月15日，第十二届全国人大第五次会议通过的《中华人民共和国民法总则》（以下简称《民法总则》，于2017年10月1日起施行）对于监护制度作出全面规定，对于未成年人的监护保护更趋完善。

密集出台的相关法律、司法解释等文件，以及各级行政、群团组织及相关慈善组织对于困境儿童的关注，使得困境儿童监护问题确有改观，但仍应看到，就困境儿童监护的法律保障而言，一方面，相关制度大都是新近出台的，实践中的效果还需要进一步检验确认。另一方面，就现有的法律制度体系和实践中的做法而言，仍有值得进一步讨论和完善之处。

---

* 本文系2016—2017年度上海市儿童发展研究课题“论困境儿童监护的法律保障及其完善”的结项成果。

** 夏燕华，上海市浦东新区人民法院未成年人案件综合审判庭庭长。

一、具象：困境儿童监护的现状考察

（一）“困境儿童”界定

“困境儿童”并非法律概念，部分源自西方社会福利政策。联合国《儿童权利公约》《儿童生存、保护和发展世界宣言》等官方文件中均出现了“困境儿童”的提法[①]。我国民政部在开展儿童福利相关工作时对儿童采取了“分类型”“分层次”保障的做法，即将儿童群体分为孤儿、困境儿童、困境家庭儿童、普通儿童四大类。其中，困境儿童指自身状况存在困境的儿童，分残疾儿童、重病儿童和流浪儿童三类；困境家庭儿童指家庭状况存在困境的儿童，分父母重度残疾或重病的儿童、父母长期服刑在押或强制戒毒的儿童、父母一方死亡另一方因其他情况无法履行抚养义务和监护职责的儿童、贫困家庭的儿童四类[②]。从广义范畴而言，除普通儿童以外的前三类儿童均可纳入困境儿童范畴。《国务院关于加强困境儿童保障工作的意见》（国发〔2016〕36号）将困境儿童定义为“包括因家庭贫困导致生活、就医、就学等困难的儿童，因自身残疾导致康复、照料、护理和社会融入等困难的儿童，以及因家庭监护缺失或监护不当遭受虐待、遗弃、意外伤害、不法侵害等导致人身安全受到威胁或侵害的儿童”。学界目前对于困境儿童尚无统一定义，但一般认可“困境儿童是暂时或永久性脱离家庭环境的儿童，以及生理、精神方面存在缺陷或遭遇严重问题的儿童”。[③]

（二）困境儿童监护缺陷的具体表现

在上海市民政局开展的一项调研中发现，本市困境儿童的“困境”主要表

---

① 高丽茹，彭华民. 中国困境儿童研究轨迹：概念、政策和主题[J]. 江海学刊，2015(4).

② 民政部2013年发布的《关于开展适度普惠型儿童福利制度建设试点工作的通知》及2014年《关于进一步开展适度普惠型儿童福利制度建设试点工作的通知》，民政部2014年发布的《民政部关于开展第二批全国未成年人社会保护试点工作的通知》。

③ 王琪.“困境儿童”的救助——以《儿童福利法》为视角[J]. 法制与社会，2014(9).

现为：家庭经济严重困难，儿童严重残疾或患有重大疾病，家庭履行监护职责困难；父母严重残疾或患有严重疾病，丧失行为能力，或父母服刑、父母失踪或下落不明，家庭暂时或长久无法履行监护职责；家庭暴力，儿童受到父母虐待以及受教育权受到侵害；打拐被解救儿童，由于无法查明父母或其他监护人，监护状态待定等①。司法实践中，困境儿童的“困境”表现形式多种多样，除被父母遗弃、重病残疾等陷入生存困境外，还有因父母冷漠、忽视或是暴力管教等行为而造成的精神困境，亟待救助呵护等。

笔者以监护状态为视角，拟将实践中的困境儿童监护缺陷分为三类：

一是法定监护缺位，致使监护目的落空。分为两种情形：一种情形为法定监护人出现难以恰当履行监护职责的客观情形，比如：家庭经济严重困难，儿童严重残疾或患有重大疾病等无法履行监护职责；另外一种则体现为监护不力的状态，即法定监护人不履行监护职责，有监护能力的亲属等推诿责任，致儿童实际利益无法保障。实践中，找不到合适的监护人是一个普遍性的难题。由于权利与义务的不对等，担任监护人除需履行监护职责外，还要负担抚养被监护人的各种费用，这无疑降低了基于亲情或道义愿意承担监护责任的概率。

二是委托监护随意，监护效果难以确保。法定监护缺失带来的后果之一就是委托监护现象普遍。由于委托监护的性质、范围不明确，受委托人缺少法律制约。另一方面实际监护人往往年老体弱，文化素质低，教育方法不当或者责任心不强等，仅停留在让孩子吃饱穿暖之类的浅层关怀，故而委托监护的实际效果不佳。

三是监护侵害频发，致使监护制度异化。近年来，经媒体报道的监护侵害未成年人事件屡见不鲜，引发了社会各界的强烈愤慨及热烈讨论。监护侵害事件频发表明，一则因侵害行为发生在家庭内部，具有隐秘性，较难被发现，同时，未成年人反抗能力低、自我保护意识弱，受侵害后不敢反抗，也不敢向外界声张；二则现行监护制度本身存在漏洞，对于监护人侵害行为虽有规定，但缺

① 根据上海市民政局福利任炽越副处长在2013年上海困境儿童保护研讨会上的发言归纳。

乏强有力的干预主体和措施,致使监护权撤销难、撤销监护后安置难,“监护”成为侵权人在家庭内对未成年人实施伤害的挡箭牌。

二、检视:困境儿童监护不力成因分析

困境儿童监护不力虽外在表现为家庭问题,但究其根源,法制保障的不足亦是重要原因之一。概言之,表现为立法过于原则,司法保障有限,行政干预乏力。

一是立法规定原则粗疏,规范约束性不强。在 2017 年《民法总则》颁布前,我国的未成年人监护制度是以《民法通则》为基础,以《未成年人保护法》《婚姻法》以及最高人民法院的相关司法解释等为补充的监护体系。在社会计划经济背景下制定的《民法通则》,由于立法技术及时代的局限,在监护规定上存在明显的缺漏,而《未成年人保护法》则宣示价值远大于实践运用价值,难以对困境儿童监护起到有效规制。由于上述法律中对未成年人监护的条款少,内容上又过于笼统和概括,监护责任的不明确导致在实践中很难顺利执行,以至于未成年人监护的主要条款被调侃为“僵尸条款”。①

二是司法保障能力有限,对监护不力、监护侵害规制不足。司法实践中甚少有撤销监护人资格案件,以上海法院为例,2005—2015 年 10 年间共审结涉未成年人监护权案件 10 余件,仅 1 例支持撤销监护人资格案件。《关于依法处理监护人侵害未成年人权益行为若干问题的意见》正式实施后,该类案件虽有增多,但与困境儿童的庞大数量级相比屈指可数,足见其稀缺。

监护类案件甚少涉足司法领域,原因可能有 3 个方面:

其一,备受媒体关注的严重监护侵害案件,往往涉及刑事犯罪,而监护权案件系民事纠纷,两者保护领域不同,立案及审查标准也截然不同。以 2016 年“六一”前夕最高法院法发布 12 起侵害未成年人权益被撤销监护人资格的典型案例为例,有 7 件系监护人涉嫌或因故意伤害、强奸、虐待等刑事犯罪,说明监护侵害往往在对未成年人造成现实的严重损害后才受到公众关注。

---

① 尹志强.未成年人监护制度中的监护人范围及监护类型[J].华东政法大学学报,2016(5).

其二,受司法权本身属性的限定。司法具有被动性、中立性,司法是不能主动介入社会生活的,即“不告不理”原则。没有起诉就没有审判,如果争议在客观上没有发生,或者权利主体没有向司法机关提出解决争议的诉求,司法就不得介入,因此,司法所调控的领域是有限的。特别是在民事领域,民事诉讼的启动以当事人的意愿为主导,当事人不启动诉讼程序,人民法院无权越俎代庖。监护诉讼案件主要涉及两种情形:一种情况是虽父母缺位,但由其他亲友承担了实际监护义务,并不存在争议,则无须经由司法途径解决;第二种情况是出现指定监护争议,因村居委会的“指定前置”,已经先行确定了监护人,指定监护后仍存异议的案件毕竟寥寥,亦无须司法介入。

其三,撤销监护人资格诉讼的主体局限性。实践中,困境儿童监护问题主要集中于两大类:一是监护人缺位,困境儿童面临无人监护的窘境。二是监护不力,需撤销现有监护人。由于提起撤销监护人资格诉讼的主体不明,抑或是无人提起撤销之诉,使得该类诉讼往往难以启动,未能进入司法程序处理。三是行政干预乏力,监护监督、支持、干预等保障制度欠缺。纵观各国监护立法,国家公权力对监护事务的全面介入即监护公法化是立法趋势。当未成年人的家庭个体监护不能或未能完成对未成年人的监护任务时,国家就应当采取相应的对策和措施,弥补家庭个体监护的不足。比如:德国未成年人监护制度的特点是:一是监督保护形式上,区分亲权和监护。父母对子女行使亲权,对失去亲权照顾的未成年人设置监护。二是设置双重监护监督。不仅在私法上设置监护监督人保护被监护人的利益,更从公法领域运用公权力对监护予以监督;三是国家对监护的公力干预和监护制度的社会化。政府对贫困家庭未成年人的监护进行干预、给予补贴,对问题家庭未成年人的监护进行干预,限制和剥夺亲权,实行寄养监护和采用收养措施等。美国未成年人监护制度带有很强的国家责任色彩,国家和社会对家庭监护事务的介入和干预,通常发生在父母不履行监护义务,或有可证的行为滥用监护权,损害到未成年人的合法权益之时;同时体现在政府对低收入家庭进行救助,对父母的抚养义务予以强制执行;政府帮助父母改进监护方式,并在教育子女上给予指导;对于受虐待的未成年人和没有监护人的未成年人,设立寄养、收养制度等。

相较而言,我国在国家监护方面相对薄弱,存在的主要问题有:重家庭责任,轻国家责任;重亲属监护,轻社会监护;重私力自治,轻公力干预;重固有传统,轻继受问题;重扶养关系,轻监护体系;重身份伦理道德,轻法律规制调整;重单位基层义务,轻政府公益保障;重人身监护,轻财产监护。上述问题致使国家作为未成年人的最高监护人对自身职责和义务认识不深,维护未成年人合法权益也比较消极①。

三、梳理:《民法总则》及新近规定对未成年人监护制度的架构

2017 年 3 月 15 日《民法总则》正式颁布,从民法层面对未成年人监护制度进行了系统重构。同时,结合新近出台的《反家庭暴力法》《关于依法处理监护人侵害未成年人权益行为若干问题的意见》(以下简称《处理监护侵害若干意见》)、《关于依法惩治性侵害未成年人犯罪的意见》《关于依法办理家庭暴力犯罪案件的意见》等规定,未成年人监护在法律保障层面日趋完善,主要体现为三个方面:

(一) 细化监护人主体规定,弥补法定监护缺位

与《民法通则》相比,《民法总则》第二十七条进一步完善了未成年人监护人资格主体的规定,变化在于:一是扩大了担任监护人的范围。在承继《民法通则》关于"祖父母、外祖父母、兄、姐"的可担任监护人的基础上,将"关系密切的其他亲属、朋友"修改为"其他愿意担任监护人的个人或者组织"。一方面扩张了人员范围,不再强调监护人必须与未成年人关系密切,而是尊重个人意愿,以"愿意担任监护人"为衡量标准;另一方面,也将担任监护人从个人放宽到组织,意在更好解决未成年人没有父母等近亲属监护时可能出现的法定监护人空缺问题。二是规范了监护资格主体的监护排序。明确了未成年人在

① 曹诗权.未成年人监护制度研究[M].北京:中国政法大学出版社,2004(1),277.

父母监护缺失时其他监护人的顺序,即祖父母、外祖父母为第一顺位,兄、姐为第二顺位,其他愿意担任监护人的个人或者组织为第三顺位。三是明确监护人确定原则及机构,以“最有利于未成年人”为原则,新增民政部门为监护人确定机构,对于实践中村、居委怠于确定监护人起到较好的补位作用。四是体现国家监护原则,首次明确无人监护的未成年人,由其住所地民政部门设立的机构担任监护人。

（二）细化协议监护、指定监护规则,解决监护人责任推诿

《民法总则》第三十条、第三十一条就协议监护、指定监护作出细化规定,变化在于:一是明确协议确定监护人“应当”尊重被监护人的真实意愿。同时,第三十五条进一步规定“未成年人的监护人履行监护职责,在作出与被监护人利益有关的决定时,应当根据被监护人的年龄和智力状况,尊重被监护人的真实意愿”。结合《民法总则》将限制行为能力年龄由原先的“十周岁”下调至“八周岁”,对于未成年人意愿的尊重及利益的维护更为充分。二是进一步规范指定监护主体。有权指定监护人的主体为村、居委会,民政部门或者人民法院。新增民政部门为指定监护人主体,也体现了国家监护原则,即在家庭监护、社会监护无法,由国家兜底监护。三是简化申请法院指定监护人的前置程序。取消了监护诉讼必须经有关主体指定前置的规定,即有监护资格的人之间对监护人有争议或者相互推诿的,可以不经指定直接向人民法院提出申请,由人民法院根据最有利于被监护人的原则进行判决。这有助于解决实践中长期存在的由于监护争议指定前置带来的监护人长期不确定、诉讼程序迟迟难以启动的问题,有力提升了监护纠纷的解决效率。四是特别增加临时监护条款。明确当被监护人的合法权益处于无人保护状态时,由被监护人住所地的村居委会、法律规定的有关组织或者民政部门担任临时监护人,作为对困境未成年人的过渡性保护措施。

（三）明确撤销监护规定,规制监护不力问题

《民法总则》第三十六条、第三十八充分吸收了《处理监护侵害若干意见》

（2014年12月起实施）的相关内容，细化规定了撤销监护人资格诉讼的申请主体及适用情形，并从衔接角度，明确了“人民法院根据有关个人或者组织的申请，撤销其监护人资格，安排必要的临时监护措施，并按照最有利于被监护人的原则依法指定监护人”。未成年人的父母被撤销监护人资格后，确有悔改表现的，经其申请，人民法院可以在尊重被监护人真实意愿的前提下，视情况恢复其监护人资格，人民法院指定的监护人与被监护人的监护关系同时终止。例外情形是对被监护人实施故意犯罪的，包括对被监护人实施的故意伤害、遗弃、虐待性侵、出卖等行为，此种情况下，监护人资格不得恢复。此外，在《处理监护侵害若干意见》中对于撤销监护人资格诉讼、临时安置、判后安置等有详细规定，可参照适用。

四、实践：困境儿童监护保护的司法实例

（一）上海首例撤销未成年人监护人资格案件

1. 基本案情

1978年，周某某夫妇领养了刚出生的女婴周某，并含辛茹苦地把她抚养长大。然而，长大后的周某却沾染了吸毒赌博的恶习，将老两口的退休金偷走拿光。无奈之下，在2000年时，周某某夫妇和周某解除了收养关系。但在5年后的一天，走投无路的周某却带着刚出生的未婚生女小佳再次上门求助，好心的周某某夫妇答应暂时帮忙照顾孩子，可是这一照顾就是7年。其间，作为母亲的周某偶尔还会来看望孩子，但在2012年后，周某却再没有出现。由于是非婚生女，母亲周某由于种种顾虑没有为孩子上户口，小佳一直是一个“黑孩”，使小佳在上学、社会保障等方面无法享受正常的权利，造成极大的障碍。而周某长期不有效履行母亲的监护职责，亦使小佳的身心受到伤害。2014年6月，周某某夫妇一纸诉状诉诸法院，要求撤销周某对孩子的监护人资格，变更周某某夫妇担任小佳的监护人。

2. 裁判结果

2014年11月28日，上海市长宁区人民法院对该案作出判决：一、撤销被

申请人周某监护人资格。二、变更申请人秦某某、周某某为被监护人小佳的监护人。

3. 典型意义

该案是上海市首例判决撤销监护人资格的案件。两申请人虽为年迈老人,与小佳无法律关系、无抚养义务,但出于对孩子的关爱之情,抚养孩子时间较长,与孩子关系密切,经所在地居民委员会同意,由两申请人担任监护人。在小佳生父尚不明确情况下,被申请人周某作为唯一法定监护人不履行抚养小佳的义务,且至今音信全无,应认定为不履行监护职责,不宜再担任小佳的监护人。鉴于上述事实,从有利于更好地保护未成年人的生存权、受教育权的角度,法院作出上述裁判。该案判决早于2014年12月23日最高人民法院、最高人民检察院、公安部、民政部联合出台的《关于依法处理监护人侵害未成年人权益行为若干问题的意见》,但符合该意见的原则精神,充分体现了对困境未成年人的"特殊、优先、保护",率先在上海激活了有关民法通则、未成年人保护法中有关撤销监护人资格的"沉睡条款",真正体现未成年人国家监护的理念。

(二)上海首例因对未成年子女实施家庭暴力构成虐待罪案件

1. 基本案情

2010年6月,被告人王某某与丈夫廖某1离异并获得女儿廖某2(被害人,2007年1月出生)的抚养权,后王某某将廖某2带至上海生活。2014年6月—2015年4月,王某某在家全职照顾女儿廖某2学习、生活。其间,王某某以廖某2撒谎、学习不用功等为由,多次采用用手打、拧,用牙咬,用脚踩,用拖鞋、绳子、电线抽,让其冬天赤裸躺在厨房地板上,将其头塞进马桶,让其长时间练劈叉等方式进行殴打、体罚,致廖某2躯干和四肢软组织大面积挫伤。虽经学校老师、邻居多次劝说,王某某仍置若罔闻。经鉴定,廖某2的伤情已经构成重伤二级。

2. 裁判结果

上海市长宁区人民法院经审理认为,被告人王某某以教育女儿廖某2为由，长期对尚未成年的廖某2实施家庭暴力，致廖某2重伤，其行为已构成虐待罪。鉴于王某某案发后确有悔改表现，并表示愿意接受心理干预、不再以任何形式伤害孩子，对其适用缓刑不致再危害其孩子及社会，法院依法判决：被告人王某某犯虐待罪，判处有期徒刑二年，缓刑二年；被告人王某某于缓刑考验期起六个月内，未经法定代理人廖某1同意，禁止接触未成年被害人廖某2及其法定代理人廖某1。宣判后，王某某未提出上诉，检察机关未抗诉，判决已发生法律效力。

3. 典型意义

本案是一起母亲虐待亲生女儿致重伤被判刑的典型案例。被告人王某某身为单亲母亲，独自抚养孩子，承受较大的家庭和社会压力，其爱子之心可鉴，望女成才之愿迫切，但采取暴力手段教育孩子，并造成重伤的严重后果，其行为已经远远超越正常家庭教育的界限，属于家庭暴力。这不仅不能使孩子健康成长，反而给孩子造成了严重的身心伤害，自己也受到了法律的制裁。

实践中，监护人侵害其所监护的未成年人的现象时有发生，但由于未成年人不敢或无法报警，难以被发现。有的即使被发现，因认为这是父母管教子女，属于家务事，一般也很少有人过问，以致此类案件有时难以得到妥善处理。长此以往，导致一些家庭暴力持续发生并不断升级。2016年3月1日施行的《反家庭暴力法》，正式确立了学校、医院、村（居）民委员会、社会服务机构等单位发现儿童遭受家庭暴力后有强制报告的义务。本案即是被害人的老师发现被害人身上多处伤痕后，学校报警，公安机关及时立案，得以使本案进入司法程序。未成年人的健康成长，不仅需要家长关爱，也需要全社会的共同关爱和法律的强有力保障。本案中，公安、民政、教育等部门及时向被害人伸出了援助之手，使得被害人的合法权益得到了及时有效的保护。

4. 判后反思

本案是上海首例按照《关于依法处理监护人侵害未成年人权益行为若干问题的意见》（以下简称《意见》）操作执行、各部门有效协调配合的监护侵害案件，具有典型示范意义。该案集中反映：一是学校、医院、村（居）民委员会、社会服务机构须建立有效的发现报告机制。本案即是未成年人所在学校发现监护侵害行为后,在未成年人保护部门的指导下采取了正确的做法,使得未成年人得到及时保护。二是未成年人保护部门的积极协调对案件推进至关重要。监护侵害未成年人保护涉及部门广,保护周期长,涉及利益重大。正是在未成年人保护部门的牵头组织下,各相关部门通过联席会议形式统一认识,有效分工合作。三是公安机关的强力介入是案件得以进入司法程序的关键。本案中,公安机关接报后没有简单视为家庭教育问题,而是及时介入,带离保护,在发现符合立案标准后迅速立案,使得案件得以顺利进入司法程序。四是民政部门的托底保护场所建设和机制保障有待加强。本案中,由于缺乏适合的临时安置场所,未成年人辗转几处,先后在中途之家、街道宾馆、老年福利院进行安置,充分反映当前困境未成年人救助保护机构建设和人员配置仍需加强。五是基层组织和社会组织作用大有可为。本案中,未成年人的临时安置得到了街道、青少年事务中心、民办福利院的帮助,社会调查和心理干预得到了青少年社工、妇联心理咨询师的专业支持,判前和判后安置回访得到有关妇联和高校的有效配合。六是司法机关的法律制裁是最终保障。《意见》的出台为司法机关就有关撤销监护权诉讼提供了更为明确的操作路径。本案中,受害未成年人及时得到保护,被告人的行为不但受到了刑事法律的追究和惩罚,在必要时,亦可以依照有关民事法律对其提起撤销监护权诉讼,为未成年人获得健康成长的环境创造条件。综合本案来看,有效帮助困境未成年人脱离困境,需要有关部门、组织的社会保护和司法保护的无缝衔接,热心未成年人保护人士的积极参与,更需要有关部门配套工作细则的落实与完善。

五、展望:困境儿童监护制度完善的构想

当前,以《民法总则》为基础构建的未成年人监护的民事体系初步确立,与相关监护司法解释相辅相成,共同形成未成年人保护的法律基础。但困境儿童监护问题涉及方方面面,难以一蹴而就,只有立法层面的各规范之间的兼容、衔接,司法层面充分发挥救济、矫治功能以及各项监护监督、干预、支持体系的配套制度跟进、整合,方能建立健全未成年人监护体系,给予包括困境儿

童在内的所有未成年人强有力的保护。

（一）整合法律，建立完备的未成年人法律保护体系

1. 制定颁布《儿童福利法》，全面统筹未成年人法律保护制度

我国是联合国《儿童权利公约》的缔约国，并在国内立法中贯彻对未成年人权益保护，从《宪法》《婚姻法》《刑法》再到《未成年人保护法》《预防未成年人犯罪法》均有涉及未成年人被监护权益保护的相关规定。从法律层级及数量而言条文规定并不少，但大多宣示性强而操作性不足，体系零散、各自为政，难以形成对未成年人的完善保护。

未成年人监护应是融合民事、行政、刑事的全方位保障体系。《民法总则》对监护制度进行了系统设计，体现了现代监护制度的最新发展，但其仅是从民法层面完善了监护规定，并且囿于法律条文的原则性、民法“平等保护”的基本原理等，难以实现对未成年人特殊化、差别化保护。《中国儿童发展纲要(2011—2020)》确立的“扩大儿童福利范围，建立和完善适度普惠的儿童福利体系”目标，为儿童福利事业的发展指明了方向。建议参照国外的做法，颁布保护儿童专门法律即《儿童福利法》，实现对儿童福利制度系统、全面的顶层设计，从源头建立从监护到社会保护的各项制度，厘清相关责任机构的职责、权利义务、法律责任、法律后果，形成较为完整未成年人法律保护框架。

2. 惩处威慑并重，规制监护不力、监护侵害行为

监护不力、监护侵害现象频发，根源之一在于惩处不严，监护法律责任的刚性不足。唯有从民事、刑事、行政保护相互衔接，形成严密的保护体系，才能有效遏制监护侵害等事件发生。就民事领域而言，关于撤销监护人资格诉讼在新近颁布的法律文件中已有较为完善的规定。从刑事领域而言，严重的监护侵害可能涉及故意杀人、故意伤害、强奸、猥亵儿童、虐待、遗弃等罪名。特别是虐待罪、遗弃罪两项罪名，但入罪标准是达到“情节恶劣”的程度，但对于哪些情形属于“情节恶劣”，刑法及司法解释并未作出明确规定，致该两种犯罪的立案、起诉和定罪缺乏统一标准，案件甚少进入司法程序。从行政处罚层面，《治安管理处罚法》第45条虽规定对虐待、遗弃行为予以“处五日以下拘留

或者警告”,但惩戒较轻。一面是虐待罪、遗弃罪入罪难;一面是虐待、遗弃行为处罚过轻;导致大量监护侵害行为未受追究。因此,当前需要重点对监护侵害的行政、刑事规制力度,形成行政、刑事干预相衔接的处罚机制,并通过建立有效的工作机制,解决监护侵害发现难、告诉难的问题。

(二)发挥司法矫治功能,解决监护缺失或不力难题

1. 妥善处理监护权变更诉讼,为监护缺失儿童指定合适的监护人

《民法总则》及相关司法解释为人民法院处理监护权变更诉讼、指定监护争议提供了更为充分的依据,尤其是赋予民政部门作为指定监护主体资格,将有力解决此类诉讼“启动难”问题。

司法实践中,需要重点把握“最有利于被监护人原则”的实质内涵,探索并确立监护资格能力的审查标准。未成年人的监护立法以未成年人最大利益为价值导向,以确保未成年人人身、财产及其他合法权益得到充分保障,“未成年人最大利益”应当成为判断监护人是否适格、监护权是否被滥用的唯一标准。从这个角度,未成年人应当作为权利的主体而非仅仅是需要保护的对象,要站在未成年人的立场上考虑其心理、情感需求以及生活环境、家庭结构关系等因素,并不能单纯以监护人年龄、经济条件等外在因素作为衡量标准。

2. 依法处理撤销监护资格诉讼,为监护失当儿童更换监护人

撤销监护人资格案件的判断标准及处理是一直困扰司法实务部门的难题。2014 年 12 月最高人民法院等四部门发布的《处理监护侵害意见》,对于撤销监护人资格案件的申请主体、应当撤销情形及判后安置和恢复监护人资格的条件等作出较为细致的规定。以下就几个重点问题作择要说明:

一是扩大诉讼主体,确保程序启动。根据《处理监护侵害意见》第 27 条,负责临时照料未成年人的单位和人员有权向人民法院申请撤销监护人资格,具体包括四类,前二类保留原《民法通则》规定,即其一,其他监护人(祖父母、外祖父母、兄、姐,关系密切的其他亲属、朋友);其二,单位监护人,未成年人住所地的村(居)民委员会,未成年人父、母所在单位;新增主体包括民政部门及其设立的未成年人救助保护机构,共青团、妇联、关工委、学校等团体和单位。

值得注意的是，如发生严重监护侵害行为，但符合条件的前述单位和人员不提起撤销监护资格之诉的，检察院应当书面建议当地民政部门或者未成年人救助保护机构提起申请。此处检察院的职责是“应当”建议，检察院只有建议权，而非直接提起该类诉讼。监护人因监护侵害行为被提起公诉的案件，人民检察院应当书面告知未成年人及其临时照料人有权依法申请撤销监护人资格。

二是明确撤销标准，统一司法适用。《处理监护侵害意见》第 35 条采用以“逐项列举+兜底条款”的方式规定了七类应当判决撤销监护人资格情形，结合《民法总则》专家建议稿第三十二条的规定，主要适用于两大类型：一为监护失当，实施严重损害未成年人身心健康的行为，即存在监护侵害行为；二为怠于行使或行使监护不利，知识未成年人处于困境或危险状态。具体情形包括：其一，性侵害、出卖、遗弃、虐待、暴力伤害未成年人；其二，将未成年人置于无人监管和照看的状态；其三，拒不履行监护职责长达六个月以上；其四，有吸毒、赌博、长期酗酒等恶习无法正确履行监护职责或者因服刑等原因无法履行监护职责，且拒绝将监护职责部分或者全部委托给他人；其五，胁迫、诱骗、利用未成年人乞讨，经公安机关和未成年人救助保护机构等部门三次以上批评教育拒不改正；其六，教唆、利用未成年人实施违法犯罪行为等。判断其严重程度，以造成严重危害后果为衡量标准，即“严重损害未成年人身心健康”“导致未成年人面临死亡或者严重伤害危险”“导致未成年人流离失所或者生活无着”。

三是新增临时保护措施，加强无缝衔接。对于严重程度尚达不到需撤销监护人资格的案件，人民法院可以适时作出人身安全保护裁定。《处理监护侵害意见》第 41 条规定撤销监护人资格诉讼终结后六个月内，未成年人及其现任监护人可以向人民法院申请人身安全保护裁定。根据 2016 年 3 月 1 日实施的《反家庭暴力法》“人身安全保护令”专章规定，只要存在“因遭受家庭暴力或者面临家庭暴力的现实危险”情形的，人民法院就应当作出裁定。对违反人身保护令，构成犯罪的，依法追究刑事责任；尚不构成犯罪的，人民法院应当予以训诫，并可以根据情节轻重，处以一千元以下罚款、十五日以下拘留。

3. 公检法联动,依法审理涉监护侵害刑事案件

《关于依法办理家庭暴力犯罪案件的意见》从犯罪线索发现、工作机制联动、明确定罪标准三个方面对症解决监护侵害“发现难”“入罪难”问题。

首先,注意发现犯罪案件。公安机关在处理人身伤害、虐待、遗弃等行政案件过程中,人民法院在审理婚姻家庭、继承、侵权责任纠纷等民事案件过程中,应当注意发现可能涉及的监护侵害的犯罪案件。一旦发现监护侵害犯罪线索的,公安机关应当将案件转为刑事案件办理,人民法院应当将案件移送公安机关;属于自诉案件的,公安机关、人民法院应当告知被害人提起自诉。

其次,建立代为告诉工作机制。在尊重被害人自诉权的前提下,对于监护侵害触犯刑律的自诉案件,被害人无法告诉或者不能亲自告诉的,其法定代理人、近亲属可以告诉或者代为告诉;被害人是无行为能力人、限制行为能力人,其法定代理人、近亲属没有告诉或者代为告诉的,人民检察院可以告诉。

再次,明确虐待、遗弃犯罪的定罪标准。对于虐待罪,常见的是实施家庭暴力,即对家庭成员的身体和精神进行摧残、折磨,采用殴打、冻饿、恐吓、侮辱、谩骂等手段,“情节恶劣”的认定标准包括:其一,具有虐待持续时间较长、次数较多;其二,虐待手段残忍;其三,虐待造成被害人轻微伤或者患较严重疾病。需要指出的是,对未成年人的家庭暴力,特别是以教育名义采取的体罚行为,一旦超出必要、合理的教育惩戒界限,就可能构成虐待罪。

对于遗弃罪,“情节恶劣”的认定标准包括:其一,对被害人长期不予照顾、不提供生活来源;其二,驱赶、逼迫被害人离家,致使被害人流离失所或者生存困难;其三,遗弃患严重疾病或者生活不能自理的被害人;其四,遗弃致使被害人身体严重损害或者造成其他严重后果。

最后,充分运用禁止令、人身安全保护措施。人民法院对因监护侵害构成犯罪被判处管制或者宣告缓刑的犯罪分子,经被害人申请且有必要的,人民法院可以作出禁止接近被害人及其未成年子女。此外,为了保护被害人的人身安全,避免其再次受到家庭暴力的侵害,人民法院可以根据申请,作出禁止施暴人再次实施家庭暴力、禁止接近被害人、迁出被害人的住所等内容的裁定;对于施暴人违反裁定的行为,如对被害人进行威胁、恐吓、殴打、伤害、杀害,或

者未经被害人同意拒不迁出住所的，人民法院可以根据情节轻重予以罚款、拘留；构成犯罪的，应当依法追究刑事责任。

（三）引入国家监护理念，完善监护监督、干预、支持体系

国家在现代社会儿童福利制度中具有重要地位。儿童不仅仅是家庭的，更是国家的重要财富、国家未来的主人。国家有责任担负起保护和救助儿童的责任。[①] 国家监护制度已经在我国批准签署的联合国《儿童权利公约》中得以确认。公约第20条规定："暂时或永久脱离家庭环境的儿童，或为其最大利益不得在这种环境中继续生活的儿童，应有权得到国家的特别保护和协助。"明确了缔约国对于父母死亡、失去监护能力以及被依法剥夺监护资格情况下，应对未成年人承担监护职责。

国家监护制度，是指国家作为监护人，具有监护资格，采取多种方式实现对儿童的监护职责。对困境儿童而言，这种责任主要体现为政府采取多种措施，保障其安全和健康成长。[②] 国家监护应从三个层次发挥作用：一是监护监督与支持，对监护不力、不当的监督，敦促监护人继续履行监护职责，并区分不同情形对监护困难家庭给予指导、支持；二是对监护补足，实行国家临时监护并帮助家庭恢复监护功能；三是代位监护，国家依托相应机构直接代行监护权[③]。

从国家监护层面构建困境儿童监护体系，还关涉多方资源整合、跨部门协作，需要从困境儿童发现、安置、监管等各个环节逐一落实。一是针对监护侵害监督不力，应建立强制报告制度。《反家庭暴力法》首次从法律层面明确了强制报告制度，详细规定了适用对象、义务报告的主体、报告情形、接报部门、法律责任。二是健全监护不力干预体系，建立行政机关快速处置机制、困境儿童临时庇护、安置、救助机制。比如：发现未成年人身体受到严重伤害、面临

---

① 王琪．"困境儿童"的救助——以《儿童福利法》为视角[J]．法制与社会，2014(9)．

② 王秋良．少年审判理念与方法[M]．北京：法律出版社，2014：49．

③ 钱晓萍．国家对未成年人监护义务的实现——以解决未成年人流浪问题为目标[J]．法学杂志，2011(1)．

严重人身安全威胁等情况的，公安机关应当立即将未成年人带离实施监护侵害行为的监护人，就近护送至其他监护人或未成年人救助保护机构等进行临时安置，对于身体严重受伤需要医疗的未成年人，公安机关应当先行送医救治等。三是建立适度普惠型儿童福利体系，加强救助金支持保障，发展中央、地方、非营利性组织三者协同合作的困境儿童救助系统等[①]。最新民事立法及相关司法解释对于民政部门的赋权，为其代表国家代行监护职，开展困境儿童安置、救助等确立了依据，实践中有待对运行规则及配套制度作出进一步完善。

结　　语

儿童是家庭的希望，是国家和民族的未来，对儿童的关爱和保护是衡量一个社会文明程度的重要指标。相较于普通儿童，困境儿童遭受着更大的不幸，也更需要家庭、法律、国家和社会给予更多的帮助和支持。为困境儿童营造安全无虞、生活无忧、充满关爱、健康发展的成长环境，是家庭、政府和社会的共同责任。加强困境儿童监护保护，不仅需要有力的法制保障，更需建立系统的监护监督、干预、支持、保障体系等，通过资源整合、部门协同、社会监管，协力攻克未成年人监护“短板”，让良法善政照进现实，真正撑好儿童权益保护伞。

---

① 戴超. 试论困境儿童的国家救助——以儿童福利理论为视角[J]. 当代青年研究，2014(3).

性侵未成年人犯罪防范体系研究

——以上海市未成年人检察工作为视角*

陈怡怡　等**

联合国《儿童权利公约》自 1989 年通过以来，已成为世界范围内最重要的人权公约之一，该公约明确了儿童免受性剥削和性侵害的权利。近年来，我国未成年人保护工作快速发展，修订后的《中华人民共和国未成年人保护法》以及《中华人民共和国刑法修正案（十一）》对“强奸罪”“猥亵儿童罪”和“负有照护职责人员性侵罪”的修改和增定，更是标志着我国在未成年人性权利保护领域迈出了重要的一步。然而在实践中，我们发现未成年人性权利的保护现状依然不容乐观，防范性侵未成年人犯罪的形势依然严峻。据最高人民检察院《未成年人检察工作白皮书（2020）》统计，2020 年，在疫情防控背景下，全国性侵未成年人各类犯罪案件数同比仍有超过 10%的增幅①，暴露出预防和惩治性侵害未成年人犯罪工作还存在诸多薄弱环节。本文通过对上海市近三年来（2018 至 2020 年）的性侵害未成年人案件的特点、司法实践中遇到的难点及社会管理中发现的痛点进行分析研究，并借鉴域外防范性侵未成年人司法经验，以期为预防和减少性侵害未成年人犯罪提供一些有益的建议。

---

* 本文系 2020—2021 年度上海儿童发展研究课题“性侵未成年人犯罪防范体系研究——以上海市未成年人检察工作为视角”的结项成果。

** 陈怡怡，上海市宝山区人民检察院一级检察官；孙丽娟，上海市宝山区人民检察院四级高级检察官；钟颖，上海市人民检察院三级高级检察官；张洁，上海市宝山区妇联副主席；金梦妮，上海市宝山区人民检察院检察官助理。

① 2020 年，全国检察机关起诉强奸未成年人犯罪 15 365 人、猥亵儿童犯罪 5 880 人、强制猥亵、侮辱未成年人犯罪 1 461 人，同比分别上升 19%、14. 75%和 12. 21%。

一、性侵未成年人犯罪的概述

（一）性侵未成年人的概念

《儿童权利公约》第 34 条列举了三种性犯罪的基本形式：引诱或强迫儿童从事非法的性活动，利用儿童卖淫或从事其他非法的性行为，利用儿童进行淫秽表演和充当淫秽题材。此种分类系按照犯罪行为进行区分，第一种为通过直接的身体接触而实施的性侵害行为，后两种则为通过非身体接触的方式利用儿童进行盈利的性剥削行为①。

1. 性侵未成年人犯罪的罪名

性侵未成年人犯罪是一种侵犯未成年人性权利的犯罪，主要侵犯了未成年人的性自主决定权及身心健康权。我国《刑法》中规定的性犯罪包括强奸罪、强制猥亵罪等十余种犯罪，而最高人民法院、最高人民检察院、公安部、司法部 2013 年联合颁布的《关于依法惩治性侵未成年人犯罪的意见》和《刑法修正案（十一）》中，明确了性侵未成年人犯罪的罪名，包括有针对未成年人实施的强奸罪，强制猥亵、侮辱罪，猥亵儿童罪，组织卖淫罪，强迫卖淫罪，引诱、容留、介绍卖淫罪，引诱幼女卖淫罪，负有照护职责人员性侵罪等。

2. 未成年人的界定

对未成年人实施性侵犯罪的，被侵犯的对象是指未成年人。根据联合国《儿童权利公约》第一条的规定：18 岁以下的人都叫作“儿童”。多数国家的法律规定，未满 18 岁的人是为“未成年人”，我国即是如此。无论称谓如何，无可否认，世界各国都认为未满 18 周岁的人不属于成年人。因为未满 18 岁的人心智仍未成熟，易成为犯罪侵害对象，所以需要对其进行特殊保护。多数国家的法律规定认为，由于未成年人对性方面的知识未完全成熟，即使在未成年人自愿的情况下与他人发生性行为，该行为亦属于对未成年人性侵犯的违法或者犯罪行为。

---

① 赵合俊. 禁止儿童性剥削——国际法与国内法之比较研究[J]. 妇女研究论丛，2013，1.

3. 未成年人性承诺年龄

我国《刑法》第二百三十六条规定，奸淫不满十四周岁的幼女的，以强奸论，从重处罚。其中，十四周岁就是我国法律规定的未成年人性承诺年龄[①]。性承诺年龄，又称性同意年龄，是法律拟制的，个人在法律上能够对“性行为”做出“有效同意”的最低年龄。成年人之间发生性行为，只要双方“合意”就不构成“强奸”。但是儿童在认知能力、辨别能力以及反抗能力等方面都不及成年人，需要在法律层面对心智、身体并未发育成熟的儿童的性自由权加以限制。在刑法层面上，与未满十四周岁的未成年人发生性关系或者对未满十四周岁的未成年人实施奸淫行为的，一般都可以认定为构成强奸罪，特殊情况除外，最高人民法院《关于审理未成年人刑事案件具体应用法律若干问题的解释》第六条规定“已满14周岁不满18周岁的人偶尔与幼女发生性行为，情节轻微，未造成严重后果的，不认为是犯罪。”此外，最高人民法院、最高人民检察院、公安部、司法部发布的《关于依法惩治性侵未成年人犯罪的意见》第二十七条也重申了该规定。

（二）上海市性侵未成年人犯罪的基本情况和特点

1. 性侵害未成年人案件数量逐年上升

2018年以来，上海市各级检察机关共受理性侵害未成年人案件703件759人，其中2018年共受理182件194人，2019年共受理226件250人，2020年共受理295件315人，同比件数人数均有一定幅度上升。

2. 熟人作案现象突出

熟人是指被害人的亲属、邻居、父母朋友等人。据统计，35.1%的犯罪嫌疑人与被害人有亲属、邻居、教育、训练等关系。特别是学校老师、近亲属甚至监护人对未成年人实施性侵犯罪，这类案件社会影响极其恶劣，给被害人造成严重的心理创伤，对此类案件应当予以严惩。个别涉校园性侵害案件经媒体曝光，舆情沸腾，还严重影响教师职业群体的社会公信力。

---

① 《刑法修正案(十一)》新增的负有照护职责人员性侵罪，将我国性承诺年龄有条件地提高到十六周岁，一般情况下仍然是十四周岁。

3. 被害人年龄低龄化

据统计,70%的性侵害案件被害人为不满十四周岁的儿童,年龄最小的仅为三岁。低龄未成年被害人心智发育尚不成熟,自我保护意识弱,容易成为被侵害的对象。十二周岁至十三周岁的未成年被害人由于刚进入青春期,性生理逐渐发育,对性产生好奇心,易通过网络交友等方式结实异性朋友,在交往过程中发生“自愿型”强奸。另有部分为未成年人由于家长疏于监管、结交不良朋辈等原因,社会交往关系复杂,极易遭受社会人员性侵害。

4. 作案地点隐蔽

熟人作案的性侵害案发地点处于犯罪嫌疑人或被害人家中的占28.9%,宾馆、娱乐场所的占25.4%,反映出一些未成年人家长怠于履行监护职责,放任未成年被害人独自在外留宿,随意进入KTV、酒吧等娱乐场所,甚至出现了伺机性侵害醉酒未成年人的“捡尸”犯罪。发生于陌生关系中的性侵害案件,作案地点以公共场所的监管死角为主,如居民小区、餐厅包厢、游泳池水下、商场消防通道等,作案具有偶发性、短暂性的特点,侵害后果相对较轻。

5. 作案手段多样

其中,网络交友成为性侵害重要“媒介”。性侵害未成年人的手段主要包括暴力、胁迫,引诱、欺骗,利用被害人失去意识①,利用被害人无性自卫能力②等。近年来,未成年人遭受性侵害案件与网络有了越来越密切的关联,被害人通过网络交友软件或网络游戏被犯罪嫌疑人搭识,相约见面或者视频聊天进而遭受性侵害,这种情况在十三岁左右的女童身上尤为突出。这个年龄段正处于青春期,比较叛逆,对爱情有懵懂之心,又缺乏社会经验,很容易被社会人员利用,以恋爱之名发生性侵害。

6. 案发情形差异大

案发情形因被害人年龄不同差异较大。性侵害案件多由未成年人家长报案案发,且大部分均在获知侵害后立即报案,在一定程度上反映出保护意识的

① 案例中利用被害人失去意识是指利用被害人醉酒后失去意识或者在被害人饮料中下迷药使其失去意识的情况。

② 案例中利用被害人无性自卫能力是指被害人经鉴定系精神发育迟滞,无性自卫能力的情况。

提高。具体而言,低龄未成年人多因身体不适或接受家长性教育时被主动告知;八周岁以上的未成年人能够判断自身遭受性侵害并立即主动告知家长,反映出低龄未成年人的预防性侵教育有待加强。发生在校园、宾馆等场所的性侵犯罪案件,存在学校刻意隐瞒不履行强制报告、未成年人入住宾馆不核查身份的情况,也导致案发迟延的重要原因。

二、性侵未成年人犯罪防控的现状及检察实践

(一) 制度层面

2013 年最高人民法院、最高人民检察院、公安部、司法部联合发布的《关于依法惩治性侵未成年人犯罪的意见》,强调“从严惩治、从严执法”,严惩性侵幼女、校园性侵害等行为。2014 年,《最高人民检察院关于进一步加强未成年人刑事检察工作的通知》出台,明确将性侵未成年人案件纳入未成年人刑事检察部门受案范围,由专门检察官办理。2018 年,最高人民检察院《关于全面加强未成年人国家司法救助工作的意见》明确指出遭受性侵的儿童,检察机关可以给予救助。2018 年 10 月,最高人民检察院就加强校园管理、预防性侵和未成年人的保护,向教育部发出“一号检察建议”,并提出这项工作要“没完没了地抓下去”,随后,全国检察机关和全国教育行政部门均建立起落实“一号检察建议”的工作制度。2020 年 5 月 7 日,最高人民检察院、国家监察委员会、教育部等九部联合发文《关于建立侵害未成年人案件强制报告制度的意见(试行)》,明确了侵害未成年人案件的报告主体、报告义务和相应责任。2020 年 5 月 29 日,上海市《关于建立涉性侵害违法犯罪人员从业限制制度的意见》正式对外发布,健全完善了与未成年人亲密接触行业从业人员的招录和管理机制,加强对性侵未成年人犯罪的源头预防。2020 年 8 月 20 日,最高人民检察院、教育部、公安部联合发文《关于建立教职员工准入查询性侵违法犯罪信息制度的意见》,进一步筑起了防范性侵未成年人的防火墙。2021 年 1 月 1 日实施的《民法典》第一百九十一条规定,未成年人遭受性侵害的损害赔偿请求权的诉讼时效,自受害人年满十八周岁之日起计算;第一千一百八十三条规定,侵害

自然人人身权益造成严重精神损害的，被侵权人有权请求精神损害赔偿；2021年3月1日生效的刑法修正案十一及相关司法解释规定，将法院“不予受理”附带民事诉讼或单独提起民事诉讼要求精神损害的规定，改为“一般不予受理”，为刑事案件中被害人提起精神损害赔偿提供了可能性。2021年6月1日修订后施行的《未成年人保护法》《预防未成年人犯罪法》，进一步明确了相关主体在未成年人权益保护方面的法律责任。

（二）检察环节制度设计

1. 强化法律监督职能，推动相关领域堵漏建制

针对在办案中发现的校外培训机构在教师监管、资质审核、场所安全等方面均存在突出问题的情况，通过制发检察建议，督促、会同相关职能部门开展行业整治工作。通过运用支持起诉等职能，引导、帮助未成年被害人向第三方教育培训机构提起民事赔偿诉讼，检察机关予以支持起诉，维护了被害人的合法权益[①]。

2. 创建首个省级层面的涉性侵违法犯罪人员从业限制制度

开展对教师、看护等与未成年人密切接触行业的行业人员进行筛查，全市已对60余万与未成年人密切接触人员进行拉网式排查，对45人不予录用或辞退[②]。

3. 推动落实强制报告制度

青浦、闵行、徐汇等检察院与区委政法委等多家单位会签文件，率先在全市范围内出台强制报告制度。而强制报告制度作用的发挥，关键在于落实。如本市青浦检察院针对一起校园性侵案件制发督促监督部门严肃问责，涉案小学校长、党委书记因隐瞒不报分别被撤销党内职务、政务撤职、专业技术岗位等级降为9级，真正将强制报告制度做成刚性，做到刚性，实现对未成年人的强势保护。

---

① 4名学生遭老师猥亵，培训机构用人“失察”各赔4万元抚慰金，载中国青年网2019年8月26日。

② 《上海未成年人检察工作白皮书(2016—2020)》。

4. 大力推进性侵案件未成年被害人"一站式"取证和保护工作

与市公安局会签《关于进一步规范性侵案件未成年被害人"一站式"取证保护工作的实施意见》,对"一站式"取证和保护工作进行全面规范。至今全市共建立23个"一站式"场所,实现全市16个区的全覆盖,对未成年被害人的取证、保护工作有了固定的场所,督促公安机关办理该类案件更加规范。

(三)检察环节司法实践

1. 整合资源落实未成年被害人救助工作

对于需要法律援助的未成年被害人,第一时间制发法律援助联系函,由法律援助中心指派有经验的律师提供法律援助。对于心理受到创伤的未成年被害人,积极为其聘请心理咨询师和专业社工开展心理咨询和疏导治疗,所需费用由检察机关落实。对于经济困难的未成年被害人及家庭,协助其申请国家司法救助,并开通未成年人救助绿色通道,及时发放司法救助金。

2. 提升未成年人和家长的自我保护能力

针对未成年人,通过制作手册、PPT课件、微电影等形式,传授未成年人个体安全与自我保护的技能,提高未成年人辨识犯罪和自我保护的能力。针对家长,一方面,通过教育平台在各个家长学校里围绕如何陪同孩子健康成长普及预防知识,培养家长防范性侵案件的警觉意识。另一方面,通过妇联,强化母亲在防范性侵案件中起到的积极作用,切实提高家庭保护力度。此外,在充分考虑被害人家长需求和情绪的情况下,开展未成年人自我保护和家庭教育指导,防范未成年人再次遭受不法侵害。

3. 形成法治宣传矩阵

如本市宝山检察院认真贯彻"一号检察建议"精神,通过多渠道开展法治宣传,向全区100多所中小学、幼儿园赠送宣传海报、视频光盘,通过"走出去、请进来"将防范性侵未成年人教育渗透至高中、初中、小学、幼儿园各阶段。党组成员、部门负责人、未检干警等受聘担任区内21所高中、职校的"法治副校长",党组书记、检察长带头开设法治讲堂,结合典型案例,解读高中生容易遇到的所谓"爱情"中的"坑",引导高中生树立正确的"爱情观";检察官以《青春修炼手册》为主题,为青春期的初中学生进行法治宣讲,帮助该年龄段未成年人抵制网络不良诱惑,增强自我性保护意识;与团区委合作,将小学生自我保护课程配送进政府实事项目“爱心暑托班”,通过六堂系列课程,为小学生宣讲性侵害防范知识,提高低龄学生明辨是非、应对性侵害的能力;主动联系街道、居委会,将未成年人防范性侵害的知识融入暑期安全教育,结合办案实践,为社区青少年讲解“如何辨别性侵害、如何避免遭遇性侵害、万一遇到性侵害如何应对”等实用技巧;联合小学开展“我是小小检察官”职业体验活动,邀请2批40名小学生走进检察院,通过组织学生扮演“小检察官”上台为同学们上法治课的形式,鼓励小学生成为宣讲员,向更多未成年人传播防范性侵害的知识。

三、性侵害未成年人案件的防范困境及分析

(一)专业化办案力量有待加强

性侵害未成年人案件具有一定的特殊性,对办案人员有较高的专业化要求,需要善于甄别犯罪嫌疑人辩解、熟悉未成年人身心特点的司法人员参与办理。目前,各级检察机关已成立未成年人案件专业化办案组织,并明确了性侵害未成年人案件均由未检部门办理。法院虽然设置了少年庭,并通过集中管辖的方式实现了未成年人犯罪案件的专门审判,但是,性侵害未成年人案件在部分区院仍然分散在刑事审判庭,并没有集中到少年庭进行专业化办理。公安机关的专门办案组织仍未建立,接受报案、第一时间接触被害人的侦查人员为一线派出所民警,且大多数主办侦查人员为男性。虽然在一站式取证场所询问时,会有女性工作人员在场,但仍出现被害人因为主办侦查人员是男性而不好意思如实陈述的情况,导致遗漏重要猥亵情节,指控力度大打折扣。

(二)办案难度较大

一是性侵害未成年人案件具有隐蔽性。此类案件客观证据少,犯罪嫌疑人拒不供认的多,被害未成年人尤其是幼童心智尚不成熟,表达能力欠缺,造成了这类案件取证难度大,证据相对单薄,诉讼风险较高。二是法律适用存在

争议。猥亵儿童、奸淫幼女"情节恶劣"如何认定，猥亵的入罪标准如何把握等，司法认定标准有待进一步明确。三是重大敏感案件时有发生。侵害未成年人犯罪案件社会影响大、舆论关注度高，尤其是校园性侵案件，极易引发涉案信访乃至网络舆情，在司法政策把握、信访矛盾稳控化解、舆情应对等方面都有较大难度。

（三）未成年人自我保护意识薄弱

一是幼童防范能力差。幼童缺乏对性侵害的最基本的分辨能力和防范意识，有些女童在遭到侵害后仍不能辨识事情的性质和后果，甚至不懂如何向家长表达。二是青春期未成年人易受外界诱惑和不良因素影响。青春期是生理、心理发育的特殊时期，此时的未成年人心智尚未成熟，缺乏明辨是非的能力，多数未成年被害人轻易通过 QQ、微信上添加陌生人，容易被不法分子侵害，更有缺乏正确的价值观、金钱观的未成年人通过发生性关系获取金钱。

（四）家庭保护力度不足

目前我国尚未将监护人失职行为"入刑"①。性侵害未成年人案件往往与监护人失职问题挂钩，同时暴露出有关部门对监护人失职问题监管的缺位。一是缺乏防范意识。大部分遭受性侵儿童系因监护人防范意识缺失，主要表现为经常将孩子交由他人代为看管或任由儿童与邻居及其他人单独相处。如某猥亵案，父母因上夜班将儿童单独留在家中并托付给邻居照看，邻居乘机多次对女童实施猥亵。同时，离异家庭、单亲家庭等特殊家庭因缺少周全的照顾，导致被性侵的比例较高。二是监护人作案。因为婚姻生活不美满、缺少性生活、没有血缘等原因，养父、继父甚至亲生父亲把黑手伸向了对其有生活依赖关系而不敢反抗的未成年子女，未成年人忍气吞声及母亲的沉默，又让儿童在相当长的时间被肆意侵害而不被发现。目前我国《未成年人保护法》《预防未成年人犯罪法》等法律虽然规定了监护人的法律责任，但对于失职的监护人往往

---

① 汤婉婷. 完善性侵未成年人犯罪预防机制[J]. 中国检察官，2019，6.

采取训诫、制止、批评教育、责令立刻改正等较为“柔性”的措施,往往收效甚微。

(五)学校管理和教育行政部门的监管有待进一步加强

一是案发学校教师聘任不规范。案发学校对教师管理不到位,从业限制制度未落到实处,甚至存在违规使用不具备上岗资格的人员开展教学的情况。二是校园安全管理缺位。对实时性的教育行为存在监管缺位,如幼儿园教师授课时跟班教师未随堂上课,还有的利用单独管理幼儿午睡之机对幼儿实施性侵。三是硬件设施欠缺。部分学校教室未装置监控设备,安全防范硬件配置的不完善间接助长犯罪嫌疑人的侥幸心理。

(六)对网络媒体监管力度不够

对于未成年人性侵犯罪案件的犯罪嫌疑人而言,不良性文化的传播是引发其产生犯罪行为的罪魁祸首[①]。司法实践中发现,许多性侵未成年人的犯罪嫌疑人有观看儿童色情淫秽视频的癖好,甚至加入专门传播儿童色情淫秽物品的 QQ 群;一些以婚姻介绍为名的交友 APP 对注册主体的身份审核形同虚设,许多未成年人因好奇下载安装了此类 APP,便会持续收到陌生异性的好友申请,即便删除此类 APP,仍会持续收到以短信形式发出的好友邀请,许多犯罪嫌疑人即是通过交友软件搭讪未成年人,逐步从线上“裸聊”发展到以隐私照片相威胁实施线下性侵。此类案件暴露出相关部门对网络媒体的监管不够到位。

(七)社会预防机制不足

一是教育培训机构安全意识不足。在人员招用及日常管理中,对教学资质和前科劣迹的审查较为薄弱,同时对日常教学缺乏安全监管和安保措施,使得犯罪分子有机可乘。二是基层社区治安管理存在漏洞。在流动人口较多的地方,尤其是城中村地区,由于没有临时可以托管孩子的机构,缺乏可供学习、娱乐、活动的公益场所,很多儿童只能选择在路边、工地等具有严重安全隐患的地方玩,

---

① 母润鑫. 性侵未成年人犯罪及预防机制初探[J]. 法制博览,2015.

这些社区的监控有盲点,治安隐患多。如某强制猥亵案中,因公共厕所未安装房门和厕所门,犯罪嫌疑人尾随上厕所的女童进而实施猥亵,造成严重后果。

(八)被害人救助力量有限

一是经济救助金额有限。一方面司法救助额度由各区视情而定,没有统一标准;另一方面其他救助资金源捉襟见肘,如宝山检察院与区妇联合作设立的性侵被害人救助专项基金,面临基金资金来源有限的窘境,目前该基金来源系被害人互助、检察官和律师捐助,长远来看杯水车薪。二是心理疏导次数有限。性侵害犯罪对未成年被害人的心理创伤是复杂的、长远的,较难在短期内修复。目前,检察机关可提供的被害人心理疏导次数一般为一至二次,虽能一定程度上缓解被害人及其家庭的心理压力,但从长期来看,修复效果有限。

四、域外性侵未成年人犯罪防范体系建设经验借鉴

防范性侵未成年人犯罪是一个世界性的难题,该类犯罪行为是各国重点打击的对象。一些域外国家发端较早,形成了较为成熟的制度,考察这些国家在惩治与预防性侵未成年人犯罪的做法,可以带给我们一些有益的启发。

第一,美国[①]——性侵犯罪人员登记备案制度,严厉打击周边违法行为,开发分级预防性侵的教育项目。美国的《雅各布法案》《梅根法案》《亚当法案》等法律,构建并完善了美国的性侵犯罪人员登记备案制度,同时根据性侵犯罪人对社区的危险设置了不同等级,从而在登记和信息披露范围上作区别对待,而且允许公众通过网络查询相关信息[②]。美国对可能引发性侵未成年人犯罪的周边违法行为始终严厉打击,甚至连家中藏有儿童色情照片都属于犯罪行为,通过打击周边违法行为来预防或减少性侵未成年犯罪。此外,美国已发展了很多针对不同年龄未成年人如何预防性侵的教育项目,分别制定和实施不

① “惩治与预防性侵害未成年人犯罪机制研究”课题组.域外惩治与预防性侵未成年人犯罪制度及其对我国的启示[J].中国检察官,2016,5.

② 赵国玲,徐然.北京市性侵未成年人案件的实证特点与刑事政策建构[J].法学杂志,2016,2.

同的防范措施，并逐渐被整合到学校的安全和健康教育课程中。

第二，英国①——对性侵未成年人案件分类细化。根据实践情况的汇总分析，儿童性侵害案件大体可分为九种类型：一是家庭环境中的儿童性侵害；二是通过家庭之外的可信任关系对儿童的性侵害；三是通过中间人对儿童进行性侵害；四是通过在线互动对儿童进行性侵害；五是通过查看、分享或者占有图片、照片对儿童进行性侵害；六是通过一些组织和网络对儿童进行性侵害；七是有偿安排并实施的儿童性侵害；八是通过个人人际关系对儿童实施性侵害；九是不明身份的人通过袭击对儿童实施性侵害。

第三，德国②——适用“世界法原则”“投名状测试”，对散布、获取和持有儿童色情内容行为严厉打击。《德国刑法典》中打击儿童色情的最重要的罪名无疑系第 184b 条规定的散布、获取和持有儿童色情内容罪（Verbreitung, Erwerb und Besitz kinderpornographischer Inhalte）。依据《德国刑法典》第 6 款第 6 项，散布儿童色情内容的行为还应适用所谓的世界法原则（Weltrechtsprinzip），即全世界范围内的满足德国刑法中儿童色情罪名的行为，无论其行为或犯罪结果是否发生在德国国内，都可以被德国追究。《德国刑法典》第 184b 条第 6 款规定了“投名状测试”（Keuschheitsprobe）不处罚的规定，为开展此类集团犯罪的卧底侦查提供了保障，针对很多儿童的色情集团犯罪，如果警方不采取卧底侦查的方式，会大大增加工作难度，因此这种卧底行为是被免于刑事处罚的，比如一个卧底警察，为了能够进入一个儿童色情犯罪集团，用电子设备将带有儿童色情内容的介质资料转发给一个他认为的潜在客户，以便进行刑事侦查，这种情况下也是免予刑事处罚的。

第四，日本③——构建较系统的法律保护网。日本规制性侵未成年人犯罪

---

① 域外|性侵害未成年人案件办理机制线上研讨（一）：英国性侵害儿童案件的现状与办理困境［EB/OL］. 微信公众号“法司年少”2021－10－2810：00.

② 中国社会科学院大学法学院主办、德国汉斯·赛德尔基金会（Hanns Seidel Stiftung）协办的中德刑事法研讨活动之二暨“儿童色情信息的刑法规制”德方专家德国埃尔朗根-纽伦堡大学法学院库德里希教授与德国巴伐利亚班贝格总检察院网络犯罪办公室副主任果戈检察官的发言内容。

③ 刘建利. 日本性侵未成年人犯罪的法律规制及其对我国的启示［J］. 青少年犯罪问题，2014，1.

的刑事法可以分为两大类：一类是刑法和特别刑法上的关于保护所有人的性犯罪规定，另一类是特别刑法中专门针对性侵未成年人犯罪的规定。前者主要指《刑法典》《关于规制跟踪行为等法律》《防止骚扰条例》中针对性犯罪的相关规定。后者主要体现在《买春儿童、儿童色情处罚法》《儿童福祉法》以及日本各地方政府的《青少年保护育成条例》等相关法律条文规定中。这几部法律共同为日本的未成年人不被性侵害提供了法律保护网。

第五，韩国①——多措并举。其一，网络环境下阻止儿童色情信息传播。在对于儿童色情信息的防治上，韩国采取的是拦截程序与举报机制双层次体系：一是韩国通信标准委员会（www. greeninet. or. kr）推行“绿眼网”计划，在青少年使用的计算机上下载拦截色情内容的程序，以避免其观看色情内容；二是建立有害色情内容举报机制，如果发现包含儿童或青少年的色情内容或者对青少年有害的媒体，则可以向韩国通讯委员会提交“举报非法或有害信息”的形式进行举报。其二，确立性侵儿童犯罪报制度。为尽早发现和介入性犯罪案件，韩国法律确立了性犯罪举报制度。任何人都可以向调查机关举报性侵儿童犯罪的事实。为了鼓励对犯罪的举报，韩国性别平等与家庭事务部规定，如果被举报人最终被检察院起诉，那么举报者会得到最高 100 万韩元的奖金。当然，依据《儿童青少年性保护法》第 34 条，与儿童、青少年有关机构的负责人及其工作人员则是有“义务”举报的主体，发现性侵儿童犯罪的，“应当”立即向侦查机关报告。为了保护举报人的人身安全，根据《儿童青少年性保护法》的规定，任何人均不得在出版物中发布可识别举报人个人信息的材料（如照片等），或通过广播、通信网络披露举报人的个人信息。其三，设立电子监管制度。根据韩国《电子脚环法》规定，为监控某些犯罪分子的活动轨迹，为其佩戴电子脚环。从制度目的看，为有效制止性犯罪者再次犯罪，通过限制性犯罪者的活动。电子脚环的佩戴是以再犯危险性为标准判断的，应将其理解为保安处分的一种。其四，设立“化学阉割”制度。“化学阉割”见于韩国 2011 年《性

① 域外视角｜儿童网络色情治理的韩国做法——由儿童色情制品到儿童性剥削材料［EB/OL］. 微信公众号“法司年少” 2021－06－22 08：57.

冲动药物治疗法》,该法律的出发点是通过药物抑制某些性犯罪者(例如性变态者和习惯性犯罪者)性功能来预防性犯罪。韩国也是亚洲首个实施“化学阉割”的国家。从“化学阉割”的法律性质来看,“化学阉割”是一种保安处分而非刑罚,因为药物治疗不是对过去的性犯罪进行处罚,而是考虑到犯罪分子将来的再犯危险性而采取的措施。

五、完善我国性侵害未成年人犯罪惩防体系的建议

惩防性侵害未成年人犯罪,是一个体系化的工作,我们研究认为,至少包括以下三个核心工作:一是防范被害,持之以恒地提高未成年人的防性侵意识和能力,提升家庭、学校、社会、司法机关的保护力度;二是严惩性侵犯罪和避免再犯,对性侵害未成人的犯罪从从严惩处,通过对罪犯信息的登记和公示、电子监管、从业限制等预防措施,避免再犯;三是加大制度供给,细织性侵犯罪法网避免罪犯逃脱法律制裁,加强事后救助补偿降低性侵犯罪对被害人的伤害,延长追诉时效期限保证对性侵害未成年人犯罪的有效追究。

(一)防范未成年人被性侵风险

1. 防性侵教育进家庭

家庭教育是未成年人成长过程是最重要的一项基础性教育,监护人与未成年人有着天然的血缘纽带关系,因而对未成年人有着天然的教育权威。我们在调研中发现,家庭教育中包含防性侵教育内容多的,孩子较少受到性侵害,而反之,监护人较少对孩子进行防性侵教育,抑或家长自身就缺少防性侵教育的能力的,孩子受性侵的机率大大提高。例如,在一起教练猥亵女童的案件中,女孩向家长抱怨教练不好并有抵触情绪时,家长反而让女儿不要矫情,要好好听教练的话,间接导致了女孩在后期训练过程中多次被教练猥亵。如果父母能够第一时间重视女儿的抱怨,或许能有效避免女孩被持续性侵。司法实践中我们发现,一方面家庭教育羞于谈性教育,另一方面网络社会里包含性内容的文字、图片、视频比较泛滥,尽管有青少年模式,也阻碍不了未成年人

对这些内容的接触。在似懂非懂间，未成年人有的在社交平台上观看、传播淫秽视频，有的泄露自己的私密照片、视频，有的与网友线下见面发生性关系，等等，在由此引发的未成年人传播淫秽物品牟利罪、性侵未成年人等案件中，父母知道孩子有上述行为后均表示十分惊讶。因此，对于目前监护人在防性侵教育方面的无力和不力，有必要开展防性侵教育进家庭的工作。建议以《家庭教育促进法》施行为契机，配套开展以“如何对未成年人子女进行性教育”为主题的家长家庭教育指导工作。

2. 防性侵教育进学校

随着我们国家业务教育的普及以及中等职业技术教育的扩大招生，本市16周岁以下的未成年人几乎都在学校里就读，未成年人的学校教育覆盖了他们的大部分成长时间，防性侵教育有必要走进学校。然而在司法实践中，并非所有的学校都能对此表示支持，有的学校认为我们是一所德育建设示范学校，从来没有学生被性侵的事情发生，开设相关的课程没有必要。有的学校认为在大多数学校不开设防性侵课程的情况下，如果自己的学校开设相关的课题，是在向社会传达本校有相关性侵事件的信号。还有的学校担心家长的态度。凡此种种都成为防性侵教育进学校的阻碍。但在司法实践中，存在老师性侵学生、学生在交友过程中被性侵，甚至学生在放学回家的路上被冒充教育行政部门工作人员的陌生人强制猥亵的案件，这些案件突出反映了学校防性侵教育的薄弱。建议根据未成年人年龄，开发不同学段的性教育课程，并参照联合国2018年发布的《国际性教育技术指导纲要》①（修订版）制定统一的教学大纲和课程标准。

3. 防性侵教育进企业

在统计分析中，我们发现性侵案件的发生地点有很多在会所、KTV、酒吧、宾馆等企业经营地点，新修订的《未成年人保护法》明确规定了这些企业的社会责任，要求营业性娱乐场所不得接纳未成年人进入，更不能允许未成年人作

---

① 联合国2018年发布的《国际性教育技术指导纲要》（修订版）规定了全面性教育的8个核心概念和下设的27个主题。这27个主题下面又从知识、态度和技能三个维度设定了学习目标，对性教育内容有详细规定。

为“气氛组”陪酒陪侍；要求宾馆对入住人员实名登记，发现未成年人单独入住或与非父母的成年人共同入住时，要联系父母了解允许入住的情况。相关企业一旦发现未成年人有被性侵、被引诱、介绍、容留卖淫、接触淫秽物品等相关情况时，要履行强制报告的业务，及时向公安机关报案。因此，上述企业的主管机关如公安机关、文化执法机关等，有必要在日常监管中，开展防性侵进企业的相关工作。

4. 防性侵教育进社区

近年来，本市各个区都在推进儿童友好社区建设、青少年法治教育基地建设等工作，可以在青少年参观法治教育基地、参加友好社区的活动中，通过知识讲座、知识问答、视频展播、家庭互动等方式，将防性侵教育以大众可接受的方式普及传播，目的在于促进亲子关系的沟通与融洽，促进未成年人自我保护意识的觉醒和提高，从而有效防范性侵风险。

（二）减少性侵未成年人犯罪发生

1. 从严惩处性侵犯罪的特殊预防

从刑事政策的角度，对性侵未成年的案件坚持一律从严打击的态度，在刑罚的适用上，一定比性侵成年人的案件处罚得要严厉。从证据链构建的角度，树立以未成年被害人陈述为中心的证据链构建原则，从报案的及时性、诬告陷害可能性的排除、相关证据的印证、犯罪嫌疑人品格证据的考察等方面，综合考虑事实的认定以及法律的适用，不轻易放纵犯罪。从结果加重犯认定的角度，对“情节恶劣”“其他严重后果”“其他恶劣情节”的认定，要充分结合《关于依法惩治性侵害未成年人犯罪的意见》第25条，予以综合认定。

2. 从业限制制度的优化

2019年5月，上海在全国率先建立性侵害违法犯罪人员从业限制制度，对性侵，犯罪人员判处刑罚时，一并判处三至五年的从业限制，加强对性侵犯罪的源头预防，同时，还建立起特殊职责人员入职审查制度，对因业务关系可能接触未成年人的监护、教育、训练、救助、看护、医疗等人员，在入职时进行有无性侵犯罪前科的审查。对于从业限制的特殊预防，至少还有两个方面的工作有待进一步加强。一是应扩大从业限制的人员范围,例如,应当将从事教育、训练、救助、看护、医疗等业务的机构的临时工作人员如实习生等、后勤保障人员如保安、保洁人员等也纳入到入职审查人员的范围。二是应当尽早建立起全国范围可查询的性侵犯罪人员数据库,依法向密切接触未成年人的公司、机构等单位开放查询权限,依法受理符合条件的公民的开放查询申请,确保信息查询的及时性、准确性。

3. 对性侵犯罪人员的信息进行登记、公示及电子监管的一般预防

从比较法研究的角度来看,美国的登记备案制度值得我们学习和借鉴,考虑到潜在的性侵犯罪危险,我国可以尝试建立性侵犯罪人登记制度,根据所判刑期的长短,设立不同的公示期限,明确有关组织和个人对相关信息的查询与知情权。对于多次实施性侵犯罪或者犯罪情节恶劣后果严重的,可以向所在社区的单位和居民予以通告。当然,对于性侵犯罪人员的信息公开,始终有着较大的争议,反对者认为这将导致刑满释放人员在居住、就业方面面临歧视,不利于这些犯罪人重新回归社会。我们认为,部分性侵犯罪人员信息的公开,可以让其居住地的居民在日常生活中加以防备。此外,可借鉴韩国电子监管制度,对部分性侵犯罪人员的活动轨迹进行监管。事实上,我国许多地区已对社区矫正的罪犯采用电子监管,令其佩戴电子手环或脚环,并在实践中取得了一定成效。我国今后可以出台专门的法律文件,将电子脚环作为监督考察性犯罪罪犯的主要方式予以明确规定并推广适用。上述手段可以在最大程度上避免潜在的性侵犯罪危险,起到一般预防的作用,具有积极的社会意义。

(三)加大防范性侵犯罪的制度供给

1. 刑法刑事诉讼法体系的完善

就刑法体系完善而言,目前上海市检察机关统一办理的性侵未成年人案件的罪名包括强奸罪、强制猥亵、侮辱罪、猥亵儿童罪、组织卖淫罪、协助组织卖淫罪、引诱、容留、介绍卖淫罪等。而日本刑法典相关的罪名[①]则包括,一类

① 刘建利. 日本性侵未成年人犯罪的法律规制及其对我国的启示[J]. 青少年犯罪问题,2014,1.

是侵害性自由的犯罪,有强制猥亵罪,强奸罪,准强制猥亵罪与准强奸罪,集团强奸罪,强制猥亵、准强制猥亵致死伤罪,强奸、准强奸致死罪,集团强奸致死罪;一类是侵害性风俗的犯罪,有公然猥亵罪,散布猥亵物等罪,劝诱淫行罪等,保护未成年人的法网相对较为严密。例如,司法实践中遇到的露阴癖,目前我们的刑法无法予以规制,但是,行为人经常多次在学校的附近,对在操场上的师生露阴,或对上学、放学的师生露阴,有害风化,扰乱了社会秩序,有损师生身心健康。我们认为,可以参考日本的刑法典,设置公然猥亵罪这样的罪名予以规制。再如,针对未成年人群体传播淫秽物品的行为,在刑事处罚上一律以传播淫秽物品罪予以惩处,并没有从法律上体现对传播对象是未成年人的特殊保护,有必要设置单独的罪名予以从严惩处。我们还认为,有必要将“持有未成年人性剥削物品”行为入罪。《未成年人保护法》第 52 条明文规定禁止持有有关未成年人的淫秽色情物品和网络信息,但并未对这一行为规定相应的处罚。从刑法的角度来看,设立“持有未成年人性剥削制品犯罪”的合理之处在于“持有”行为具有较高的法益侵害性。有学者曾指出:“持有型犯罪的处罚根据并不在于‘持有’本身,而是为了避免已然犯罪逃避处罚或者避免持有行为人进一步实施危害社会的其他关联性犯罪行为。”①对于未成年被害人而言,性剥削物品一旦被制成,除非持有者主动销毁,否则会一直存在,从而成为该未成年人一生难以消除的阴影,更有甚者,该制品还可能成为持有者敲诈勒索未成年人的工具;对于其他未成年人而言,由于性剥削制品持有者的认知和意志往往会长期受到该制品的影响,增加了其他未成年人遭受犯罪侵害的风险。因此,“持有”未成年人性剥削制品的行为,与未成年人遭受的性剥削以及性自主权的损害具有明显的因果关系,所造成的法益侵害也已经超越了普通淫秽物品犯罪所保护法益的范畴。

就刑事诉讼法体系的完善,一方面,可以确定未成年被害人法律援助全覆盖,为被害人及其家庭落实有效的法律援助,帮助他们维护自身的权益,帮助他们加强与公安承办人、检察官、法官之间的沟通,帮助他们到法庭上讯问被

① 廖兴存. 法益保护原则视阈下儿童色情制品持有入罪论[J]. 当代青年研究,2018,4.

告人、发表意见,以达到与未成年犯罪嫌疑人同等法律援助的力度,进而实现“双向保护”。另一方面,要以推动强制报制度进入刑事诉讼法“未成年人刑事案件诉讼程序”章节,对于违反强制报告制度的个人、单位,依法就当承担相应的行政责任和民事责任。

2. 精神损害赔偿的有条件支持

2021 年 3 月 1 日生效实施的《最高人民法院关于适用〈中华人民共和国刑事诉讼法〉的解释》第 175 条第 2 款规定,“因受到犯罪侵犯,提起附带民事诉讼或者单独提起民事诉讼要求赔偿精神损失的,人民法院一般不予受理。”相较于修订前的刑事诉讼法解释规定的“不予受理”,该款增加了“一般”二字,我们理解应当有“例外”受理的情形。有学者认为①,这个“例外”的范围应该是,通过刑事惩罚不能在客观上抚慰被害人精神的案件。如果刑事惩罚无法使被害人的心理得到抚慰,或者说这个抚慰无法使她恢复到健康状态、无法恢复到未受侵害的状态,对于这类案件中提起的精神损害赔偿请求,法院应该进行受理,这就是“例外”。也有法官②认为,对于性侵未成年被害人的案件,可以适用上述例外情形,在对犯罪嫌疑人判处刑罚的同时,可以判处其赔偿精神抚慰金。例如,上海市宝山区人民检察院在对犯罪嫌疑人牛某某强奸案提起公诉时,向被害人告知有提起刑事附带民事精神损害赔偿的权利,并对后者提起的民事诉讼予以支持起诉。最终,上海市静安区人民法院对被告人牛某某犯强奸罪,判处有期徒刑十年,剥夺政治权利一年,一次性赔偿附带民事诉讼原告人精神抚慰金人民币三万元,上海市第二中级人民法院驳回上诉,维持原判。这是全国首例检察机关支持起诉性侵未成年被害人刑事附带民事精神损害赔偿案,标志着刑事案件精神损害赔偿在未成年人保护领域实现了突破,入选最高人民检察院《未成年人检察工作白皮书(2020)》。我们认为,以此典型案例为先河,可以在性侵未成年被害人的案件中受理被害人提起的刑事附带

① 性侵害未成年人案件中的精神损害赔偿问题及检察机关的司法应对[EB/OL].[2021-12-25].上海检察微信公众号 75 号咖啡栏目.

② 性侵害未成年人案件中的精神损害赔偿问题及检察机关的司法应对[EB/OL].[2021-12-25].上海检察微信公众号 75 号咖啡栏目.

民事精神损害赔偿的起诉并予以判决，对被害人的精神损害予以弥补。

3. 未成年被害人司法救助的完善

最高人民检察院于2018年2月27日发布《关于全面加强未成年人国家司法救助工作的意见》，但是该《意见》第三条列明的8项救助条件，都要求“造成生活困难”。国家救助实行“救困不救贫”原则，要求生活困难才予以求助，合法合理。司法实践中，性侵犯罪很少造成未成年被害人出现伤残或者其家庭无力承担医疗救治费用的情形，而大多数的未成年被害人有心理创伤但是并非所有人能够达到心理严重创伤的程度，因而很难符合救助的条件。考虑到这样的现实情况，我们认为应当转变性侵案件中未成年被害人的司法求助理念和方式，从救助走向补偿，以国家补偿的方式，按照被害人的实际损失（包括心理伤害）由国家给予补偿，因此，有必要对性侵未成年被害人降低司法救助的门槛，给予一定的经济救助，并督促被害人的父母将该笔救助用于心理疏导、心理咨询、家庭教育指导等有利于改善被害人成长环境方面。对于因心理治疗而实际产生的费用，如果被告人没有赔偿的，可以纳入国家救助。另外，检察机关、审判机关有必要对性侵案件的未成年被害人予以跟踪观护，一旦发现有需要心理救助的情形出现，可协调心理咨询机构予以救助。此外，建议修正《刑法》上对性侵未成年人犯罪的追诉时效期限，可以借鉴《民法典》第191条关于遭受性侵害的未成年人行使民事损害赔偿请求权的诉讼时效期间从受害人年满十八周岁之日起计算的方法，在《刑法》上对性侵害未成年人犯罪的追诉时效作出一些特殊规定，以保证对性侵害未成年人犯罪的有效追究。

关于上海市崇明区留守儿童委托监护权的适用研究*

——以未成年人监护制度为视角

朱丽娜**

崇明区作为上海市的远郊区，囿于特殊的地理区位，经济相对落后，大量的剩余劳动力进入上海市区务工，他们中的多数平时也生活在市区，无法照顾自己的孩子，因此大量留守儿童就此产生。据初步统计，崇明区的留守儿童不少于4 000名，他们通常被托付给祖父母、外祖父母或其他亲属照顾，这实际上是一种委托监护，是目前留守儿童适用最普遍的一种监护方式。笔者在基层法院审理未成年人侵权案件的过程中发现，留守儿童的委托监护存在着一定的法律缺陷。例如，虽然我国《未成年人保护法》第十六条对委托监护做出了明确规定，从立法目的来看，本条规定是为了保护留守儿童被监护的权益，问题是，该条将解决这一问题的任务分配给了留守儿童的父母。因为委托监护本身就是由于留守儿童的父母无法解决所产生的，是一个社会化的问题，所以将社会问题的解决归于单个的社会个体或某一群体是不现实的，很难取得真正的实效，因而完善委托监护制度对于留守儿童权益保护非常必要。

一、留守儿童监护存在的问题及原因

（一）留守儿童监护存在的问题

目前，留守儿童的监护类型主要有单亲监护、隔代监护、上代监护和同辈

* 本文系2016—2017年度上海市儿童发展研究课题“关于农村留守儿童委托监护权的适用研究”的结项成果。

** 朱丽娜，上海市崇明区人民法院法官助理。

监护四种，这四种类型的监护均存在不同程度的缺陷：第一，监护质量低下。监护人应具备相应的监护能力，且能够履行监护职责。现实是，监护人要么年龄偏大、健康状况不佳，要么文化素质较低、教育观念和方法落后，只能满足被监护人吃饱穿暖等基本生活需求，没有能力在法制、安全、学习等方面给予留守儿童相应的指导和监督，监护人的监护能力明显欠缺。第二，监护类型易发生变化。留守儿童的监护类型不是一成不变的，而是处于一种不稳定状态，由于多方面的因素，留守儿童的监护人随时可能变更，这就使得留守儿童需要花费大量的时间与精力去适应和了解新的监护人，也会使得他们缺乏安全感，从而增加其心理和精神负担，影响身心健康。第三，缺乏有效的监督和责任追究机制。留守儿童因无完全行为能力，无法独自保护自身的合法权益，对监护人的侵权行为难以反抗，因此外部的监督机制很有必要，目前的留守儿童监护制度中，缺乏有效的监督与责任追究机制。

（二）原因分析

1. 监护制度的不可适用性

对于留守儿童来说，《民法通则》第16条所规定的监护类型皆难以适用。根据法律规定，只有在父母死亡或没有监护能力的情况下，才由下一顺位的人担任监护人。而父母外出务工不属于丧失监护能力的情形，那么留守儿童的祖父母、外祖父母、兄、姐以及其他亲属和朋友也很难成为留守儿童的监护人，即便出现对留守儿童照管不力的情形，也难以追究他们的责任。

2. 组织监护不具备实施的可行性

在市场经济条件下，由于实行“政企分开、社政分开”，作为以生产为第一要务的单位，已不再具备担任监护人的基础和条件；居民委员会和村民委员会作为基层群众自治组织担任监护人由于缺乏专职岗位和资金来源，也不能有效地监护孩子；法律对民政部门如何履行监护人职责没有明确规定，实践中民政部门担任监护人的情形极为少见。

3. 过分依赖亲属监护

受传统宗族思想对监护制度的影响，我国的监护制度主要是以亲属监护为主,组织(未成年人父母所在单位、居委会、村委会及民政部门)监护为辅。我国《民法通则》第16条和《婚姻法》第28条、第29条的规定,均是基于亲属关系的远近来设定监护人的顺序,但随着社会的发展和经济及家庭结构的变化,这种监护在现今社会中已经不能起到很大作用。

二、监护制度是解决留守儿童监护的有效途径

我国现行的监护制度是以常态家庭的儿童为标准作出的规定,对留守儿童这一特殊群体未予考虑。目前来看,委托监护制度有利于弥补留守儿童法定监护的缺失,亦是实践中通常采取的方式,是解决留守儿童监护困境的有效途径。

(一)委托监护制度的重要性

委托监护制度的存在有其特殊意义。首先,父母外出就业,高额的生活成本迫使他们将子女单独留在家乡,交由可信的亲朋看护,这种普遍存在的照管模式为委托监护制度的构建提供了现实依据和必须设立的理由。其次,法定监护具有顺位性,只有不存在第一顺位监护人,且第二顺位监护人存在争议时,方可指定监护人。即只有在父母死亡或丧失监护能力时,才存在亲朋监护或指定监护的可能。而留守儿童的父母只是外出务工,其法定监护人的资格未丧失,因此不存在指定监护的问题,只能委托他人监护。最后,通过设立委托监护,监护人与受托人之间通过协议约定了留守儿童的监护事项。因此,受托人有履行监护职责的义务,必须根据协议的约定照顾好留守儿童,这大大加强了对留守儿童的监护力度,改善了以往散漫的管教方式,也能够减少留守儿童权益遭受侵害的发生。

(二)委托监护制度的可行性

委托监护是指父母将其监护职责委托给适格的受托人代为履行。因

此,委托监护的最大问题是监护职责的转移问题,围绕这一问题,学界一直争议不断。部分学者认为,监护具有特定的人身属性,为保护被监护人的利益,监护职责不可转移。笔者认为,监护职责和监护资格不是同一概念,父母作为法定的监护人,其监护资格如非特殊原因不可转移。将子女交由他人照顾只是父母自行选择的履行个人义务的一种特殊方式,父母不仅没有摆脱监护的责任,反而还要对受托人的选取及其行为负责。父母无法亲自履行照管义务,选择合适的受托人来履行,远胜于自己无法亲自照顾又不能委托他人照应而导致子女陷入无人过问的处境。且监护事项中的照顾生活、管理财产等,本身就具备可转移性。另外,纵观国外立法,多数国家(地区)立法中业已承认监护职责的可转移性,典型的如中国台湾地区以及瑞士、德国等。

综上所述,若要实现对留守儿童权益的真正保护,构建完备的委托监护制度尤为重要。监护职责的可转移性为这一制度的建构提供了可能。

三、留守儿童委托监护适用中应解决的问题

我国《未成年人保护法》的修订将留守儿童的委托监护制度在法律上予以明确,使留守儿童的父母采取委托监护有了更直接的法律依据,然而,委托监护在适用过程中还存在着一些需要解决的问题。

(一)委托监护制度未成体系

委托监护制度是针对留守儿童法定监护缺位设定的一项重要制度,但其当前却缺乏体系化的规定。我国《未成年人保护法》首次对未成年人委托监护问题作出明确的规定,但该条规定过于原则,对委托监护的条件、受托人的资格、委托监护双方的权利义务关系、监护责任的承担均未作出任何规定。虽然《民法通则》第 18 条第 1 款对监护职责的内容作出了规定,但也仅为原则性规定,怎样才算尽到监护职责,对被监护人的人身照顾、财

产管理应包括哪些具体事项,《民法通则》和《民通意见》均未给出具体规定。

(二)受托人的资格规定不具体

《未成年人保护法》第16条规定,法定监护人可将监护职责委托给其他有监护能力的人,但法律并未对"有监护能力"作出具体的司法解释。这样较为笼统的规定往往可能导致父母将监护权委托给不具备监护能力的人,致使农村留守儿童陷入监护缺失的困境。同时,现行的监护制度过度强调了监护系家庭内部的事,又缺乏要求国家依法对监护进行监督的规定,排斥了国家公权力的干涉。对于留守儿童监护缺失或监护人监护不到位的情况,政府部门也往往不加以干涉。

(三)委托人和受托人之间的权利义务不明确

当前,留守儿童的法定监护人往往将未成年子女托付给祖父母、外祖父母或其他亲戚,而对双方的权利义务关系一般不作任何约定,监护人一般也不支付报酬。当留守儿童的合法权益受到侵犯时,父母往往也无法追究受托人的责任。对于委托监护的委托人和受托人之间责任的承担,《民通意见》规定了被监护人造成他人损害时的责任承担方式,但此处的过错是指未尽到监护职责的失职还是对侵害的发生有过错,也没有作出确切的说明。同时,委托人和受托人之间往往采取口头约定的方式,对于双方的权利义务没有见证人也没有书面协议,当发生纠纷时,往往因双方无约定而导致纠纷无法解决,故委托人和受托人之间的法律关系需明确。

从以上分析中,我们可以看出,虽然委托监护制度是解决留守儿童监护困境的有效途径,但委托监护制度在我国法律体系中规定的过于原则,疏漏较多,在具体适用中未能发挥应有的作用,无法实现对留守儿童保护的需要。因此,有必要对留守儿童的委托监护制度的适用进行细化,使委托监护制度在解决留守儿童的监护中更好地发挥作用。

四、留守儿童委托监护的具体适用

委托监护是指监护人在监护期间,基于正当理由通过委托协议的行使将其全部或者部分监护职责委托给其他不具有监护资格、但具有监护能力的人而形成的委托①,其性质为合同关系,鉴于涉及第三人即被监护人的利益,单纯适用委托合同的相关条款并不可行,需要结合儿童的实际情况,构建专门适用于这一特殊群体的委托监护制度。

(一) 委托监护合同的订立

"由于父母对子女之监护权,为专属的权利,不得随意抛弃或转移于他人,但其行使得以契约委任于第三人"②。因此,监护人只能基于正当理由无法履行监护职责,被监护人的合法权益因此得不到保障时才能将监护职责委托他人。《未成年人保护法》将委托监护发生的情形界定为"父母因外出务工或者其他原因不能履行对未成年人监护职责时",因此只有在留守儿童的父母外出务工、经商,并且条件根本不允许将子女带在身边,父母不得不将子女留守家中时,才允许委托监护。违反这一前提条件签订委托合同的,委托合同无效,双方当事人需要承担相应的法律责任。同时为了保护留守儿童的合法权益,应当对委托监护的期限作出限制,委托监护的时间最长不得超过一年。如果确实需要延长委托监护期限的,需要监护人和受托人重新订立委托合同。

订立委托监护合同后应进行登记,登记具有多方面的意义。第一,通过登记可以完善留守儿童委托监护的程序,使委托监护的设立更加规范和审慎。第二,进行登记有助于提高受托人的监护积极性,通过行政机关的介入,加强受托人履行监护职责的责任感。第三,进行委托监护登记,还可以在一定程度上反映一个地方的留守儿童的监护情况。第四,登记可以对委托监护进行备

① 郭晓明. 浅谈委托监护的额法律性质与规制[J]. 法制与经济,2011(6).

② 王竹青,杨科. 监护制度比较研究[M]. 北京: 知识产权出版社,2010: 26.

案,防止一些人以委托监护为名,进行买卖儿童的交易,侵害儿童的合法权益。

(二)委托监护中受托人的选择

1. 受托人的范围

委托监护是一种合同关系,委托监护应具有一定的任意性。按照合同的精神,监护人在不违反法律、法规的强制性规定以及公序良俗的前提下,可以选择自己信赖的人来担任受托人,这是当事人意思自治的结果。

2. 受托人的资格或能力

根据《民通意见》的规定,应当根据监护人的身体健康状况、经济条件以及与被监护人在生活上的联系等情况综合判断,因此在评定受托人的能力时,监护人完全可以参照这个标准来选择有利于留守儿童的受托人。对受托人的资格,有人认为应该对那些已经抚养了一定子女的自然人进行限定,因为此类人同时抚养管教多个子女,从精力上来看,可能并不适合再充当其他孩子的管教人,但笔者认为,只要留守儿童的父母对受托人绝对信赖,并且其担任受托人对留守儿童的权益保障无害即可。

(三)委托监护中的权利与义务

在留守儿童的委托监护中,应明确法定监护人和受托人之间的权利义务关系。法定监护人享有以下权利:(1)委托监护的监督权。在委托监护中,法定监护人未丧失监护资格,而仅是将监护职责转移,其可以随时了解留守儿童的生活、学习等被照管的情况,对受托人监护事物的执行情况予以监督,督促其履行监护职责。(2)委托合同的任意解除权。委托合同设立的基础是当事人彼此的信赖,没有当事人之间的信任不能建立委托关系,故当一方认为信赖基础不存在时,即可解除委托合同。

监护人还应当履行下列义务:(1)按约定支付报酬的义务。按照我国《合同法》的相关规定,委托合同可以有偿的也可以是无偿的。一般情况下,留守儿童的父母将子女委托给父母亲友,以无偿委托为主,但笔者认为,留守儿童委托监护合同应为有偿,留守儿童支付一定的报酬,有利于受托人更好地履行监护职责。(2) 委托监护期限届满时,监护人应及时履行监护职责。因为监护人只是委托监护职责,而未丧失监护资格,当委托期限届满时,法定监护人应及时领回被监护人或者续签委托监护合同,使留守儿童的权益及时得到保护。

受托人享有以下权利:(1) 委托监护合同的任意解除权。因委托监护是以信任为基础的,故当双方失去信赖基础,均具有合同的解除权。但与一般合同的解除不同,因委托监护合同涉及留守儿童的权益,所以当受托人将解除合同的意思通知对方后,应当留出一定的宽限期,使监护人能妥善地处理好留守儿童的监护事宜。(2) 报酬请求权。委托监护中的受托人一般都生活在农村,经济条件有限,自身又要从事农业生产活动,委托监护必然影响其收入,如果受托人不能从监护人处得到一定的报酬,必然影响留守儿童的生活质量,对留守儿童的健康成长不利。

受托人应承担以下义务:(1) 在委托权限范围内亲自处理监护事务,履行监护职责。委托合同的签字时基于双方的信任,受托人不应将监护事务再转委托。(2) 及时报告的义务。受托人应按照委托人的要求,及时报告监护事务的执行情况,使监护人及时了解被监护人的情况。

(四) 委托监护责任的承担

1. 被监护人权益受损时责任的承担

根据《民法通则》第 18 条的规定可知,监护人对被监护人承担的系过错责任。笔者认为,对于委托监护,仍应适用过错责任原则。即受托人故意或者重大过失导致被监护人权益受损的,对法定监护人承担违约责任,对被监护人承担侵权责任。如果受托人妥善履行了约定的监护职责,对损害结果的发生没有过错的,对被监护人的侵权责任应当由法定监护人承担。这种责任的划分方式能有效地督促受托人履行监护职责,督促法定监护人对受托人的履职情况进行监督,使留守儿童得到全面监护。

2. 被监护人致人损害时的责任承担

我国《侵权责任法》第 32 条规定,被监护人致人损害时,法定监护人承担的是一种无过错责任。那么,当法定监护人将监护职责委托给他人后,对被监护人致人损害的,责任该如何承担?“为公平起见,在被监护人致人损害的情形下,监护人应承担第一位的责任,其责任基础为监护权;委托监护人应承担第二位的补充责任,其责任基础是受托人的监护义务。”[①]即被监护人致人损害时,法定监护人为第一责任人,受害人可以要求法定监护人承担全部责任。当委托监护的受托人有过错时,法定监护人在承担了全部责任后,可以向受托人追偿。

(五)委托监护的监督

委托监护的监督是指法律规定的监护监督人和监督机构依法监察和督促监护人履行监护职责的法律制度[②]。履行监护职责时监护人不可推卸的责任,如果监护人随意设立委托监护,有可能损害留守委托的权益;委托监护中的受托人履行职责的好坏直接影响留守儿童的切身利益,因此有必要建立监护监督制度,监督监护人和受托人之间委托监护合同的设立及受托人履职情况。

1. 委托监护监督的主体

委托监护制度是未成年人监督和保护方式的创新,也是监护人亲自履行监护职责的突破。为避免监护人逃避法定职责或受托人损害未成年人的合法权益,同时,监护人之所以设立委托监护,是因为监护人不在未成年人身边,监护人监督的效果可能受到限制,故在委托监护中,应强化国家责任,将公权力引入委托监护的监督中。

第一,村民委员会。村民委员会作为群众自治组织,对监护人和被监护人的情况比较熟悉,可以由其要求外出务工人员,在外出之前,办好委托监护手续,与被委托的监护人签好委托监护协议,明确委托与被委托人的责任、权利,并将委托协议交由乡镇人民政府备案。

第二,乡镇人民政府。要根据村民委员会上报的情况,进行入户调查,核

---

① 郭明瑞,张平华.关于监护人对未成年人致人损害的赔偿责任[J].政法论丛,2009(4).

② 吴国平.论我国监护监督制度的立法完善[J].福建行政学院学报,2010(3).

实家庭监护责任落实情况、对受托人的监护能力进行综合评估。对受托人不具备监护能力或者监护教育能力不足的,要及时督促监护人确定其他受托人;对有不良行为或严重不良行为的农村留守儿童要重点排查,及时报告公安机关等相关部门,采取有效措施进行处置。

2. 委托监护的监督内容

在留守儿童的委托监护中,监督的主要内容有:第一,对委托监护合同的审查,包括委托监护设立的原因、受托人的资格、委托事项等,如合同中存在不合法的约定,监督主体有权要求合同双方变更。第二,对委托监护合同的履行情况进行监督,监督主体如发现有侵害留守儿童权益的情况,有权要求受托人停止自己的行为并及时通知监护人。第三,临时接管留守儿童。监督机构如发现受托人侵害留守儿童权益而又无法与监护人联系时,可以将留守儿童交由民政部门暂时照管,费用由有过错的受托人负担。

迫于生活的压力,留守儿童的父母将子女留在家乡是一个无奈又必然的选择,为保障留守儿童的合法权益,委托监护为解决农村留守儿童的监护困境提供了一种有效的方式。委托监护制度在我国法律中已有规定,只是不够完善,可操作性不强。因此,本文立足委托监护在我国法律制度中已经存在的基础上,分析了委托监护制度在具体适用过程中的问题,对这一制度的具体运行进行了细化,力求使这一制度更加完善。

性侵害刑事案件受害儿童救助制度研究*

张　宇　等**

一、引　言

（一）问题的提出

近年来，性侵害未成年人的刑事案件频发，引起了政府、司法机关、社会舆论的多方关注。检察机关在依法指控、打击性侵害犯罪的同时，需要更多地去关注受害儿童也就是未成年被害人，参考未成年嫌疑人个性化观护帮教制度的模式，有针对性、系统性的对其开展综合救助。

选择性侵害刑事案件的受害儿童作为救助制度的研究对象，是考虑到涉性类犯罪所侵害的法益是被害人的性自主权与性羞耻感。受传统文化和社会习俗的影响，被害人往往会遭受到更强烈的生理、心理的双重侵害和打击，也更容易遭受舆论的歧视和偏见，给个人乃至家庭带来长久甚至终身的伤害。因此，在世界多个国家、地区建立的对被害人的立法保护中，除了确立被害人国家补偿制度、被害人保护法以及较为成熟的被害人救助制度，更针对性侵害刑事案件被害人给予特别保护。而不当行为的被害人，一方面因为其在性侵害案件中存在一定的过失或不当行为，社会或他人对其提供帮助的意愿较弱；但另一方面，恰恰是不当行为的被害人更需要得到帮助甚至矫治，对其展开救助对于预防犯罪和社会防卫的意义更大。

* 本文系2020—2021年度上海儿童发展研究课题“性侵害刑事案件受害儿童救助制度研究”的结项成果。

** 张宇，浦东新区人民检察院第二检察部主任，三级高级检察官；黄金洪，浦东新区检察院第八检察部副主任，四级高级检察官；赵宏，浦东新区检察院第八检察部四级高级检察官。

（二）相关概念的界定

工欲善其事,必先利其器。被害人救助制度正处于探索和发展过程中,很多概念也借鉴的是国外的法律规定或研究,因此文章伊始,笔者先逐一厘清相关的概念:

其一,性侵害刑事案件的受害儿童,也就是未成年被害人,在刑法理论中,既有广义也有狭义的概念,对性侵害的定义、范围、对象都有所区别。而在本文中借用的是狭义的性犯罪概念,即由我国刑法所规定的涉及性行为或者性欲满足的犯罪行为所侵害的对象,所涉具体罪名二十余种。但通过 4 年内的 S 市 P 区人民检察院所受理的性侵害刑事案件的数据统计发现,司法实践中最为常见的、具有典型代表意义的是强奸罪、强制猥亵罪、猥亵儿童罪这三个罪名。因此,下文中所研究、分析的性侵害刑事案件被害人,如无特殊说明均指上述三个罪名的被害人。

其二,不当行为被害人,是指由于被害人自身行为存在一定过失从而与性侵害案件的发生可能存在一定因果关系,或者性侵害案件发生后处置不当导致再次发生或证据灭失等情况的被害人。

这个概念借鉴的是"real rape"的分类方式①,即将强奸案件被害人分为两类,一类是真正强奸被害人(real rape),其具备了偶遇、突袭、无辜、反抗、旁证、报警、完美取证的特征。由于其行为缺乏过错性,社会往往对其遭遇表现出较大程度的理解和同情,在刑事诉讼中更能得到人道和人性化对待,从而获得更为有利的被害人救助。而另一类则是非真正性侵害被害人(Non-real rape),此类被害人相较于前者,往往会存在上述 7 个特征中的部分要素欠缺,在本文中笔者将其概括为不当行为的被害人。该种分类方式并非对被害人存在苛责之处,只是出于对相关的行为疏漏或处置不当进行探讨,发现问题从而解决。

其三,被害人救助制度的概念,本文中是指司法机关特别是检察机关在办理刑事案件中对被害人展开司法救助、心理援助、司法程序保障及法律援助等

① Susan · Estrich. real rape[M]. Cambridge, MA: Harvard University Press,1986, 47.

多种综合救助的制度。

由于被害人救助制度及相关理论在我国的发展年限较短，理论界未能达成共识，又借鉴其他不同的国家、地区的制度和做法，导致了相近概念如刑事被害人（国家）补偿制度、困境被害人补偿制度、被害人司法救助制度等容易混淆或存在乱用的情况。

笔者以为，一方面由于2015年出台的《关于建立完善国家司法救助制度的意见（试行）》中明确将司法救助界定为对特定被害人支付救助金的方式；另一方面，尽管多个国家、地区采用的是刑事被害人（国家）补偿制度，即基于国家责任理论，认为由于国家未能完全履行责任而在刑事被告人不能赔偿的情况下，应当由国家承担其对被害人的补偿责任，其所涵盖的范围包括了身体损害、精神损害以及物质损失，但这显然与我国现有立法和国情、经济发展状况等存在较大的冲突。学者可以尽情地畅想，但司法实践中改革的步子却不宜过分跳跃、脱离现实。也正是综合考虑了上述因素，最终本文采用了被害人救助制度的概念，将其定义为综合救助的制度。

二、调查取样及分析

（一）数据统计

要对性侵害刑事案件的未成年被害人进行救助，就必须首先了解涉案被害人存在哪些问题，从而有针对性地进行综合救助。因此，笔者选择了S市P区人民检察院未成年人案件刑事检察处2018年1月至2021年12月受理的性侵害未成年人案件作为样本，进行数据统计发现：4年内共办理性侵害刑事案件267件，未成年被害人314人①，其中强奸案件被害人② 116人，猥亵儿童案件被害人144人，强制猥亵案件54人。

其中，男性被害人32人，女性被害人282人；外地户籍被害人191人，占总

① 本文中案件数的统计方法，是按照案件的自然件数计算，而不按照批捕、起诉两次受理计算。

② 本文中的数据统计中提及的被害人以及总数，如无特别说明，均指未成年被害人以及性侵害刑事案件的未成年被害人的总人数，为行文简洁而不予赘述。

数的60%;年龄跨度为1岁至18岁,12岁以下的104人,占总数的33%;12岁至14岁的96人,14岁到18岁的114人;被害人的父母离异(含正在离异或长期分居状态的)的21人,系属留守儿童或长期由父母以外其他亲友照顾的18人,与父母关系不融洽的34人。

其中,侵害地点发生在被害人住处54人,嫌疑人住处或车上40人,学校教育培训机构20人,超市娱乐场所29人,道路公园等公共场所50人。

其中,遭受侵害次数仅1次的177人,2次的27人,多次的110人。

其中,被害人与加害人素不相识,属于陌生关系的205人,占总数的65%,其余案件为熟人侵害,其中师生关系的19人,近亲属关系的10人,邻居关系的7人。而具有不当行为的被害人,一般分为两大类:

第一,促成型被害人,指由于被害人自身的言行、行为不当或者存在过失、疏忽等因素,促进了加害人实施加害行为的被害人①,具体表现为:

一是约会侵害型被害人,即被害人与加害人现实存在恋爱关系(其主要特征为双方承认而非单方主观臆想),在恋爱关系中发生性侵害的被害人14人,其中未满十四周岁的被害人自愿与加害人发生性关系的有10人,其他案件是在双方争吵或分手过程中,出现加害人采用暴力或威胁方法强行与被害人发生性关系。

二是熟人侵害型被害人,即发生在亲友、邻居、师生等熟人关系之间的性侵害被害人。其中因对成年异性缺乏必要警惕与他人单独相处导致被害的有27人,存在被零食、少量钱财等引诱、收买情节的被害人有22人,被加害人以言语威胁或揭露隐私等方式要挟的被害人有9人,被采用暴力或暴力威胁的被害人50人,有多名被害人同时具有上述二种以上的情形。

三是诱惑致害型被害人,即自身行为存在明显不当之处的被害人。主要表现为:通过QQ、陌陌、探探等网络聊天平台结交陌生人后,随意与他人见面或者进入私密场所将自身置于危险境地的未成年被害人有24人。更有甚者,因错误、扭曲的性观念,而进行援助交际或者以谈恋爱为名与刚结识的网友进

① 安德鲁.卡曼.犯罪被害人学导论[M].北京大学出版社,2010:124.

行“钱色交易”,发生性关系从而获得礼物、零用钱等的被害人有 7 人。

第二,处置不当型被害人,指在性侵害已经发生之后,由于缺乏足够的性知识及社会经验,处置不当从而导致更为严重后果的被害人。将此类被害人列为不当行为被害人的理由,是基于性侵害刑事案件常具有地点隐秘、证据单薄、难以取证的特点。被害人能否第一时间报案、是否有保存证据、保护现场等证据意识,对最终能否成案、顺利指控犯罪起着关键性作用。特别对于促成型被害人,其是否及时报案或案发是否正常都会直接影响案件承办人对被害人陈述证明力的判断。一般分为以下几种类型:

一是案发滞后型被害人,即出于种种顾虑未及时报案或处置证据不当,导致证据灭失或证明力削弱的被害人。其中,害怕隐私泄露或被家人责备而不敢及时求救的 19 人,因加害人言语威胁而不敢求助报案的 14 人。因案发不及时,导致无证可取、被害人也未能保存关键证据,面对加害人完全否认犯罪,只能作出存疑处理的案件有 22 件;缺乏证据意识,被侵害后进行洗澡、清洗衣物或删除信息等行为的被害人 17 人。在 4 年内办理的性侵害刑事案件中,使用 DNA 鉴定等科学鉴证技术的仅有 21 件,主要为怀孕后进行亲子鉴定,而在性侵害案件中本应广泛存在的血迹、精液、身体上的暴力痕迹等客观证据,大都因为案发不及时而无法取证。

二是知识缺乏型被害人,即缺乏足够的性知识、性教育,导致多次被害或者出现怀孕生子后果的被害人。其中,因加害人简单言语威胁而长期或多次被侵害的被害人 29 人;因缺乏自我保护意识和性认识,被害后又再次甚至多次接近加害人或者案发地点的被害人 15 人;因性无知,被少量财物、小恩小惠引诱而长期或多次被侵害的被害人 17 人;因性教育缺位,被侵害后即使怀孕也不知采取措施,被迫产子或强行引产的被害人 6 人。

三是自暴自弃型被害人,即一次被侵害后未能得到有效的救助和家庭支持,从而自暴自弃甚至放纵性行为,随意与他人发生性关系的被害人 7 人。典型案例如孙某某被害案,其在 12 岁时被补课老师强奸后,因未及时报案而证据存疑未能成案。之后因父母的责骂而自罪自责,使其在一年内多次以谈恋爱为名自愿与他人发生性关系,又成为 3 起强奸案件的被害人。

（二）数据分析

通过上述的数据统计，我们注意到超过半数的性侵害刑事案件的发生、发展与被害人的不当行为存在着不同程度的因果关系。在对上述被害人展开社会调查后发现，影响上述不当行为出现的主要因素如下：

1. 家庭因素

家庭作为对未成年人影响最早、影响时间最长的环境，在未成年犯罪领域是关键、核心因素，而对未成年被害人而言，自然也不例外。在 4 年内的性侵害刑事案件中，家庭因素出现问题的被害人主要分为三类：

（1）家庭结构不完整

性侵害案件里存在不当行为的被害人中，21 人的原生家庭属于破裂家庭，父母间长期的冲突、争吵或者关爱的缺失都严重影响这被害人的身心健康。特别是在促成型被害人中，约会侵害被害人几乎全部来自亲子关系不良的家庭。原因就在于此类被害人的家庭关系紧张，使被害人长期生活在充满敌意、安全感缺失的环境，容易因缺少家庭温暖而过早进入社会，寻求关注，容易过早的通过谈恋爱的方式感受到他人的保护或者在意，从而会出现过早、不当的性行为。而对于留守儿童或长期由祖辈或其他成年亲友代为照顾的被害人，要么因为代为监管人的精力不够或者关心不到位，要么因为与父母间感情淡薄，容易被家庭成员疏忽，更容易成为熟人侵害的被害人。加害者会利用成年人的监护不利或空白，在日常生活中借着接触的机会，实施性侵害。此类被害人往往性格内向、敏感、自卑，在被害后不敢伸张、求救，会出现多次被害的情况，甚至往往等到出现严重后果时才案发。

（2）父母教养方式不当

美国加利福尼亚大学的心理学家 Diana Baumrind 基于要求（demandingness）和反应性（responsiveness）两个维度确立了 4 种父母教养方式：权威型教养方式（authoritative parenting）、专制型教养方式（authoritarian parenting）、溺爱型教养方式（permissive parenting）及忽视型教养方式（neglectful parenting）。通过数据分析发现：

其一,忽视型教养方式与促进型被害人的关联性极大。几乎超过三分之二的促进型被害人在承办人询问时均自述父母对自己的内心想法漠不关心,亲子沟通、交流存在着较大障碍,无法从父母处得到心理支持。对照上述被害人的社会调查报告可以发现,上述被害人的父母要么忙于工作、疏忽对被害人的关心、教育,特别是对于青春期未成年人的内心冲突和心理需求的关注;要么自身曾经或者正在遭受重大挫折、不幸或家庭关系出现问题,自顾不暇,缺乏照顾被害人的能力或精力。本院 4 年内受理的性侵害案件中,有 7 起强奸案件,都出现父母与被害人朝夕相对,均未能注意到被害人的反常表现,甚至在被害人被多次强奸导致怀孕六个月以上都未能发现。最终是在老师、邻居的一再提醒下前往医院检查才发现强奸事实,导致被害人只能强行引产甚至被迫生下孩子。

其二,专制型教养方式与处置不当型被害人也有着密切联系。1/5 的不当行为被害人自述在性侵害案件发生后,害怕遭受或者实际上遭受了父母、家人的粗暴对待,主要表现为:将性侵害的发生完全归咎于被害人的不当行为,并用打骂的方式惩罚被害人的不当心我,而不注意为被害人提供心理支持或情绪引导。同样对照社会调查报告可以发现,上述父母在日常的教养中都十分严厉,会对子女提出很高的行为标准,并拒绝商讨或倾听子女的意见。当被害人表现出抵触或异议时,父母会直接采取体罚或其他惩罚措施。也正是因为这样的教养方式,使得被害人往往表现出内向、缺乏沟通交流能力和意愿,从而会因为加害人的简单言语恐吓而不敢及时救助,增加被害风险和后果。

(3) 父母的性教育意识淡薄

受传统文化的影响,中国父母常常羞于或不知道如何与未成年子女讨论性问题,更不要说对子女开展科学的性教育。案件中经常出现被害人不知道受侵害或受到侵害后缺乏预防可能出现严重后果的意识,以致多数采用逃避、不过问的方式应对怀孕的后果。在对不当行为的被害人开展社会调查时发现,几乎近六成被害人自述父母没有开展过正规性教育,或者有过性知识方面的交流。更有甚者,某些极端性侵害案件中,被害人的父母自身在性关系上就较为混乱,出现如婚内出轨或嫖娼行为等,严重影响了未成年被害人对性的正确认知,往往在性方面表现得无所谓甚至积极的态度。

2. 学校因素

通过数据分析可以发现,性侵害被害人有低龄化的趋势。不满14周岁的被害人200人中,7至14周岁的被害人175人,占比55%。一方面,因为刑法对幼女的特殊保护,加害者明知系未满14周岁的被害人仍与其发生性关系,并不需要暴力或威胁性,即使自愿仍构成强奸罪,保护力度大;但另一方面,也是因为7岁以上为学龄儿童,从家庭监管转为学校、家庭共同监管,在被害人的认知能力发展水平尚有欠缺的情况下,学校因素也成为影响性侵害发生的重要环节,主要分为以下二类:

(1) 教师侵害

通过数据统计发现,4年内受理性侵害案件中系由教师(含补习机构老师)侵害的19人,未成年被害人几乎都是义务教育的适龄儿童,均为在校学生,目前学校,特别是民办学校以及培训机构普遍缺乏对教师资质以及过往是否存在涉性类不当行为的必要审查的情况下。由于教师的职业特殊性,对被害人天然占有优势地位,一旦出现性侵害案件,很少是采用暴力手段,而多表现为以言语要挟等方式迫使被害人不敢反抗,此类侵害往往会发生多次并针对多人,造成较为严重后果才会案发。

(2) 性教育的迟滞

正如上文所言,由于家庭对性教育的羞于启齿或忽视,对未成年人正规、系统的性教育只能依赖于学校的课程。但在办案中,笔者通过对未成年被害人及校方的电话访谈,发现存在以下问题:一是流于形式,老师在课堂上照本宣科,学生缺少互动,只是作为一门可有可无的课程,应付了事,未能对性教育给予足够的关注;二是内容陈旧,性教育除了帮助未成年人认识、了解性知识外,如何了解、预防性侵害以及不幸遭遇性侵害后如何正确处理都应当成为性教育的重点,但在我们目前的性教育的体系中却缺乏科学的、长期的课程安排;三是性教育严重滞后,目前学校的性教育课程一般开始于预备班(13岁左右)。如果父母缺乏性教育的意识,在13岁之前的未成年人就属于性教育的真空状态。因此多起案件中的，被害人特别是知识缺乏型被害人，在遭遇性侵害时，不能正确认知自己所处的状态以及如何自救、求救等，错误的处理甚至不处理使得伤害后果以无法挽回的趋势恶化。可以说，性教育的全面尽早开展，是避免伤害或者伤害恶化的最为关键环节，需要社会、政府、学校、家庭的高度重视、合力推动。

3. 社会因素

任何个体都无法脱离社会独自生存。21 世纪的互联网高速发展，日益丰富着我们的生活，但也无法回避地带来很多新的问题与挑战。

（1）未成年人性好奇与性教育的缺失

在办理案件过程中，笔者发现大多数的自愿与他人发生性关系的未成年被害人（促成型被害人）在性认识上都存在着一定程度的偏差，甚至将性作为一种牟利或者获取他人关注的方式。而社会调查报告显示，家庭、学校在未成年人的性教育上普遍存在着滞后、缺失的问题。但未成年人在身体发育过程中自然会出现性反应、性好奇，当无法从父母、老师等正规途径获得性知识，未成年人会当然地从其他渠道如同伴、网络等其他途径自行了解。

（2）社会上广泛传播的不良性文化

询问上述被害人过程中，几乎全部的促成型被害人均报告有独自或者同伴陪伴，甚至与加害人共同观看“黄色视频”“黄色小说”等不良性文化的经历。因为未成年被害人缺乏足够的辨别是非和自我控制能力，一旦接触上述不良性文化后，极易走上歧途，模仿视频、小说中的行为随意与他人发生性关系（在诱惑致害型被害人的身上特别常见），对其未来的婚姻、家庭会产生长远而严重的影响。

（3）网络交友的盛行

网络社交拓宽我们的视野，让天涯若比邻成为现实，但对于涉世未深的未成年人而言，一旦缺乏监护人必要的过滤、监管，在随意与陌生人结识的过程中，很可能结识到不良甚至是居心叵测的加害人。而未成年人由于性格冲动以及社会阅历的缺失，往往很容易被网络虚幻的熟悉感而蒙蔽，缺乏自我保护的意识，因轻信他人而与加害人单独前往私密场所，大大增加被害的概率。

三、对受害儿童救助制度的探索

对性侵害刑事案件中被害人存在的不当行为以及背后存在的致害因素进行分析,使得我们能够对受害儿童展开有针对性的救助。客观来说,同样是刑事当事人,我国目前对未成年犯罪嫌疑人的权利保障、观护帮教制度的重视和完善程度,都远远高于对被害人救助制度的理论研究和保护。因此,笔者尝试借鉴其他国家、地区的先进制度,结合国情和司法实践,对照性侵害案件中不当行为被害人存在的不当行为、心理困境和致害因素等,探索具有中国特色的被害人救助制度。

(一) 司法救助

考察我国现有的司法救助制度,成文规定主要由 2009 年八部委签署制发的《关于开展刑事被害人救助工作的若干意见》(以下简称被害人救助意见)和 2015 年出台的《关于建立完善国家司法救助制度的意见(试行)》(以下简称司法救助意见)构成。

根据两个意见的规定,在办理性侵害刑事案件中,可以对被害人(包括不当行为被害人)支付一定数额的救助金。但本院在二年内受理的性侵害刑事案件中,接受司法救助的被害人有 17 人,未能实现对多数被害人的司法救助,原因有四:

其一,司法救助本身就是补偿、救济性质,并非适用于所有的性侵害案件的被害人,只有经济困难、未得到赔偿又急需救助的被害人才会成为救助对象。

其二,司法救助的金额有限。目前司法救助的资金来源是由财政拨款,因此金额有限。曾出现过个案中被害人符合救助条件,但该年度的救助金已经用完,无法进行救助的情况。且个案中的救助数额缺乏准确、规范性的计算标准,由承办人自行估算,随意性较大。

其三,司法救助依赖于承办人的主观能动性。虽然司法救助的启动有依申请和依职权两种,但由于一般刑事案件的被害人并不了解司法救助制度,而办案流程中也没有强制告知的规定,导致几乎所有的被害人司法救助都是由承办人通过审阅卷宗、了解被害人情况后根据自己的内心感受和直观判断,依职权向控申部门提出救助建议,而且审批手续和流程较长。换言之,被害人能否收到司法救助,一定程度上取决于承办人的责任心和对被害人的观感。因此不当行为的被害人特别是促进型被害人由于自身的过失,容易遭受到“歧视性”待遇,很难得到同等的司法救助的机会。

其四,司法救助意见中明确将救助对象限定为人身伤害和财产损失两大类,而将精神损害完全排除在外。但在性侵害案件中往往不存在或较少存在直接物质损失,被侵害主要是被害人的性自主权。换言之,只有在少数的暴力型性侵害案件中伴随着严重的身体损害,能够得到司法救助,但普遍存在的被害人的精神伤害,却完全被现有的司法救助制度忽视。因此理论界也存在着为数不少的呼声,希望能将精神损失纳入救助体系。司法实务界也在探索将心理咨询费用纳入被害人因犯罪所导致的损失范畴。围绕性侵害案件被害人的司法救助制度的具体探索如下:

1. 司法救助的资金问题

司法实践中,检察机关对被害人的救助金额一般都存在着上限规定。尽管有观点认为,应当针对个案的具体损害情况确定救助金,而不应机械的设置上限。但笔者认为,这是非常理想化的设想,很美好但并不现实。我们必须认识到我国的司法救助制度的定位是救济而非补偿性质,属于对紧急、特殊情况的救助。之所以不采取西方国家建立在国家责任理论基础上的救助制度,最根本的原因是我国当前的经济实力不足以承担补足性质的救助。因此,在国家经济积累没有飞跃改变的情况下,目前只能以设立上限的救济形式展开经济救助。尽管司法救助金的上限难以突破,却非无计可施。实践中,我们探索了增加救助金额、拓展资金来源和整合社会资源救助的三种方式,具体如下:

其一,增加救助金额

在开展司法救助的早期,救助金的总额由年初财政拨款确立后就无法变化,因此常常出现年初不敢用钱,年末剩余却没有适当被害人需要救助;或者年中就已经全部用完救助金，其后虽有被害人需要救助却没有救助金的窘境；或者因为个案救助金上限的惯例，所以明明被害人的损失或需求程度不同，但最多也只能救助 1 万元的机械操作。

通过多年的探索和总结，S 市 P 区人民检察院在 2017 年出台了《国家司法救助金额确定标准（试行）》，通过准确的计算方式设立特别上限，为 36 个月的本市上一年度职工月平均工资（6 504 元 * 36 = 23 万余元）。在确立上限，明确司法救助的救济而非补足性质的同时，又为个案不同情况留出了足够的余地。此外又细化：人身损害里被害人重伤或严重残疾的为 2 个月工资、危及生命的 3 个月，被害人死亡的 4 个月工资；财产损失里一般为 1 个月工资。换言之，一般个案的救助金最高仍为 1～2 万元；更重要的是，设置了根据实际损失及家庭经济状况在基础救助金的基础上按照 10%～25%不等进行了增加，为救助的合理性和针对性确立了标准、依据，对被害人可以开展更适当、更具有针对性的救助。

其二，拓展资金来源

正如上文所述，司法救助金并不能完全补足被害人的需求，特别是性侵类案件的被害人。因此，我们探索了通过与市、区、街道三个层级，妇联、共青团、民政等多个部门的联动，创建了围绕刑事案件中未成年当事人的多个专项救助项目，增加了经济救助的资金来源。以 S 市 P 区检察院的数据为例，4 年内通过 3 个不同项目救助了被害人（主要为性侵害被害人）89 人。其最重要的意义在于，作为未成年人的项目而不列入司法救助的行列，因此在对未成年被害人的适用范围、救助金额等方面都能形成突破，可以将更多的被害人纳入救助范畴，今后也将逐步探索建立社会捐助等多种资金补充机制。

其三，社会资源救助

授人以鱼，不如授人以渔。在为被害人提供救助金的经济帮助之外，我们还积极探索，借用社工组织等社会团体的技能培训、就业辅导或者借助行政机关的帮扶政策，帮助被害人申请特困人员救助供养等各种方法，为未成年被害人或者被害人的父母、家人提高就业能力、提供就业机会等，减轻家庭负担，从根本上解决问题。对于因性侵害而遭受身体损害的被害人，需要进一步治疗的，也会帮助联系相关医院形成绿色通道，让被害人及家庭避免因为性侵害而陷入困境。

2. 救助程序的探索

其一，司法救助启动程序的探索。司法救助工作需要制度化和规范化，在救助程序的启动上也不例外。实践中，探索在受理性侵害案件后，向涉案被害人送达《司法救助告知书》的方式，帮助被害人了解司法救助的对象、申请方式等法律规定，确保被害人申请司法救助的权利，避免完全依赖于承办人的职权和责任心。与此同时，由未检部门会同控申部门商讨、确立救助的标准和判断依据，减少承办人依职权启动司法救助的随意性，让符合规定的被害人均能得到救助。

其二，司法救助流程的探索。办案过程中，常规的司法救助流程是由案件承办人启动，通知被害人向控申部门提出申请，控申部门受理后进行审批，审批通过后，通知财务部门将救助金发放到被害人手中。对于一般案件，上述流程虽然较多、周期较长，但并无过大影响。但在某些性侵害个案中，被害人可能急需医疗费用或诉讼费用进行治疗和维权。对此类被害人，我们会启动上述与妇联、团委等部门联合创设的被害人救助项目。此类项目在流程设置上，都是采用事先将救助金划拨至部门指定账户，承办人报部门领导审批后即可立刻发放资金，之后将被害人相关资料报资金来源部门备案、审计。这种方式大大缩短了申请、审批、发放等流程的手续和周转时间，可以解决被害人的燃眉之急。

其三，司法救助监督程序的探索。性侵害案件中的未成年被害人虽然是司法救助的对象，却没有独立处理资金的能力。因此，实践中救助金多为发放到被害人的父母或成年亲属的手上，但救助金能否真正地使用在被害人身上，弥补其身心受损情况，实现救助本意，亟待检察机关的监督。办案中，也出现过极端个案中，被害人家属收到救助金后却挪为他用，甚至借此牟利的情况。为此，发放救助金时要进行使用渠道、对象等内容的告知和引导；发放救助金后，要通过问询被害人及家属的方式，调查救助金去向，必要时可要求家属提供相关证明资料，如果严重有悖救助本意的，可以及时制止、进行训诫和教育等方式，目前司法实践中也在探索开设专门账户的项目。

3. 救助范围的适当拓宽

根据 2012 年《最高人民法院关于适用〈中华人民共和国刑事诉讼法〉的解释》的规定“因受到犯罪侵犯，提起附带民事诉讼或者单独提起民事诉讼要求赔偿精神损失的，人民法院不予受理”。司法实践中难以支持被害人的精神损害赔偿。2017 年 11 月，成都市成华区人民法院受理的一起性侵害未成年被害人的案件中，判决直接经济损失项目首次包含 3 000 元的心理康复费用。通过这一折中变通的方式，实质上已经突破到精神损害赔偿的范畴；而 2021 年 3 月 1 日，《最高人民法院关于适用〈中华人民共和国刑事诉讼法〉的解释》正式施行，将“不予受理”变更为“一般不予受理”，为精神损害赔偿的探索留下了法律空间。上海法院也判决了一起性侵儿童案件刑附民诉讼中精神损害赔偿，为我们今后对心理损害的司法救助进行实践探索也增加了先例。目前，控申部门发放的被害人司法救助金，仍然按照救助意见规定的范畴展开。而未检部门与妇联、团委共建的救助项目，只是对司法救助的有效补充，无需严格遵循救助意见的范围，可以适度放宽对家庭经济困难的标准，将更多的被害人纳入救助体系，对于精神损失赔偿的探索也可通过救助项目予以展开。

（二）心理救助

性侵害案件固然会给被害人带来身体上的损害，但更为严重的是心理损害。大多数的被害人会在被侵害后的短时间内，经历不同程度的羞愧、痛苦、恐惧、自责等各种激烈的情绪反应，严重的甚至出现 PTSD（Post Traumatic Stress Disorder，创伤后应激障碍）。但更为关键的是，性侵害的恶劣影响长远而且难以修复。生活在被害人周围的亲人、朋友、同事以及社会舆论的错误态度都会加深被害人的心理伤害。特别是很多案发时年幼懵懂的不当行为被害人，如果没有得到合适的心理救助，在其成年后会影响一生的婚姻、家庭和两性关系。因此检察机关必须将心理救助纳入被害人救助制度的范畴，甚至可以说，在性侵害案件中心理救助的作用要远高于其他救助。

目前，司法机关多地区各层级都在积极探索对被害人开展心理救助。S 市

P 区检察院通过近四年内对多个不当行为被害人开展心理救助中，发现行之有效的心理救助，关键在于以下四个方面：

1. 被害人求助意愿的激发

办理性侵害案件过程中，当案件承办人发现被害人存在不当行为，希望通过心理咨询等方式对其展开救助时，面临的最大困境是被害人及其家属的阻抗。特别是约会侵害型被害人，由于被害人认为是在和加害者谈恋爱、是自愿发生性关系，所以对于检察机关认定对方是强奸均表现出极大的不理解，认为是检察机关在“棒打鸳鸯”，内心会非常排斥心理救助。检察机关如果以司法权威去强制被害人接受心理救助，只能激化其反抗心理，即使表面上顺从，也无法实现心理救助的真正目的。

为此，承办人在面对不当行为被害人的时候需要有更多的耐心和技巧。一方面，用被害人能够理解的语言进行释法说理，告知被害人为什么自愿发生性关系也会构成犯罪，过早发生性关系对未成年被害人的身心伤害以及未来影响等，同时运用大数据系统调取类似案例，通过多个真实案例的解读和后果展示，帮助被害人认识到性侵害的严重性；另一方面，还要认识到被害人的被害性，即使是不当行为的被害人也不能用歧视性的眼光看待。真诚的关注、耐心的倾听以及共情技术等进行综合运用，在取得被害人的信任后，才能帮助被害人正视自身存在的不当行为，激发求助的意愿。

2. 心理救助方式的选择与评价体系

心理救助的专业性要求极强。被害人由于遭受性侵害本身就会出现敏感、沮丧、抑郁等不良情绪，不当行为的被害人更容易自罪自责或出现逆反、自暴自弃的心理，而且其个人与原生家庭往往原本就存在较大的问题，对心理咨询师的专业性、责任心和救助方式都有很高的要求。在西方国家主要是通过政府资助的非营利性组织进行，如德国的“白环组织”、美国的“全国被害人援助组织”、英国“被害人援助组织”，而我国目前还缺乏专门的被害人心理救助组织或机构，在实践探索过程中，存在以下几种方法：

由具有心理咨询师资质的承办人在办案中直接对被害人进行心理疏导。其优点在于承办人通过办案活动非常了解被害人和被害经过，前期也建立了充分的信任关系，进行救助不需要再次回忆被害经历，避免了二次伤害。但缺点也非常明显，检察机关的承办人毕竟是司法人员，主职是办理案件，当案件量增大时很难保证时间、精力展开长期性的心理救助，而且在二重身份的转化上也会给被害人带来困扰。因此，这种方式只适合作为一种补充性的、偶尔为之的心理救助模式。

由承办人和心理咨询师共同在场对被害人进行心理疏导。其优点在于承办人可以充分了解被害人的反馈情况、评估心理咨询师的专业性，随时掌握救助的状态和进程；缺点在于多人在场会增加被害人的压力感，且有悖于心理咨询的基本原则，同样也会占用承办人过多的时间、精力。因此，这种方式适宜运用在整个心理救助活动的开端，在第一次心理咨询时，由承办人陪同心理咨询师在场，起到介绍、交接、评估和安抚被害人、增加安全感的作用。

通过与妇联、共青团等部门共建未成年人保护新项目的方式，从专业的心理咨询机构聘请心理咨询师对被害人开展心理疏导。检察机关作为监督主体，通过与双方定期的沟通，了解救助进展情况，听取被害人对心理救助以及咨询师的评价、意见。筛选出经验丰富、能够给被害人提供真正帮助的心理咨询师，建立专门的性侵害被害人的咨询名录，为制度化、规范化的心理救助制度奠定基础。这一方法经过实践发现是最专业也是最能给予被害人帮助的方法，将检察机关定位为监督的角色，既避免了过多的参与影响正常办理案件，解决了时间、精力的问题，也可以避免水平不高的心理咨询师在面对不当行为被害人的错误行为和救助方式，当然也需要承办人同样学习、了解心理学，甚至同样具备心理咨询师资质。

4. 心理救助的常规化、制度化探索

客观来说，目前实践中囿于经费和优秀心理咨询师的缺乏，无法做到对所有性侵害被害人进行心理救助。只能有承办人选择更需要或者更有救助意愿的被害人进行个案的探索、尝试，也往往是一两次的帮助，但根据心理学的规律和原理来看，心理救助绝非一蹴而就，而应当是一个周期性、多次针对性的跟踪帮助。但好在伴随着救助项目的日趋完善及社会各界的关注，针对所有性侵害被害人，特别是不当行为被害人开展长期、规范的心理救助成为一种趋势。而检察机关在面对这一趋势，首要的是要建立起常态化的心理救助模式，而其中最关键的是救助方法的研究，可以邀请大学心理学专业的师生针对性侵害案件不当行为的被害人围绕心理救助、危机干预等领域展开调研和探索，形成专业的救助模式或套餐。此外在心理咨询师的甄选上，除了在个案中不断积累合适的咨询师外，还可与心理咨询师协会合作，由其负责提供从业经验丰富、有责任心的咨询师名单，使得启动心理救助后，被害人可以获得专业的、有效的帮助，也可以促进专业机构（如目前负责未成年犯罪嫌疑人观护帮教的社工组织等）扩展该类型业务或者将其纳入社区矫正、保护处分范畴，形成长期、专业、专人的对接模式。

（三）法律援助

从法律规定的角度来看，我国刑诉法并未将未成年被害人法律援助列入援助的范围，而现行国务院《法律援助条例》中只将部分符合条件的被害人列入了法律援助的范畴，因此，司法实践中性侵害案件的受害儿童获得法律援助的比例较低，我们在实践中探索扩大法律援助的适用范围，不囿于必须符合经济困难的条件，将全部性侵害案件中未自行聘请诉讼代理人的未成年被害人纳入法律援助的范畴。具体理由如下：

其一，具有一定的法律依据。联合国《为罪行和滥用权力行为受害者取得公理的基本原则宣言》中明确了“司法和行政程序在整个法律过程中向受害者提供适当的援助”以及“让受害者了解诉讼的作用、范围、时间以及案件的处理情况，在涉及严重罪行和受害者要求了解此种情况时尤其如此”；而《未成年人保护法》第一百零四条第一款规定，对需要法律援助或者司法救助的未成年人，法律援助机构或者公安机关、人民检察院、人民法院和司法行政部门应当给予帮助，依法为其提供法律援助或者司法救助。因此，这一探索并未完全突破法律框架，于法有据。

其二，具有实际可操作性。制约法律援助制度覆盖未成年被害人的因素主要是地方政府的经济实力和专业的法律援助律师数量，可以根据各个地方的具体情况逐步展开探索实践。以 S 市 P 区为例，在犯罪嫌疑人强制辩护制度实施多年后，法律援助中心已经积累了数量规模、质量较高的法律援助律师群体，而地方财政也能够支付相应的援助费用，目前也已经将性侵害案件的被害人全部纳入了法律援助的范畴。

而上述做法也被《中华人民共和国法律援助法》(2022 年 1 月 1 日生效)通过立法模式予以确认。第 29 条规定被害人因经济困难没有委托诉讼代理人的，可以向法律援助机构申请法律援助。同时第 42 条规定对无固定生活来源的未成年被害人免予核查经济困难状况。这一法律的出台司法实践中的做法提供了法律依据，也为我们今后的工作提出了更高要求：

1. 提前法律援助的获得时间

此前国务院《法律援助条例》规定，被害人获得法律援助的时间为审查起诉之日起，而与之相对应的是刑事诉讼法中犯罪嫌疑人获得法律援助的时间是被侦查机关第一次讯问后或者采取强制措施之日起，遭受性侵害的未成年被害人相较于犯罪嫌疑人，明显处于更加弱势的地位，却无法及时获得法律援助显然并不合理。即将生效的《中华人民共和国法律援助法》则删除了该规定，但并未对被害人具体获得援助时间做出规定，而是在第 35 条，规定人民法院、人民检察院、公安机关和有关部门在办理案件或者相关事务中，应当及时告知有关当事人有权依法申请法律援助。

因为对于性侵害案件被害人的权益保护在审查起诉之前阶段尤为关键，无论是证据保存，还是诉讼程序中未成年人的名誉、隐私权以及及时提起刑事附带民事诉讼等，都需要专业的法律援助，因此我们落实审查逮捕阶段即告知并帮助未成年被害人申请法律援助，也探索积极推动公安机关在侦查阶段即开展被害人法律援助。

2. 提高法律援助的专业性

经过多年的积累，法律援助律师队伍的专业性得到了长足的发展，特别是目前社会各界对性侵害未成年人都尤为关注，很多地方的法律援助中心都成立了办理性侵害案件的专门名册，将经验丰富、具有心理咨询师资质的律师纳入其中。但由于性侵害案件被害人，特别是不当行为被害人的主体特殊性，对援助律师提出更高的标准和要求，需要遵循最有利于未成年人原则对被害人给予特别保护和考虑,尽可能维护未成年人的诉讼权利和合法权益,并保证诉讼程序以及媒体等尽量减少对被害人的伤害。我们探索建立对法律援助律师的监督评价体系,通过与被害人及其家属的访谈了解法律援助的效果和感受并将其反馈至法律援助中心,并联合律协共同举办相应的专题课程、研讨会,帮助法律援助律师了解少年司法理念和性侵害案件的特殊之处,促进专业化被害人保护律师队伍的形成。

(四)特别程序救助

性侵害案件中零口供或者存在辩解、不认罪的情况相较于其他刑事案件明显要高。司法机关对于事实的认定、证据的采信很多情况下,是依赖于被害人的陈述,往往在不同的诉讼环节中需要详细甚至多次对被害人围绕案情进行询问。因此,刑事诉讼中对涉案被害人的特别程序救助也应当成为被害人救助制度的重要一环。具体表现为:

1. 侦查阶段的一站式取证、保护制度

性侵害案件往往发生在隐秘空间,一般也只有犯罪嫌疑人和被害人在场。在没有客观证据或因案发后不当处置行为而使得关键物证灭失的情况下,被害人陈述会成为证据链的关键一环。司法实践中,双方说法不一时,判断是否采信被害人的指控,很多时候需要承办人的亲历性,即通过亲自和被害人面对面的交谈,察言观色、感受情绪以及围绕其陈述内容的细节进行各种技巧性的询问等,判断其言辞证据的可信度。而刑事诉讼需要经历侦查、审查逮捕、审查起诉以及法院审判等多个阶段,倘若每个阶段都要对被害人进行事实的核对,会要求被害人在较长一段时间里不断回忆被害过程的细节,加深其心理创伤,造成“二次伤害”。

检察机关通过多年的不懈努力,目前已推动全市各个辖区的公安机关都建立起规范、专业的“一站式”取证保护场所,确保在整个刑诉诉讼程序开端就建立起对性侵害案件未成年被害人的“一站式”取证、保护机制:

(1)因地制宜,选择适宜场所地点

实践中,一站式场所即有直接设立在派出所的,也有设立在检察院的,还有设立在社区卫生中心等非司法机关的地点。客观来说上述地点各有利弊，但显然从避免二次伤害和恢复性司法的考虑，设置在非司法场所更为适宜。对于被害人而言，进入司法机关都在不断强化标记着其刑事当事人的身份，而中国传统的息讼、恶讼的心理，会让被害人及家属天然的排斥进入司法机关。办案中，很多被害人希望承办人前往住处或者其他地点进行询问。因此在经费、地点允许的情况下，将一站式场所设立在社区卫生中心显然是首选。

（2）设置符合被害人特点的询问室

鉴于性侵害案件被害人特殊的心理损害，应当邀请心理专家共同设计安静的、温暖的、私密的询问空间，弱化司法特点，强化保护特色，以家庭的起居室为参照蓝本，以心理学上对于色彩、灯光、绿植、空间排布、座位设置、人员服装等等细节要求布置询问室，再结合司法办案需求设置双向玻璃、同步录音录像等设备，在帮助被害人放松、减轻压力和对抗性的同时，确保被害人笔录做到全程同步录音录像，在今后的诉讼阶段既能实现承办人的亲历性感受，也避免被害人的“二次伤害”。

（3）发挥提前介入的作用

性侵害案件证据，特别是客观证据（如体液、指纹、伤势、电子证据等）的收集和固定，都需要及时、快速，如果承办人缺乏证据意识、欠缺经验或者对法律适用的把握不到位，会出现明明有客观证据却因没有及时固定而灭失的情况。检察机关在诉讼流程走到审查逮捕阶段之际才会接触案件，此时提出补充取证也于事无补，因证据不足而被迫存疑的案件时有发生。因此，检察机关对性侵害案件的及时提前介入尤为关键，通过了解案情、会商讨论制定询问提纲，也能保证对被害人一次询问到位，避免其后反复补充询问；同时及时调取相关物证、书证及电子证据，避免了依赖言辞证据的传统办案模式带来的被动窘境。

（4）由取证走向保护

尽管目前全国各地都在探索设立一站式场所，但其重心主要放在取证方面。而对于性侵害案件的被害人而言，仅仅定位为一站式取证显然是不够的。在搭建询问未成年受害人的专门场所和特殊办案机制的同时，与医院、司法鉴定中心、法律援助中心、心理咨询工作室等多部门联动，尽可能一次完成对被害人的询问、身体检查、生物样本提取等取证工作并落实就医绿色通道、法律援助、心理干预、经济救助、转学安置等综合救助措施，避免被害人在司法诉讼程序中持续因案件办理而不断被打扰。

2. 审判阶段的保护性出庭

性侵害刑事案件在审判阶段，尽可能选择播放之前询问的同步录音录像的方式代替被害人出庭作证。但刑事司法放在首位的还是指控犯罪，在以审判为中心制度的推进下，庭审实质化会出现需要被害人出庭，接受询问、查明事实的情况，这时就需要对被害人采取保护性出庭措施：

（1）避免被害人在法庭上与加害者直接碰面

在实践中，往往通过设置单独房间，让被害人在安静、安全的环境内，通过视频或摄像头的方式陈述案情、接受询问，避免直接在法庭上因严肃的庭审氛围或者与加害者及其家属等再次碰面而带来的不良感受以及心理伤害。

（2）重视被害人的心理需求

出庭作证不可避免地需要重新回忆被害经过，可能影响被害人的心理状态，需要十分慎重地做好前期准备工作，提供了解被害人或者取得被害人信任的儿童专家或心理咨询师到场为被害人提供心理帮助，或者也可以安排被害人信任的成年亲友在场陪伴，提供心理支持。

（3）避免歧视

在庭审过程中，司法人员以及庭审参与者要注意避免歧视性的发问，或围绕品格证据展开过多的探讨。实践中，由于被害人存在不当行为，司法人员会不自觉地表露出被害人是有过错的意思表示，甚至会有谴责被害人的倾向。[①]在性犯罪中，我们格外需要考虑被害人的情感因素，必须明确的是，尽管被害人本身存在不当行为，但其被害性是毋庸置疑的，如何理解被害人、帮助其正确解读法律规定都是庭审中需要注意的。

3. 被害人参与权的保障

多个国家、地区在办理性侵害案件过程中，都确立了被害人详细的参与权

① 张鸿巍. 刑事被害人保护问题研究[M]. 人民法院出版社，2007 年：174.

制度。在我国,对被害人的权利保障仍然是普适性的,没有针对性侵害案件提出特殊保障。因此,笔者认为需要进行相关探索如下:

(1) 知情权的实质化

所谓知情权,即被害人获得诉讼流程、发展阶段及处理结果等情况的权利。在司法实践中,对于刑诉法中明确规定的如司法阶段告知、诉讼权利告知、法律援助告知等被害人的知情权,性侵害案件中基本能得到保障。但借鉴其他国家、地区的先进经验,我们在办理性侵害案件中,探索将被害人的知情权拓展到一些实质性内容的主动告知:如案件处理进展情况、被告人的强制措施情况、认罪情况、特别是强奸类案件中加害者的身体情况(如 HIV 测试)等实质性内容,让被害人感受到刑事当事人的主体地位和司法程序特殊保护,也能抚慰被害人的受害情绪和心理。

(2) 逐步建立意见陈述权为代表的参与权

所谓意见陈述权,即被害人获得向司法机关陈述被害事实和身心状态、影响后果,特别是处理意见等内容的权利。如美国的检察机关在审判前提交《被害人冲击陈述》,德国《被害保护法》特别规定性犯罪被害人在诉讼中表达意见的权利,日本《刑事诉讼法》对于陈述被害心情的特别规定等。我国类似的制度是听取被害人意见制度,但现阶段的意见听取往往还是围绕司法办案、指控犯罪的角度开展。目前我们已经探索了在强奸案件中安排心理咨询师与被害人进行访谈,之后将被害人的被害感受、内心情绪以及需求等通过社会调查报告、心理咨询报告的方式提交法庭,作为定罪量刑的参考依据,未来将探索由被害人直接向法院提交相关文字或视频,以第一人称的角度阐述犯罪行为对其造成的身心影响和情绪感受,让法庭更多的关注被害人在性犯罪中遭受的精神损害与实际损失。

4. 专业人员的保障

性侵害案件因涉及身体、心理损害以及隐私保护等各方面的需要,对办案人员的专业性要求较高,不仅需要法律上的专业培训,还应当学习掌握性犯罪被害人的心理状况、交流技巧、及时转介和提供帮助等方面的内容和训练,将被害人当做受伤害需要帮助的对象,而仅仅是证据来源。即使是不当行为的被害人,也要进行客观的评价,减少批判、谴责,关注被害人的需求、激发其求助意愿,给予及时、准确的帮助。

目前我国发展相对较为成熟的少年检察、少年法庭,都基本保证了办理性侵害未成年被害人的人员稳定性、专业性。但在刑事诉讼领域的开端,第一时间与性侵害被害人接触的承办人往往是基层派出所的公安人员。基层派出所的办案特点是以一个或多个办案组的模式展开,因而一个刑事案件在侦查初期会有很多侦查人员参与办理,再加上派出所人员流动性大,无法保证性侵害案件承办人的专业性。往往是谁有空谁负责为被害人制作笔录等工作,承办人缺乏必要的专业培训,会严重影响被害人在其后诉讼程序中的态度和心理救助。因此,需要建立起专门的少年警司以及性侵害案件的专办人员,定期的培训学习未成年人特殊法律规定、司法政策、心理学、沟通能力等。例如:询问性侵害犯罪被害人时,司法实践中只要有女性工作人员在场即可。但笔者在办案中就遇到多名被害人报告:虽然有女性工作人员在场,但询问者是男性或由男性在场,更有甚者会有很多男性公安人员不断进出询问场所,令其感觉不舒服,不安全,不想多说。对此,可以借鉴英美国家的强奸罪专案警察小组、紧急处理中心,由接受过专门训练的女性公安人员主导询问,还可以借助建立在公安机关的一站式取证场所,提供专门的为性侵害案件被害人服务的对策人员(协助就医、心理帮助、告知流程、提供资源等)。

(五)综合救助和个别化的探索

目前司法实践中,对性侵害案件中被害人救助的关注和探索很多,司法救助、心理救助、特别程序救助等都是综合救助体系中的最典型、也最常见的救助方式。但在面对不当行为被害人的时候,我们会发现单一模式或简单叠加往往只会流于形式却无法发挥实际作用。被害人救助是系统工程,既要有上述常规套餐,也要有针对个案围绕不同被害人进行个别化探索,更有法治宣传、督促监护、家庭教育等配套措施的运用。

1. 督促监护的配套探索

家庭对于性侵害不当行为被害人的救助尤为关键。一方面是因为被害人不当行为的诱因中家庭因素所占比例普遍较大，另一方面，被害人遭遇性侵害后，周围人特别是家庭的态度会严重影响其未来的情绪、心态变化，更决定着被害人心理损害的程度和持久度。经过多年的思想解放和法治宣传工作，人们对于性侵害被害人要宽容理解很多，虽仍会有较低评价但基本能够接受其被害属性。但对于不当行为被害人的容忍度则明显很低，家人往往会因为觉得丢人、影响生活等原因迁怒被害人，指责、打骂、回避、冷暴力或疏远等情况比比皆是。

因此，实践中我们对不当行为被害人的救助并不局限于被害人本身，而是通过探索家庭教育、督促监护等多种形式来协助家庭共同面对被害事实，为被害人提供心理支持和帮助。具体如下：

一是形式方面，主要采取传统心理咨询模式，即心理咨询师通过与被害人及父母的问卷调查和个别面询，了解被害人的成长经历、家庭组成、教养方式等，围绕被害案件对父母进行个别化辅导。必要时，采取集体辅导模式进行有益补充，即在保证被害人隐私的前提下，安排心理专家、危机干预专家给同类型多个被害人父母同时进行辅导，或在被害家庭间开展个案分享会，用成功经验来鼓励互助，提供信心。

二是内容方面，即有对被害人不当行为产生因素的分析，帮助被害人父母认识到亲子交流、家庭生活和教育方式上的不足或疏漏之处，从根源上帮助家庭消除隐患，阻止不当行为发生，预防被害，也有帮助父母确认不当行为被害人的被害属性，对父母同样开展精神抚慰、情绪疏导以及引导、传授应对方法等。

三是强制力方面。督促监护的主要理论依据为国家亲权理论（又称国家监护理论），其核心观点是国家作为未成年人的最终监护人，监护权高于父母，因此必要时，为了维护儿童利益最大化，可以由国家替代行使亲权或撤销父母亲权。《未成年人保护法》《预防未成年人犯罪法》的先后出台，为督促监护中的强制刑也带来了法律依据。面对不当行为被害人的父母，督促监护的开展主要依靠教育说理、口头警告等软性方式进行，但确实严重监护失职或经多次教育仍不履职，可以探索进行强制督促监护，确实严重侵害未成年被害人的合法权益的，甚至可以变更监护权。

2. 舆论宣传的潜移默化

近年来，整个社会都愈加关注性侵害未成年人案件，司法机关、教育机关、女童保护等公益组织都在进行各种宣讲工作，进校园、社区开展法治课、预防性侵害等，通过微博、微信等自媒体以及法制频道的电视节目等引导人们对性侵害案件的了解和认知，起到了良好的作用。

一直以来，人们对待性侵害案件被害人会戴着有色眼镜，往往认为被害是因为被害人行为轻佻、衣着暴露、不谨慎、进入不良场所等等，被害人遭受的损害不能得到应有的关注和同情，有时甚至还要忍受种种漠视和谴责，这种环境只能加深被害人的心理伤害。在办案过程中，我们发现不同的社群对于被害属性的关爱、宽容程度不同，越是接受过性侵害案件的普法宣传，越能够同情、理解被害人，形成较为宽松的社会氛围。因此在被害人救助的一个重要环节就是帮助被害人了解、分析所在社群对性侵害的了解程度，有针对性的进入社群提供宣传工作，帮助引导舆论、改变歧视环境，减少精神压力，形成有利于被害人恢复的社会氛围。在极端个案中，所在社群的保守性短期内难以改变，可以建议被害人转移生活环境，有需要时，也可以联系教育部门帮助转学，让被害人有更宽松的就学、生活环境等。

3. 隐私保护与社会调查并重

性侵害案件中，对于被害人而言最致命的打击往往是隐私的泄露，因此一切围绕被害人展开的诉讼活动、救助活动的前提都应当在隐私保护。两高两部《关于依法惩治性侵害未成年人犯罪的意见》中明确司法办案活动中应当避免驾驶警车、穿着制服或者采取其他可能暴露被害人身份、影响被害人名誉、隐私的方式。同样对被害人的救助活动也要避免隐私权的侵害。在个案办理中，对被害人综合救助时，选择适格的心理咨询师、开展团体心理救助活动以及相关的媒体宣传等，都要避免显露被害人的具体信息或推测出身份的信息，特别是媒体宣传应当将重心放在普法教育和预防犯罪，不应过分渲染犯罪细节和后果，避免造成被害人不必要的心理伤害。

但对被害人特别是不当行为被害人的综合救助开展个别化探索是少年司

法未来的发展趋势。其基础是深入了解被害人的成长、生活背景,分析不当行为的产生原因,针对性的设计个别化救助方案,无法避免需要展开社会调查。但如上文所述,在性侵害案件中被害人隐私权保护问题又一直是一个极其现实的法律、道德问题,也是被害人及其家人最为担忧的一部分,因此在委托社会调查时要尤为慎重。一方面是社会调查的必要性问题。就办案经验来看,不当行为被害人的家庭、个人和过往史都多少存在问题,但并非所有被害人都需要专门委托调查。对于部分较为配合或问题不太严重的被害人,可以由承办人在办案过程中通过与被害人及家属面谈自行开展社会调查,避免隐私信息的泄露。另一方面是社会调查的适度性问题。对被害人开展社会调查的目的是帮助被害人而不是去激化矛盾。因此,要避免简单粗暴的调查方法,需要专业的社工签署保密协议,对被害人的姓名、身份、住址及案情细节严格保密,并采用技巧性的方法开展调查。如果造成隐私泄露导致恶劣影响的,也要承担相应的法律责任。

四、结　　语

在办理性侵害案件过程中,笔者很多次的直面未成年被害人及其父母、家人因为被害而引发的舆论歧视、生活压力或者无法获得赔偿的无助,也因此引发了笔者对被害人救助制度的反思。作为刑事当事人的两翼之一,被害人理应拥有更高的诉讼地位和权利保障,而我们对于未成年性犯罪被害人也需要更专业、更人性化的救助和保障。被害人综合救助制度除了本文探索的以外还有很多,并非一朝一夕可以完备,但思考和探索可以在实践中逐步成熟。刚性、强硬的司法制度与柔软、有温度的司法精神的碰撞,才能实现打击犯罪、救助被害人的公平正义。

检察视角下罪错未成年人保护处分制度的探索*

白婴曦　等**

刑事司法的目的在于惩戒施害者，也在于保护受害者，在于打击犯罪，更在于预防犯罪。保护处分具有不同于刑罚和保安处分的法律性质，遵循着独立的适用原则。保护处分体系的构建是建立和完善我国的少年司法制度的重要内容①，但在我国目前的少年法治中尚未有完备的保护处分体系。随着国家、社会和刑法学界对这一司法理念的进一步诠释，将罪错未成年人纳入教育惩戒体系中，对他们开展必要的保护处分，既是对他们不良行为的惩戒，又是对这些行为的早发现早干预，促使这些未成年人回归正轨，避免再次行差踏错。

与未成年人密切相关的《预防未成年人犯罪法》和《未成年人保护法》修订后，明确将执行保护处分权职划归公安机关，作为司法体系中不可或缺的一分子，且长期开展该项工作的职能部门，检察机关亦应主动履职，推动主体部门全面有序地开展保护处分工作。

一、保护处分制度的发展历程及构建意义

（一）起源：恤幼精神——保护处分制度在古代的萌芽

在中西方的古今法治历程中都有恤幼精神的体现，这是保护处分的萌芽。

* 本文系2020—2021年度上海儿童发展研究课题的“检察视角下罪错未成年人保护处分制度的探索”结项成果。

** 白婴曦，上海市黄浦区人民检察院副检察长；莫苇菁，上海市黄浦区人民检察院第一检察部检察官；徐碧云，上海市黄浦区人民检察院第一检察部检察官助理；姜一辉，上海市黄浦区人民检察院第一检察部检察官助理。

① 木村龟二．刑法学词典［M］．顾肖荣，等译．上海翻译出版社，1991．

在东方,“悼耄之人皆少智力”且身体“羸弱”是中国古代统治阶级对于少年的普遍认知,出于少年犯的特殊性,对他们进行处罚,有违恻隐之心,与儒家的人本思想相斥、与仁政伦理相悖。故有《礼记·曲礼上》:“八十九十曰耄,七年曰悼。悼与耄虽有罪不加刑焉。”《法经》:“罪人年十五以下,罪高三减,罪卑一减”。不同时期的统治者对少年犯的年龄认定及减免程度做了各自的规定,都按所犯罪行的严重程度予以减刑。此后中国历朝刑法都延续了这一恤幼传统,可惜恤幼在古时尚是一种政策,并未形成一套体系,只是零星闪现在历代王朝的立法和司法过程之中。

在西方,10 世纪前后,为免除传统法律中严刑峻罚的消极影响,英国不对未满 15 岁的少年判处死刑,并颁布对少年犯实施保护管束的法律。16 世纪荷兰和意大利等欧洲诸国曾有设立不良少年感化院的实践。1704 年,罗马教皇克利蒙十一世在罗马利用一个废弃的修道院建立圣密启尔教养院,用来收容 20 岁以下游荡无业的少年①。各国开始普遍认识到未成年人的特殊性,在对少年犯慎刑的基础上,逐渐萌发教育、感化、帮助其顺利回归社会的司法导向,是保护处分制度的思想的萌芽,但仍未改变传统的报应刑理念。

(二)发展:国家亲权——少年司法处遇理念的域外考察

国家亲权的含义是,国王是整个国家的主人,是所有子民的家长,国王有权力和责任保护自己的子民,尤其是没有能力照顾自身和其财产的儿童②。英美法系和大陆法系都将该理论作为基本法律原则。这种国家公权主动介入教育、矫治和惩戒少年的理论,为我国司法机关在罪错未成年人保护处分工作中积极作为提供有力支撑。

1. 英美法系“国家亲权法则”

众所周知,未成年人司法制度起源于美国,其功能主要是发挥国家亲权,

---

① 丁敏. 保护处分的起源和发展——兼论保护处分的当代精神[J]. 黑龙江省政法管理干部学院学报,2019,5(140).

② 康树华,郭翔. 青少年法学概论[M]. 中国政法大学出版社,1987:268-269.

特殊对待犯罪的未成年人以及保护拯救被忽视、受虐待的未成年人①。自1899年,世界上第一部少年法《少年法院法》在美国伊利诺亚州颁行,并基于国家亲权法则将保护观察作为少年司法系统中的一个有机组成部分。1925年美国联邦通过《保护观察法》,联邦政府正式建立保护观察系统,主张政府应在亲生父母或监护人不能保护少年利益时积极主动介入的照顾与教育事务,区别对待身心尚未成熟的儿童,创立福利色彩浓重的少年法院,进行个别化干预和改造,以充分保护其权利,促进其健全发展。"二战"后,日本及我国台湾地区在吸取美国少年司法各项做法的基础上,建立少年虞犯制度,对诸如逃学、离家出走、违反宵禁、不服从管束等尚未触犯刑法但已经具有触犯刑法倾向、继续发展下去有犯罪可能性的行为,定性为非犯罪行为的身份过错行为,并允许父母将少年虞犯交由法院处理。

2. 大陆法系"保安处分理论"

大陆法系国家保护处分与保安处分的发展密不可分。"对少年必须实施保护性处置的观念……是在欧洲各国近代刑事法制影响下产生的保安处分观点的基础上产生的"②。大陆法系国家视虞犯案件主要源于教育或监护问题,由青少年福利局管辖,以教育配合福利措施养护教育。在德国,"国家是少年儿童的最高监护人""国家如同少年的双亲一样,应为缺乏监管和缺乏寄托的少年谋福利,并应对他们尽一定的扶助义务"。在法国,1810年刑法规定将特殊少年犯移送双亲、移交慈善事业家或慈善院;在挪威,对于持续滥用酒精类兴奋物质或以其他方式表现出的问题,儿童福利服务部门为儿童或其家庭提供帮助,必要时可以不经儿童本人或其父母同意,将其安置在福利机构进行观察、检查和短期治疗,提供帮助③;在意大利,1930年《意大利刑法典》就犯罪少年专门适用收容司法教养院的监禁性保安处分制度,上述制度均与现今保护处分制度中移送专门学校制度极为相似。

---

① 苑宁宁. 未成年人司法的法理证成与本土建设研究[J]. 河南社会科学 2020,28(10).

② 木村龟二. 刑法学词典[M]. 顾肖荣,等译. 上海翻译出版公司,1991：233.

③ 挪威《儿童福利法》第24—25条[S]//孙云晓,张美英. 当代未成年人法律译丛挪威卷[M]. 中国检察出版社,2006：146－147.

3. 国际公约"儿童最大利益原则"

国际公约是少年司法域外研究的重点,对我国少年司法保护处分的设置和实行有着重要指导作用。国际会议上有关保护处分的发展,经历了理念上从重视社会保安到强调儿童保护的过程,形式上从原则倡议到具体规则指引的过程,保护处分走向更为人性、更为精细的发展道路①。自国际监狱会议促使国际保护处分从孕育走向成长;到"二战"后期,防止犯罪及罪犯处遇会议时期新确立的刑事人道主义新思潮和新社会防卫的刑事法律理论为保护处分提供理论依据,再到联合国成立后,联合国大会、经济及社会理事会等通过的儿童保护相关的系列国际文件,以"一个公约加三个规则"②的形式,明确了儿童最大利益原则,强调对儿童犯罪的积极预防,对罪错儿童采用社会化处置优先、非监禁刑处遇为原则及例外情形下的对儿童的教育保护并帮助重返社会的分级处理模式,从程序规则和实体规则两个角度将国际保护处分系统化展现。

(三)成型:分级干预——中国特色少年司法的理念选择

1. 中国特色罪错未成年人保护处分制度的概念

探讨罪错未成年人保护处分的意义,首先厘清相关法律定义、适用对象,对于有针对性地开展惩治和预防工作是非常有必要的。

(1)保护处分的定义

目前,我国的法律没有保护处分的定义,更未形成制度化的规范。关于保护处分,仅系理论和实务界借鉴域外保安处分、虞犯等概念,在实践中冠名运用而已。保护处分从字面理解,不难发现包含了"保护"和"处分"两层含义,即通过这两种形式达到对未成年人惩戒和教育,预防他们犯罪或再次犯罪的

① 丁敏.国际视野下的保护处分发展——以20世纪的国际刑事会议为中心[J].黑龙江省政法管理干部学院学报,2018,6(135).

② "一个公约加三个规则":《儿童权利公约》确立了儿童最大利益原则;《联合国少年司法最低限度标准规则》设定了少年保护程序规则;《联合国预防少年犯罪准则》建立了少年犯罪预防体系;《联合国保护被剥夺自由少年规则》制定了少年监禁处遇规范。

目的。有的专家认为“保护处分是指少年罪错处遇中具有替代刑罚性质的措施。”[①]也有专家指出“保护处分是针对具备非行危险性表征的少年及儿童，为保证其健康成长而提供具有福利教育内容的处分”[②]。“它同时兼备了福利政策和相关刑事政策的二重性，是一种直接对连了犯罪对策和相关的福利政策的一种中间性处分制度”[③]。

（2）罪错行为的范畴

1999 年第九届全国人大常委会第十次会议通过了《预防未成年人犯罪法》，该法首次使用未成年人“不良行为”这一法律术语，并把不良行为分列为一般不良行为，如旷课、夜不归宿以及偷窃、打架等，以及严重不良行为，如强索他人财物、吸食和注射毒品等。这里的不良行为是指轻微违法或者违背社会公德的举动，这些行为轻于犯罪活动[④]。然而，如果将保护处分制度中的罪错行为仅限于此，适用对象的范围就过于狭窄，情节更为严重的对象将无法纳入其中，违背了该项制度设立的法律惩处并矫治不良的初衷。因此，罪错行为还应包括违反治安管理行为；刑法分则规定，情节显著轻微危害不大，不认为是犯罪的行为；因未达刑事责任年龄不予刑事处罚的行为。

（3）保护处分对象的年龄界限

刑法规定，刑事犯罪的责任年龄为 16 周岁，其中严重刑事犯罪的刑事责任年龄为 14 周岁。保护处分因其同时具有惩罚和教育的两重性，在对象年龄的选择上，即不宜过宽也不宜过窄，更不宜搞一刀切。如参照刑法规定的年龄界限，会将不到刑事责任年龄但实施了严重刑事犯罪或有严重不良行为的对象排除在外，无法起到惩戒矫治不良，维护被害人合法权益和公平正义的作用，也违背公民对法义的期待。而规定过宽，不仅浪费司法成本，而且保护处分是现代少年刑法的核心内容[⑤]，毕竟带有一定的“报应性”，过多的司法干预

① 盛长富，郝正天. 论保护处分及对我国的借鉴[J]. 法律适用，2015，(4)：32.

② 马克昌. 刑罚通论[M]. 武汉大学出版社，2002，342.

③ 大谷实. 刑事政策学[M]. 黎宏，译，法律出版社，2000：79.

④ 上海市青少年保护委员会办公室，上海市教育委员会办公室.《中华人民共和国预防未成年人犯罪法》学习辅导材料[M]. 上海教育出版社，1999：33.

⑤ 刘作揖. 少年事件处理法[M]. 三民书局，2012.

反而影响了少年的身心健康发展与复归社会信心的确立。根据行为性质的严重程度、年龄与身体发育状况、接受教育程度等,综合分析判定保护处分适用的对象是必要的。

2. 罪错未成年人保护处分制度的适用困境

保护处分制度作为填补刑事处罚和"一放了之"之间制度空白的重要措施,对虞犯和触法少年遵循最有利于未成年人原则、贯彻宽严相济刑事政策的重要手段,已在司法实践中进行普遍适用,然在适用过程中尚存以下适用困境。

一是法律法规缺位,社会化保护处分措施缺乏强制性。目前,在《未成年人保护法》《预防未成年人犯罪法》等现行法律法规中,已经对未成年人保护处分制度进行了规定,司法实务者可以在整合、完善相关立法原意、增设部分执行细则的基础上构建出分级处遇的罪错未成年人保护处分制度。然由于现行法律条文规定趋于原则化,尚无具体实施细则、配套机制不健全,缺乏可操作性。同时在进行社会化保护处分的过程中,对罪错未成年人采用引入第三方社会力量开展社会化帮教工作时,完全依赖于帮教对象及监护人的自觉配合,强制性与威慑力较弱,造成适用困难。

二是实施细则不明,部分保护处分措施实践效果不佳。如进入专门学校,难以有效激活。自 2020 年 12 月 26 日,《中华人民共和国刑法修正案(十一)》和修订的《中华人民共和国预防未成年人犯罪法》通过,收容教养制度正式被专门矫治教育所替代,收容教养制度退出历史舞台。专门学校作为对有严重不良行为的未成年人进行专门教育的特殊场所,承担了教育和矫正的双重职责。然实践中专门学校面临生源不足、不断被撤并、专业性下降等问题,造成区域内教育矫治对象无处安置,缺乏专门执行场所的困境。同时,在执行层面上,虽然《预防未成年人犯罪法》对进入专门学校矫治教育做了较大篇幅的规定,但缺乏具体实施细则,缺乏责任主体,专门学校制度尚未有效激活。

三是配套措施不齐,保护处分形式单一。实践中,学校和公安机关是最易发现罪错未成年人信息的部门,分别掌握具有不良行为未成年人与严重不良行为未成年人的信息。然上述两部门与检察院未检部门少年法庭之间尚未建立有效的信息互通机制,往往径直就罪错未成年人的具体行为采取较为单一的教育矫治措施,而鲜少发挥社会支持体系作用,联合各部门、社会力量就罪错未成年人个体特征进行特别矫治。

3. 构建中国特色罪错未成年人保护处分制度具有重要意义

一是保护处分是对未成年人的全面保护。随着未成年人刑事司法理念的不断发展,很多国家对罪错未成年人的处遇方式已从单纯的开罚处罚逐步向刑罚处罚和保护处分相结合模式发展,甚至走上了保护为主、惩罚为辅的新阶段。近年来,我国在开展涉罪未成年人刑事处罚的基础上,契合罪错未成年人身心发展特点,不断探索保护处分工作机制,避免该类未成年人走上犯罪遒路,实现保护目的。保护处分是司法大框架中不可或缺的要组成部分,重视和发展该项工作是践行对未成年人群体的全面司法保护。

二是保护处分是犯罪预防的有力保障。孩子没有得到有效保护,继而发展成为问题孩子,问题孩子得不到及时教育与矫治的干预,少年容易成为犯罪少年[①]。不良行为的重要特点就是对他人人身财产和社会安全的威胁性,甚至犯罪行为的可期待性。对这类未成年人开展保护处分,通过对不良行为的早发现早干预,采取惩戒、教育相结合的矫治方法,防微杜渐,防止其行为再次失范,甚至升级为犯罪行为。

三是保护处分是刑罚体系的必要补充。刑罚处罚是以剥夺自由强制劳动为改造目的,以非羁押非监禁为主要理念的保护处分方式必将是刑罚体系的必要补充。其人道性和建设性真正地实现了"扩大刑法的促进机能,压缩刑法的限制机能"的作用。对于未达到刑事处罚严重性的行为,采取相对较轻的措施进行必要的惩处和教育,对身心尚未成熟,可塑性较强的未成年人而言是适当且必须的。联合家长和社会支持体系,促使其认识罪错、承担责任、履行义务、悔过自新,也能帮助他们缓解压力、改善家庭关系、重新就学就业,过上正常的生活。

① 张文娟. 中美少年司法制度探索比较研究[M]. 法律出版社,2010: 385 - 386.

二、检察机关在保护处分工作中的作用地位

（一）中国未成年人司法制度中检察机关“先议权”主导作用

检察机关在中国未成年人司法制度中居于公安与法院、行政机关与个体、社会组织与个人之间的中间地位。基于捕、诉、监、防、教“五位一体”的监督职能，构建了“四大检察”“十大业务”的法律监督新格局。在我国国情下，检察机关在未成年人案件中享有实际“先议权”，即根据“保护主义优先”进行“先议”，判断该未成年人到底是适用刑事司法程序追究刑事责任并给予刑罚处罚，还是适用保护处分程序给予保护处分，通过教育矫治的方式让其重新回归社会，并依托监督职责，将对罪错未成年人的教育矫治落到实处，达到教育、感化、挽救、保护未成年人的效果。同时注重在行政、司法、社会三大支柱体系中发挥童权监察官的作用，督促其他负有未成年人保护职责的部门尽责履职。通过充分发挥检察建议、公益诉讼等监督职能，保障整个未成年人保护新格局的良性运转①。

（二）检察机关在未成年人相关工作中积累的经验有助于其在保护处分司法实践中发挥重要作用

在新《预防法》生效前，检察机关未检部门根据已有法律法规规定，开展未成年人检察工作。根据《中华人民共和国刑事诉讼法》明确规定：“对于犯罪情节轻微，依照刑法规定不需要判处刑罚或者免除刑罚的人民检察院可以作出不起诉决定。”“人民检察院决定不起诉的案件……对被不起诉人需要给予行政处罚，处分或者需要没收违法所得的，人民检察院应当提出检察意见。”《刑法》总则规定：“因不满十六周岁不予刑事处罚的，责令他的家长或者监护人加以管教，在必要的时候，也可以由政府收容教养……”“对犯罪情节轻微不需要判处刑罚的，可以免予刑事处罚，但是可以根据案件的不同情况，予以训

① 姚建龙. 未成年人检察的几个基本问题[J]. 人民检察，2020，14.

诫或者责令具结悔过、赔礼道歉、赔偿损失，或者由主管部门予以行政处罚或者行政处分。”另外，《刑诉法》专章规定了未成年人的特殊程序，其中用该章近三分之一的篇幅对附条件不起诉程序作了详尽规定。通过几年的操作执行，该项制度的运行已然趋向成熟，检察机关在对附条件不起诉对象的审查取证、训诫、帮教，对家长的亲职教育以及记录封存等工作中积累了宝贵经验，这些工作优势是其他司法行政部门没有的。保护处分中有相当数量的具体措施，如训诫、观护帮教、责令家长管教等与附条件不起诉帮教措施有交叉重合的部分，这些经验能被完整地运用到对罪错未成年人的保护处分的指导推动工作中。

检察机关高度重视在教育挽救罪错未成年人的过程中，协调借助相关社会资源，帮助罪错未成年人顺利回归社会。构建未成年人司法保护转介机制，对未成年人司法保护社会资源的整合和集约化管理，通过转介实现未成年人保护社会资源利用的最大化①。2018 年，最高检与共青团中央签署《关于构建未成年人检察工作社会支持体系合作框架协议》，凝聚社会力量，大力推动未成年人检察社会支持体系建设，依托司法社工等专业力量，为各部门协调开展未成年人保护处分的工作质量和效果提供支撑。

由此可见，在新《预防法》颁布生效以前，检察机关就在已有的法律框架下，调研和探索建立中国特色保护处分制度，并在未成年人刑事犯罪案件办理实务中，根据未成年人犯罪原因、犯罪特点总结归纳出一系列教育矫治和再犯预防方面的经验做法。在新《预防法》颁布生效后，检察机关应继续积极作为，与学校、公安机关保持畅通的信息共享机制，在发现未成年人存在不良行为和严重不良行为时，及时介入调查核实情况，引导学校、公安机关制定个性化的保护处分帮教方案，检察机关还可以通过转介社会力量、提出检察意见等形式其在保护处分司法实践中发挥应有的作用。

---

① 吴燕. 形式诉讼程序中未成年人司法保护转介机制的构建——以上海未成年人司法保护实践为视角[J]. 青少年犯罪问题，2016，3.

（三）检察机关的法律监督属性决定其应在未成年人保护处分工作中发挥积极作用

检察机关是我国《宪法》所规定的法律监督机关，也是司法机关中唯一履行法律监督职能的部门。一方面，在刑事检察业务工作中，检察机关通过发现案件线索、监督侦查机关的立案撤案活动、主动适时介入调查、羁押必要性审查、侦查活动监督、刑事执行活动监督、审判活动监督等对公安机关、人民法院履行法律监督职能。另一方面，检察机关的未检部门通过发现罪错未成年人和困境儿童线索，及时制定应对措施、预防犯罪、司法救助、监督相关职能部门履职，实现未成年人双向保护。近年来，检察机关还探索开展了未成年人公益诉讼工作，代表众多不特定未成年人，监督行政机关依法履职、监督民事主体守法合规，切实维护未成年人的合法权益。检察机关的法律监督工作遍及日常生活的方方面面，对于学校和公安机关保护处分工作的监督，也将成为检察机关法律监督的重要组成部分。

2021 年 3 月 1 日，教育部出台的《中小学教育惩戒规则（试行）》规定学校可以通过教育惩戒对违规违纪学生进行管理、训导或者以规定方式予以矫治，促使学生引以为戒、认识和改正错误。《规则》第七条规定："……学生实施属于预防未成年人犯罪法规定的不良行为或者严重不良行为的，学校、教师应当予以制止并实施教育惩戒，加强管教；构成违法犯罪的，依法移送公安机关处理。"此《规则》赋予了学校作出准行政行为的权力，学校对学生的每一个具体的教育惩戒措施都需要接受监督，而监督的主体就是检察机关。在实践中，检察机关与学校保持信息交互畅通，当学校发现学生实施了不良行为或严重不良行为后，应将线索及时通报，检察机关未检部门与学校就罪错未成年人的行为性质、严重程度、既往表现和家庭环境等问题进行谈论，形成具体的教育矫治方案，向学校制发《检察意见》对具体教育惩戒措施提出意见。

相对于学校而言，公安机关在新《预防法》颁布生效前，就已根据《中华人民共和国治安管理处罚法》的规定对罪错未成年人予以行政处罚。根据《处罚法》第十二条规定:“已满十四周岁不满十八周岁的人违反治安管理的,从轻或者减轻处罚;不满十四周岁的人违反治安管理的,不予处罚,但是应当责令其监护人严加管教。”第二十一条规定:“违反治安管理行为人有下列情形之一,依照本法应当给予行政拘留处罚的,不执行行政拘留处罚:(一)已满十四周岁不满十六周岁的;(二)已满十六周岁不满十八周岁,初次违反治安管理的……”公安机关对于罪错未成年人的处置方式比较单一,往往就是进行训诫教育,对于后续的教育矫治、家庭亲职教育和犯罪预防等方面缺乏经验。这就需要检察机关通过适时介入引导调查、转介社会力量及制发《检察意见》等形式,推动公安机关开展保护处分工作。

此外,专属于检察机关的公益诉讼职能,使得检察机关可以在监督学校、公安机关开展保护工作的过程中,积极发现公益诉讼线索,围绕可能对未成年人身心产生不良影响的诸如酒吧、网吧等营业性场所、网络游戏、网络直播平台、烟草经营售卖(包括电子烟)等方面展开社会综合治理,为未成年人创建健康绿色的生活环境,预防未成年人不良行为和违法犯罪。

三、检察职能下保护处分制度的建设与完善

(一)推动出台罪错未成年人保护处分法律规定

我国《刑法》和《刑诉法》以及新修订的《预防未成年人犯罪法》和《未成年人保护法》对犯罪情节显著轻微不需要判处刑罚以及有不良行为、严重不良行为的未成年人的处置,做了原则性的规定。但这些规定和司法精神都散件在各个法规中,尚没有形成专门性的法律法规和工作细则,对保护处分适用对象、审理组织、工作程序、违法义务的惩戒、救济程序等都缺乏明确的规定,有的保护处分种类操作性较差,形同虚设。实践中司法行政各部门对该项制度地实际操作运用也存在标准和手势不统一、程序不规范的情况。检察机关作为未成年人司法办案的前沿,应积极开展个案探索,积累经验,推动出台保护处分实施细则,为各部门各司其职、协调联动开展保护处分工作提供办案模式,使该项工作上升到较高的法律层面,切实保障其法律效力。亦可考虑《预

防未成年人犯罪法》的《少年法》化①。

（二）发挥检察职能，全程履职保护处分工作

1. 事前司法审查和评估

经过多年的理论研究和实践探索，初步形成了我国的保护处分措施，在司法实践中亦认可这些措施的梯度性。主要有训诫，责令具结悔过，责令赔礼道歉、赔偿损失，责令接受观护帮教，启动送专门学校程序，建议治安处罚，启动收容教养程序，其他法律法规规定的措施。

根据罪错相适应的原则，不同性质的犯罪行为对应不同的量刑档次，同样，危害程度不同的罪错行为亦应对应不同的保护处分档次。检察机关在推动各部门作出最终处理决定时，对罪错行为进行必要的先行审查和评估。根据我国台湾地区《少年事件处理法》第 19 条，应先由少年调查官调查该少年与事件有关的行为等，并出具报告和建议。先行评估程序的设置，可以为保护处分的必要性、采取措施的精准性和帮教的全面性提供科学的依据。检察机关可以借鉴类似的“先议”程序，确定该罪错行为是否需要采取保护处分，采取何种保护处分。还应将行为区别严重不良行为、一般不良行为或轻微不良行为，分别制定个性化的实施预案，提出适用对应的保护处分措施的种类、依据和执行方式等。避免保护处分权的滥用对公民权利的侵害。这样的调查应尽可能地全面客观，包括未成年人的行为事实、认错悔错表现、前科劣迹、成长经历、家庭背景以及家庭和社区的监管能力、支持度等。

对罪错未成年人开展社会调查是必不可少的。域外亦有类似的做法，根据 1968 年美国全国统一少年法院法第 6 条，调查关于少年非行、不良行为或被剥夺权益少年之控诉等情节，目的在于明确少年法院有无管辖权、少年有无触法行为、有无任何警察部门的记录以及少年的身心情况、家庭背景等情况。出于保证处分决定的公正性，检察机关委托第三方社会服务机构开展社会调

① 姚建龙. 少年法的困境与出路——论《未成年人保护法》与《预防未成年人犯罪法》的修改［J］. 青年研究，2019（01）：13.

查是合理的。在开展梯度较高的保护处分时,对罪错未成年人的限制性程度更深,更应积极推动有关部门委托专门机构,聘请专业人员进行评审。评估后需对罪错未成年人开展保护处分的,可以连同评估意见及《线索移送函》或《检察建议》,送达相关部门。

2. 事中量化处分效果,提供参考意见

司法实践中,对罪错未成年人采取的保护处分措施尚且相对集中和统一,然而如何确定保护处分后的效果,法律和实践中并没有形成明确的标准。何况,对一名罪错行为未成年人开展保护处分,可以叠加适用多种措施,这些措施实施的结果各有不同。那么如何研判各个不同结果经综合考量后指向的终极结论?检察机关可以将这些措施分类设置不同的分值,对应不同的处置档次。结合罪错未成年人遵纪守法、在校学习、社会实践、认罪悔罪以及接受父母监管等完成情况,得出具体的分数。这样既能较直观地反映未成年人的表现情况和考察效果,更能为相关部门作出最终处理决定提供依据。在设定观护帮教期限时,可以参照附条件不起诉观护帮教期限六个月以上一年以下的规定,设定一至六个月的期限,并根据其行为的危害程度等确定具体的期限。对表现欠佳、一般或较好的对象,可以参考分值,检察机关可建议相关部门分别作出延长观护帮教时间、按期结束适当回访或减少观护帮教时间的决定。对行为严重不良,观护帮教效果极差的,检察机关可建议相关部门执行高梯度的处罚措施。

3. 事后加强跟踪回访

从保护处分适用对象、采用的措施等方面与刑事处罚相比,惩罚性较弱,教育引导性明显加强,更注重对象的行为矫治,预防犯罪。因此,对保护处分对象开展跟踪回访,严防再犯,尤为重要。未成年人的罪错行为往往会经过一个由轻到重的发展过程。如果不能进行及时的矫治、干预,部分未成年人可能在成年后走上更严重犯罪的道路。① 检察机关作为法律监督部门,在推进相关部门开展保护处分的同时,应对开展过程、执行效果全程跟进,对未成年人及

① 宋英辉,苑宁宁."未成年人罪错行为处置规律研究"[J].中国应用法学,2019,2:46.

家长设定1~6个月的跟踪回访期，及时发现问题，解决问题，巩固教育矫治效果。

（三）积极对外联动，助推各方开展保护处分

1. 落实家长责任，加强责令家长管教的强制力

域外在家长教育这方面同样给予了重视，在德国《少年法院法》中教育处分包括两种，给予指示和教育帮助。其中的教育帮助指在对未成年人进行惩处时，少年署要与家长建立联系，给予家长必要的帮助，以及监督家长落实亲权，通过联动的方式达到教育目的。① 而在美国，一般父母对于少年不服管教或是亲子沟通出现问题时，主动向当地社区的服务机构请求支援。机构会提供父母支援，建议采取何种方式处理少年事务，例如亲职讲座、才艺训练、课后辅导课程等。② 各国在国家司法对少年进行保护处分的同时，也重视家庭对少年的监管以及家长责任的培养，达到政府、家庭和社会其他部门的联动。

家长是孩子最亲近的人，是孩子的第一任老师，家长的一言一行无不影响着孩子的世界观和行为方式，因而应当结合“家长学校”，引导监护人学法、懂法、守法，在日常生活中潜移默化地影响未成年人使其养成良好的行为习惯③。加强罪错未成年人的家庭教育是保护处分工作中不可或缺的重要组成部分。在司法实践中，有的家长往往怠于管教或管教方式不当，甚至面对检察机关的责令依然我行我素。推行强制亲职教育，由检察机关制发《督促监护令》，开展家庭教育指导，辅以一定的行政手段，将家长责任切实落到实处，可以作为探索落实家长责任的方向。由检察机关以《检察建议》的形式向其所在单位或工商、税务、街道、出入境管理等职能部门通报家长责任的执行情况，对应其晋升晋级、享有的税收、积分、低保等福利待遇等，敦促其承担起家长的管教义务，履行好家长职责。

同时，2022年1月1日正式生效的《中华人民共和国家庭教育促进法》也

① 张宁. 我国未成年犯非刑罚处置措施的检视与完善——以保护处分制度为视角.

② 杨娟. 未成年人非刑观护制度研究——以收容教养改革问题切入.

③ 蔡桂生. “论我国未成年犯保护处分的规范化”［J］. 司法行政 2010,9.

为保护处分制度提供了法律支撑，第四十九条规定："公安机关、人民检察院、人民法院在办理案件过程中，发现未成年人存在严重不良行为或者实施犯罪行为，或者未成年人的父母或者其他监护人不正确实施家庭教育侵害未成年人合法权益的，根据情况对父母或者其他监护人予以训诫，并可以责令其接受家庭教育指导。"该法对家庭责任进行明确，进一步为保护处分工作提供法律依据。

2. 建议公安机关谨慎适用行政处罚

不难看出，行政处罚在保护处分措施中，因其司法属性和强制性，属于处罚较重的处分措施。实践中，对尚未构成刑事犯罪的未成年人，公安机关一般直接对其作出行政处罚的决定。检察机关推动公安机关对罪错未成年人开展保护处分工作时，如能对其适用较轻的处分措施，仍应避免过度处分，检察机关应充分运用检察建议的形式，谨慎作出建议适用行政处罚的决定。尤其在成年人和未成年人共同作案的案件中，尽可能地根据他们在行为中所起作用的大小、获利和赔偿数额以及认罪悔罪态度等，未成年人适用的处罚档次原则上不应高于成年人的处罚档次，体现未成年人从轻从宽的司法精神。大部分的成年人在司法机关不作犯罪处理后，公安机关对其作出行政处罚的决定，因此对未成年人是否采用行政处罚措施仍需谨慎。

3. 深化进入专门学校矫治教育工作

"专门学校"建设，从法律层面确立了"预防未成年人犯罪，立足于教育与保护未成年人相结合，坚持分级预防、提前干预"的根本思路。新修订的《预防未成年人犯罪法》对进入专门学校矫治教育做了较大篇幅的规定，并将专门教育指导委员会评估，未成年人接受训诫、作出具结悔过；接受观护帮教等保护处分，作为教育部门决定是否将其送入专门学校的必经程序，体现法律对罪错未成年人进入专门学校矫治教育包容审慎。

检察机关应协同教育部门做好线索发现、移交、信息互通、社会调查、提供观护帮教考察意见等工作。从司法角度全面保障未成年人的权益，切实履行权利义务告知、法律援助、心理疏导、社会调查、法定代理人到场等特殊程序，充分听取未成年人以及法定代理人和其他监护人、所在学校的意见，完善评审会的问询、答辩、当事人最后陈述等程序,完善会议记录或同步录音录像工作。同时,会同教育部门推进专门学校的分级分类管理工作,根据未成年人偏差行为的不同性质、接受矫治程度、家庭情况等,在课程设置、矫治措施、教学管理、师资配备、安保配置等方面制定不同的方案。

后　记

习近平总书记指出："当代中国少年儿童既是实现第一个百年奋斗目标的经历者、见证者，更是实现第二个百年奋斗目标、建设社会主义现代化强国的生力军。"建设儿童友好城市，让儿童友好成为全社会的共同理念、行动、责任和事业，为少年儿童茁壮成长创设了良好条件，有利于让广大儿童成长为德智体美劳全面发展的社会主义建设者和接班人，在以中国式现代化全面推进中华民族伟大复兴的进程中贡献力量。

基于构建儿童友好城市的发展理念，本书的研究成果汇聚了上海儿童发展理论研究和实践工作者的智慧，也从侧面反映了上海儿童发展的轨迹和路径。在此，我们要特别感谢收录在本书的各篇研究成果的作者，感谢他们为促进上海儿童发展作出的贡献。

本书的编辑出版是在上海市妇女儿童工作委员会办公室的直接指导下，由上海市儿童发展研究中心具体承担完成的。

最后，还要感谢为本书稿件进行校审的上海师范大学朱悦同学、邵迪迪同学，以及为本书顺利出版付出辛劳的出版社编辑。因编者水平有限，书中存在的疏漏和不足之处，敬请专家同仁予以批评指正。

图书在版编目(CIP)数据

儿童友好与儿童发展 / 马列坚主编 ；竺倩伟，杨雄副主编 .— 上海 ：上海社会科学院出版社，2023
ISBN 978-7-5520-3781-4

Ⅰ.①儿… Ⅱ.①马… ②竺… ③杨… Ⅲ.①城市规划—建筑设计—研究 Ⅳ.①TU984

中国版本图书馆 CIP 数据核字(2022)第 002077 号

儿童友好与儿童发展

主　　编：马列坚
副 主 编：竺倩伟　杨　雄
执行主编：刘　程　魏莉莉
责任编辑：霍　覃
封面设计：黄婧昉
出版发行：上海社会科学院出版社
上海顺昌路 622 号　邮编 200025
电话总机 021-63315947　销售热线 021-53063735
http://www.sassp.cn　E-mail:sassp@sassp.cn
排　　版：南京展望文化发展有限公司
印　　刷：上海颛辉印刷厂有限公司
开　　本：710 毫米×1010 毫米　1/16
印　　张：33.25
插　　页：1
字　　数：506 千
版　　次：2023 年 11 月第 1 版　　2023 年 11 月第 1 次印刷

ISBN 978-7-5520-3781-4/TU·020　　定价：128.00 元